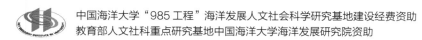

中国海洋大学"985工程"海洋发展人文社会科学研究基地建设经费资助

教育部人文社科重点研究基地中国海洋大学海洋发展研究院资助

海洋与环境社会学文库 | 文库主编 崔 凤

ENVIRONMENTAL SOCIOLOGY
IN CHINA II

# 中国环境社会学

## （第二辑）

崔 凤 陈 涛 主编

社会科学文献出版社
SOCIAL SCIENCES ACADEMIC PRESS (CHINA)

**主 办 单 位**　中国社会学会环境社会学专业委员会

**编委会委员**　（按姓氏首字母顺序排列）

包智明（中央民族大学）

陈阿江（河海大学）

洪大用（中国人民大学）

林　兵（吉林大学）

张玉林（南京大学）

# 总　序

　　党的十八大报告所提出的"生态文明建设"和"海洋强国建设"已经成为国内讨论的热点话题。正值此时，"海洋与环境社会学文库"正式出版发行了，也算是赶了一回时髦，加入到当下的相关讨论中，以期为生态文明建设和海洋强国建设建言献策。

　　生态文明建设是事关国家未来的一项重大工程，既需要自然科学、技术科学，也需要人文社会科学，其中，环境社会学就是不可或缺的。环境社会学是通过对人的环境行为进行系统研究去探寻环境问题的社会根源、社会影响，进而提出解决环境问题的社会对策的一门应用社会学分支。因此，在生态文明建设的背景下，我国的环境社会学将大有可为。

　　海洋强国建设是中国特色社会主义事业的重要组成部分。21 世纪，人类进入了大规模的海洋开发利用时期。海洋在国家经济发展格局和对外开放事业中的作用更加重要，在维护国家主权、安全、发展利益中的地位更加突出，在国家生态文明建设中的角色更加显著，在国际政治、经济、军事、科技竞争中的战略地位也明显上升。党的十八大作出了建设海洋强国的重大部署。实施这一重大部署，对推动经济持续健康发展，对维护国家主权、安全、发展利益，对实现全面建成小康社会目标、进而实现中华民族伟大复兴都具有重大而深远的意义。建设海洋强国，我们要坚持走依海富国、以海强国、人海和谐、合作共赢的发展道路，通过和平、发展、合作、共赢的方式，扎实推进海洋强国建设。海洋强国建设需要社会学，社会学要为我国海洋强国建设献计献策。因此，在海洋强国建设的背景下，我国的海洋社会学迎来了前所未有的最好机遇，也已登上大展宏图的舞台。

　　国内的环境社会学和海洋社会学近年来取得了长足的进步，无论是学术组织的建设，还是学术会议的举办，都很成功也具有非常大的影响力，同时，也出版了一些学术著作，但这些著作都比较零散。因此，为了集中展示我国环境社会学和海洋社会学的学术成果，进一步提升环境社会学和海洋社会学的影响力，我们决定出版"海洋与环境社会学文库"。

其实，我们在谋划出版此套文库时，想要出版四套文库或译丛，即"海洋社会学文库""环境社会学文库""海洋社会学译丛""环境社会学译丛"。最后考虑到人力、财力等因素，决定将计划中的四套文库或译丛合并成一套文库，即现在呈现给大家的"海洋与环境社会学文库"。

"海洋与环境社会学文库"从选题上来看，包括海洋社会学和环境社会学两个部分；从作者来源来看，既有国内作者，也有国外作者，即包括一些译著；从国内作者来看，主要以中国海洋大学的教师为主，因为中国海洋大学社会学学科队伍一直致力于海洋社会学和环境社会学的研究，同时，文库也敞开大门欢迎其他国内作者的加入。也许这样做有些乱，但这是现有条件下所能达到的最理想的结果。实际上，只要我们尽力了，相信读者们会理解的。但愿"海洋与环境社会学文库"的出版能促进我国海洋社会学和环境社会学的发展。

崔　凤

2013 年 12 月 5 日于中国海洋大学崂山校区工作室

# 序　言

当前中国社会经济发展进入新阶段，生态环境的约束日趋明显。频发的污染事件不仅导致了严重的生态破坏，也产生了严重的社会问题，由此使得中国环境与社会经济发展的形势更趋复杂。当此形势，中国环境社会学应该积极作为。

中国环境社会学起步于 20 世纪 90 年代中后期，经过诸同仁的不懈努力，在学科界定、西学引介、教材编写和本土研究等诸多领域都取得长足发展，并逐渐形成制度化交流平台。1992 年，中国社会学会下设"人口与环境社会学专业委员会"，2008 年专业委员会改组，2009 年正式更名为"中国社会学会环境社会学专业委员会"。在专业委员会和会员单位的支持下，第一届中国环境社会学研讨会于 2006 年 11 月由中国人民大学社会学系承办，第二届于 2009 年 4 月由河海大学社会学系承办，第三届于 2012 年 6 月由中央民族大学社会学系承办，第四届将于 2014 年 10 月由中国海洋大学法政学院承办。

2012 年 6 月，第三届中国环境社会学学术研讨会期间，中国社会学会环境社会学专业委员会举行了会长、副会长联席会议。在研讨会闭幕式上，专业委员会宣布了关于促进中国环境社会学制度化发展的决议，其中包括以下内容：每两年定期举办"中国环境社会学学术研讨会"；定期出版《中国环境社会学》辑刊，确定此辑刊为中国社会学会环境社会学专业委员会会刊（以书代刊），编委会由环境社会学专业委员会推举，具体工作由中国环境社会学学术研讨会举办单位秘书处负责。其中，《中国环境社会学》第一辑已经于 2014 年 1 月出版。

《中国环境社会学》第二辑由中国海洋大学法政学院负责编辑出版，收录了 2012—2013 年国内刊物上公开发表的、在环境社会学学科建设方面具有代表性的学术论文。附录收集国内各相关高校和科研机构在文集选编期内通过答辩的、有关环境社会学研究的博士和硕士学位论文信息。

经过反复研讨，编委会确定了《中国环境社会学》第二辑论文遴选的基本原则。一是相比既有研究，原创性并不明显的综述类论文不在遴选范围内；二是研究问题雷同且无明显发现差异的，不在遴选范围内；三是所选论文需在社会学的学科框架内；四是遴选文章时，适当考虑文章发表刊物的层次；五是同一作者所选文章不超过2篇。在此原则基础上，经过多次研读、商讨，综合编委会的意见，并征得作者的同意，第二辑最终收录27篇论文，共分五个单元。第一单元"理论研究/学科建设"，共5篇论文，从理论层面分析我国的环境问题，并探讨环境社会学的发展趋向。第二单元"风险认知/环境行为"，共6篇论文，研究公众的环境风险意识、行为倾向以及环境问题的呈现机制。第三单元"环境抗争/社会冲突"，共8篇论文，研究公众环境抗争与社会冲突的动因、方式和策略。第四单元"环境治理/生态建设"，共4篇论文，探讨环境治理的社会逻辑与可持续发展的有效途径。第五单元"环境与社会"，共4篇论文，研究特定社会制度、文化体系与环境演变的互动关系。论文收集过程中，有两位作者分别提出用其著作自序和收录到公开出版的辑刊中的论文替代编委会遴选的论文。经过讨论，编委会遵循作者要求进行了替换。

遵照《中国环境社会学》第一辑所确立的规范，在不改动内容的前提下，对所收录的27篇论文进行了格式重排。中国海洋大学社会学专业硕士研究生杨悦和李素霞协助进行了格式调整，我们在此谨表谢意！为反映学科发展动态，作者简介保留了论文发表时标注的作者单位及职称。论文编排顺序依循以下规则：各单元内，论文按照发表时间先后排列；遇有同时发表的情况则按作者姓氏首字母顺序排列。

在国内各相关高校和科研机构的支持和帮助下，第二辑附录共收集39篇学位论文信息，其中博士学位论文11篇、硕士学位论文28篇。附录中有关学位论文的基本信息内容包括作者姓名、论文题目、指导教师、毕业院校和答辩年份。硕博学位论文信息各自按答辩时间先后排序；同年答辩者，按作者姓氏首字母顺序排列。

《中国环境社会学》第二辑是对2012年1月1日—2013年12月31日中国环境社会学研究成果的系统回顾，力求充分呈现学科研究议题、理论、方法和途径，从而为年轻学者提供研究导向。第二辑将被列入中国海洋大学社会学专业研究生教材体系，以推动研究型教学发展。鉴于此，本辑刊既可以作为各高校和科研机构环境社会学方向研究生课程的教材，也可供从事环境社会学研究的专业人才和业余爱好者参考。

《中国环境社会学》第二辑的出版得到中国海洋大学"985 工程"海洋发展人文社会科学研究基地建设经费的资助和教育部人文社科重点研究基地中国海洋大学海洋发展研究院的大力资助。

最后，谨向所有支持和帮助《中国环境社会学》第二辑出版工作的学界同仁致以最诚挚的谢意！

编 者

2014 年 4 月 27 日

3

# 目 录

contents

# 第一单元
## 理论研究/学科建设

# 中国环境问题的社会历史根源

陈阿江[*]

**摘　要：**怀特认为美国生态危机的历史根源是基于历史性的犹太—基督教（Judeo‑Christian）的宗教文化。缺乏这样传统的中国，其严重的环境问题的历史根源又是什么呢？中国在前现代社会中，无论是儒家意识形态还是民间实践，对人口增殖予以绝对重视。因为担心没有后代而产生的"断后"焦虑影响了中国人口的生产和再生产，进而影响了中国的环境。人口因子持续影响着当代中国社会。19世纪中叶以来的近代中国，在"生存或死亡"的两难中选择了追赶现代化的自强之路。无论是孙中山"建国方略"中的追赶美日，或是"大跃进"运动中的"超英赶美"，还是后续的如大开发中的一些行事方式，都存在因为担心落后而急于追赶的社会性焦虑。这样的后果，产生了比西方社会"跑步机之生产/消费"还要严重的环境问题。

**关键词：**环境问题，犹太—基督教，"断后"焦虑，追赶现代化

## 一　问题的提出

1967年，怀特在美国《科学》杂志上发表了《我们生态危机的历史根源》，探讨美国生态危机的社会历史根源，认为美国的生态危机是基于历史性的犹太—基督教（Judeo‑Christian）宗教文化发生的（White，1967：1203～

---

[*] 陈阿江，河海大学社会学系教授，环境与社会研究中心主任。原文以"中国环境问题社会历史根源（重印本序言）"为题，发表于《次生焦虑：太湖流域水污染的社会解读》，中国社会科学出版社，2012年版，第1—17页。

1207）。针对怀特的文章，蒙克里夫随后发表了《我们环境危机的文化基础》的争论文章。蒙克里夫认为，犹太—基督传统只是导致环境危机的诸多因素之一，环境危机还有其他的文化因素。蒙克里夫辩论道，怀特认为犹太—基督教（Judeo‐Christian）推动了科学技术的发展，进而影响了环境，而事实上，伴随科技发展的资本主义和民主化促进了城市化、财富的增长、人口的增加、资源的个人私有等现象才真正导致了环境的衰退（Moncrief，1970：508～512）。笔者注意到，蒙克里夫的讨论主要集中在制度层面，而怀特说的文化主要集中在精神或历史传统层面，所以蒙克里夫的论述并没有构成真正的对话。

史耐伯格等人则以政治经济学模式解释环境问题，其关键词是"跑步机"（Treadmill）（Schnaiber et al.，2002：15～32）。跑步机是一个形象的比喻，其本质就是现代资本主义的运行方式。按此比喻，人一旦踏上"生产跑步机"（The Production of Treadmill），就只能不停地生产；一旦踏上"消费跑步机"（The Consumption of Treadmill），就只能不断地消费。现代资本主义经济体制就像跑步机一样，只有不断地生产再生产、消费再消费才能正常地运行起来①。但过度的生产导致了两方面的问题：一是生产时耗用大量的原材料，比如过度砍伐森林、开采矿藏，把数世纪，甚至千万年积累起来的自然资源在短时间里消耗殆尽；二是生产过程中产生的大量废弃物，像矿藏开采、工业生产中排放的污水、废气等，导致环境污染问题。持续不停的生产必然推动消费——如果没有持续不断的高消费，生产跑步机就不能运转——消费主义盛行，而消费环节同样会产生大量的废弃物，从而影响环境。资本主义式的生产与消费，即过度生产、过度消费、为生产而生产和为消费而消费，是我们地球这样一个有限的星球所无法承受的。笔者认为，史耐伯格等人的分析提供了一个重要的机制分析框架，但并没有告诉我们人为什么会踏上跑步机，以及人为什么在跑步机上会呈现这样的状态。这里，我们不妨把韦伯对资本主义的解释加以回顾。韦伯认为，新教改革以后，如加尔文教派的教徒为求成为"选民"，内心深处产生了强

---

① 对资本主义的批判，马克思有经典的阐述。随后的生态马克思主义者从环境角度对资本主义进行批判。资本主义若无积累、没有扩大再生产，资本主义也就不再是资本主义了。参见约翰·贝米拉·福斯特著，耿建新、宋兴无译，2006年，《生态危机与资本主义》，上海译文出版社，第74页。

烈的紧张和焦虑。与传统的宗教不同，在新教的教义中，教徒能以世俗职业上的成就来确定上帝对自己的恩宠并以此证明上帝的存在（韦伯，1987）。美国社会就是这样一个引人注目的例子。

蒙克里夫的文章（Moncrief，1970）引用梅尔（Jean Mayer）的话作为结尾，半个世纪以后的今天读来仍然意味深长。

> 有7亿贫困人口不是好事，但是7亿富裕的中国人会立即损害中国……正是这些富人，他们会损害环境……占据更多的空间，消耗更多的自然资源，更多扰乱生态，糟蹋风景……制造更多的污染。

中国在实行改革开放政策以前是一个普遍贫穷的国家。自20世纪70年代末以来的30多年时间里，中国经济快速增长，综合国力提高，人民生活得到极大改善。与此同时，资源消耗加速，能源和矿产资源短缺严重；环境污染日益严重，河湖变色，不少地区的居民无水可饮；草原退化沙化，沙尘暴肆虐城乡。全球气候变化等问题也悄悄地开始影响着我们的生产与生活。

那么中国环境问题的社会历史根源是什么呢？中国（总体上）缺乏犹太—基督教传统，实行的又是社会主义的市场经济。笔者认为中国的环境问题可以从四个层面来理解和解释。（1）个人的行为分析，如对普通民众的行为、理性经济人的企业主行为进行分析等进行分析。（2）从组织角度进行分析，如对企业组织、政府组织、民间组织进行分析等。（3）从制度层面上分析，如对中国现阶段的经济体制、环境管理体制以及与其关系尤为密切的政治体制等进行分析。（4）从深层社会结构、文化的层面分析，即抛开一些具体的问题，从更深远的历史角度去探讨。本文侧重从中国历史演变的脉络中探寻一般性问题。

根据本研究的需要，笔者将中国历史分为两个阶段，即以儒家文化为代表的中国前现代社会和受西方或者全球化影响后的中国近代社会。本文的假设是：中国前现代社会的"断后"焦虑影响了中国人口的生产和再生产，进而影响了中国的环境，并且人口因子依然持续影响当代社会。近代中国在"生存或死亡"的两难中选择了追赶现代化的自强之路，因为担心落后、急于追赶而焦虑，并建立起激进的追赶现代化制度，产生了比西方社会"跑步机之生产"还要严重的环境问题。

# 二 "断后"：中国人的历史性焦虑

关于人与环境的关系可以简单地归纳为两类：一种观念是人与自然对立、人是自然主宰的"以人为中心的"（Anthropocentric or Egocentric）观念；另一种观念是人与自然和谐相处、人是生态系统的有机组成部分。

中国传统文化有多种成分组成，通常所说的儒、释、道三家是主流。以孔子、孟子为代表的儒家思想和以老子、庄子为代表的道家思想源于中国本土。佛教从印度传来，但中国的佛教，如禅宗，已揉进了中国文化的因素，是中国化的佛教。同样，儒家和道家也深受佛教的影响。就人与自然的关系，佛教和道家学说都强调人与自然的和谐相处。在儒家的观念中，人与自然并不对立，但儒家所倡导的"孝"使人口①迅速增长，庞大的人口基数对环境产生了极大的影响。

以老子、庄子所代表的道家学说，将人与环境的融合问题的论述发挥到了极致。老子是道家思想的集中代表，其著作《道德经》并非以人类为中心，认为人是大自然的一部分，而且人的行为要以地为法度，地以天为法度，天以道为法度，在自然中领悟"道"（规律）。

> 有物混成，先天地生。……故道大，天大，地大，人亦大。域中有四大，而人居其一焉。人法地，地法天，天法道，道法自然。（《道德经》第二十五章）

人的欲望以及对人的欲望的认识，影响着人与自然的关系。老子认为人的行为要适度，强调人不仅要"知常""知和"，还要"知足""知止"。"知足""知止"的思想，就个人而言，倡导恬淡、自然、简朴的生活而养生。就社会而言，强调无为而治，推崇小国寡民、老死不相往来。后一点虽然常常遭到积极有为的儒家的批判，但事实上在中国的政治生态实践中起到了重要的调剂作用。

----

① 关于中国人口的讨论，主要指汉人社区的人口。第一，汉人人口占大多数。据第五次全国人口普查，汉人占中国总人口的 91.59%（http://www.stats.gov.cn/tjsj/ndsj/2007/indexch.htm）。第二，在国家推行计划生育政策以前，人口的快速增殖也主要地表现在汉人社区。

佛教爱惜生命、戒杀生等观念，有助于保护野生动植物，有利于生态平衡。佛教倡导的素食、放生等习俗，在实践上缓解了人与其他生命的紧张关系，有助于平衡生态系统。儒家思想源于孔子，经过孟子的发展，到汉代被官方采用，两千多年来已成为中国官方的主导意识形态，对中国社会影响深远。就人与自然关系的认识上，儒家对自然的态度比较客观，没有特别的偏颇。孔子回应樊迟什么是智时，如下作答。

务民之义，敬鬼神而远之，可谓知矣。(《论语·雍也第六》)

孔子不仅对鬼神敬而远之，而且还避免去谈神道。

子不语怪，力，乱，神。(《论语·述而第七》)

儒家不像基督教文化那样强调人与自然的对立。与道家相比，儒家是积极的、入世的，所以不像道家那样强调在自然、社会面前的无为。但儒家文化所强调的孝是其他文化里所罕见的。作为儒家文化的重要组成部分，"孝"文化影响了人口增殖，进而影响了环境①。

孔子非常重视孝，在《论语》一书中，一共有19处提到了孝。孝的含义，除了晚辈要给父母提供物质保障外，孔子更加强调孝在情感层面上晚辈对长辈的尊敬。

子游问孝。子曰："今之孝者，是谓能养。至于犬马，皆能有养；不敬，何以别乎。"(《论语·为政第二》)

孔子强调，不仅要对活着的人施行孝道，而且还应对已逝世的长辈施行相应的礼节。

①  人口是环境影响的最主要的因子，现代所谓的环境问题，不是前现代社会意义上的自然灾害，而是根源于人类不当活动而产生的问题。而不当的人类活动又与人口的两个基本因素有关：人口的数量和人的活动能力。在前现代，由于技术水平比较低，单个人的活动能力非常有限，所以人口的数量成为影响环境的决定性因素。

子曰："生，事之以礼；死，葬之以礼，祭之以礼。"（《论语·为政第二》）

总的来说，孔子非常强调晚辈的义务和责任，这样的义务与责任是需要传承人的，如果晚辈没有子嗣，他们的责任义务从何谈起？所以，对孝的认识，孟子比孔子更进了一步，提出了孝与不孝的一个根本性的问题，即后代的问题。

不孝有三，无后为大。（《孟子·离娄上·第二十六章》）①

8

事实上，"不孝有三，无后为大"不仅是圣人的语录，还是平常百姓遵循的实践准则。关于人口繁衍的重要性，中国的民间习俗、谚语等均有大量表达，诸如"多子多福"的故事也俯拾皆是。另外，像民间婚俗里，给新婚夫妇送"枣子""花生"，意为"早生贵子""花着生"，即不仅要生育男孩，所生的孩子还要有男有女。"枣子""花生"反映了中国传统社会对人口繁衍重视的两个方面。第一是人口总量，多多益善；第二是性别偏好，重男轻女②。

传统中国重视强调繁衍后代有其现实的考虑。首先，在没有多少物质剩余、没有社会福利制度的情况下，老年人的赡养问题只能通过继替的后代来解决，即当一代人年老、体力衰退、多病，无劳动能力却需要照顾时，年轻力壮的下一代人承担起对上辈人赡养的义务。如果没有后代，所有的这些问题都无法解决。其次，在历史进程中，在此实际需要的基础上发展出文化的需要。比如在中国村落中，已经发展出文化上竞争多男的社会心理和村落文化（李银河，1994：69～84）。

儒家文化与人口繁衍的关系有广泛的表达，下面举两个例子加以说明。

在中国，儒家思想对少数民族地区的影响程度相较对汉族地区的程度

---

① 汉代学者赵岐对"不孝有三"的解释是："于礼有不孝者三事，谓阿意曲从，陷亲不义，一不孝也；家穷亲老，不为禄仕，二不孝也；不娶无子，绝先祖祀，三不孝也。三者之中，无后为大。"

② 性别偏好是与中国社会文化制度安排有关的，因为在有文字记载的历史中，中国汉人一直处于农业社会，实行的是男性继嗣制度，所以在制度的框架内，女儿是"泼出去的水"，结婚以后就不再与家庭发生实质性联系了。

要弱很多，相应地，少数民族地区人民对于人口增殖的愿望也比较弱。笔者曾在蒙古族、藏族、傣族等多个民族地区的非城市聚居区进行过经验研究，发现民族地区的居民对多子及男性偏好没有中原人那么强烈。在国家实施比较宽松的计划生育政策的背景下，这些民族地区的居民，有不少家庭自愿只要一个孩子。在农耕传统比较深厚的汉族地区，人口本来已经很密集，计划生育政策比较紧，但不少夫妇宁可接受政府的处罚也要生育两个孩子，有些夫妇甚至生育三四个孩子，一直到生育男孩才罢休。性别的差异也很明显。在蒙古族聚居区，一些优秀的蒙古族妇女在村里担任干部，公众能很自然地接受。在藏族聚居区，妇女在家庭里拥有比男子更高的地位和权力，在一对夫妇有子有女的情况下，他们更可能让女儿留在家里，招女婿上门，而让儿子入赘他门。这样的情况，在汉族地区一般的农村家庭中是不可思议的。

　　作为儒家核心区的山东，其人口的增殖高于其他地区。能够说明此问题的史实是山东人闯关东现象。目前居住在中国东北的人群中，汉族人占辽宁、吉林、黑龙江三省总人口的95%以上，而在历史上，这些地区居住人口以非汉族人为主，且人口稀少。17世纪中叶以后的3个世纪里有大量的人口迁入，在这些迁入人口中，原籍为山东的人口大约占80%（刘德增，2008：26）。就地理位置看，作为迁出地，河北和山西均比山东更有地缘优势，但实际上山东人迁移得更多。这与山东是孔子、孟子这两位儒学大家的家乡有关系。在某种程度上，山东人受儒家思想的影响比其他地区更大，更重视人口再生产①。

　　总之，多子的观念既与官方倡导和弘扬的因素有关，也有广泛的民间基础。但是在前现代社会里，人控制自然的能力还比较弱，自然灾害、饥荒、疾病等常常出现，很难保证家家都能实现自然延续的愿望，所以产生了普遍性的"断后"焦虑，当然这是一个社会性焦虑。其结果是在制度上、文化上重视人口再生产，致使人口大量繁衍，导致人—地（环境）矛盾，进而影响社会稳定。中国的历史学家和政治家很早就注意到中国历史"周

① 关于山东人为什么闯关东的问题，大量的文献提到是因为水灾、旱灾等引发的饥荒问题以及战争等因素。饥荒是表层问题，深层问题是人口问题——山东在汉代及以前是中国最富裕的地方，但人口的过度增殖使原有的土地已很难再养活这么多的人口，所以饥饿问题难免发生。人口过密，过度开荒，农业生产环境恶化，则进一步加剧了人—地矛盾。

期律"问题。在中国两千余年时间里，王朝都有着相似的历程，即兴盛—停滞—衰亡，进而由新的王朝所取代。从历史现象看，王朝的衰落与王朝末期的政治有关系。王朝末期，为政苛暴，农民难于维持生计，从而爆发起义（宁可，2006）。但如果我们从人口—土地（环境）角度去理解，就有不同的解释：王朝初期，政治清明，人民负担较轻，民生得到休养；随着人口繁衍、增长，人口增长速度超越土地开发速度，与此同时，大地主、大族土地兼并，加之政治腐败、民不聊生，社会矛盾与冲突加剧，最后导致农民起义，人口大量减少，生产力遭到破坏——王朝更替，并开始新一轮的兴衰。所以人口与土地（环境容量）的矛盾，既是人口生产、再生产的文化竞争和潜意识紧张的原因，也是"断后焦虑"的后果。

中国汉人庞大的人口基数的影响叠加到现代中国社会里。当对包括环境问题在内的当代中国社会问题进行分析时，都可以从中找到庞大的人口基数这一影响因子。

## 三 "落后"：中国人的近代焦虑

中国的环境问题由来已久。譬如黄河中上游地区曾经森林密布，但由于环境的破坏使黄河成为今天的泥沙之河。历史上中国大部分地区曾经是大象的栖息地，但野生大象目前已经撤退到中国西南地区的云南西双版纳这样一个有限的活动区域内（Elvin，2004），足见环境的衰退。比较而言，中国前现代的环境衰退速度是以千年或百年为时间单位计算的，是一个缓慢的过程；而当前环境的恶化速度是以十年，甚至是以年为计算单位的，所以称得上生态危机。如果中国前现代的环境问题主要是人口增殖、农业过度开发造成的，那么目前的生态危机则是中国社会追赶现代化过程中快速工业化与快速城市化的伴生物。

如果美国的生态危机源于基督教传统，源于新教徒急于在上帝面前获得认可的"原生焦虑"，那么中国当前的环境问题则源于中国近代社会产生的一种特别的焦虑——中国人因为落后、追赶现代化而产生的"次生焦虑"。之所以称之为次生焦虑，是因为无论是相对于前现代社会里中国人的"断后"焦虑还是相对于新教徒的焦虑，这种焦虑都是次生的（陈阿江，2010：186～187）。中国从19世纪中叶被动开放到21世纪中叶基本完成现代化①的历程，大约需要两百年时间。概括地说，以 1949 年为分水岭的 2 个世纪的现代化进程中，前一百年中国主要谋求独立，后一百年主要谋求富强。在这二百年左右的时间里，中国一直面临着强大的外部现代化压力。在前一百年，中国始终面临着被殖民化、亡国亡种的威胁；在后一百年，则面临贫困、落后，甚至被开除"球籍"的危险。中国悠久的文明史、自强的民族信念使人民不甘于被殖民化，不甘处于贫困状态，所以只有选择独立发展、自强富裕的道路。中国数千年文明史上从来没有遇到过这样的压力。在外部压力和内部焦虑的双重困境中，中国选择了急进路线。

"跃进运动"是中国近代"次生焦虑"的典型表达②。为了清晰地表达中国的跃进运动线索，下面以图示的方式概括了中国跃进运动的全过程。第一个峰值是孙中山在《建国方略》中提出的跃进计划，因为没有实施，所以用虚线表示。第二个峰值为 20 世纪 50 年代末 60 年代初的"大跃进"运动，其振幅最大，对中国社会的影响最剧烈。随后的跃进运动，作者称之为"后跃进"运动。"后跃进"运动比较多，但总趋势是振幅逐渐衰减。

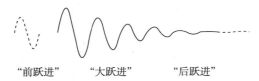

"前跃进"　　　"大跃进"　　　"后跃进"

**图 1　中国跃进运动示意**

"大跃进"理念可以上溯到 20 世纪初孙中山的《建国方略·孙文学说——行易知难（心理建设）》。孙中山受过良好的西方教育，又长期在海外生活，对西方国家和日本社会有深刻的理解，也了解中国的国情。但即使是这样一位精英，也提出了在今天看来十分荒唐的设想。孙中山认为美

---

① 邓小平曾指出中国到 21 世纪中叶赶上中等发达水平，基本实现社会主义现代化。（参见《邓小平文选》第 3 卷，1993）

② 现有的研究大多把 50 年代末 60 年代初的"大跃进"当作一个事件，从当时国家国内政治背景，以及从毛泽东等个人的言行上进行分析判断。此类解释难于解释"前跃进"现象与"后跃进"现象。孙中山提出的赶超计划与"大跃进"时期提出的超英赶美极为相似。而"大跃进"运动结束后，特别是到了以邓小平为中央领导核心的时期，已经进行了足够多的反思，为什么还会出现类似于"大跃进"这样的急于求成的、为 GDP 而 GDP 的普遍性行为？因此，"大跃进"不能被单纯看成是一个孤立事件，而必须把它放在中国近代史这样一个宏大的背景中去理解、解释。大跃进的理念是在强大的外部压力下，中国这样的落后大国为谋求独立、富强而导致的行动后果。

国发展了一个多世纪就富强了，而日本只用了半个世纪，中国欲达于富强之地位，只要十年时间就可以。

> ……（美国）自1776年7月4日宣布独立，至今民国8年，为时不过143年耳，而美国已成为世界第一富强之国矣。日本维新之初，人口不及我十分之一，其土地则不及我四川之大，其当时之知识学问尚元不如我之今日也。然能幡然觉悟，知锁国之非计，立变攘夷为师夷，聘用各国人才，采取欧美良法，力图改革。美国需百余年而达于强盛之地位者，日本不过五十年，直三分子之一时间耳。准此以推，中国欲达于富强之地位，不过十年已足矣。（《孙中山选集》，1956：163）

这一理想，孙中山自己并没有使其得以实现，过了近半个世纪却在中国大地上开始有组织地被实施。"大跃进"运动起初的目标是要"超英赶美"，与当初孙中山的想法惊人的相似。钢铁产量是工业中的关键指标，而工业指标又是经济指标中的关键指标。在20世纪50年代完成第一个"五年计划"开始制定下一步经济发展规划时，1956年通过的"第二个五年计划"，计划到1962年全国钢产量达1050万—1200万吨、粮食产量达2500亿公斤（全国人大财政经济委员会办公室、国家发展与改革委员会发展规划司编，2008a：594~595）。按照当时的实际能力，与1957年实际钢产量535万吨、粮食产量1850亿公斤比较，已经不低了。但经过反右和批评反冒进，1958年8月3日公布的修改过的"第二个五年计划"中，1962年全国计划钢产量达到8000万—10000万吨、粮食产量达6500亿—7500亿公斤（全国人大财政经济委员会办公室、国家发展与改革委员会发展规划司编，2008b：607~608）。该计划中的钢产量甚至已大大超过了早先制定的"7年超过英国、15年赶上美国"的计划。计划中1962年的钢产量为1957年实际的14.9—18.7倍，年均增长率为71.6%—79.6%。而实际上，中国的钢铁产量到35后年的1996年才首次超过1亿吨。计划中1962年的粮食产量是1957年的3.5—4.1倍。在中国土地开发利用已很充分的情况下，五年内粮食增产翻两番几为神话。为了达到钢产量目标，举国上下不计成本、不顾条件、不计后果地投入，形成全民炼钢的格局。农业生产方面也是连放粮食高产"卫星"，称粮食亩产达数万斤，广西环江县红旗农业社甚至声称水稻亩产高达 130435 斤。[①]

　　"大跃进"时期，中国确实完成了一些重要的工程。但总体评价，"大跃进"这样的方式不但没有达到预期的经济快速增长的目标，相反导致了严重的经济衰退。与此同时，因大炼钢铁而大量砍伐森林，环境破坏十分严重。政府在随后的历史经验总结中也承认"大跃进"这样的做法是错误的。

　　从现象看，"大跃进"已经寿终正寝。但如果抛开表面现象，从深层结构看，"大跃进"的思维和运作方式并没有绝迹。"大跃进"运动以后，中国发生了一系列的"后跃进"运动，如 20 世纪 60 年代至 70 年代的农业学大寨运动[②]、1993 年后全国掀起的开发区热等。以开发区热问题为例，到 2004 年 8 月，全国有各类开发区 6866 个，规划面积 3.86 万平方公里。经过政府的清理整顿，全国的开发区数量减少到 2053 个，减少了 70.1%；规划面积压缩到 1.37 万平方公里，面积缩减了 64.5%（陆昀，2004）。这就是说，实际所需要的开发区数量与面积仅占 1/3 左右，这还不包括清理不到位的开发区的数据。

　　从个人或组织的行动层面看，"后跃进"运动的最大特点是为追求指标为目的。国家有追赶目标，继而指标被逐级分派到各级地方政府，类似于"大跃进"时期的放卫星运动一样，在完不成经济指标的时候，一些地方官员不惜编造经济数据。因此有"官出数据，数据出官"的说法。

　　从深层社会结构和文化的角度看，无论是 20 世纪 50 年代末的"大跃

---

① 1957 年 10 月 4 日，苏联发射了世界上第一颗人造卫星。"卫星"成为新的、巨大的成就的代名词。在"大跃进"运动中，称农业高产的典型为"卫星"。像苏联的卫星发射一样，我国"大跃进"运动中放出的"粮食卫星"产量之高也超越了常人的想象。1958 年 6 月 8 日报道了河南省遂平县卫星农业社，声称小麦亩产 2105 斤。这是第一颗高产"卫星"，以后放出了众多的极高产的卫星。浏览一下《人民日报》几篇文章的标题，即可明白：《广东穷山出奇迹——一亩中稻六万斤》（《人民日报》，1958 年 9 月 5 日第 1 版）《黄县光明农业社——玉米亩产 27312 斤》（《人民日报》，1958 年 9 月 7 日第 4 版）《红安放花生"卫星"——亩产三万五千斤，超过晋江县纪录》（《人民日报》，1958 年 9 月 29 日第 3 版）《第一颗甘薯大卫星——浏阳一亩产了五十六万斤》（《人民日报》，1958 年 10 月 23 日第 3 版）在《并禾密植挖掘土地潜力——广西四川云南中稻创亩产 6 万—13 万斤纪录》（《人民日报》，1958 年 9 月 18 日第 7 版）的这篇报道中，称广西环江县红旗农业社水稻亩产水稻 130435 斤。

② Judith Sharpiro 在其著作 *Mao's War Against Nature—Politics and the Environment in Revolutionary China* 一书中认为农业学大寨运动也是一场很严重的环境破坏运动。

进"，还是随后的"后跃进"，均源于一种怕落后而焦虑、求速成的心理。它们具备某些共同特点。一是落后的困扰。中国是一个特别看重自己历史成就的国度，迟至清朝中叶乾隆皇帝还认为中国是"天朝上国"。在中英鸦片战争、八国联军入侵北京、中日甲午战争等一系列的失败中，国人才意识到中国落后于世界，之后常常为落后所困扰。二是目标的急迫性。目标似乎一直很明确：孙中山的"跃进"目标就是要追赶后起的美国和日本；20世纪50年代的"大跃进"目标是"超英赶美"；"后跃进"的核心目标主要是追赶发达国家。由于追赶的不确定性，预期并非轻而易举地就能实现，所以产生了焦躁情绪。三是冲动的动力源与组织结构的特殊性。组织实施跃进运动的动力，外部是发达国家已经实现现代化的压力，内部源于急于成功的民族心理。在组织结构上，中国则逐渐建立了具有极强动员能力的现代化组织。人民公社化运动以后，政府可以完全控制和动员历来被视为"一盘散沙"的最基层的中国村落。

以"大跃进"方式为代表的激进运动，一旦与科学技术为手段的现代工业的实践结合起来，环境问题就难以避免。现代科学技术作为一种手段，增强了人的力量，包括人对自然的破坏力量。"传统人"用柴刀砍柴，一天也只能砍出数担柴。使用高效机器设备的"现代人"，一天可以把数公顷的森林砍倒。传统的铁匠铺，几辈子下来，也只是把自家的房屋熏黑，把门前的水池弄脏。但一家大型钢铁企业可以在一夜之间把所在地流域的水体全部污染。在跃进运动方式中，由于目标集中单一，缺乏系统考虑，因焦虑而采取了许多的非理性行动。而"我/我们"之外的环境是最容易被忽视的弱势，被破坏、被污染势所必然。我们注意到，"大跃进"运动中，中国大量的森林被砍伐。在"后跃进"运动中，由于技术进步、工业规模扩大，工业已对河流水系造成了严重的污染，中国各主要大江大湖均被污染。

## 四　结论

笔者试将怀特关于犹太—基督教与生态危机的论述，韦伯关于新教改革与资本主义发展，以及史耐伯格关于"生产的跑步机"等论述联系起来理解美国社会的生态危机。按照怀特的看法，犹太—基督教传统，造成了人与自然的对立；基督教的精神特征推动了科学的发展。宗教改革以后，特别在美国这样的社会里，新教徒内心深处存在着紧张和焦虑，他们以世俗职业上的成就来确定上帝对自己的恩宠并以此证明上帝的存在。在这样的社会心理背景下，他们便踏上了永无休止的"跑步机"。因此，"跑步机之生产"是上述新教徒焦虑的典型表达。"跑步机之生产"与由之衍生的"跑步机之消费"导致了美国社会的生态危机。

中国社会缺乏基督教传统，中华人民共和国成立以后，执政党确立了以马克思主义为理论指导，在发展道路的选择上曾极力避免包括环境问题在内的资本主义业已存在的问题。遗憾的是，中国最终还是步上"先污染、后治理"的后尘。从传统思想资源看，中国的道家、佛教传统十分强调人与自然的和谐，儒家亦能客观地处理人与自然的关系。但儒家学说"孝"的理念通过影响人口这一中间变量进而影响了人与自然的关系。庞大的人口基数在现代社会中与其他因子相互作用，继续影响人与自然的关系。19世纪中叶始，中国被动地卷入了全球化，并选择了追赶现代化的激进路线。中国文化里持续两千多年的"断后"的原生焦虑，以及近两世纪因为担心"落后"而追赶现代化所产生的次生焦虑，足以从社会历史层面上解释当前中国严重的环境问题。

怀特认为，生态问题最终归结为人与自然的关系。他说，更多的科学和更多的技术将不会使我们摆脱目前的生态危机，除非找到一种新宗教或者重新思考西方的旧宗教。他认为佛教中的禅宗是基督教很好的镜子（对照）（White，1967：1203～1207）。当代中国已经深深地被卷入全球化运动中。中国不可能全盘接受西方文化，不但如此，还需要我们不断反思有意或无意中接受的西方遗产。同样，全盘恢复中国传统文化既不可能，也无意义，但我们需要重新梳理、审视中国传统思想资源。我们需要不断反思已经走过的实践路径，厘清我们的目标，选择合理的路径，避免更加深重的环境问题。

**参考文献**

陈阿江，2010，《次生焦虑》，中国社会科学出版社。

邓小平，1993，《邓小平文选》（第3卷），人民出版社。

李银河，1994，《生育与村落文化》，中国社会科学出版社。

刘德增，2008，《闯关东——2500万山东移民的历史与传说》，山东人民出版社。

陆昀，2004，《清理开发区6866个国家级开发区恢复建设用地供应》，《中国工商时报》，
12月2日，转载于http://www.people.com.cn/GB/shizheng/1027/3027273.html。

马克斯·韦伯，1987，《新教伦理与资本主义精神》，于晓等译，三联书店。

宁可，2006，《中国王朝兴亡周期率》，《新华文摘》第 18 期。

全国人大财政经济委员会办公室、国家发展与改革委员会发展规划司编，2008a，《中国共产党第八次全国代表大会关于发展国民经济的第二个五年计划（一九五八——一九六二年）的建议》，载《建国以来国民经济和社会发展五年计划重要文件汇编》，中国民主法制出版社。

全国人大财政经济委员会办公室、国家发展与改革委员会发展规划司编，2008b，《第二个五年国民经济计划主要指标的初步意见》，载《建国以来国民经济和社会发展五年计划重要文件汇编》，中国民主法制出版社。

孙中山，1956，《建国方略（1917—1919）建国方略之一，孙文学说——行易知难（心理建设）》，《孙中山选集》，人民出版社。

Allan Schnaiber, David N. Pellow, and Adam Weinberg. 2002. "The Treadmill of Production and the Environmental State". *Research in Social Problems and Public Policy* 10：15 – 32.

Judith Sharpiro. 2001. *Mao's War against Nature—Politics and the Environment in Revolutionary China*. Cambridge University Press.

Lewis W. Moncrief . 1970. "The Cultural Basis for Our Environmental Crisis". *Science* 170：508 – 512.

Lyn White, Jr. 1967. "The Historical Roots of Our Ecologic Crisis". *Science* 155：1203 – 1207.

Mark Elvin. 2004. *The Retreat of the Elephants—China's Environmental History*. New Haven and London：Yale University.

# 建构跨学科的中国环境与资源社会学

秦　华* 科特尼·弗林特

**摘　要**：环境社会学与自然资源社会学是关于社会与自然界相互关系的两个主要研究传统。目前关于这两个分支学科的讨论主要是局限在美国学术界内，而其对其他国家环境和社会研究学科建设的借鉴作用尚未引起足够的重视，这正是本文在中国的学术背景中提出环境社会学与自然资源社会学相互融合问题的原因所在。环境社会学在中国正处于重要的学科建设阶段，跨学科的中国环境与资源社会学在投身中国"资源节约型、环境友好型"社会的建设中完全有希望实现环境社会学与自然资源社会学的实质融合。

**关键词**：中国，环境社会学，自然资源社会学，跨学科研究

对于许多研究社会与自然界相互关系的国际社会学者来说，这一领域在美国学术界分支为环境社会学（Environmental Sociology）和自然资源社会学（Sociology of Natural Resources）。这两个截然不同的子学科的发展现状是令人感到意外的。环境社会学在国际学术界中拥有较大的学术影响力，它也经常被许多环境社会学家认为已涵盖了自然资源社会学的范畴。然而，环境社会学和自然资源社会学在美国近几十年的研究中基本上处于分离的状态。在 2000 年美国华盛顿州贝灵汉市举行的"社会与资源管理国际研讨会"（International Symposia on Society and Resource Management）上，学界对

---

　* 秦华，美国国家大气研究中心博士后研究员，美国伊利诺伊大学环境研究系助理教授。本文的英文原文发表于美国 SSCI 收录期刊《社会与自然资源》，2010 年第 11 期。中文原文发表于《资源科学》，2012 年第 6 期。

这两个领域关系的长期研究兴趣促成了一场意义深远的大讨论。关于环境与社会研究的权威期刊《社会与自然资源》（*Society & Natural Resources*）随后在 2002 年的一期特刊上（总第 15 卷第 3 期）公开发表了 2000 年"社会与资源管理国际研讨会"上关于这一论题的有关论文。这场友好而又富有思想性的辩论集中围绕着两个主题：（1）环境社会学和自然资源社会学是否存有实质的学科差别？（2）关于这两个分支学科关系的讨论对今后的研究，尤其对那些在社会与环境关系领域刚刚起步的青年学者有何启示（Buttel & Field，2002：201～203）？

环境社会学和自然资源社会学间的对话至少在三个方面具有建设性的意义。首先，它能帮助我们理解这两个分支学科在研究上的相似和不同之处。其次，它为我们指明了可能的学科融合和集中的发展方向。最后，也是对本文最为重要的意义在于，它对其他国家（特别是环境社会学和自然资源社会学研究正在逐步兴起的发展中国家）的社会与环境研究的发展具有极大的学术借鉴作用。

环境社会学从 20 世纪 90 年代初期开始逐步在中国发展为一门新的社会学分支学科。目前中国环境社会学的发展在很大程度上受西方主流环境社会学（特别是美国环境社会学）的影响。与环境社会学相比，自然资源社会学在中国尚未确立独立的分支学科地位。本文的目的是运用中国环境社会学发展的实例来探讨融合环境社会学与自然资源社会学对其他国家相关学科建设的借鉴意义。需要在文章开始就特别指出的是，本文并不是要否定这两个分支学科各自富有意义的历史、传统和价值体系。另外，我们不希望夸大环境社会学和自然资源社会学的差异，也不赞成孤立地发展两个单独的分支学科。相反地，本文建议中国环境社会学在其发展初期就以一种跨学科的视角来涵盖环境社会学和自然资源社会学两个领域。目前关于跨学科研究的观点不仅强调来自不同学科的学者间的合作，同时也要求与非学术界的利益相关群体的结合（Wickson et al.，2006：1046～1059）。从这一点看来，在中国跨学科社会与环境研究发展的广泛背景中来融合环境与自然资源社会学具有极其重要的学术和社会价值。

## 一　环境社会学与自然资源社会学的融合

虽然环境社会学与自然资源社会学都可以被一般地定义为关于社会与

自然环境间关系的社会学研究，这两个学科在组织起源、研究主题、理论倾向、分析单位和层次，以及解决实际问题倾向等方面存在着明显的差别（Buttel，2002：205～211；Field et al，2002：213～227）①。环境社会学通常特别强调以都市为中心的宏观或国家层次上的环境污染、退化和风险，并趋向于高度理论化甚至是超理论化。与此相反，自然资源社会学研究多是关注非都市化的社区和地区层面上的资源使用和管理问题，从而显示出更为强烈的实证倾向（Buttel，2002：205～211）。另外，自然资源社会学与自然科学研究者及与自然资源管理直接相关的地方性利益群体有着更为紧密的联系。我们认为环境社会学与自然资源社会学的这些差别不应被视为障碍，而应被看作有前途的学科融合和扩展社会科学对环境问题研究的贡献机会。为实现环境社会学与自然资源社会学的实质性融合，我们有必要超越这两个分支学科的现有范围来理解社会和生物物理系统的动态性和复杂性，环境和自然资源社会学与其他社会和自然科学学科间的进一步融合也显得尤为重要（Belsky，2002：269～280）。自然资源社会学趋向于比环境社会学更具有多学科的特性（Buttel，2002：205～211），环境与自然资源社会学的长久结合与发展需要一种跨学科的方法，这种方法强调整合不同领域的认识论和方法论来解决实际问题共通的概念框架，并经常也包含着与利益相关群体和公众的协作（Wickson et al.，2006：1046～1059）。

　　自然资源与环境问题是如此紧密地相互联系在一起，以至于几乎不可能在它们中间划分一条清晰的界限。环境社会学和自然资源社会学有着极大的希望被融合为一个更为广泛的领域——环境与资源社会学。环境与资源社会学可以被宽泛地定义为运用社会学的视角来研究全面的、复杂的环境资源系统与人类社会互动关系的科学。环境与资源社会学由于太过多样化而不能仅仅被限制为社会学的一个分支学科，对自然界更为完整和准确的理解需要一个跨越传统学科界线并包括其他社会与自然科学的实质性学术融合。

　　由于学界最近关于环境社会学和自然资源社会学的讨论主要局限在美国的学术环境内，我们有必要将这场讨论的范围延伸到更为广泛的国际学术界。环境社会学和自然资源社会学的分离似乎是一个依具体情形而定的特殊现象。例如，这两个领域的不同之处在美国就远比在欧洲更为明显

---

① 关于环境社会学与自然资源社会学的区别和联系的详细介绍参见弗林特的文章（2009）。

（Buttel，2002：205~211）。另外，在学术传统与西方国家有很大不同的发展中国家，我们可能更难发现这样的学科差别。鲁得尔声称在发展中国家中，自然资源社会学比环境社会学更为适用（Rudel，2002：263~268）。他的讨论在拉丁美洲的背景下展开，并且突出了国外资助机构在社会和生物物理系统的社会学研究学科建设中的作用。虽然这在拉丁美洲比较重要，但从全球范围来看这样的结构性影响因素可能是多样化的。将环境社会学与自然资源社会学的对话扩展到更为广泛的国际背景中将进一步帮助我们理解这两个分支学科的融合。

总之，环境社会学与自然资源社会学的联系与许多发展中国家正在兴起的社会与自然环境的关系研究具有较大相关性。环境社会学和自然资源社会学结合在一起比任何一门单独的子学科都能为我们提供一个更为完整的学术视野。这两个分支学科在美国的明显差别实际上为其他国家正在兴起的环境和资源社会学研究中的学科融合提供了良好的基础。

## 二 环境社会学在中国的发展

### （一）历史传统和研究现状

我们这里利用中国环境社会学发展的实例来说明环境社会学与自然资源社会学对发展中国家社会与环境研究领域的学科建设的借鉴意义。鉴于中国在国际社会学界的重要地位，以及其目前关于环境与资源问题的社会学研究的发展现状，在中国的学术环境中提出环境社会学与自然资源社会学的关系问题显得十分重要。

中国一直以来都是社会学研究的一个欣欣向荣的区域中心。中国社会学的优良学术传统最早可以追溯到 1898 年由严复翻译的斯宾塞的《社会学的研究》（*The Study of Sociology*）的出版。著名的英国社会人类学家莫里斯·弗里德曼曾评论说，"在第二次世界大战前北美和西欧以外的地区，从学术质量来看中国是世界上社会学研究最为繁荣的国家"（Freedman，1962：106~116）。由于受苏联教育模式的影响，1952 年社会学在中国被取消了作为一门正式学科的地位，直到 1979 年才重新被确立（郑杭生，2000）。然而，在这期间，中国的社会学研究从未停歇。学术界仍存在着大量与社会学紧密相关的研究活动，比如由政府组织的调研、关于少数民族的研究和"四史"（家庭、公社、村落和工厂的资料记录）的编辑（Wong，

1979）。从 1979 年的重建开始，中国社会学得以迅速发展并恢复了早期的活力。

中国关于环境和自然资源的社会学研究主要从 20 世纪 90 年代初期开始。从中国社会学会在 1992 年设立"人口与环境社会学专业委员会"开始，环境社会学在中国逐步被确认为一门社会学的分支学科。① 中国环境社会学目前正处于积极的建设阶段，许多高校现已开设了环境社会学课程，这方面的教材相继正式出版，② 一些专门的环境社会学研究机构也已经形成。但是，总体来看，在过去的 20 年里中国的环境社会学研究的发展还是较为缓慢。在这一领域发表的很大一部分研究论文，主要集中在对西方（特别是美国）环境社会学研究进行的文献综述及对中国环境社会学学科定位的探讨（洪大用，1999；吕涛，2004；林兵，2007）。但在这些论述中，学者们通常都未注意到环境社会学与自然资源社会学在西方研究中的分歧，从而忽略了自然资源社会学丰富的研究文献。近期中国环境社会学理论研究中关于研究对象和视角的探讨仍然主要体现了西方环境社会学理论体系的影响（林兵，2010；崔凤、唐国建，2010）。总体看来，目前中国环境社会学的经验研究大多集中在主流环境社会学的三个典型兴趣领域：环境价值和态度，环境公平和脆弱性，以及环境问题的政治经济学分析。中国环境社会学研究者的学科组织也体现了主流环境社会学的特点，他们中的绝大多数都来自文科学院的社会学系或是相关的社会科学系所。③

当前中国环境社会学的一个研究重点是环境知识、评价、态度和行为之间的关系问题。从文化生态学的视角来看，不同的人类群体在长期的生存与发展中形成了独特的与自然环境有关的社会表现、态度和行为模式等传统环境观念，这些民间环境知识体系对人类社会的可持续发展具有重要

① 2006 年召开的首届中国环境社会学学术研讨会和 2007 年在北京举办的中国环境社会学国际学术研讨会是中国环境社会学发展的又一里程碑。

② 例如沈殿忠主编的《环境社会学》（2004），李友梅、刘春燕合著的《环境社会学》（2004），左玉辉主编的《环境社会学》（2003）。前两本教材是从社会学的视角讨论环境社会学体系，而第三本教材则主要是从环境科学的角度来认识环境社会学。

③ 作者曾对 1990～2007 年主要中文期刊上发表的环境社会学论文的作者及 2006 年首届中国环境社会学学术研讨会和 2007 年北京环境社会学国际学术研讨会中国参会者的专业单位做了统计。在 38 名主要的环境社会学研究者中，24 人（63%）来自高校或研究所的社会学系，11 人（29%）来自政治系、哲学系等文科类系，仅 3 人（8%）来自环境科学系，近几年新加入环境社会学领域的中国学者的专业背景仍延续了这一趋势。

的指导意义（麻国庆，1993；2001）。近期关于环境意识的大部分研究围绕着"新环境范式量表"（New Environmental Paradigm Scale）对中国公众环境关心问题进行测量。洪大用等提出，美国的"新环境范式量表"经过一些适当的本土化修订后，可以作为测量中国公众环境意识的一个重要工具（洪大用，2006；尚晨阳、洪大用，2007）。学者们同时也分析了个人环境意识与一系列社会人口学变量（例如年龄、性别、受教育水平、收入和居住地）的相互联系（马戎、郭建如，2000；洪大用，2005），有研究发现环境知识是性别与环境关心（意识）关系间一个重要的中间变量（洪大用、尚晨阳，2007）。相关研究也表明公民的环境关心不仅受到个人层次的社会和经济特征的影响，同时也和所居住城市的第一产业比例和工业烟尘排放量密切相关（洪大用、卢春天，2011）。对环境关心多维度结构的进一步分析揭示了其内在态度体系的非一致性，以及人口、社会、经济变量对环境关心各个因子（要素）的多样化影响（卢春天、洪大用，2011）。施国庆和仲秋（2009）则通过对比中美两国环境意识的发展变化，认为在社会经济发展的不同阶段，经济、政治、科学、传媒等因素相互作用并对环境意识具有不同程度的影响。

中国环境社会学研究的另一个主要问题是环境公平和弱势群体。在从辽宁省本溪市获得的经验数据的基础上，卢淑华（1994）讨论了个人权利资源与环境福利之间的相关性，例如普通工人比领导干部更有可能居住在受污染严重的街区。从一个多层次的角度上，洪大用（2001）分析了当前中国发展进程中在国际层次、地区层次和群体层次上所面临的环境公平问题，并提出了相应的对策建议。另外，随着社会主义新农村建设的发展，城市与农村之间的环境公平问题也越来越多地引起学者们的关注（黄鹏，2007）。张玉林（2010）指出在环境抗争中，作为抗争主体的广大农村地区及其民众却处于弱势地位，城市环境运动的成功很可能导致城市环境污染向农村的转移及农村环境问题的加重。

中国目前大量的环境社会学研究也集中关注国家经济政治体制模式在环境问题中的角色和作用。当代中国环境状况的日益恶化与中国在社会结构、社会经济体制和价值观念方面的社会转型过程是密切相关的（洪大用，2000；2002）。农村面源污染问题的加剧在很大程度上根源于中国长期存在的城乡二元社会结构，而这种污染加剧的结果又在一定程度上再生产或强化了已有的二元结构。中国城镇化进程在促进城乡二元社会结构转变和控制农村污染中的作用还有待进一步考察（洪大用、马芳馨，2004）。另外，也有学者认为中国以经济增长为核心的压力型行政体制和地方政府的内在利益共同形成了一种独特的"政经一体化"开发机制，这构成了目前农村环境污染和冲突加剧的一个重要原因（张玉林，2006）。关于环境问题社会原因的分析自然地扩展到环境治理的政策问题之上。在分析了环境治理中政府、企业、民间环保组织和公民等不同行动主体互动关系的基础上，学者们比较深入地讨论了如何通过组织和制度创新来解决中国的生态环境问题（江莹，2005；林海，2007；陆益龙，2007；陶传进，2007）。

虽然以上对重点研究领域的概要总结并未涵盖中国环境社会学的全部研究范围，但其体现了中国环境社会学的主要发展趋势。总体看来，目前中国环境社会学的研究主要还是局限于主流环境社会学的研究领域（包智明、陈占江，2011；顾金土等，2011）。与西方发达工业国家相比，在中国及其他的发展中国家里一般较少存在将环境和自然资源区别开来的社会或经济压力（Buttel，2002：205～211）。因此，环境社会学一般自然地被认为应包含环境和自然资源问题（马戎，1998）。然而，由于中国的环境社会学在很大程度上受到西方主流环境社会学研究的影响，这导致其对自然资源问题的研究存在着两个不同层次间的差异。在概念层次上，中国环境社会学以一个宽泛的视角将自然资源问题包含在对环境的定义中；但在实践层次上，中国环境社会学却缩小了其研究主题的范围，并忽略了那些通常是属于自然资源社会学研究的重要问题。

值得注意的是国内的一些环境社会学研究也涉及了在社区或地区情形中的自然资源使用和管理问题。例如，陈阿江（2000；2007）对太湖流域的水域污染从社会学的角度进行了解释，他的个案研究说明了展现在地方上的资源退化模式在许多方面都是宏观层次上社会、经济和政治进程的表现。麻国庆（2007）则从社会学和人类学的角度分析了1949年以后森林开发和从传统狩猎采集到农业定居的生活方式变迁对大小兴安岭地区的生态环境和当地鄂伦春人生计的影响，并对原住民族文化在地方环境和自然资源管理中的地位和作用进行了反思。另外，最近学者们关于海洋环境资源（崔凤、刘变叶，2006；王书明，2006）、草原社区（王晓毅，2009；张倩，2011），及生态移民与环境保护（包智明，2005；荀丽丽、包智明，2007）的研究也拓展了中国环境社会学的视野。

虽然自然资源社会学在中国尚未被确立为一门独立的分支学科，这一方向的研究在近十年里仍然成长十分迅速。甄霖（2009）提出资源社会学是自然资源学与社会学相互影响而形成的一门交叉性学科，并对其学科体系和重要研究领域做了有益的探讨。目前中国学界在这方面的相关经验研究成果主要围绕三个紧密相连的领域：自然保护区管理、生态旅游与休闲以及自然资源管理的社区参与。例如，社区共管正逐渐被纳入中国自然保护区的资源管理模式（张宏等，2004；李小云等，2006），而以社区为基础的自然资源管理的一些探索性实践也为这种方法在中国的推广应用提供了很多有价值的经验（董海棠等，2004；张秋等，2006）。随着中国自然旅游观光事业的迅速发展，近几年来一些学者也开始从游客的环境意识和环境行为的视角来分析自然风景区的旅游管理和资源保护（罗芬、钟永德，2011；祁秋寅等，2009；高静等，2009）。这些领域的研究者大多来自传统的社会学系所之外（如森林系、野生生物系、发展学系、旅游系和资源管理系）。这也在一定程度上造成了这部分丰富的社会与自然资源研究文献与环境社会学研究文献处于相互隔离的状态。由此，我们能够察觉到环境社会学与自然资源社会学在中国潜在的分歧，甚至这两个分支学科的学名还未得到普遍的应用。

**（二）未来发展方向**

目前中国环境社会学研究受到西方主流环境社会学发展趋势的较大影响。在环境社会学与自然资源社会学所具有的互补性的基础之上，我们建议中国环境社会学在学科建设的初期阶段就开始致力于这两个领域的融合。从跨学科研究的视角来看，中国的环境社会学完全可以延伸而包含至关重要的自然资源问题，并与相关利益群体相联结。鉴于在此全盘地勾画出一个完整的学科体系并不现实，下文将就未来研究发展的一些重点领域做初步的探讨。

未来环境社会学学科建设一个最为基本的出发点是这一领域的学科定位和组织机构基础。由于目前中国环境社会学研究者大多来自高校的社会学系，环境社会学主要被界定为传统社会学的子学科。洪大用（1999）将环境社会学研究归纳为"社会学的环境社会学"和"环境学的环境社会学"两种类型，并认为中国环境社会学应当是社会学的分支学科而不是一个交叉学科。在关于中国环境社会学学科体系的讨论中，越来越多的学者提出了交叉学科或跨学科的观点（董小林、严鹏程，2005；沈殿忠，2007）。在2007年中国环境社会学国际学术研讨会上，"环境社会学与跨学科的环境研究"也被作为了主要的议题之一。我们认为，环境社会学不应仅仅局限为社会学的一门分支学科，它同时也是连接社会学以及与环境相关的自然科学学科（如环境科学、自然资源学等）的一门交叉性学科。社会与自然界关系的复杂性同时要求人类学、人口学、经济学、地理学、生态学及其他相关生物物理学科的专业知识和投入。将自然资源社会学、自然科学及生态学方法间更为紧密的联系融入环境社会学中可以连接中国目前相对隔离的社会科学和自然科学的环境研究与学生培养。跨学科的环境与资源社会学有潜力在超越多学科和交叉学科研究的基础上通过融合不同学科的专业技术而扩展传统环境社会学的研究领域。跨学科的研究模式将为来自不同学科领域的研究者合作研究社会与环境互动关系这个共同的问题提供坚实的基础。一些发展成熟的交叉学科领域，如政治生态学和以社区为基础的自然资源管理，可作为建立共通的概念和分析框架的有用参考（Belsky，2002：269~280）。另外，跨学科的方法也应被采纳为设立环境与资源社会学研究生培养项目的一个基本指导原则，从而培养出复合型的人才来研究复杂、动态的社会与环境问题。

全面地理解整个生态系统对解决特定的环境问题是十分重要的。由于现有的研究领域主要局限于传统环境社会学的范围内，中国的环境社会学研究将有助于拓宽本学科对环境相对单一和无差别化的定义。透过一个跨学科的研究视角，中国环境社会学有能力包容下影响社会运行和人民生活的全部环境问题和现象，将宏观与微观层次上的环境和自然资源问题结合在一起将能产生一种对自然界更多样化的理解。

主流环境社会学的大部分研究都十分理论化甚至是超理论化，自然资源社会学的研究则倾向于利用更接近具体研究问题的中程理论（Middle-range Theory）。中程理论衔接着经验事实与抽象理论，对不同领域的实证研究进行挖掘并整合于一体（Merton，1967）。中国环境社会学的发展可以得益于将注意力从高度抽象的一般理论转向扎根于特定空间环境中具体生态系统的综合性中程理论或概念模型。将传统环境社会学的理论方法与自然资源社会学的应用实证倾向结合在一起能够建立一个使"社会学想象力"具体化的坚实的研究框架（Mills，1959）。

此外，对环境更为全面的理解也突出了关注不同分析单位和层次上环境和自然资源问题之间联系的重要性。未来中国环境与资源社会学研究应特别强调社区层面的分析研究。作为个体与社会之间切实发生联系的场所，社区（特别是资源依赖型社区）处于人类社会和社会环境互动关系中的一个独特的位置（Flint，2005：399～412），因而构成了一个理想的中介分析层次。将社区与较高（例如景观和地区）和较低的（例如街坊和家庭）分析层次相连接的实证研究同时也有助于培育、整合环境和自然资源社会学研究的中程理论的产生。

最后，中国环境社会学在今后的发展中应巩固和增强其应用性倾向。自然资源社会学以其提高资源管理和公共政策的实用性传统为特色（Buttel，2002：205～211），而中国的社会学研究也有着长期致力于解决实际社会问题的优良传统（郑杭生，2000）。在进行跨学科环境与资源社会学研究的中国学者应加强与环境和自然资源政府部门的合作，努力探索自身研究成果对于以实现生态和社会经济福利为目标的政策制定与科学管理的现实意义。同时，将非学术界的利益相关者纳入重要环境问题的辨别、分析和解决中也是这一发展方向的重要内容之一。

## 三　结语

环境社会学与自然资源社会学间富有希望的学科融合可以发展出很多的新领域，从一个新的视角对这两个分支学科关系的重新思考能够促使中国和处于同样情形的其他国家的环境社会学发展成为一个创新型的学科。环境社会学与自然资源社会学二者合在一起，能够对社会与环境关系有更为全面的理解。虽然环境社会学与自然资源社会学在美国可能在一段时间内还将共存下去，但跨学科的中国环境与资源社会学在投身中国"资源节约型、环境友好型"社会的建设中完全有希望实现这两个领域的实质性融合。这一新型学科的建构，也必然需要更为广泛领域内的研究者在中国环境社会科学学科建设中的参与和合作。

**参考文献**

包智明、陈占江，2011，《中国经验的环境之维：向度及其限度——对中国环境社会学研究的回顾与反思》，《社会学研究》第6期。

包智明，2005，《生态移民对牧民生产生活方式的影响：以内蒙古正蓝旗敖力克嘎查为例》，《西北民族研究》第2期。

陈阿江，2007，《从外源污染到内生污染——太湖流域水环境恶化的社会文化逻辑》，《中国环境社会学——一门建构中的学科》，社会科学文献出版社，第130-149页。

陈阿江，2000，《水域污染的社会学解释——东村个案研究》，《南京师大学报（社会科学版）》第 1 期。

崔凤、刘变叶，2006，《我国海洋自然保护区现存问题解决办法探析》，《学习与探索》第 6 期。

崔凤、唐国建，2010，《环境社会学：关于环境行为的社会学阐释》，《社会科学辑刊》第 3 期。

董海荣、左停、李小云等，2004，《社区自然资源管理与社区农业生态系统的稳定性——河北省易县南城司乡南台村实地调查的思考》，《农村经济》第 7 期。

董小林、严鹏程，2005，《建立中国环境社会学体系的研究》，《长安大学学报（社会科学版）》第 2 期。

弗林特，2009，《西方环境社会学与自然资源社会学概论》，秦华、科特尼译，《国外社会科学》第 2 期。

高静、洪文艺、李文明等，2009，《自然保护区游客环境态度与行为初步研究——以鄱阳湖国家级自然保护区为例》，《经济地理》第 11 期。

顾金土、邓玲、吴金芳等，2011，《中国环境社会学十年回眸》，《河海大学学报（哲学社会科学版）》第 2 期。

洪大用、卢春天，2011，《公众环境关心的多层分析——基于中国 CGSS2003 的数据应用》，《社会学研究》第 4 期。

洪大用、马芳馨，2004，《二元社会结构的再生产——中国农村面源污染的社会学分析》，《社会学研究》第 4 期。

洪大用、肖晨阳，2007，《环境关心的性别差异分析》，《社会学研究》第 2 期。

洪大用，2000，《当代中国社会转型与环境问题——一个初步的分析框架》，《东南学术》第 5 期。

洪大用，2001，《当代中国环境公平问题的三种表现》，《江苏社会科学》第 3 期。

洪大用，2006，《环境关心的测量：NEP 量表在中国的应用评估》，《社会》第 5 期。

洪大用，2002，《试论环境问题及其社会学的阐释模式》，《中国人民大学学报》第 5 期。

洪大用，1999，《西方环境社会学研究》，《社会学研究》第 2 期。

洪大用，2005，《中国城市居民的环境意识》，《江苏社会科学》第 1 期。

黄鹏，2007，《新农村建设中环境公平问题的思考》，载《中国环境社会学——一门建构中的学科》，社会科学文献出版社，第 225 – 234 页。

江莹，2005，《试论综合治理南京秦淮河的话语路线——以组织创新为论域》，《南京社会科学》第 11 期。

李小云、左停、靳乐山主编，2006，《共管：从冲突走向合作》，社会科学文献出版社。

林兵，2010，《中国环境问题的理论关照：一种环境社会学的研究视角》，《吉林大学社会科学学报》第 3 期。

林兵，2007，《西方环境社会学的理论发展及其借鉴》，《吉林大学社会科学学报》第3期。

林梅，2007，《环保政策实施过程中不同政策主体之间的博弈分析：关系及格局》，《中国环境社会学——一门建构中的学科》，社会科学文献出版社，第342-366页。

卢春天、洪大用，2011，《建构环境关心的测量模型基于2003中国综合社会调查数据》，《社会》第1期。

卢淑华，1994，《城市生态环境问题的社会学研究——本溪市的环境污染与居民的区位分布》，《社会学研究》第6期。

陆益龙，2007，《节约合作的实现机制与节水型社会的建构》，《中国环境社会学——一门建构中的学科》，社会科学文献出版社，第104-129页。

罗芬、钟永德，2011，《武陵源世界自然遗产地生态旅游者细分研究——基于环境态度与环境行为视角》，《经济地理》第2期。

吕涛，2004，《环境社会学研究综述——对环境社会学学科定位问题的讨论》，《社会学研究》第4期。

麻国庆，1993，《环境研究的社会文化观》，《社会学研究》第5期。

麻国庆，2001，《草原生态与蒙古族的民间环境知识》，《内蒙古社会科学（汉文版）》第1期。

麻国庆，2007，《开发、国家政策与狩猎采集民社会的生态与生计——以中国东北大小兴安岭地区的鄂伦春族为例》，《中国环境社会学——一门建构中的学科》，社会科学文献出版社，第150-172页。

马戎、郭建如，2000，《中国居民在环境意识和环保态度方面的城乡差异》，《社会科学战线》第1期。

马戎，1998，《必须重视环境社会学——谈社会学在环境科学中的应用》，《大学学报（哲学社会科学版）》第4期。

祁秋寅、张捷、杨旸等，2009，《自然遗产地游客环境态度与环境行为倾向研究——以九寨沟为例》，《旅游学刊》第11期。

沈殿忠，2007，《关于环境社会学理论体系的几点探讨》，《甘肃社会科学》第1期。

施国庆、仲秋，2009，《中美环境意识变化比较及其影响因素分析（1950—2008）》，《南京社会科学》第7期。

孙秋、周丕东、袁涓文等，2006，《社区为基础的自然资源管理（CBNRM）方法的制度化——基于贵州省长顺县凯佐乡的实践》，《贵州农业科学》第5期。

陶传进，2007，《从环境问题的解决看公民社会的应有结构》，《中国环境社会学——一门建构中的学科》，社会科学文献出版社，第326-341页。

王书明，2006，《海洋环境问题的社会学解读》，《自然辩证法研究》第8期。

王晓毅，2009，《环境压力下的草原社区：内蒙古六个嘎查村的调查》，社会科学文献出版社。

肖晨阳、洪大用，2007，《环境关心量表（NEP）在中国应用的再分析》，《社会科学辑刊》第 1 期。

荀丽丽、包智明，2007，《政府动员型环境政策及其地方实践：关于内蒙古 S 旗生态移民的社会学分析》，《中国社会科学》第 5 期。

张宏、杨新军、李邵刚，2004，《社区共管：自然保护区资源管理模式的新突破——以太白山大湾村为例》，《中国人口、资源与环境》第 3 期。

张倩，2011，《牧民应对气候变化的社会脆弱性——以内蒙古荒漠草原的一个嘎查为例》，《社会学研究》第 6 期。

张玉林，2010，《环境抗争的中国经验》，《学海》第 2 期。

张玉林，2006，《政经一体化开发机制与中国农村的环境冲突》，《探索与争鸣》第 5 期。

甄霖，2009，《资源社会学的构建与重要研究领域展望》，《资源科学》第 2 期。

郑杭生，2000，《中国社会学百年轨迹的启示》，《中国特色社会主义研究》第 2 期。

Belsky, J. M. 2002. "Beyond the Natural Resource and Environmental Sociology Divide: Insights from A Transdisciplinary Perspective". *Society & Natural Resources* 15：269 – 280.

Buttel, F. H. and D. R. Field. 2002. "Environmental and Resource Sociology: Introducing a Debate and Dialogue". *Society & Natural Resources* 15：201 – 203.

Buttel, F. H, . "Environmental Sociology And The Sociology of Natural Resources: Institutional Histories And Intellectual Legacies". *Society & Natural Resources* 15：205 – 211.

Field, D. R. , A. E. Luloff, and R. S. Krannich. 2002. "Revisiting the Origins of and Distinctions Between Natural Resource Sociology and Environmental Sociology". *Society & Natural Resources* 15：213 – 227.

Flint, C. G. and A. E. Luloff . 2005. "Natural Resource-Based Communities, Risk, And Disaster: An Intersection of Theories ". *Society & Natural Resources* 18：399 – 412.

Freedman, M. 1962. "Sociology in and of China", *The British Journal of Sociology* 13：106 – 116.

Merton, R. K. 1967. *On Theoretical Sociology：Five Essays, Old and New.* New York：Free Press.

Mills, C. W. 1959. *Sociological Imagination.* New York：Oxford University Press.

Rudel, T. K. 2002. "Sociologists in the Service Of Sustainable Development：NGOs And Environment-Society Studies in the Developing World". *Society & Natural Resources* 15：263 – 268.

Wickson, F. , A. L. Carew, and A. W. Russel. 2006. "Transdisciplinary Research：Characteristics, Quandaries and Quality". *Futures* 38：1046 – 1059.

Wong, Siu-lung. 1979. *Sociology and Socialism in Contemporary China.* London, Boston and Henley：Routedge & Kegan Paul.

# 经济增长、环境保护与
# 生态现代化
## ——以环境社会学为视角

洪大用*

**摘　要：**中国在经济增长过程中不断强化环境保护，追求经济增长与环境保护相协调，体现了生态现代化取向；但技术条件不足、经济发展不充分和不均衡、以制造业为支柱产业、带有鲜明的政府主导色彩等问题又使得中国生态现代化具有自身特点及风险。推进生态现代化可能有多种路径和模式，应正视该进程中的各种冲突，重视推进社会建设、保障社会公平正义，避免新的"绿与非绿"的二元社会分割，同时有必要从基于相互联系的全球社会视角反思生态现代化理论。

**关键词：**经济增长，环境保护，生态现代化，污染转移

## 一　问题及研究传承

自改革开放特别是进入 21 世纪以来，中国在长期保持经济快速增长的同时，不断强化环境保护，取得了比较明显的效果，凸显了经济增长与环境保护走向双赢的趋向。在这一背景下，本研究采用环境社会学中的生态

---

* 洪大用，中国人民大学社会学系教授。原文发表于《中国社会科学》2012 年第 9 期。

现代化理论视角①，针对中国实践对该理论提出一些质疑和批评，以求促进学术对话，倡导理论自觉。

环境社会学是以环境系统与社会系统之间的复杂互动关系为核心研究对象的一门分支学科。它关注环境风险形成的社会原因和机制，重视环境风险对社会运行和发展的各种影响。其诞生于 20 世纪 70 年代的北美学术圈，并很快扩散到全球社会学界。几十年来，该学科至少已经形成了包括生态现代化理论在内的 9 种相互竞争的理论范式，并对社会学这一母体学科产生了越来越重要的影响（Hannigan，2006）。

20 世纪 70 年代至 80 年代初期，环境社会学的发展有三个特点。第一，在环境衰退现象被不断关注和环境运动日趋高涨的背景下，环境社会学者已就环境问题是一种客观的社会事实和环境社会学的主要任务是揭示环境问题产生的社会原因达成共识。第二，受生态学影响，一些环境社会学家认为环境资源存在着物理极限，经济增长受客观限制。特别是，环境社会学者看到了人口增长、技术进步、工业扩展、资源消耗等对环境状况的负面影响及其难以逆转的趋势，普遍地表现出一种悲观宿命论的情绪。第三，在探讨解决环境问题的对策方面，比较普遍地存在一些激进的观点，例如否定技术进步，主张回到简单技术时代；斩断资本主义自我强化的增长链条，以抑制增长；批评人类中心主义和物质主义价值观，倡导生态中心主义和后物质主义价值观，等等。甚至有学者把环境危机看作现代社会的危机，并由此对现代化进程予以否定（Commoner，1971；Schnaiberg，1980；Catton and Dunlap，1978：256～259）。

诞生于 20 世纪 80 年代、在 90 年代得以迅速发展，且迄今仍有重要影响的生态现代化理论，最初正是直接针对早期环境社会学发展状况提出的（Hannigan，2006）。该理论认为，应当将环境问题看作推动社会、技术和经济变革的因素，而不是一种无法改变的后果；应当看到作为现代社会之核

---

① 经济学界曾提出环境库兹涅茨曲线（Environmental Kuznets Curve，EKC）理论，指出环境质量与人均收入水平呈现倒 U 曲线型关系，给予相关研究以有价值的启示。但是，该理论在研究指标的选择上有简单化的倾向，难以揭示倒 U 曲线型关系的形成机理，对于经济之外的社会、政治、文化层面因素关注不够。本文采用的生态现代化理论更加注重环境因素引发的社会变革以及导致环境改善的社会过程和更为广泛的因素分析，而非建立简化的计量模型，与 EKC 理论形成互补。且生态现代化理论更早地被提出。有关 EKC 研究的综述可参见（张学刚，2009）。

心标志的科学技术、市场体制、工业生产、政治体制等方面发生的积极变化，而不应简单加以否定；应当反对各种反生产力的、去工业化（Deindustrialisation）的以及激进的建构主义主张（Mol and Sonnenfeld，2000）。学者们指出，工业化、技术进步、经济增长不仅和生态环境的可持续性具有潜在的兼容性，而且也可以是推动环境治理的重要因素和机制，由工业化所导致的环境问题可以通过"协调生态与经济"和进一步的超工业化（Super-industrialisation），而非"去工业化"的途径来解决（Simonis，1989：347～361；Spaargaren and Mol，1992：323～344）。

德国社会学家约瑟夫·哈勃（J. Huber）被认为是生态现代化理论的创始人。哈勃把生态现代化视作现代社会的一个历史阶段，指有绿色转向的工业结构调整。他认为工业社会的发展包括三个阶段：（1）工业突破阶段。（2）工业社会建设阶段。（3）"超工业化"过程中工业系统的生态转换。使第三阶段成为可能的是新技术的发明和使用（Hannigan，2006）。此后很多学者对生态现代化理论的发展做出了贡献。

摩尔认为，生态因素已成为现代社会分析的独立且重要的维度（Mol，1995）。生态现代化理论侧重考察当代工业社会按照生态原则对生产、消费、国家实践和政治话语进行彻底调整的特征与过程。该理论也是一种规范性理论，主张协调生态与经济之间的关系，通过转变经济增长方式，实现经济增长与环境保护的双赢。

摩尔和索南菲尔德指出，在环境危机压力下，现代工业社会按照与生态环境相协调的逻辑已经发生如下几点重要变化。（1）科学技术的作用发生改变，人们更多地思考科学技术在环境问题治理和预防中所起的作用。（2）市场动力和经济主体在环境改革中的重要性日益提高。（3）民族国家的作用有所削弱，出现了更加去中心化、更灵活、更为强调共识的环境治理方式，非国家层面的行动者有更多机会参与环境治理。（4）社会运动的地位、作用与意识形态发生变化，它们越来越体制化，并参与公共和私人领域的环境决策。（5）出现了新的意识形态，那种完全忽视环境或者将经济利益与环境利益从根本上对立起来的做法，不再被认为是正当合理的（Mol and Sonnenfeld，2000）。

由于生态现代化理论主张克服环境危机而不偏离现代化道路的可能性迎合了政府、企业、环保团体等多方心理，所以它在西方社会很快流行开来，并扩散到尚处在哈勃所说的第二阶段甚至第一阶段的非西方社会，成为环境社会学中的重要理论流派（Buttel，2000）。但是，在经验研究层面，20 世纪 90 年代中期以前，生态现代化研究主要集中在少数几个西欧国家，该理论的普适性受到怀疑。20 世纪 90 年代中期以后，生态现代化研究扩展到欧洲以外的国家，但是不同国家具有不一样的政治文化、政府机构和社会体制，环境问题的制度化形式与程度不一样，生态现代化取向的环境改革过程及其结果也与西欧国家存在差异。

即便如此，主张生态现代化理论的旗手们还是坚持认为：该理论是一门极具活力、不断发展的学说，对于该理论是否适用于世界各地不同的经济、文化、政治体制与地理背景，现在做出全面定论还为时过早。他们指出："生态现代化的研究方法与工具可以用于社会科学的分析与政策制定过程，即便是在建立生态现代化体制所需条件尚不完全具备的情况下。与此同时，生态现代化的某些进程是全球性的（即便其他进程并非如此），所以该理论至少在一定程度上对世界各国都是有部分适用性的。"（Mol and Sonnenfeld，2000）

近年来，生态现代化的研究者们试图检验中国是否为生态现代化的新案例。摩尔等人曾指出中国正在发生一些与生态现代化取向较为一致的环境改革，而张磊等人则将中国通过提高效率来降低经济发展中的自然资源和能源消耗、大力发展可再生能源产业以减少污染、发展循环经济等举措，直接纳入生态现代化分析框架（Mol and Carter，2006：149～170；Zhang，Mol and Sonnenfeld，2007：659～668；Mol，2010）。但是，相关研究对中国现代化实践所面临的一些重要条件分析不够深入。此时，越来越多的国内学者也开始引入生态现代化这一概念来分析中国实践[①]。笔者在 2012 年 4 月 2 日利用中国知网"中国期刊全文数据库"[②] 检索，发现自 2007 年中国政府提出建设生态文明以来，有关生态现代化的研究成果呈迅速增长趋势。以"生态现代化"为题进行检索，1990～1999 年仅有 4 篇相关文献，2000～2007 年有 46 篇，而 2008 年以来则增加到 73 篇；以"生态现代化"为关键词进行检索，文献整体数量增加，相应时段有 16 篇、93 篇和 126 篇。这些文献既有对西方生态现代化理论的介绍与分析，也有运用该理论针对中国实践的研究，但鲜有对生态现代化理论的深入反思和批评。以上问题正是

① 例如，中国现代化战略研究课题组等，2007；中国科学院中国现代化研究中心编，2008。
② 载于 http：//dlib. edu. cnki. net/，2012 年 4 月 2 日。

本文研究的起点。

## 二　中国生态现代化的取向及实践

中国现代化实践因强调协调经济与环境关系、实现经济增长与环境保护双赢而确实具有明显的"生态现代化"取向。改革开放以来，中国市场经济体制的逐步确立、公民社会的日益成长、环境政策的不断加强，都有助于推进生态现代化。其中，市场经济体制的确立在促进经济发展、引导资源能源价格改革、创新环境经济政策、开辟排污权交易市场、推动环保产业发展等方面都发挥着积极作用。特别是，以循环经济为重要内容的环保产业迅速发展，增强了环境保护的产业基础。2010 年底全国环保业产值超过 1 万亿元，占 GDP 比重的 2% 至 3%①，而 2000 年的产值只有 954.7 亿元（洪大用等，2007）。但是，中国环保产业在技术水平、产业规模、产业结构、创新能力等方面都还有很大的不足（赵喜亮、钟晓红、傅涛，2012）。整体上，转型时期的市场经济对环境保护的积极作用似乎不容高估。此外，以环境 NGO 为主体的公民社会的成长②在促进环境宣传教育、推动公众参与、改进环境治理等方面，也在发挥越来越大的作用，但作用程度依然有限。关于环境政策对改善环境质量或者减轻环境危害的作用，已经有学者对其进行过分析（张晓，1999）。但是，环境政策只是政府在环境保护方面发挥作用的一种具体表现，以下将重点分析中国政府从发展战略到资金投入等整体层面推进环境保护的实践及其成效。

第一，中国政府在发展战略层面始终强调环境保护，追求经济增长与环境保护的双赢，这在 21 世纪以来尤为突出。

中国环境保护起步较早，甚至与世界环保进程几乎同步。1979 年全国

---

① 《环保业产值"十二五"末将逾 2 万亿元》，2012 年 5 月 27 日，http：//www.caepi.org.cn/industry - news/30539.shtml，最后访问时间：2012 年 6 月 16 日。

② 根据中华环保联合会发布的《2008 中国环保民间组织发展状况报告》，截至 2008 年 10 月，全国共有环保民间组织 3539 家，比 2005 年增加了 771 家。其中，由政府发起成立的环保民间组织 1309 家，学校环保社团 1382 家，草根环保民间组织 508 家，国际环保组织驻中国机构 90 家，港澳台地区的环保民间组织约 250 家。参见中国环境保护产业协会网站：2008 年 11 月 24 日，http：//www.caepi.org.cn/industry-report/6245.shtml，最后访问时间：2012 年 6 月 15 日。

人大常委会颁布了《中华人民共和国环境保护法（试行）》。1983 年召开的第二次全国环境保护会议明确将环境保护确定为基本国策。1987 年召开的中共第十三次全国代表大会指出要在推进经济建设的同时，大力保护和合理利用各种自然资源，努力开展对环境污染的综合治理，加强对生态环境的保护，把经济效益、社会效益和环境效益很好地结合起来。1995 年召开的中共第十四届五中全会将可持续发展确定为中国社会主义现代化建设的重大战略。2002 年召开的中共第十六次全国代表大会提出全面建设小康社会的目标之一就是可持续发展能力不断增强，生态环境得到改善，资源利用效率显著提高，促进人与自然的和谐，推动整个社会走上生产发展、生活富裕、生态良好的文明发展道路。

特别是，2003 年 10 月召开的中共十六届三中全会明确提出了"五项统筹"[①] 和坚持以人为本，树立全面、协调、可持续的发展观，强调促进经济社会和人的全面发展，后来被概括为"科学发展观"。这种新发展观主导了从那时以来的 10 多年里中国的发展走向，其核心是坚持"以人为本"。新发展观否定了"以物为本"的发展理念，更加强调"以人为本"，切实转变经济增长方式，实现经济又好又快地发展，做到发展依靠人、为了人，发展成果由全体社会成员共享。

在科学发展观的指导下，中国政府进一步明确了经济建设、政治建设、文化建设、社会建设和生态文明建设五位一体、协同推进的战略思路。这种思路不仅有利于经济增长和环境保护实现"双赢"，而且赋予生态环境保护以某种程度的独立价值，甚至可以发挥规范和引导其他价值的作用。在此意义上，中国的环境保护实践似乎与摩尔所述的生态现代化理论的核心关注高度一致。

第二，中国政府注重制定促进经济增长与环境保护相协调的各种规划和顶层策略。

21 世纪以来中国政府以科学发展观为指导制定了国民经济和社会发展第十一个（2006～2010 年）和第十二个（2011～2015 年）五年规划纲要，在这些规划纲要中除了明确提出"建设资源节约型、环境友好型社会"，推

---

① 指统筹城乡发展、统筹区域发展、统筹经济社会发展、统筹人与自然和谐发展、统筹国内发展和对外开放。参见中共中央编写组，2003，《中共中央关于完善社会主义市场经济体制若干问题的决定》。

动绿色发展，建设生态文明等目标及其工作安排外，还设置一些重要考核指标。实践证明，这些指标对政府和经济主体的行为构成较为有效的约束。

此外，中国政府高度重视全国发展的统筹协调，强调根据资源环境承载能力、现有开发密度和发展潜力统筹考虑未来中国人口分布、经济布局、国土利用和城镇化格局，将国土空间划分为优化开发、重点开发、限制开发和禁止开发四类主体功能区。按照主体功能定位，调整完善区域政策和绩效评价，规范空间开发秩序，形成合理的空间开发结构。2010 年 6 月 12 日国务院常务会议通过了《全国主体功能区规划》。与此同时，中国政府在发展进程中高度重视推动经济发展方式转变，突出强调调整经济结构和实行节能减排，自 2003 年以来先后通过和发布《节能中长期专项规划》（2004 年）等多项重要文件。

第三，中国政府注重推动环境法制建设。

根据国家环保部历年发布的《全国环境统计公报》以及国务院新闻办公室于 1996 年 6 月和 2006 年 6 月分别发布的两份《中国环境保护白皮书》所公布的资料①，自 1949 年以来，全国人民代表大会及其常务委员会制定了环境保护法律 9 部、自然资源保护法律 15 部。特别是 1996 年以来，国家进一步加强了相关立法。中国目前已经形成了以《中华人民共和国宪法》为基础，以《中华人民共和国环境保护法》为主体，以环境保护专门法及与环境保护相关的资源法、环境保护行政法规、环境保护行政规章、环境保护地方性法规为主要内容的环境法律体系。与此同时，中国已建立国家和地方环境保护的标准体系。国家环境保护标准包括国家环境质量标准、国家污染物排放（控制）标准、国家环境标准样品标准及其他国家环境保护标准；地方环境保护标准包括地方环境质量标准和地方污染物排放标准等。

第四，中国政府不断充实和加强环境保护的相关机构与工作人员。

自 20 世纪 70 年代以来，中国环境保护机构建设经历了从无到有、在行

---

① 中华人民共和国环境保护部发布的历年《全国环境统计公报》，http：//zls. mep. gov. cn/ hjtj/qghjtjgb/，最后访问时间：2012 年 5 月 27 日。国务院新闻办：《中国的环境保护》（白皮书），1996 年 6 月，http：//www. scio. gov. cn/zfbps/ndhf/1996/200905/t307976. htm，最后访问时间：2012 年 5 月 26 日。《中国的环境保护（1996—2005）》（白皮书），2006 年 6 月 5 日，http：//www. gov. cn/zwgk/2006－06/05/content_300288. htm，最后访问时间：2012 年 5 月 27 日。

政体系中层级越来越高的发展历程。2008 年 3 月 15 日，中国国家环保总局升级为环境保护部。目前中国基本建立了数量庞大、一直延伸到基层乡镇的环保机构体系。截至 2010 年，全国环保系统机构总数为 12849 个。其中，国家级 43 个，省级 371 个，地市级 1937 个，县级 8606 个，乡镇 1892 个，各级环保人员总数达 19.39 万人[①]。自 1996 年到 2010 年，全国各级环保机构数量年均增长 3.8%，而各级环保人员则年均增长 7.4%，接近中国经济增速。

第五，随着经济增长和财政能力的增强，中国政府持续加大环境污染治理的投资力度。

1981 年中国政府的投入只有 25 亿元，仅占当年 GDP 的比重的 0.51%[②]；2010 年，中国政府投资达到 6654.2 亿元，占当年 GDP 的 1.67%，其中，城市环境基础设施建设投资 4224.2 亿元，工业污染源治理投资 397.0 亿元，建设项目"三同时"[③] 中的环保投资 2033.0 亿元。特别是 2002 年以来，中国政府在环境污染治理方面的投资占 GDP 的比重呈较稳定的增长趋势[④]。

数据分析表明中国生态现代化取向的实践已取得一定成效。尤其是近年来，从一些国家层次的总体指标看，中国经济增长与环境状况确实呈现走向双赢的趋势。在经济增长方面，以国内生产总值（GDP）来衡量的经济规模不断扩大，年均增长长期保持较高的速度。按照《中国统计年鉴》（2011）发布的数据[⑤]，1978 年中国 GDP 只有 3645.2 亿元，至 2010 年达 401202.0 亿元，增长 109 倍，年均增长率达 9.9%。即使考虑人口增长因

---

① 参见中华人民共和国环境保护部：《全国环境统计公报》（2010 年），2012 年 1 月 18 日，http：//zls. mep. gov. cn/hjtj/qghjtjgb/，最后访问时间：2012 年 5 月 25 日。

② 中华人民共和国国家统计局：《环境保护事业取得积极进展——改革开放 30 年我国经济社会发展成就系列报告之十五》，2008 年 11 月 14 日，http：//ww 人 w. stats. gov. cn/was40/gjtjj_detail. jsp？searchword = % BB% B7% BE% B3% B1% A3% BB% A4&channelid = 6697&record = 294，最后访问时间：2012 年 6 月 2 日。

③ 《中华人民共和国环境保护法》第二十六条规定：建设项目中的防治污染设施必须与主体工程同时设计、同时施工、同时投产使用，简称"三同时"。

④ 根据中华人民共和国环境保护部发布的历年《全国环境统计公报》（参见 http：//zls. mep. gov. cn/hjtj/qghjtjgb/，最后访问时间：2012 年 5 月 25 日）整理。

⑤ 根据中华人民共和国国家统计局编《2011 中国统计年鉴》中"表 2 - 1：国内生产总值"和"表 3 - 1：人口数及构成"（参见 http：//www. stats. gov. cn/tjsj/ndsj/2011/indexch. htm，最后访问时间：2012 年 5 月 25 日）的有关数据计算。

素，GDP 人均水平的增长速度和增幅也很可观。1978 年全国人均 GDP 是378.69 元，2010 年则达 29920.13 元。尤其是在 2008 年以来的金融危机时期主要发达国家的经济甚至出现负增长的情况下，中国经济能迅速"回稳"并保持较快增长态势，为世界经济提供了强劲动力。

随着技术革新、经济结构调整和节能减排政策的推进，中国经济转型也取得一些进展，其中一个重要表现是单位 GDP 的能源消耗在持续下降，这对减少二氧化碳等温室气体的排放做出了重要贡献。1990 年，中国每亿元 GDP 消耗约 52873 吨标准煤，2010 年下降到约 8099 吨标准煤[①]（参见图 1）。

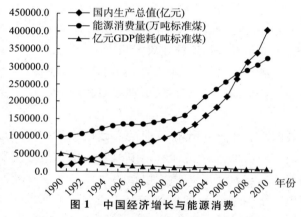

**图 1　中国经济增长与能源消费**

数据来源：根据中华人民共和国国家统计局编辑的《中国统计年鉴 2011》中"表 2 -1：国内生产总值"和"表 7 - 2：能源消费总量及构成"（参见 http://www.stats.gov.cn/tjsj/ndsj/2011/indexch.htm，最后访问时间：2012 年 5 月 25 日）的有关数据计算。

在环境保护方面，伴随长期经济增长的环境恶化趋势有所遏制。中国政府在 2011 年发布的《2010 年中国环境状况公报》指出[②]：与 2005 年相比，2010 年全国化学需氧量和二氧化硫排放量分别下降 12.45% 和14.29%，两项主要污染物均超额完成了"十一五"的总量减排任务。2010

---

① 根据中华人民共和国国家统计局编《中国统计年鉴 2011》中"表 2 - 1：国内生产总值"和"表 7 - 2：能源消费总量及构成"（参见 http://www.stats.gov.cn/tjsj/ndsj/2011/index-ch.htm，最后访问时间：2012 年 5 月 25 日）的有关数据计算。

② 参见中华人民共和国环境保护部：《2010 年中国环境状况公报》，http://jcs.mep.gov.cn/hjzl/zkgb/2010zkgb/，最后访问时间：2012 年 5 月 24 日。

年在全国 31 个省（自治区、直辖市）的近 6000 名城市和农村受访者中展开的问卷调查显示，69.1% 的城市受访者和 58.3% 的农村受访者对周边环境状况评价为"满意"或"比较满意"，比 2009 年分别提高了 9.8 个百分点和 10.3 个百分点。此外，其他一些统计指标也显示出积极的信息。在水污染治理方面，虽然 2001 年以来，废水排放总量呈持续上升趋势，但氨氮排放量与化学需氧量一样，在 2006 年后出现明显下降趋势；全国城市污水处理厂不断增加，城市生活污水处理率在 2010 年达 72.9%，比上年提高 9.6 个百分点；全国工业废水排放达标率为 95.3%，比上年提高 1.1 个百分点。在空气污染治理方面，2005 年烟尘排放量达到一个高值，为 1182.5 万吨，此后连续下降，到 2010 年为 829.1 万吨；工业粉尘排放量在 2005 年达到 911.2 万吨，至 2010 年降到 448.7 万吨；2010 年，全国工业二氧化硫排放达标率为 92.1%，比上年提高 1.1 个百分点；工业烟尘排放达标率为 90.6%，与上年基本持平；工业粉尘排放达标率为 91.4%，比上年提高 1.5 个百分点；工业氮氧化物排放达标率为 87.9%，与上年基本持平。在固体废物处理方面，虽然全国工业固体废物产生量仍在持续增加，由 2001 年的 88746 万吨增加到 2010 年的 240944 万吨，但其综合利用数量也在持续上升，到 2010 年达 161772 万吨，比上年增长 17%，同时排放量持续下降，到 2010 年仅为 498 万吨，比上年下降 30%[①]。

在 2011 年 5 月中国政府发布的《2010 年中国环境状况公报》中，可以明显看出一些更加乐观的表述："环境保护从认识到实践发生重要变化，进入了经济和社会发展的主干线、主战场和大舞台，污染减排任务超额完成，环境质量稳步改善，全社会环境保护意识普遍增强。"[②]

## 三　中国生态现代化困境

尽管中国现代化实践在一定意义上呈现出比较明显的生态现代化取向，但是中国的环保实践进程与生态现代化理论所描述的西方环保进程有着明显

---

① 参见中华人民共和国环境保护部，《2010 年环境统计年报》，2011 年 5 月 29 日，http：// zls. mep. gov. cn/hjtj/nb/2010tjnb/，最后访问时间：2012 年 5 月 25 日。

② 参见中华人民共和国环境保护部，《2010 年中国环境状况公报》，2011 年 5 月 29 日，ht- tp：//jcs. mep. gov. cn/hjzl/zkgb/2010zkgb/，最后访问时间：2012 年 5 月 25 日。

区别。生态现代化理论最早只是针对少数西欧国家的，这些国家在经济、社会和政治等方面具有一些共同或类似的背景，且西方国家的生态现代化是在现代化基本完成之后出现的新的社会趋势。与之不同的是中国仍然处于现代化进程中，现代化与生态现代化交织在一起，是一种生态保护取向的现代化进程。不仅如此，中国生态现代化实践是在社会主义制度背景下进行的，与西方生态现代化进程有本质差别。除此之外，中国生态现代化进程还面临以下一些特殊困难。

第一，技术条件相对不足情况下生态现代化及其风险。

生态现代化理论特别强调新技术之发明和使用的重要性。尽管技术创新在中国资源能源节约和环境保护方面发挥着越来越重要的作用，中国政府也大力鼓励技术创新，但在客观上，中国的工业技术水平整体落后于西方发达国家，推进西方学者所言的生态现代化进程面临着很大的技术约束以及由此带来的不确定性。例如，有学者指出，在电力、交通、建筑、钢铁、水泥和化工与石油化工等六大部门降低碳排放需要有60多种关键的专门技术和通用技术的支撑，对于其中的42种关键技术，中国目前并不能掌握（邹骥、傅莎、王克，2009）。理论上我们可以引进发达国家的核心技术，但实际上困难重重。所面临的技术条件不足甚至还表现在环境监测方面。由于中国市、县两级环境监测站承担着基础的监测工作，而这些基层监测站（特别是在经济相对不发达地区）的人员构成、仪器设备、工作用房及资金投入等都受到一定制约，其开展辖区内环境质量监测和污染源监督性监测的能力相对较弱，监测的标准、范围和深度都存在较大欠缺，因而影响了提供数据的全面性和准确性[1]。

第二，经济发展尚不充分条件下生态现代化及其风险。

虽然改革开放以来中国经济长期保持高速增长，经济规模不断扩大，2010年时经济总量已经位居世界第二。但是，人均水平还非常低下，在世

---

[1] 例如，按照目前可执行的空气质量监测标准，中国政府在《2010年环境状况公报》中得出"全国城市空气质量总体良好，比上年有所提高"的结论。但是，采用更精细的监测包括PM2.5（指大气中直径小于或等于2.5微米的颗粒物，也称为可入肺颗粒物）在内的新的空气质量标准，中国环保部则指出全国有2/3城市未达到空气质量新要求。参见中华人民共和国环境保护部：《2010年中国环境状况公报》，http://jcs.mep.gov.cn/hjzl/zkgb/，最后访问时间：2012年5月25日；《环保部：中国2/3城市达不到空气质量新标准要求》，http://www.chinanews.com/gn/2012/03-02/3713567.shtml，最后访问时间：2012年5月25日。

界 215 个国家和地区中排名第 121 位①，整体上仍然属于发展中国家。从国内情况看，落后的生产力与人民群众不断增长的物质文化需求之间的矛盾依然是中国社会的基本矛盾。而经济发展水平的相对低下也在很大程度上制约了公众环境意识的普遍提升，不利于积累环境保护的社会动力，这就使得顺利推进生态现代化的社会基础不够扎实。

特别是，中国经济继续增长，经济规模不断扩大，在一定程度上会抵消中国通过技术进步和加强管理寻求推动绿色经济、循环经济建设，降低资源能源消耗的长期效果。最近 20 多年，中国单位 GDP 的能源消耗在持续下降，这对于减少二氧化碳等温室气体的排放做出了重要贡献。但从上文的图 1 中可以看出，中国能源消费总量依然在快速增长，1990 年为 98703 万吨标准煤，2010 年已达 324939 万吨标准煤。类似地，中国经济对于其他一些资源的消耗以及对环境所造成的压力也还将呈持续扩大（加重）趋势。

第三，经济发展不均衡条件下生态现代化及其风险。

中国的经济发展在整体上呈现城市与乡村，东部、中部与西部梯度发展的格局，城乡差距、区域差距很大，经济增长成果在不同人群之间的分配差距也很大，而且差距趋势是持续扩大。就经济总量（或人均总量）而言，2010 年，北京、上海、广东、山东地区生产总值（或人均总值）分别是 14113.58 亿元（71935 元）、17165.98 亿元（74537 元）、46013.06 亿元（44070 元）、39169.92 亿元（40853 元），而河南、江西、四川、贵州则分别是 23092.36 亿元（24553 元）、9451.26 亿元（21182 元）、17185.48 亿元（21362 元）和 4602.16 亿元（13228 元），上海的人均地区生产总值是贵州的 5.6 倍。②

对于生态现代化实践而言，经济发展不均衡的一个后果就是其所产生的落差效应刺激了竞争性的经济增长，妨碍环境保护共识的形成。虽然中国政府一再强调转变经济发展方式，提高经济增长质量，但是中国经济增

---

① 参见中华人民共和国国家统计局编《中国统计年鉴 2011》中"附录 2-13：中国主要指标居世界位次"，http://www.stats.gov.cn/tjsj/ndsj/2011/indexch.htm，最后访问时间：2012 年 5 月 25 日。

② 根据中华人民共和国国家统计局编《中国统计年鉴 2011》中"表 2-14：地区生产总值和指数"和"表 3-4：各地区总人口和出生率、死亡率、自然增长率"（参见 http://www.stats.gov.cn/tjsj/ndsj/2011/indexch.htm，最后访问时间：2012 年 5 月 25 日）有关数据计算。

长依然保持着强劲粗放式增长的势头。在一定意义上，这种情况存在双重过程：一是东部发达地区更加追求经济发展质量和环境保护而主动降低发展速度，调整产业结构；二是中西部地区更看重速度和规模扩张，大量承接东部地区的产业转移。这两种过程同时发生可能会导致中国整体经济发展出现某种减速以提升品质的表象，但似乎并不意味着经济发展方式出现了整体性的根本转变。

经济发展不均衡的另外一个后果是出现生态现代化的成本向农村地区、中西部地区和弱势人群转移的现象，乃至出现生态现代化的地区（部门、人群）与非生态现代化的地区（部门、人群）同时并存，甚至相互依存的现象。从全国总量来看，一些环境污染数据呈现某种下降趋势，表明环境治理已取得效果，生态现代化有所进展。但数据结构则显示，这可能是一种转移效应。例如，按照《中国统计年鉴》（2011）发布的数据，从2002年到2010年，全国二氧化硫排放量先增后降，在2006年达2588.8万吨后呈稳定下降趋势。从各地区看，北京2002年是19.2万吨，2010年降到11.5万吨；而同期内蒙古则从73.1万吨增加到139.4万吨①。从工业废水排放达标率、工业烟尘排放达标率、工业氮氧化物排放达标率、工业固体废物综合利用率等指标看，位居前列的也主要是东部的天津、北京、福建、山东、江苏、上海、广东、山东等发达省市②。

特别是，中国的环境治理呈现出比较明显的重城市、轻农村倾向。诚然，中国政府的污染治理投资在逐年增加，如果关注其投资方向（城市环境基础设施、工业污染源治理、建设项目"三同时"中的环境保护）则明显是以城市和工业为中心的。在中国城市环境状况呈现改善趋势的同时，现代化进程中居于弱势地位的农民遭受着更为严重的环境危害。据2010年发布的《第一次全国污染源普查公报》③，农业源排放的化学需氧量、总氮、总磷等主要污染物已分别占全国排放总量的44%、57%和67%，可以说农

① 参见中华人民共和国国家统计局编《中国统计年鉴2011》中"表12-27：各地区二氧化硫排放量"，http://www.stats.gov.cn/tjsj/ndsj/2011/indexch.htm，最后访问时间：2012年5月25日。

② 参见中华人民共和国环境保护部编《2010年环境统计年报》，http://zls.mep.gov.cn/hjtj/nb/2010tjnb/，最后访问时间：2012年5月25日。

③ 参见《三部门联合发布＜第一次全国污染源普查公报＞》，2010年2月10日，http://www.gov.cn/jrzg/2010-02/10/content_1532174.htm，最后访问时间：2012年5月25日。

业源已经与工业源、城镇生活源等主要点源①排放"平分秋色"。但是，"由于农村环保投入历史欠账过多，全国约 4 万个乡镇、60 多万个建制村中，绝大部分污染治理还处于空白"（孙秀艳，2012）。中国政府发布的《2010 年环境状况公报》也指出："农村环境问题日益显现，农业源污染物排放总量较大，局部地区形势有所好转，但总体形势仍十分严峻。突出表现为畜禽养殖污染物排放量巨大，农业面源污染②形势严峻，农村生活污染局部增加，农村工矿污染凸显，城市污染向农村转移有加速趋势，农村生态退化尚未得到有效遏制"③。

第四，以制造业为支柱产业的生态现代化及其风险。

中国目前仍然处于工业化快速发展阶段，制造业特别是重化工业占很大比重，不利于快速推进生态现代化。根据《中国统计年鉴》（2011）的数据④，从产业结构角度，自 1978 年以来，第一产业所占比重持续下降，由 1978 年的 28.2% 下降到 2010 年的 10.1%；第三产业所占比重持续上升，由 1978 年的 23.9% 增长到 2010 年的 43.1%；但第二产业所占比重基本没有变化，一直保持在 45% 左右。从不同产业对经济增长的贡献看，最近几年中国第二产业的贡献呈某种扩大趋势，2007 年占 50.7%，2010 年为 57.6%，在 2010 年中国 GDP 所达到的 10.4% 的增长率中，第二产业贡献 6 个百分点，是拉动中国经济高速增长的重要力量。

因此，若按照生态现代化的逻辑调整和改造兼具重要财富源泉和重要污染之源的第二产业，实际困难重重。对于中国这样人口众多的大国，忽视制造业也将带来巨大的就业风险和整体经济风险。由于中国地区发展不均衡，产业结构调整往往演变为地区分布调整，城市和东部地区的一些污染企业由于所在地环境保护的压力和利润空间的限制，已经开始向农村地

---

① 点源污染（Point Source Pollution）一般指具有固定排放口和地点的环境污染。

② 面源污染（Non-point Source Pollution）指溶解和固体的污染物从非特定地点，在降水或融雪的冲刷作用下，通过径流过程而汇入受纳水体（包括河流、湖泊、水库和海湾等）并引起有机污染、水体富营养化或有毒有害等其他形式的污染。参见陈吉宁、李广贺、王洪涛，2004。

③ 参见中华人民共和国环境保护部编《2010 年中国环境状况公报》，http://jcs.mep.gov.cn/hjzl/zkgb/，最后访问时间：2012 年 5 月 25 日。

④ 根据中华人民共和国国家统计局编《中国统计年鉴 2011》中"表 2-12：三次产业贡献率"（参见 http://www.stats.gov.cn/tjsj/ndsj/2011/indexch.htm，最后访问时间：2012 年 5 月 25 日）有关数据整理。

区和中西部地区扩散和转移，而不是就地改造技术变成环境友好型企业，这可能是在全国层次上制造业始终占有很大比例及中西部地区在近年来呈现经济和环境污染"双增长"态势的一个重要原因。

第五，政府主导的生态现代化及其风险。

中国政府在推动生态现代化方面发挥着突出作用，对主张"去中心化"环境治理方式的西方生态现代化理论构成了直接挑战，在一定程度上预示了生态现代化可能存在多种路径。但是，也应看到中国政府主导的生态现代化进程存在一定风险。

（1）中国政府在发挥促进经济增长和环境保护的双重职能时，面临角色紧张。一方面，中国作为发展中国家，其人均经济水平与发达国家相比还有很大差距；国内生产力的发展与人民群众日益增长的物质文化需求之间的矛盾还很突出，劳动力就业的压力非常大；"强国梦"依然具有巨大的号召力，因此政府还需将更多的注意力放在促进经济增长方面，甚至强调"科学发展观"的第一要义就是"发展"，从而使得中国政府需要认真扮演"发展主义政府"的角色。另一方面，中国发展进程所导致的环境污染及其破坏无论在规模、速度，还是深度、广度等方面，都显而易见并引人瞩目。国际社会也越来越关注中国发展对于全球环境的冲击，中国经济持续健康发展所面临的资源、能源与环境约束越来越强烈；由于环境污染及破坏所引发的国内国际冲突也出现增多的趋势，所以中国政府也需认真扮演"环境政府"的角色。"发展主义政府"与"环境政府"两种角色可以而且应该统一，中国政府已经意识到这一点。但是，在具体实践中，由于技术、体制、政治和国际国内社会背景等方面的客观约束，要同时统一两种角色很困难，通常的选择往往是在此时此地优先经济，而在彼时彼地则优先环保，采用时空区隔的时间差和空间差的权宜策略。而这种策略对于推动实质性、全面性和整体性的环境治理作用比较有限。

（2）中国政府在不同层级之间存在着差异化的利益需求和利益表达。中国自20世纪70年代末启动的改革进程逐步弱化了中央政府对地方政府的直接控制，调动了地方政府的积极性和主动性，并刺激了地方政府之间的竞争，而这正是促进中国经济快速增长的重要动力。事实上，一些地方政府由于过度卷入经济领域而与企业存在结盟现象，甚至政府本身演变为"厂商"，直接参与市场活动并攫取经济利益。相比较而言，中央政府更加关注整体的长远利益，在推动环境保护和可持续发展方面显得更为积极，所开展的工作更多。但是，中国的环境保护体制赋予地方政府更多的实际责任。考虑到地方政府较强的追逐利益和经济效果的倾向，在中国体制下推进环境保护工作的基础很薄弱。在实际工作中，中央政府的环境保护政策往往难以得到有效落实和执行，地方政府的环境治理存在一定程度的形式化倾向，环境政策的"扭曲性创新"现象较为普遍，表现为"上有政策，下有对策"的执行逻辑。甚至，一些地方政府利用其对环境监测站的实际控制，过滤环境监测数据，使得环境监测存在屈从地方利益的倾向，容易导致数据的虚报、瞒报或漏报，这种行为严重损害作为环境治理之重要基础的环境监测数据的客观性。

（3）中国政府面临的行为约束相对有限。一方面，随着经济全球化的快速推进和全球社会联系的不断加强，中国政府受到越来越多的国际约束。事实上，中国政府在国际社会环境保护领域签署了很多双边或多边文件，表现出履约决心，且已有相关实践。不过，中国政府也会从维护主权、发展权利和促进公正的角度对一些国际协议或条约提出异议，在执行时表现出一定的选择性和灵活性。另一方面，中国公众的环境意识在逐步增强，由此形成了对政府行为越来越高的期待和约束。中国政府也越来越重视促进公众对环境保护的参与，但是公众直接参与环境保护的机会、条件和能力依然有限，地方政府较强的自主性往往使其偏离环境保护的责任和工作目标。需要指出的是，在市场经济条件下，一些地区的环境保护部门及其从业人员甚至还存在违规违法行为，他们借环境保护之名设租寻租、谋取私利，不仅不利于环境保护，还损害了政府形象。

## 四　生态现代化理论反思

中国的生态现代化实践在三个方面对生态现代化理论提供支持。第一，面对日益严峻的环境危机，现代社会体系发生了包括技术、组织、制度、价值等层面的系列变化。第二，坚持现代化的方向，倡导经济增长与环境保护相协调是必要的。片面强调环境保护，简单地反对现代化、工业化，抵制经济增长是不切实际的，而完全忽视环境保护的经济增长则明显是有害的、不可持续的。第三，在实践上做到经济增长与环境保护相协调，促进二者实现双赢是有可能的。但是，中国生态现代化实践非常复杂，并非西方理论的"完美"案例，本文从中国现实情况出发对西方生态现代化理论提出以下问题。

第一，"生态现代化"在何种分析层次上是一个科学的概念？这涉及生态现代化理论的分析单位问题。中国实践表明，在将中国作为一个整体来分析时，可以观察到生态现代化的趋势和成效。但是，当深入分析中国实践的过程时，却看到了比较明显的转移效应，以至于在中国社会内部出现了生态现代化与非生态现代化同时并存乃至相互依存的现象。进一步而言，源自西欧少数发达国家实践的"生态现代化"，是否意味着具有全球范围的科学性，是否代表着全球现代化的单向趋势？笔者对此提出质疑。索南菲尔德在对东南亚地区的纸浆与造纸业的案例研究中指出：发达国家实现符合生态现代化标准的"生产的去物质化"（Dematerialization of Production）过程，实际上是得到了东南亚地区纸浆与造纸生产中的"超物质化"（Supermaterialisation）的帮助（Sonnenfeld，2000）。中国污染的地区转换与整体环境质量之间的复杂关系与此类似。要确立"生态现代化"概念的科学性，准确地描述生态现代化的未来趋势，必须采用系统的观点，关注局部与局部、局部与整体的关系。局部的环境改善不一定意味着整体的环境改善，甚至整体的环境改善也不意味着每个局部环境的同时改善。在一个全球化深入推进，各国更加紧密地联系在一起并且由此也更加紧密地依存于全球环境的时代，我们只能从全球整体环境出发来讨论生态现代化问题①。局部范围的生态现代化肯定不是孤立存在的，其只有趋势性和表征性意义，也并非必然导致整体的生态现代化。

第二，生态现代化是否可能存在多种路径与模式？笔者对此问题持肯定态度。生态现代化理论的一些分析性范畴常被用作规范性指标，例如将技术、市场、国家、社会运动、意识形态等方面的变化趋势与生态现代化的进程相关联。生态现代化理论家们已经基于西欧的经验设定了这些指标的具体尺度，一个地区或国家的状况如果越是接近这些尺度就越被认为是"生态现代化"了。这样一种规范取向体现了欧洲中心主义，继承了现代化的传统，忽视（甚至无视）实现生态现代化（如果最终可能实现的话）的多种可能路径和模式，特别是对政府和市场的作用存有不恰当的看法。

---

① Sonnenfeld 也从类似意义上提到随着生态现代化理论的进一步发展，必须将全球纳入其考虑范畴。

中国近年来环境改革的进展，与政府充分发挥的作用（特别是中央政府的大力推动）密切相关。当然，中国政府在推动环境保护时还存在很大局限，这可能为持续地促进经济增长与环境保护走向"双赢"带来一定风险。但是，从中国目前的现实情况看，去中心化、削弱民族国家的作用不能有效推动环境治理。一个反面的教训就是：中国一些地方政府在环境保护方面职能的弱化，实际上加剧了环境破坏。如果中国政府能够更进一步发挥其促进环境保护的积极作用，同时克服自身局限，那么必将对西方生态现代化理论构成更为实质性的挑战。此外，中国是在坚持社会主义基本制度的基础上推进环境改革的，这也与生态现代化理论家对于资本主义的过分强调不一致。尽管各种批评已迫使生态现代化理论家们调整了理论立场，把资本主义"既不看作是推动严格的、激进的环境改善的一个本质性的先决条件，也不认为它是推动这种改善的关键障碍"（Moland and Spaargaren，2000：659～668），但生态现代化理论偏爱自由市场资本主义，迷恋自我进化和"负责任"的能力，重视市场第一原则的倾向依然十分明显。中国实践表明，追求生态现代化的目标有可能存在多种路径和模式，应随实践的发展而进一步观察、分析和总结。

第三，推进生态现代化是否应该高度重视促进社会公正？笔者对此问题持积极态度。从生态现代化理论所关心的核心问题看，社会公正问题没有得到应有关注。中国实践表明，一定程度的社会公正是顺利推进生态现代化的重要条件，社会不公会成为生态现代化的重要约束。

生态现代化理论过分关注在西方视线中作为现代性之核心标志的社会制度与体制转型对于促进环境改革的积极作用，例如科学技术、生产与消费、政治与治理，以及各种规模的市场的作用。而对现代性的客观后果缺乏全面反思，包括缺乏对现代性之技术与体制方面的风险认识。其中，以贫富分化为标志的社会分化和社会不公，也可以看作现代性的一种后果。这种分化从群体层面、地区层面、国家层面到全球层面都长期普遍存在。在很大程度上，现代化进程中财富分配的不公正是环境衰退的一个重要社会原因，也是实现生态现代化的突出障碍。不能做到发展成果由全体社会成员共享，就不可能保障发展的可持续性，更谈不上实现生态取向的现代化。中国地区之间的发展差距导致了地区之间的发展竞争，而全球层面的发展差距也在加剧全球发展竞争，这类竞争无疑会继续加大环境压力。

进入 21 世纪，在经济增长的基础上，中国政府高度重视推进以保障和改善民生为重点的社会建设，着力控制社会分化。在"十一五"规划实施期间，大量财政支出投入三农、教育、医疗等"民生"领域，支出量年均增长20%，大大超过中国GDP的年均增长速度，支出总量接近"十五"时期的3倍。2010年，全国财政用于教育、医疗卫生、社会保障和就业、保障性住房、文化体育方面的支出合计30404.4亿元，占全国财政支出的33.8%[①]。中国政府在努力增进社会团结，凝聚社会共识，推动全社会共同重视环境保护和生态文明建设方面发挥了一定作用。这是最近几年来中国经济增长与环境保护走向双赢，生态现代化取得一定进展的重要因素。从长期看，促进社会公正必定是有效推动生态现代化的重要条件。中国在推进生态现代化方面，如果能够给国际社会提供某种经验或启示，那将是在社会主义制度基础上促进社会公正的有效实践。

第四，生态现代化是否为一种自然进程，是否必然伴随着生态现代化/非生态现代化的二元分割（或依存）？对照已经发生的所谓生态现代化取向的实践，笔者认为，生态现代化进程远不是其代表者所宣称的现代社会体制一帆风顺的自我单向演化过程，如果没有其他条件（例如促进社会公正和均衡发展等）的话，生态现代化/非生态现代化的二元分割（或依存）可能是一种必然的趋势。在现实的政治经济决策过程中，环境价值和标准远还没有独立出来成为引导和制约其他价值和标准的因素。所谓生态现代化，依然是依托或者嵌入特定的政治经济结构的一种特质，受各种复杂的利益和权力关系所左右。因此，生态现代化的过程总是伴随着种种摩擦、冲突乃至"抗拒"。在中国，关系到很多人的就业和生计的大量中小企业和一些行业缺乏迈向生态现代化的条件和可能，如果强力推动其转向"生态现代化"，势必激起消极或积极的社会反弹。与此同时，一些发达地区走向生态现代化之路，往往又是以其他一些发展中地区和不发达地区的环境破坏为条件或代价的。

因此，在中国简单地推进所谓生态现代化而不设计配套的社会改革，很有可能造成新的"绿与非绿"的二元社会结构。这种结构将对人群、行业和地区等进行分割，作为其作用的可能结果，整个社会便不是一个同质

---

① 根据中华人民共和国国家统计局编《中国统计年鉴2011》中"表8－6：中央和地方财政主要支出项目"（参见 http：//www.stats.gov.cn/tjsj/ndsj/2011/indexch.htm，最后访问时间：2012年5月27日）有关数据计算。

的生态现代化社会，而其至是一个更加不平等的社会。

第五，为进一步发展生态现代化理论，有无必要扩展"环境"概念？生态现代化理论似乎更多地关注人类社会体系与其"外部"的物质环境（例如大气、水、固体废物等）之间的关系。但是，现代工业已将很多人类社会的"外部"环境要素，转化为人类社会体系之中的各种"物质"（例如转基因食品、药品、建筑、室内环境、家庭消费品等），"外部"环境已经"内化"为人类社会的重要组成部分，并对人类的生存、生活状态产生重要影响。因此，生态现代化理论应该扩展其"环境"和"环境改革"概念，关注人类生活的物质基础以及物质化的全过程，思考人类社会过度物质化所带来的危机。按照现实中的生态现代化趋向，无论怎么改进技术和提高效率，实际的结果依然是消耗更多的环境要素，并不断扩大和加深我们生活世界的物质化程度。如果人类不能改变对物质化世界的崇拜和追求，人类将继续为物所役，并继续攫取自然环境。所以，生态现代化理论还需全面考虑人类的生活方式、消费行为和价值观，推动符合生态现代化取向的生活方式和消费行为，倡导节制的价值观。

总之，近年来中国在社会主义现代化进程日益凸显了环境保护取向。在此意义上，中国实践与生态现代化理论主张一致，并取得了初步成效，促成了经济增长与环境保护在一定程度上走向双赢的趋势，在一些方面支持了生态现代化理论。由此，我们可以在一定意义上借用"生态现代化"概念。但是，生态现代化理论毕竟基于西方发达国家实践，其是否具有全球适用性仍存在争议。本文的分析表明，由于中国现代化生态保护取向的起始条件与西方发达国家不同，呈现出自身特色及相应风险，因此持续和更加有效地推进中国生态现代化进程，尚需付出巨大努力。特别是，中国实践对西方生态现代化理论本身提出挑战，促使我们深入反思该理论。如果没有基于中国实践的理论自觉，简单照搬、套用生态现代化理论分析其至规范中国的现代化进程，不仅可能使我们陷入理论误区，甚至会误导实践。

## 参考文献

洪大用等，2007，《中国民间环保力量的成长》，中国人民大学出版社。

张晓，1999，《中国环境政策的总体评价》，《中国社会科学》第3期。

陈吉宁、李广贺、王洪涛，2004，《滇池流域面源污染控制技术研究》，《中国水利》，第9期。

孙秀艳，2012，《我国 60 多万个建制村大多数污染治理仍空白：农村污染求"急救"》，《人民日报》1 月 31 日，第 4 版。

赵喜亮、钟晓红、傅涛，2012，《中美环保产业对比分析研究》，《中国环保产业》第 4 期。

邹骥、傅莎、王克，2009，《中国实现碳强度削减目标的成本》，《环境保护》第 24 期。

张学刚，2009，《环境库兹涅茨曲线理论批评综论》，《中国地质大学学报》（社会科学版）第 5 期。

中国现代化战略研究课题组等，2007，《中国现代化报告 2007：生态现代化研究》，北京大学出版社。

中国科学院中国现代化研究中心编，2008，《生态现代化：原理与方法》，中国环境科学出版社。

中共中央编写组，2003，《中共中央关于完善社会主义市场经济体制若干问题的决定》，人民出版社。

中华人民共和国国家统计局编，2011，《2011 中国统计年鉴》，http：//www. stats. gov. cn/tjsj/ndsj/2011/indexch. htm。

A. P. J. Mol. 2010. "Environmental reform in modernizing China," . In M. Redclift and G. . Woodgate, eds. . *The International Handbook of Environmental Sociology*. Cheltenham, UK-Northampton：Edward Elgar Publishing Limited.

A. P. J. Mol and N. T Carter. 2006. "China's Environment Governance in Transition". *Environmental Politics* 15：149 – 170.

A. P. J. Mol and D. A. Sonnenfeld, eds. 2000. *Ecological Modernisation Around the World*：*Perspectives and Critical Debates*. London-Portland：Frank Cass & Co. Ltd.

A. P. J. Mol and G. Spaargaren. 2000. "Ecological Modernisation in Debate：a Review". in A. P. J. Moland D. A. Sonnenfeld, eds. *Ecological Modernisation Around the World*：*Perspectives and Critical Debates*. London-Portland：Frank Cass & Co. Ltd. .

A. P. J. Mol. 1995. *The Refinement of Production*：*Ecological Modernisation Theory and the Chemical Industry*. Utrecht：Van Arkel/International Books.

David N. Pellow, Allan Schnaiberg and Adan S. Weinberg. 2000. "Putting the Ecological Modernisation Thesis to the Test：The Promises and Performances of Urban Recycling". inA. P. J. Mol, and D. A. Sonnenfeld, eds. *Ecological Modernisation Around the World*：*Perspectives and Critical Debates*. London-Portland：Frank Cass & Co. Ltd.

A. Schnaiberg. 1980. *The Environment*：*From Surplus to Scarcity*. New York：Oxford University Press.

B. Commoner. 1971. *The Closing Circle*. New York：Bantam Books.

D. A. Sonnenfeld. 2000. "Contradictions Of Ecological Modernisation：Pulp And Paper Manufacturing In South-East Asia". in A. P. J. Mol and D. A. Sonnenfeld, eds. *Ecological Modernisation Around the World*: *Perspectives and Critical Debates*. London-Portland: Frank Cass & Co. Ltd. .

F. H. Buttel. 2000. "Ecological Modernization as Social Theory". *Geoforum* 31: 57 – 65.

G. Spaargaren and A. P. J. Mol. 1992. "Sociology, Environment and Modernity: Ecological Modernization as A Theory of Social Change". *Society and Natural Resources* 5: 323 – 344.

John Hannigan. 2006. *Environmental Sociology*. London and New York: Routledge Taylor & Francis Group.

L. Zhang, A. P. J. Mol and D. A. Sonnenfeld. 2007. "The Interpretation of Ecological Modernization in China". *Environment Politics* 16: 659 – 668.

U. Simonis. 1989. "Ecological Modernization Of Industrial Society: The Strategic Elements". *International Social Science Journal* 41: 347 – 361.

W. R. Jr. Catton,, and R. E. Dunlap. 1978. "Theories, Paradigms And The Primacy Of The HEP-NEP Distinction". *The American Sociology* 13: 256 – 259.

# 脱嵌型资源开发与民族地区的
# 跨越式发展困境
## ——基于四个关系性难题的探讨

王旭辉　包智明*

**摘　要：**当前，依托丰富的自然资源和西部大开发政策，我国民族地区逐步进入"跨越式发展"阶段。但客观来讲，民族地区的社会经济发展水平仍相对滞后，而资源依赖型发展模式也呈现出"脱嵌"的典型特征。与此相应，当前我国民族地区的"脱嵌型"资源开发面临四个关系性难题——开发与保护、整体利益与局部利益、外部主导与地方参与、经济增长与社会发展。而要真正实现我国民族地区的跨越式发展，就需要充分考虑资源开发过程的"社会嵌入"，并从理顺政府职能、强化政策及制度执行、实施参与式开发以及强化基层社会组织等多方面着手，破除上述四个关系性难题，进而推动民族地区的内生型、包容性发展。

**关键词：**民族地区，资源开发，悖论，脱嵌，跨越式发展

　　西部大开发政策实施以来，快速拉动经济增长，缩小民族地区与其他区域的发展差距，实现民族地区及少数民族的"跨越式发展"，已经成为

---

　*　王旭辉，中央民族大学民族学与社会学学院社会学系讲师，社会学博士；包智明，中央民族大学民族学与社会学学院社会学系教授，社会学博士。原文发表于《云南民族大学学报》（哲学社会科学版）2013 年第 5 期。本文是中央民族大学 2011 年度新增中央高校基本科研业务费重大项目"民族地区的开发、环境与社会发展"（项目编号：MUC2011ZDKT08）和国家社科基金重点项目"民族地区的环境、开发与社会发展问题研究"（项目编号：12AMZ009）阶段成果。

了一种主流实践及主流话语。基于自身资源禀赋条件以及全国地域分工格局，民族地区纷纷加大资源开发力度，加快以资源型产业为主导的工业化进程。然而，在民族地区实现"跨越式发展"的过程中，环境问题和社会问题也十分突出，甚至成为影响民族地区社会稳定与可持续发展的重要因素。

本文基于当前我国民族地区资源开发的现状及特征，从资源开发与民族地区发展之间关系角度入手，深入分析了我国民族地区资源开发的四个关系性难题，进而就"脱嵌型"资源开发的性质及成因展开系统分析，并主张强化民族地区资源开发方式及过程的"社会嵌入"，以实现民族地区的内生型、包容性发展。

53

## 一 资源开发与当前民族地区发展中的两类问题

一定意义上，自然资源丰富、生态环境脆弱及社会经济发展相对滞后仍是我国民族地区的典型特征。一方面，民族地区大约占我国国土面积的64%，是我国的资源富聚区，土地、水、矿产等自然资源丰富。其中，很多类型自然资源的现有面积或储量都超过全国总量的50%，这是民族地区实现发展的重要"潜在优势"。另一方面，民族地区既是生态脆弱区，也是全国或各大区域的重要生态涵养及屏障区，对于全国及各大流域的生态均衡有着重要意义。与此同时，受自然环境条件和历史传统等因素制约，民族地区及少数民族社群在社会经济发展方面仍相对滞后。改革开放以来，由于国家经济建设重心的东移，西部民族地区与东部地区之间的发展差距出现了明显扩大的态势，西部民族地区发展任务及发展压力都十分繁重。

1999年，面对民族地区社会经济发展相对滞后和生态环境持续恶化的现实问题，中央政府正式启动"西部大开发"战略，一方面加大民族地区的资源开发力度、加强基础设施建设、促进经济增长；另一方面则推行"退耕还林""退牧还草"等生态治理项目，以期实现"发展"与"环境保护"的双赢。实施西部大开发战略以来，依托丰富的自然资源及产业结构调整，民族地区进入快速经济增长和全面基础设施建设的发展阶段，其经济总量和人均收入水平都实现了快速增长①。在此背景下，中央及各民族自治地区纷纷以前所未有的热情宣传并实践一种新的发展模式——跨越式发展（牟本理，2003）。

客观来讲，虽然西部大开发也有生态环境保护层面的内容，并取得了一定的生态治理成果，但资源开发和以此为基础的经济增长无疑才是实际的主线。最近十几年来，西部民族地区通过利用自然资源这一比较优势，走以资源开发为主的工业化道路，以实现缩小与东部地区社会经济层面的发展差距。从这一意义上讲，西部大开发就是资源的大开发和基于资源开发的工业化进程。与此相应，当前我国民族地区的"跨越式发展"呈现出高度依赖资源开发的典型特征②，"资源开发"是理解和分析当前我国民族地区发展模式及问题的重要切入点。

也就是说，在民族地区的环境、资源与人口关系链条中，资源开发是关键一环，其一端是环境保护，另一端则是人及社会的发展。对于既要大力推进经济发展、又要加强环境保护和社会建设的当下，民族地区在依托自然及文化资源优势实现发展的过程中存在两类突出难题：一方面，如何在大力推进资源开发的同时，保护脆弱的生态环境，避免或减少环境破坏、退化。另一方面，如何在加快资源开发、经济增长的同时，回馈民生、推动社会均衡发展。实际上，资源大开发支撑下的民族地区"跨越式发展"远未达到最初设定的双赢目标，上述两方面难题都已是当前民族地区大量存在的现实问题，并成为影响民族地区可持续发展的重要因素。

具体而言，在民族地区的大规模资源开发和快速工业化过程中，"生态环境恶化"和"富饶的贫困"（Auty，1993）问题非常突出，并引起了民族经济关系及社会关系的新变化。一方面，过度的、低生态成本和"现代化"的资源开发不但加重了民族地区的环境压力，诱发了水污染、草原退化、

---

① 我国民族地区经济总量由 1978 年的 324 亿元增加到 2008 年的 30626 亿元，按可比价格计算，增长 92.5 倍；民族地区城镇居民人均纯收入由 1980 年的 414 元增加到 2008 年的 13170 元，增长 30 多倍；民族地区农牧民人均纯收入由 1980 年的 168 元增加到 2008 年的 3389 元，增长 19 倍。

② 从相关工业数据上来讲，"十五"规划以来，在我国西部民族省份增长最快的产业主要是原材料工业、采掘业及重化工业。而 2011 年两会审议通过的"十二五"规划也明确提出，要把西部地区建设成国家重要能源、战略资源接续地和产业集聚区，这就意味资源导向型发展模式是民族地区的政策及现实选择。

水土流失、沙漠化等突出的环境问题（刘裕明等，2005），还打破了当地少数民族生计传统与生态环境之间的均衡关系，加剧了当地居民的环境不公平感，并导致民族地区"生态脆弱性"的再生产（荀丽丽，2011）。另一方面，民族地区在如何以资源开发、经济增长来推动社会发展方面也遭遇了困境，由于缺乏民族地区居民的文化自觉、自主参与以及有效的利益均衡机制，外来开发者主导的资源开发还引发了贫富差距拉大、社会矛盾激化等社会发展问题（崔延虎，2011），各种形式的"抗议"甚至群体性事件时有发生，进而影响到不同民族之间的发展共识及相互关系。

当前，时空压缩的"跨越式发展"导致民族地区人口、资源与环境之间关系紧张，而以资源开发为主线的发展模式则面临着极高的生态环境及社会发展成本。而且悖谬的是，这些问题并未随着国家及民族自治地方发展理念的调整、开发及保护政策的出台以及配套制度体系的细化而有明显改善。对于这一困境，我们将通过下文对民族地区资源开发过程中四个关系性难题的探究进一步展开讨论。

## 二 民族地区资源开发面临的四个关系性难题

概括而言，对于当前我国民族地区资源开发过程中所存在的问题，国内学者主要从环境保护和开发利益共享两类立场出发，重点关注资源开发对民族地区生态环境、社会发展这两个层面的影响及破解之道。实际上，我们在处理资源开发与民族地区发展两者之间关系方面，面临四个关系性难题：首先，开发与保护之间存在悖论性关系；其次，中央与地方、整体利益与局部利益之间存在悖论性关系；再者，外来开发者的主导性与当地主体的自主参与及利益共享之间存在悖论性关系；最后，经济增长与社会发展两者之间关系也存在一定问题。它们既是民族地区资源开发所诱发各类环境及社会问题的具体体现，也是这些问题之所以出现并且难以短期内化解的原因所在。

首先，在民族地区资源开发过程中，存在着"保护"和"开发"之间的悖论性难题。一方面，大规模开发民族地区的土地、矿产、水等资源，既是国家战略发展及产业结构调整需要，也是民族地区及少数民族人民缩小发展差距的要求。但另一方面，西部民族地区又是重要生态涵养区、屏障区，生态环境相对脆弱，环境保护价值突出，其资源开发存在明显的生态困境，禁止开发、限制开发或保护性开发不可或缺。如此一来，就会产生开发和保护之间的极大张力甚至冲突。目前，虽然我们从战略规划、政策到实际项目层面，都非常重视这两者之间的平衡，但在当前环境保护和资源开发双双呈现出重要性上升的情况下，无论在理论还是实践层面，保护和开发之间的冲突都有激化的趋势。而且，由于民族地区的生态保护区与资源富集区经常交叉，例如，新疆的很多矿区就同时是水源地、自然保护区，两者之间的悖论性关系就更为突出。

其次，在民族地区资源开发过程中，还存在着中央与地方、整体利益与局部利益之间的悖论性难题。一方面，中央与地方在对民族地区的角色定位及发展道路选择方面存在认知分歧，中央政府希望地方政府能顾全大局、保护环境、发展绿色经济，但地方政府则要优先考虑当地 GDP、财政收入及工业化水平的快速提升。而且，基于资源开发现有的"条块管理"格局，同一层级的不同政府部门之间也存在意见分歧，其中能源部门与环保部门之间的分歧就十分突出。另一方面，全国或特定区域的整体利益诉求往往与地方性的局部利益诉求并不一致，并且存在资源开发收益分配层面的实际冲突，民族自治地方往往在资源开发和收益分配中处于较为被动的地位。例如，从全国格局上讲，民族地区占据了我国三类主体功能区中维持自然现状区、限制干扰区的绝大部分面积（许振武等，2011），其生态保护情况关系到整个国家或较大区域的生态安全，应限制其资源开发行为；但从地方层面来讲，由于生态补偿机制尚不健全，地方政府自身又有政绩考核压力及发展需求。这两者之间就容易形成一种悖论关系，并往往容易导致地方资源开发失序。

再者，在民族地区资源开发过程中也存在着"内外关系"难题。由于当前民族地区的资源开发多由民族地区之外的开发企业或上级行政部门主导，加上很多外来开发者本身就是有一定行政级别并且将资源和收益主要向外输出的大型国企，外来开发主体与当地政府、社区及居民之间的关系协调和利益均衡问题就十分突出。一方面，我们要求地方加快优势资源转化、大力发展现代工业及农牧业，以尽快实现其自主发展。但另一方面，薄弱的财政、资本及技术基础却极大限制着民族地区的自主发展能力，地方主体的参与意识和能力严重受限。而具备资本、技术甚至政策优势的外来主体却不断进入民族地区，进行大规模、低成本甚至是破坏性的开发。实际上，外来开发者往往以生产便利和短期经济利益最大化为原则，对当地劳动力市场、关联产业及社会建设的拉动效益相对不足。这就很容易导致民族地区资源开发过程中的相对排斥性格局，甚至是"内外关系"冲突。如果这种内外关系被放入"汉族—少数民族"这样的分类框架之中，就会因此诱发基于族群边界的区隔甚至冲突。例如，在当前新疆、内蒙古等地的资源开发中，外来开发者的"人、财、物""产、供、销"在很大程度上以远地域空间的社会经济联系为对象，其管理层及工人大多来自内地，本地人尤其是少数民族技术人员和工人所占比例偏低。这就既造成资源开发与民族地区经济发展、民生改善的关联不足，也容易导致当地人尤其是少数民族群众出现"机会不平等"的不满情绪，认为内地人夺取了他们的资源与就业机会，却没有给他们带来实际利益（李俊清，2012）。

最后，在民族地区资源开发过程中，经济增长与社会发展之间关系同样不容忽视。客观而言，民族地区的经济总量迅猛增长，基础设施水平也已获得极大提升。然而，"比较优势"的陷阱和"跨越式发展"的冲动，却一定意义上使西部大开发沦为单纯的资源开发，社会建设相对滞后。同时，由于缺少有效的制度规范、利益均衡和社会参与机制，当地农牧民无法从资源开发过程中得到有效补偿和公平发展机遇，资源开发成果在转化为人民群众生活质量和社会秩序的过程中遭遇了极大的阻碍。以新疆、内蒙古为例，"十一五"以来，两地的生产总值、财政收入每年均以两位数的速度增长，远高于全国平均增速。然而，在居民收入、社会保障等社会建设指标上的表现两地却相对滞后，而且不同地域及人群之间收入不均的问题甚至越来越突出。

全球范围内，资源开发与区域发展之间的不一致关系都普遍存在，也是研究者关注的一个热点问题，并由此产生了颇具影响力的"资源诅咒"理论[①]（Sachs & Warner，2001）。对于民族地区来讲，如何基于自身资源禀赋破解上述四个关系性难题，以资源开发带动民族地区的可持续发展，是无法回避的重要问题。为此，本文接下来的部分，将分别对四个关系性难题的性质、成因及破解方法进行探索性分析。

---

① 概括而言，资源诅咒（Resource Curse）理论视角下的相关研究主要是从经济增长层面，来讨论资源富集程度、资源开发与区域经济发展之间的关系，较少涉及更广义的社会发展层面。

## 三 脱嵌：四个关系性难题的性质及成因

总体上，无论是经由政策性援助还是市场化途径，改革开放之后尤其是西部大开发以来，我国民族地区资源开发的显著特征可以概括为"脱嵌"，而"脱嵌型"资源开发也与上文所讨论的四个关系性难题形成内在对应关系。

### （一）脱嵌：四个关系性难题的性质

在笔者看来，民族地区"资源开发"不仅是自然资源的开采及加工过程，还是生产、生活方式转型以及社会文化变迁的过程，我们必须综合从自然生态系统和社会生态系统来分析问题的实质。就当前我国民族地区的资源开发而言，它显然不同于世界近现代历史上的美国"西部开发模式"或苏联"西伯利亚开发模式"（胡延新，2000），也不同于我国其他地区的资源开发活动，具有其自身独特性。而这种独特性无疑与我国民族地区在自然环境、制度框架及文化等方面的特殊性紧密相关，这实际上说明民族地区资源开发离不开其所处地域的社会文化基础。

具体而言，对于我国民族地区来讲，其特殊性则主要体现在三个层面：首先，民族地区具有地理区位及生态环境方面的特殊性，民族地区多处于西部、边疆地区，虽然地大物博，但资源富集区也多为生态脆弱区、民族经济活动区。其次，民族地区还具有制度及政策层面的特殊性，基于民族区域自治制度和现有民族政策体系，民族自治地方享有法定区域自治权和优惠政策。最后，民族地区还因为其人口结构及文化体系而具有特殊性，少数民族及民族地区的最大特征就是附着其上的民族文化属性，并体现在主观意识观念及客观生计生活方式两个层面。

按照波兰尼和格兰诺维特的社会嵌入理论，人类社会的所有经济行为都不是孤立存在的，而是嵌入特定的社会关系、社会结构及文化体系之中（Granovetter，1985）。相应地，对当前我国民族地区的资源开发而言，是否以及如何考虑其与民族地区上述三方面特殊性的社会嵌入，是关系到开发过程及效果的关键性问题。实际上，正是由于"脱嵌"于上述三方面特殊性，当前民族地区资源开发的一系列负面后果才日益显现——自然资源过度开发、生态环境约束缺位、开发成果的共享机制以及地方性主体参与缺失等。也就是说，当前我国民族地区资源开发行为"脱嵌"于当地的自然环境、制度环境及文化环境，而这种"脱嵌型"资源开发则是四个关系性难题的重要诱因或强化因素。

在一定意义上，就上文所阐述的四个关系性难题而言，其实质正是民族地区的资源开发未能周全考虑该地区的三个层面现实条件——脱嵌于民族地区在生态环境、制度及文化层面的现实基础及约束性条件，进而导致资源开发的包容性不足：一方面，"保护和开发""经济增长与社会发展"这两类关系性难题，是民族地区资源开发未能兼顾和均衡不同发展维度、发展目标的结果；另一方面，"中央与地方、整体利益与局部利益""内外关系"这两类关系性难题则是民族地区资源开发过程中的相关主体之间关系出现了结构性失衡，未能兼顾并合理配置不同主体的开发诉求及收益的体现。

### （二）"脱嵌"的成因：关系失衡与逻辑错位

那么，从民族地区资源开发的现实情况来看，"脱嵌"是如何形成并持续存在的？这是我们需要进一步澄清的问题。正如前文所述，我们将资源开发视为一种社会行动、社会过程。那么，影响民族地区资源开发模式的关键因素就是各方的行动逻辑及相互关系。按照这一思路，在这部分论述中，笔者将集中从政府、开发企业、地方社区及居民、族群等关键主体在资源开发中的关系和行动逻辑角度，具体分析"脱嵌"的成因。

首先，作为战略规划、政策制定及执行、利益均衡与配置的关键主体，政府对民族地区的资源开发模式有着重要影响。一方面，在中央政府、自治区及省政府与地方政府的关系链条中，中央政府对民族地区的战略考虑[1]和财政支持一直是开发政策及开发模式的首要前提（陈文烈，2011）。地方政府无论在决策过程还是实际资源开发过程中都处于相对被动的地位，而自上而下和条块分割型资源管理体制也使得地方在资源开发过程中的获益度及自主性受限[2]。另一方面，不同层级政府的行动逻辑也有错位之处。国家和中央政府不同部门在民族地区资源开发目标及模式定位方面存在不一

59

---

[1]  国家安全、政治稳定及国家生态治理等战略考虑。

[2]  当前，对资源的实际控制权主要集中于省级以上国家机关，由于在民族自治地方中央大型国有企业所占比例较高，增值税在中央与地方之间的分配比例以及企业所得税依照企业的隶属关系在中央与地方间进行分配的制度安排，明显不利于民族自治地方财政能力的增强。此外，作为在外地注册的企业进入民族自治地方开发自然资源的增值税、营业税和企业所得税均在注册地缴纳的制度安排，也不利于民族自治地方等资源富集区的发展。

致，相关政策之间也常常包含内在矛盾，无法为国家法律及制度的切实执行提供一致性标准。地方政府面对 GDP 导向的政绩考核方式和赶超型的发展压力，也往往会直接成为资源开发的最大"经营者"或者破坏性开发的纵容者，容易背离其本应扮演的中立调控者和公共服务提供者的角色。实际上，作为资源开发关系链条中的一个重要主体，地方政府为了摆脱入不敷出的财政困境、彰显招商引资的"政绩"，往往对资源开发表现出较高的积极性，并允诺开发者某些不合乎中央政策的"优惠"，甚至"暗箱操作"开发权以获取权力寻租收益（肖红波、庄石禄，2010）。如此一来，政府就无法充分发挥其在民族地区资源开发过程中的宏观政策调控、利益协调及再分配职能，而地方局部利益和地方主体的自主参与也会因此受限。

其次，对于民族地区的资源开发者这一关键主体而言，由于其多为外来企业，并且其主要面向外部市场，加上地方政府对其监管不力，就很容易成为资源开发过程中相对封闭的"飞地"。一方面，外来开发企业的资本、设备和劳动力多从外部带入，与当地的产业关联性较弱，对当地劳动力市场的贡献也较小，还在客观上加剧了民族地区的社会分化（李世勇，2013）。另一方面，因为这些企业多为享受较高行政级别待遇的国有企业或资本雄厚的大型私营企业，而且又多实行"总部经济模式"，除少量补偿金和税收外，其资源开发收益与地方的关联性严重不足。因为行政级别限制，民族自治地方还往往难以对其资源开发行为实施完善的政策引导和管理。再一方面，按照资源开发的现行法律法规，大型国有企业的资源开采权并不完全以市场方式获得，行政手段进行资源配置还占很大份额，这使得国家和地方的大量权益转至企业，甚至还造成排他性、垄断式开发格局。当前，不少民族地区都试图通过多引进国有企业的方式来强化资源的集约化开发，但开发企业毕竟以追求利润最大化为目标，如果不理顺上述关系，其结果必然造成资源开发行为的"脱嵌"。

再次，当前民族地区资源开发的"脱嵌"还与地方社区及居民这一主体在各方关系中的地位及行动能力有关。从这一角度而言，在政府和资本力量主导的资源开发过程中，当地社区及民众往往在诉求实现和利益分配方面处于弱势地位，甚至会因为被排斥在开发过程之外而利益受损。一方面，大量开发企业的入驻以及在此基础上所形成的一系列新城镇的形成，总是伴随着中东部大量汉族人口的移入，对当地人尤其是当地少数民族劳动人口的吸纳十分有限。同时，外源式的资源开发无视当地的生态环境以及与环境共生的生计传统，简单复制既有开发模式，不仅破坏了当地生态环境，还未能兼顾当地社区及居民的自身发展需求（来仪，2002）。另一方面，偏向于开发者一方的资源开发及补偿政策，加上地方政府的角色错位，使得当地社区及居民无法从资源开发过程中公平获益，而教育、医疗、就业等民生问题也无法透过资源开发的受益机制得到妥善解决。再一方面，由于民族地区的自然资源多分布于草原、戈壁荒滩、山地等农牧区，资源开发占地面积相对有限，而当地人口居住分散、组织相对松散。所以在资源开发过程中，当地社区及居民往往难以有效组织起来与资源开发者、政府进行沟通协调甚至采取集体行动，以充分表达自己的利益诉求、获取公平收益。

61

还应看到，与"民族性"这一民族地区的特殊属性相关，民族地区资源开发的"脱嵌"还与族群意义上的少数民族群体处境有一定关联，这也是资源开发诱发不同民族成员之间误解甚至是民族矛盾的重要原因。实际上，不同族群在当前资源开发过程中的参与度存在明显差异，而少数民族群众对资源开发的不平衡心理和发展焦虑也不容忽视。一方面，由于区域分布及岗位门槛等因素限制，外来企业和政府主导的资源开发行为未能惠及以农牧业为主的少数民族人口，一些少数民族群众在资源开发与工业化进程的强烈冲击下处于相对边缘化状态。另一方面，在资源开发过程中，由传统农牧业社会向现代工业化社会的转变以及快速城市化也引起了少数民族成员生计和生活方式的重大变化，当地少数民族群众面临既失去原有生计环境、又无新的生计能力的困境。而且，面对事实及心理上的明显落差，极易导致少数民族群众对资源开发"掠夺性"的判定，并可能诱使一般性经济问题演变成民族问题。

长期以来，我们惯常认为"发展才是硬道理"，而经济增长则是实现民族团结和社会稳定的基础。但需要指出的是，事实已经证明，缺少社会嵌入的"脱嵌型"资源开发虽然可以带来民族地区的快速经济增长，但并不必然造就良好的社会关系和社会秩序。在当前民族地区"跨越式发展"背景下，开发企业通过资源开发获得了较大的经济效益，地方政府通过征收税费增加了一定的财政收入，但资源开发与当地发展之间在一定程度上呈现出二元分割格局。而且，在当前"脱嵌型"资源开发模式下，如果没有制度、组织等层面的进一步变革，纯粹靠"量"的投入，难以改变当前各方关系的不协调状态及利益分配的不均衡格局，也就难以有效化解民族地区资源开发过程中的关系性难题。

## 四 结论与讨论：从脱嵌到社会嵌入

当前，我国民族地区正处在一个重要的发展机遇期。依托丰富的自然资源及赶超型工业化进程方式，民族地区与东部较发达地区的经济差距正在不断缩小，民族地区纷纷迈向"跨越式发展"道路。然而，追求快速、压缩型发展往往以牺牲环境和社会公平为代价，这不但不能通过发挥民族地区的资源、区位和政策优势来提升人民的生活质量，还会造成民族地区发展的内生性及包容性不足。而且，以资源开发为依托的单一经济增长显然无法支撑民族地区的"跨越式发展"。在经济和财政收入快速增长的背景下，资源开发所诱发的环境及社会展问题不减反增，并面临涉及民族地区不同发展维度以及不同主体之间关系的四个关系性难题："开发与保护""中央与地方、整体利益与局部利益""外来开发者的主导性与地方性参与及利益共享""经济增长与社会发展"。

民族地区资源开发具有其自身独特性，其在自然环境、制度框架、文化等方面的特殊性是资源开发的现实条件。然而，由于资源开发过程中的关键主体之间关系失衡和行动逻辑错位，民族地区资源开发呈现出"脱嵌"于当地自然环境、制度及文化体系的整体特征。一定意义上，"脱嵌型"资源开发是当前我国民族地区跨越式发展进程中四个关系性难题的重要诱因，并造成民族地区发展的内生性和包容性不足。

而要协调好民族地区资源开发与环境保护及社会发展之间的关系，并通过资源开发带动民族地区的内生性、包容性发展，就要强化资源开发的"社会嵌入"。嵌入式资源开发重视生态环境保护与社会经济发展之间的动态平衡，强调不同主体、人群及区域在资源开发过程中的利益共享及同步发展，注重开发地居民传统生态知识、生计方式与资源开发过程的有效衔接。通过嵌入式资源开发，可以充分发挥资源开发的社会拉动效应，实现综合协调生态环境与经济、社会、文化之间关系的"整体性"发展（包智明，2010），并实现民族地区及开发地各族居民的同步发展，进而通过多主体的充分自主参与实现其内源性发展（周大鸣等，2006）。

也就是说，民族地区的资源开发应该从上文讨论的自然生态环境、制度环境和文化环境三个层面强化其"社会嵌入"，以破除"脱嵌型"资源开发所面临的四个关系性难题。其中，对生态环境的嵌入需要考虑到民族地区生态环境的脆弱性、生态环境的外部性以及生态环境与当地居民生计传统的一体性这三个基本特征。对制度环境的嵌入，则需要关注资源开发如何在现有民族区域自治制度和民族政策条件下展开和深化。而对文化环境的嵌入则一方面要考虑当地各族群众的生产、生活（生计）方式转型，另一方面还要充分达成不同主体、人群对资源开发的共识性理解，避免认知偏差和误解对资源开发过程的负面影响。

就这一点而言，要通过嵌入式资源开发带动民族地区的内生性、包容性发展，就要充分考虑地方文化和各民族实际情况，通过制度、组织和文化机制，实现民族地方各族民众的全过程、多主体参与，在利益共同体内部协调各方关系。在市场经济体制之下，产业分工和经济格局难以在短期内改变，而且有其存在的必然性和合理性，因此我们不能单纯依赖市场机制，或者强制要求开发企业实现资源的就地转换、深度开发和开发成果普惠，而必须充分发挥政府和市场两个主体的差异化功能。在现有格局下，政府的职能转换，宏观调控制度和利益再分配机制的建立和健全无疑是影响当前民族地区开发方式及效果的关键所在，是维系社会公平、破解上文所述四个关系性难题的最重要手段，也是必须进一步研究的重要现实议题。

## 参考文献

包智明，2010，《从多元、整体视角看西部的生态与文化保护》，《中国社会科学报》4月13日。

陈文烈，2011，《西部民族地区发展中的政府意志与社会变迁悖论》，《青海民族研究》第4期。

崔延虎，2011，《权力、权利与利益如何在资源开发中实现平衡》，《中国民族报》3月4日。

胡延新，2000，《苏联开发中亚边疆少数民族地区的经验、教训和启示》，《东欧中亚研究》第6期。

来仪，2002，《开发西部少数民族地区的历史经验与教训评述》，《西南民族学院学报（哲社版）》第1期。

李俊清，2012，《推动民族地区跨越式发展应处理好三大问题》，《贵州民族报》2012年10月26日。

李世勇，2013，《和谐民族关系视阈下西北民族地区资源开发问题探析——以青海海西蒙古族藏族自治州为例》，《西北民族大学学报（哲社版）》第1期。

刘裕明、任国英、冯金朝、石雪峰、张海洋、陈慧英、吴燕红，2005，《西部民族地区在大开发中所面临的生态环境问题与思考——以内蒙古自治区鄂托克旗为例》，《中央民族大学学报（哲社版）》第4期。

牟本理，2003，《论我国民族地区跨越式发展》，《民族研究》第6期。

许振成、张修玉、胡习邦、赵晓光、王俊能，2011，《全国环境功能区划的基本思路初探》，《改革与战略》第9期。

肖红波、庄万，2010，《民族地区资源开发与收益共享新模式调查——以甘孜州白玉县呷村矿产资源开发为个案》，《西南民族大学学报（人文社科版）》第11期。

荀丽丽，2011，《与"不确定性"共存：草原牧民的本土生态知识》，《学海》第3期。

周大鸣等，2006，《寻求内源发展：中国西部的民族与文化》，中山大学出版社。

Auty，R. M.．1993. *Sustaining Development in Mineral Economics：the Resource Curse Thesis.* London：Routledge.

Granovetter，M. 1985. "Economic Action and Social Structure：The Problem of Embeddedness". *American Journal of Sociology* 91.

Sachs and Warner. 2001. "The Curse of Natural Resources". *European Economic Review* 5.

# 灾害的再生产与治理危机
## ——中国经验的山西样本

张玉林[*]

**摘　要：** 能源开发在很大程度上可以理解为"造灾"的过程。尽管这种典型的"人祸"具有可预见性，但是本文通过对山西省的相关状况的考察表明，由于复杂的政治、经济和社会体制的诸多缺陷交织到一起，使得造灾的动力巨大，从而将山西的大地肢解得"触目惊心""山河破碎"。同时由于有效的救灾机制难以形成，导致灾害不断地扩大再生产，受害区域和人数增加。而当对那些丧失了生存基础的农村居民的救助遥遥无期，"治理危机"实质上意味着生存危机，如何消除这种危机成为异常紧迫的问题。

**关键词：**"矿山地质灾害"，灾害的再生产，中国经验，山西农村，治理危机

## 一　问题的提出：为什么是"矿山地质灾害"

中国农村的改革或"转型"迄今已有三十余年，其间的巨变令人想到一

---

\* 张玉林，南京大学社会学系教授。原文发表于《中国乡土研究》国际版（Rural China）第一辑，荷兰 Brill 学术出版社，2013 年 4 月；国内版第十辑，福建教育出版社，2013 年 12 月。本文为作者承担的国家社科基金"十一五"规划课题"环境问题与社会公正的省区样本研究"（项目编号：10BSH023）的部分内容。

句俗语"三十年河东，三十年河西"。但具体地说，它目前究竟是在"河东"还是"河西"？抑或仍然在河的中央"摸着石头"？若将问题转换成非常"理论"，也非常"现实"的学术话语，那就是：今天的中国农村到底是一个什么样的"社会"？它的社会性质属于什么"主义"？

不过，这种整体性的追问目前似乎难以获得能够达成广泛共识的整体性的回答。因为，就"理想类型"的社会主义和资本主义而言，无论将其界定为哪一种"主义"，似乎都能找到太多的反例。最基本的问题在于，如果说对"主义"的判断标准主要依据经济制度或所有制形态，那么今天中国农村的混合经济形态显然将两种主义都包含在了其中，并显示出较大的区域差异和不稳定性。另一方面，官方话语中的"中国特色社会主义"以及民间话语中的"中国特色资本主义"，固然也算提供了现成的答案，但又因为"中国特色"非常含混而具有相当宽泛的理解空间，似乎说了等于未说。

基于回答的困难（至少对作者本人是这样），本文将关注的问题下放一个层次，重点探讨中国农村的治理方式及其结果。这样做的理由还在于如下的假设：不管何种"主义"以及其下的（或者背离了它的）政府，都必然将"善治"作为目标，都会希望有更高的行政效率、更低的行政成本、更好的公共服务和更多的公民支持。虽然"治理"被认为是一种偏重于技术性的政治行为（俞可平，2008），但具体的治理方式及其效果，却最终指向抽象的"主义"以及与其相关的实在问题：被"治理"的社会处于何种状态？被治理者的"幸福"或"痛苦"又与治理政治有着怎样的关系？

关于中国农村的治理问题，在最近的十多年间一直受到国内学术界的高度关注，关于中国整体的治理问题的研究也经常会涉及这一问题。其中不少成果因其内容的宏富和讨论的深入而给人以较多启迪，展示了多个层面的"治理"困境或危机，及其背后的制度、机制和政策缺陷。但本文选取的是一个很少受到关注的独特而又波及甚广的论题：伴随着煤炭开采而发生的一种生态环境灾难——"矿山地质灾害"的治理。

选取这一论题的理由在于，在中国这一人口大国（它今天的人口规模相当于19世纪中期也即第二次工业革命开始时全球的总人口）快速迈向工业化的过程中，整个经济和社会体系已经具备"大量生产、大量消费（耗）、大量废弃"这种"现代文明"或资本主义的显著特征。为了支撑经济和社会运行，中国需要采掘巨量的矿产资源，尤其是作为能源的煤炭（2011 年全国的采掘量超过 35 亿吨，铁矿石的开采量达到 13 亿吨），而绝大多数矿山处于农村地带，其开采过程深深地改变了当地乡村的政治、经济和社会形态，并且以其巨大的生态环境代价颠覆着当地农民的生活和生存基础，甚至威胁着他们的人身安全。对于这种状况的展开过程及其结果，以及政治和社会层面的回应（即治理手段）进行详细考察实属必要。进而，正如 19 世纪的英国经济学家威廉·杰文斯曾经把煤炭看作整个英国的工业体系赖以运转的"基本动力"（约翰·福斯特，2006）所启示的那样，在煤炭占到能源生产的三分之二以上的中国，煤炭及其采掘能够成为我们理解许多中国问题的有效切入点，并带来一些新的发现。对采煤造成的"矿山地质灾害"的治理实际上深受中国社会整体的生产方式和生活方式的制约，由此表现出来的困境或危机也就不仅是农村或者政治和行政制度的问题。

　　基于这样一种思考，本文将把号称中国国家能源基地的山西省作为案例来考察。所利用的资料包括作者本人已有的研究积累（张玉林，2010，2012），近期开展的实地调查所获资料，以及相关的政府文献、研究著述和新闻报道资料。

## 二　灾害的制造：煤炭开采与 <br> "矿山地质灾害"

　　山西的煤炭资源探明储量约占全国的三分之一，在 15.6 万平方公里的土地上，含煤面积达 6.2 万平方公里，占全省土地面积的 40%；在目前的 119 个县级行政区域中，有 94 个区域地下埋藏着煤炭（山西省统计局，2006；王宏英、曹海霞，2011）；在 28000 多个行政村中，"矿产资源型农村"有 5266 个（王社民、杨红玉，2010）。在山西煤炭的成规模开采可以上溯到明代，但受到需求和采掘技术的限制，直到 1949 年，年间采掘量仍只有 267 万吨。此后的工业化推动了采掘量的快速增长，"大跃进"期间突破了 4000 万吨，随后因经济萧条和"文化大革命"而减少和徘徊。进入 20 世纪 70 年代采掘量再次突飞猛进，末期达到了 1 亿吨规模（见表 1）。

### 表1 山西省的煤炭产量（1949～2011年）

单位：万吨

| 年份 | 产量 | 年份 | 产量 | 年份 | 产量 |
|---|---|---|---|---|---|
| 1949 | 267 | 1970 | 5298 | 1991 | 29162 |
| 1950 | 380 | 1971 | 5487 | 1992 | 29687 |
| 1951 | 603 | 1972 | 5994 | 1993 | 31015 |
| 1952 | 994 | 1973 | 6398 | 1994 | 32397 |
| 1953 | 906 | 1974 | 6796 | 1995 | 34731 |
| 1954 | 1310 | 1975 | 7542 | 1996 | 34881 |
| 1955 | 1696 | 1976 | 7720 | 1997 | 33843 |
| 1956 | 1930 | 1977 | 8754 | 1998 | 31482 |
| 1957 | 2368 | 1978 | 9825 | 1999 | 24900 |
| 1958 | 3715 | 1979 | 10893 | 2000 | 25152 |
| 1959 | 4355 | 1980 | 12103 | 2001 | 27660 |
| 1960 | 4412 | 1981 | 13253 | 2002 | 36762 |
| 1961 | 3258 | 1982 | 14532 | 2003 | 45232 |
| 1962 | 3180 | 1983 | 15918 | 2004 | 51495 |
| 1963 | 3466 | 1984 | 18716 | 2005 | 55426 |
| 1964 | 3597 | 1985 | 21418 | 2006 | 58142 |
| 1965 | 3927 | 1986 | 22180 | 2007 | 63021 |
| 1966 | 4198 | 1987 | 23164 | 2008 | 65577 |
| 1967 | 3386 | 1988 | 24648 | 2009 | 61535 |
| 1968 | 3664 | 1989 | 27501 | 2010 | 74000 |
| 1969 | 4465 | 1990 | 28597 | 2011 | 87228 |

数据来源：1949～1998年的数据见《新中国五十年统计资料汇编》第229页；1999～2011年的数据见《山西统计年鉴》及《山西省经济和社会发展统计公报》各相关年度版。从有关报道推测，2002年以后的数据可能小于实际采掘量。

　　从对生态环境的影响来看，决定性的转变发生在20世纪80年代初，改革开放和"能源基地建设"真正揭开了大量采煤的帷幕。此前的煤矿基本上是国有企业，除了隶属中央政府的八大统配煤矿外，还有340个地方国有煤矿控制着绝大部分煤炭资源，20世纪70年代才开始兴起少量的社队煤矿，开采有限的"边角煤"。1979年，当时一位山西籍的国务院副总理提出了将山西建成"全国能源基地"的设想，并很快被确立为国家战略，中央政府于 1982 年设立了山西能源基地建设办公室，"对山西的总体要求是以较小投入获取全国的煤炭商品保障（占全国商品煤 78% ~ 80%）和京津地区的电力缺口补充"（吴达才，2004）。而时任中共中央总书记的胡耀邦则在 1981 年到晋北视察期间鼓励"有水快流"①（石破，2008）。与此相应，基于缓解煤炭供应持续紧张的局面，1983 年中央政府正式提倡发展乡镇小煤矿。因应国家领导人的号召和中央政府的政策鼓励，山西省政府于 1984 年出台了《关于进一步加快我省地方煤矿发展的暂行规定》："要实行有水快流，大中小结合，长期和短期兼顾，国家、集体、个人一齐上的方针。"具体的分工则是"农民挖煤、国家修路"（董继斌，1994；吴达才，2004；苗长青，2006）。

在农村地区，政策鼓励和"致富"愿望的驱动使得大量乡村煤矿急剧涌现。"社队煤矿"矿井在 1980 年即比前一年增加了 1000 多个，翌年则达 3000 多个（戎昌谦，唐晓梅，1981；石破，2008）。而政策话语中的"有水快流"在地方演变为更加通俗的"要想富，挖黑库"。到 1985 年，全省乡镇煤矿已办理开采批准手续的有 5000 处、未经批准但已开办的约有 2600 处（李承义，1986）。乡镇煤矿煤炭产量占到全省总产量的 40% 以上，而全省的产煤量则突破 2 亿吨，超过了外运能力。也正是在这一时期，采煤的环境影响开始突显，政府从 1987 年开始转向关闭小煤窑、实施联合重组等，也曾因私挖滥采"抓过不少人"，但效果有限（李北方，2006）。

进入 20 世纪 90 年代，邓小平的南方谈话掀起了第二次改革开放浪潮，中共十四大确立了"社会主义市场经济"路线，关于所有制的意识形态束缚得以解除，股份制企业和个体私营经济发展得到鼓励。这为山西的煤炭采掘进一步注入了动力：1996 年乡镇煤矿的产量达 1.63 亿吨，占全省产量的一半，超过了国有统配煤矿（吴达才，2004），而全省地方的"有证煤矿"（含证照不全）在 1997 年达到 10971 座，形成了"多、小、散、乱"的格局（周洁，2008）。不过，受到石油大量进口和东南亚金融危机等因素的冲击，煤炭市场自 20 世纪 90 年代中期陷入低迷，政府则趁机掀起了又一

69

---

① 据记述，胡耀邦看到大同、朔州的老百姓太穷，而那里的煤炭埋藏很浅，便问为什么不挖煤？当地官员回答：煤是国家的，私人不能挖。胡耀邦说："有水快流嘛。大的矿山国家开采，稍大一点的集体开采，贫矿和那些国家、集体不值得投资去开的，就让群众自己去开采。"（石破，2008）

次整顿浪潮：在1998～1999年的两年中取缔、关闭私开煤矿和布局不合理的煤矿3000多个（周洁，2008）。但也正是在这一低迷期，乡村集体煤矿开始大量转让或承包给个人——包括在当地从事煤矿工程建筑而被拖欠了工程款的浙江人。这为2001年煤炭市场快速升温、价格暴涨之后"煤老板"的大量涌现埋下了伏笔。

煤炭市场的升温与中国正式加入世界贸易组织（WTO）、境外资本大量涌入、工业化的列车进一步提速有关。21世纪的"世界工厂"——中国具有不可遏制的能源需求，带动了山西采煤量的剧增：在2003～2007年开采量接连突破4亿吨、5亿吨、6亿吨大关。而在经过2009年的"煤炭资源整合"之后，形成了烈度更强的开采：2010年达到7.4亿吨，相当于20世纪70年代10年间的全省采掘量，以及1900年的全球采掘量；2011年更是飙升到8.7亿吨，是当初曾经设想的最大采煤量的2.3倍[①]。

长时段的汇总数据显示了煤炭采掘量的加速度膨胀：1949～1978年的30年间总计12亿吨，1979～2000年的22年间为54亿吨，而在2001～2011年的11年间就达到62.6亿吨。由于21世纪以来地方政府和煤矿存在着少报产量的倾向，第三阶段的采煤量实际上更大。

规模越来越大的采掘当然为中国经济的长期高速增长提供了动力。山西的煤炭产量长期占到全国的四分之一左右，省际调出量则始终保持在全国的四分之三左右，这些煤炭被源源不断地输往全国的20多个省区，特别是华北和华东地区。可以认为，中国的工业化列车在很大程度上是由山西的煤炭所驱动，在21世纪的"世界工厂"之内，"能源基地"山西实际上成了动力车间或锅炉房。

然而，正如大量的经验资料显示的那样，煤炭采掘业是一个多重意义的"要命产业"。首先，产权制度的混乱和煤矿伴随的巨大利益，使得围绕采矿权和煤炭资源的争夺异常激烈，经常引发令人震惊的血案，诸如孝义市两个村庄的"火并案"（李径宇，2003），保德县冀家沟村的"忻州第一案"（《中国青年报》，2009），以及临县的"白家峁血案"（《南方都市报》，2009）。其次，在采掘的过程中，追求超额利润的冲动，以及被金钱收买了的权力的放纵，造成经常性的安全措施落空，大量的矿工丧生于频发的矿

---

① 有报道显示，在开始能源基地建设时，曾经讨论过山西"究竟挖多少煤是顶峰"的问题，"最终结论是4亿吨"（曹海东，2009a）。

难：1980～2004年间，山西全省有17000多名矿工魂断井下（苗长青，2006），这还不包括为逃避惩罚而瞒报了的死亡人数。再次，高度依赖煤炭的畸形产业结构具有高度的不稳定性，在市场萧条时容易引起整体经济衰退。这里要强调的是它的另一种要命后果：大面积的水资源破坏和水源枯竭，大范围的地裂和地面沉陷，以及耕地废弃、房屋倒塌、人员伤亡。

根据调查，至迟在20世纪60年代后期，山西的一些矿区已经有村庄因地陷和房屋倒塌而被迫搬迁，20世纪80年代出现了更多的关于村庄塌陷的报告，而20世纪90年代则进入了灾害爆发期。根据一项1998年的不完全统计，全省煤炭采空区面积已达1300平方公里，土地塌陷面积520平方公里；因采煤漏水造成18个县的300多个村庄、26万人丧失饮用水源，39万亩水浇地变成旱地；塌陷、破坏和煤矸石压占耕地112.5万亩；9亿多吨煤矸石堆积成106座煤矸石山，其中40多座自燃，由此产生大量的废气、二氧化硫和烟尘，污染着周围的水、土壤和空气（王宏英，2000；曹金亮等，2004；秦文峰、苗长青，2009）。在著名的"煤海"大同市境内，1997年就发生采空区塌陷37起，有9人在塌陷中丧生。

到了2005年，问题之严重已经让山西省当时的一位高官用"触目惊心""山河破碎"来形容：全省矿区面积达19847平方公里，其中采空区5115平方公里，地表沉陷2978平方公里，而且塌陷面积还以每年94平方公里的速度扩展；由此导致的地质灾害分布面积达6000平方公里，涉及1900多个自然村、220万人；水资源遭到破坏的范围则为20352平方公里（占全省总面积的13%），全省3000多处井泉枯竭，作为许多河流水源的19个岩溶大泉中有4个干涸、7个流量衰减，导致8503个自然村、496.73万农村人口和54.72万头大牲畜饮水困难。另据截至2004年的10年间的"不完全统计"，塌陷造成500多人伤亡[1]。回顾两百多年来工业化导致的环境问题的历史（克莱夫·庞廷，2002；McNeill，2001），可以断定，发生在三晋大地上的这种灾害，在规模、范围和烈度方面，都实属罕见。

在政府的文献中，上述灾害被称为"矿山地质灾害"。如果按照中国传统的灾害分类习惯，这种完全由人为扰动形成的灾害当属于"人祸"。客观而言，这种人祸无法根除。因为，从物理的角度来看，一旦对土地或山野

---

[1] 此处资料综合了《经济观察报》2005年11月6日，《山西晚报》2005年4月20日，人民网2004年9月21日的相关报道，以及郭建立（2011）等的相关报道。

"开肠破肚"，采掘和搬运出沉睡于地下的大量资源，必然引起地质变动，进而破坏地表生态环境、威胁当地居民的生活和生存。而当采掘的力度和规模足够大时，造成的灾害就会非常惊人。这也就意味着，灾害的产生是必然的和可预见的，采矿就意味着"造灾"，意味着灾害的生产和再生产。但是要满足现代社会的需要，又不可能完全放弃采掘，除非回到原始时代。面对这种现代宿命，较为理想的选择是，尽量控制开采的方式和规模，将其生态环境后果、社会经济后果和人身安全后果控制在最低限度，同时采用一切可能的手段，对已经发生的破坏及时治理和恢复，对因此受害的社会成员进行补偿、赔偿和救济。但是在山西，多种政治、经济和社会因素的结合之下，使理想无法变成现实。

首先，"国家能源基地"的角色使山西的煤炭采掘量必须随着中国经济对能源需求的增加而增加，而且这种增加是超越了常规的高速度。众所周知，追求高速度背后的历史动力是近代史赋予的"落后就要挨打"的集体记忆，这种记忆自1949年以来一直推动着中国"赶超"，而赶超的主要手段就是工业化和经济增长。它的现实动力则是通过高速经济增长来确保就业和居民收入的增加，以及与此相关的政治合法性和社会稳定。如果说延续不衰的历史记忆和不断弱化的政治合法性成了中国经济列车难以减速的最大约束，那么与其相关的当代中国的两种核心价值观——国家层面的"发展"和个体层面的"发财"，分别演化为"发展主义"和"拜金主义"，进而为经济列车的高速运行提供了巨大的精神动力。只要中国经济必须高速增长，山西就无法摆脱"能源基地"的紧箍咒，必须拉动着中国前行。正如山西的一些官员也曾慨叹的那样，采煤变成了一种"政治任务"。而为了确保任务的实现，20世纪80年代以来"能源基地"的主政者大多出自煤炭行业，以至于"走了一个挖煤官，又来一个挖煤官"。至于在市县和乡镇，许多主要官员也都是煤炭系统出身。在20世纪90年代，各县甚至专门配备了"挖煤副县长"（孟登科，2008；《经济观察报》，2005）。

当然，宏观层面的历史和现实动因，并不能替代中观和微观层面的政治和社会动力分析。不仅中央需要煤炭，山西的各级政府也越来越离不开煤炭。长期重视单一煤炭产业的结果，致使山西的经济体系到20世纪90年代已经锁定在煤炭之中，不仅经济增长主要依赖采煤量及相关产业（如焦炭行业）的扩张，财政体系也成为典型的"煤炭财政"。进入21世纪之后，煤炭工业收益占到全省可用财力的一半，91个产煤县财政收入的40%至

50%、36 个国家级重点产煤县财政收入的 70% 以上来自煤炭（曹海东，李廷祯，2009a）。而且，基于财税体系的划分，愈是地方和基层，就愈加依赖地方煤矿和"小煤矿"。新华社的一篇报道曾经指出：在许多县区，"地方政府为了得到预算外资金，就公开支持'黑口子'生产和黑煤运输，私自印制本辖区内使用的车辆通行凭证。"（孙春龙，2005）

对煤炭和煤矿的需要，同样适用于权力体系的多数分支和个体官员。伴随着政府权力部门化、部门权力"法制化"以及个人化的权力私有化进程，部门和个体的"设租""寻租"冲动都越来越旺盛，而丰富的煤炭资源自然成为标的，"只要有一项关于煤炭的政策出台，各部门都能从中搜罗到可以发财的地方"（曹海东，2009b）。当权力部门和个体官员都更加需要煤矿尤其是"非法煤矿"，大量的小煤矿在关停之后总是存在大面积复活①的可能。进而，当权力本身变成了资本，它就必然按照资本的逻辑运行。在设租和寻租之外，个别官员直接投资入股或者获得更为清爽的"干股"，将会获得更大的利润。近年来因为种种偶然因素案发的煤炭局长、反贪局长，以及"人民警官"成为"煤炭富豪"的大案，只不过露出了冰山的一角。比如，在产煤大县汾西县，2005 年"最少有上千个黑口子"，而好多有煤的山沟都被当地民众称为"公检法一条沟"，"乡里根本管不了"（孙春龙，2005）。

在这样的格局中，无论是国有煤矿还是个体"煤老板"，完成更高的生产和利润指标的需要、追求更多财富的动机，都为挖掘机朝着更深更远处掘进注入了动力，由此导致公然的"私挖滥采"和不会被视为问题的大量开采。而在开采过程中，国有煤矿可能会对矿工的安全有较多考虑，但在对外部环境影响的考虑方面却不可能"文明"。至于那些必须向权力部门和权力者交租②的"煤老板"（石破，2006），则必然要通过加倍开采寻求补偿，从而也就更容易漠视矿工的生命和外部的环境。而"一有矿难，全省

①  比如，在经过 2003 年被称为"技术改革"的压缩小煤矿之后，全省的"各类小煤矿"仍然多达 12000 多个，意味着 5000 多个"矿产资源型农村"中的每个行政村平均拥有 2.3 个；而到 2005 年，当新上任的省长屡次催问非法煤矿的数量之后，汇报上来的数据是 4000 多个，4200 个比合法的煤矿的数目还要多，以至于新的主政者感叹："阻力不仅是几千个非法矿主，而是背后的干部啊，每个非法的煤矿没有十个八个基层党政干部和执法管理部门的工作人员作保护伞，它是干不下去的。"

②  这几乎成为一种制度性的租金，虽然租率并不固定，往往随着权力的大小而升降。

小煤矿都关闭"的惯用手法，也会让对未来充满不确定感的矿主加速采掘。在这一过程中，如同大多数矿难调查结果显示的那样，监管机构往往闭上或被蒙上了眼睛①。当然，"出一场矿难，倒下一批干部；抓一个矿主，咬出成群官员"（李其谚等，2010）之类的连锁效应，也会让官与商双方都感到风险，但在大面积官商一体化的社会土壤中，"风险"仍然是小概率事件，纵有"三年内换了四任市长"的问责现象，甚至在举国震惊的重大责任事故之后连续撤换两任省长，整个权力系统却不可能得到彻底清洗。

在政府和市场一道失灵的同时，被挤压在社会下层的当地农民，不具备基本的制衡能力。他们通常被排斥在整个过程之外，直接关系到其安全和利益的国家煤炭政策自然不会征求他们的意见，国有煤矿何时进入村庄的地下，以及开采多少和如何开采也都似乎与他们无关。原本属于村庄的集体煤矿大多在20世纪90年代就已承包或卖给了个人，而基于"出事后当地人不容易打发"的算计，矿区的农民很少会被当地煤矿雇用。而当灾害造成之后，其高度分裂的零散状态难以形成有效的集体行动，因为名义上代表农民利益的村支书和村主任，在多数情况下正是私挖滥采的急先锋或内应。以作者2012年夏天走访过的大同市南郊区6个"沉陷村"的情况而言，所有村庄的村书记和村主任早已先于大部分村民搬离村庄。在其中的口泉乡曹家窑村，留下的最后一位村干部妇女主任也已于近期出走，只有一个"农民权益保障促进会"的牌子还悬挂在她家空房的山墙上，而村中仅剩的二十余人都是缺少多重意义下的"活动能力"的低收入农户、留守妇女和老年人等。

这样，我们能够发现，在煤炭开采及其伴随的生态环境影响方面，政治、经济、社会，上层、中层、下层，几乎所有的领域和环节都具有推进煤炭开采的动力和对生态环境的破坏性。这些破坏性的力量共同形成了合力，在山西的大地上造就了史无前例的灾难。而当灾难与产量一道快速增长，在采煤必然导致采空、采空必然导致塌陷这样一种算得上自然规律的背后，确实存在着政治和社会机制的加倍效应。

---

① 代表性案例是2006年暴露的"安监系统腐败窝案"：一年内有7名局长先后落马，被指控的主要罪名都是"受贿"或"巨额财产来源不明"（高山，2006）。

## 三　灾害的治理："惠民工程"的拖延与变形

"山西省煤炭工业可持续发展政策研究环境专题小组"的一项研究显示：在 1978～2003 年，全省采煤造成的环境污染、生态破坏等损失合计达 3988 亿元，但投入治理的资金仅 13.85 亿元。这似乎能够表明，较多由煤炭行业出身的官员主政的山西省，政府更重视采煤①，而不是其生态环境和社会经济后果。与此相关，尽管灾害在 1990 年代末已经变成严重的生态问题、生存问题和社会问题，但无从看到系统的治理和救助方案。唯一的例外可能是 2000 年晋城市城区制定了土地塌陷治理规划，但由于资金难以保障，可治理的只有少数实力雄厚的村庄，而随着后来煤价飙升，"更是私采滥挖、越层越界屡禁不止，地灾也就愈发严重了。"（《山西日报》，2008）

事态的转机是在 2002 年中央政府的促动之后。包括山西在内的全国采煤沉陷区治理问题纳入了中央政府的议事日程。国家发改委 2004 年 6 月下发的一个通知显示，"由于历史遗留的采煤沉陷区范围广、破坏严重，不仅给沉陷区居民生活带来困难，威胁到部分居民生命财产安全，而且经常引发群体性事件影响社会安定，党中央和国务院领导对采煤沉陷区治理工作十分重视，多次深入采煤沉陷区进行调研"，并批准了原国家计委和发改委的相关请示报告。根据国务院批复的文件精神，发改委曾于 2002 年底专门开会要求有关省区开展治理的前期工作，但各地进展差别较大，"为尽快解决沉陷区群众居住和生活困难，维护社会安定"，该通知特明确规定："经国务院批准，从 2003 年起力争用 3 年时间，完成原国有重点煤矿历史遗留的采煤沉陷区全部受损民房、学校、医院的搬迁或加固，以及供水、道路等设施的维修。"②

按照通知要求，治理工程应该在 2005 年底完成。山西省政府于 2003 年组织万余人次对九大国有煤矿矿区 1000 多平方公里采煤沉陷区内的居民受

---

① 苗长青（2006）曾提到："片面重视发展能源工业的做法是与当时一些领导同志的指导思想分不开的。比如，当时有人提出了经济结构调整的问题，但遭到省里一位负责同志的批评：'搞什么结构调整，山西的主要任务是挖煤，支援全国经济建设。'"。

② 国家发展与改革委员会，《关于加快开展采煤沉陷区治理工作的通知》，发改投资〔2004〕1126 号。

损情况进行了调查，制定了治理方案①。但不知何种原因，"九大国有重点煤矿沉陷区治理方案"在应该完成的年度，即 2005 年才上报，经批准后 2006 年启动。计划安置灾民 18.1 万户、60 万人，总投入资金 68.66 亿元，其中，中央政府负担 40%，省、市、县（区和县级市）三级政府共同负担 25%，相关煤矿负担 26%，个人支付 9%。治理方案包括：集中建设居民住宅 587.8 万平方米，安置沉陷区居民 97965 户；维修加固住宅 294.8 万平方米，受益居民 64920 户；针对农村居民的货币补偿近 91 万平方米，涉及 18133 户；另有学校、医院及道路、桥梁、供排水等城乡基础设施的新建或维修加固等。

从上述规划可见，这项迟迟出台的救灾方案存在着四个缺陷。第一，"原国有重点煤矿历史遗留的采煤沉陷区"并不包括国有非重点煤矿和大量的地方煤矿沉陷区，因而存在着明显的所有制差别，在位于后者地区的农民看来，这是"同样的太阳，照耀着不同的人"。第二，考虑到灾害完全是煤矿企业和政府的监管不力造成，让受灾居民承担 9% 的资金，显然是将部分责任转嫁给了受害者。第三，虽然山西省负责这项工程的机构在其官方网站标明的是"山西省国有重点煤矿沉陷区综合治理"，但实际的治理限于居民搬迁、住房加固和基础设施的修复，并不包括耕地复垦、水源问题的解决，以及广义的生态修复。这样，沉陷区的农民在治理后仍然难以恢复生存基础，那些完全丧失了耕地的"失地农民"则有更大的后顾之忧。第四，从作为治理重点的住房问题来看，解决办法是按照房屋损毁程度分为四等，其中 A、B 两类补助修理费，C、D 类中的城镇居民迁至新建的居住小区（住房标准为 60 平方米），对农民则向其提供重建费（每平方米 450 元）和宅基地由其自建，但上限为每户 50 平方米。这就意味着，虽然同为灾民，但受灾影响更重的农民与城镇居民之间的区别对待非常明显。

按照规划，山西的治理工程应该在 2008 年结束，新华社当年 3 月 31 日的一篇报道确实也显示该项工程"将在 2008 年年底基本结束"。不过，正式宣布"治理任务全部完成"是在三年之后的 2011 年 1 月，在召开的山西省人代会上由省长做《政府工作报告》时向社会公布。但随后刊载于《中

---

① 刘鸿福，《山西地方煤矿采煤沉陷区综合治理的冷思考》，http：//www. txsxmr. com/txsxmr-more. aspx？id＝198&ejclass＝28&classtype＝7。九大矿区为大同、轩岗、万柏林、古交、汾西、霍州、潞安、晋城和阳泉。

国矿业报》的一篇报道显示，实际进展并非如此。报道说："山西省把国有重点煤矿采煤沉陷区治理作为惠及民生的一件实事，连续多年举全省之力推进实施，治理工程取得阶段性成果。截至目前，已完成新建和维修住宅面积 670 余万平方米，搬迁家庭和维修加固房屋共近 10 万户，惠及 30 余万人。"（《中国矿业报》，2011）

将报道的完成情况与规划方案加以比较（见表 2）可以看出，已完成项目占规划目标的比例分别为：住宅建设面积为 77%，搬迁安置居民为 66%；维修加固面积为 75%，涉及户数同为 75%。从报道中"搬迁家庭和维修加固房屋共近 10 万户，惠及 30 余万人"可见，似乎有不少家庭未能"受益"。考虑到报道可能漏掉了货币补偿部分，假定货币补偿涉及的户数和人口全部到位，总"受益"户数也只有 73%。也就是说，由中央政府确定的、到 2005 年就应该完成的"国有重点煤矿采煤沉陷区治理"工程，在拖延了 6 年之后，至少仍然还有 27% 的受灾户和 25% 的受灾人口没有"受益"。但随后不再有相关的消息，工程似乎随着《政府工作报告》的审议通过而画上了句号。

表 2 山西省"国有煤矿采煤沉陷区综合治理工程"计划与完成状况

| | 新建住宅（万 m²） | 搬迁户数（万户） | 涉及农村居民的货币补偿（万户） | 维修住宅（万 m²） | 维修加固受益户数（万户） | 覆盖总人口（万人） | 投资总额（万元） |
|---|---|---|---|---|---|---|---|
| 规划目标 | 587.8 | 9.80 | 1.81 | 294.8 | 6.49 | 60.0 | 686629 |
| 完成情况 2011 年 4 月 | 450 | 6.5 | 不明 | 220 | 4.84* | >30 | 不明 |
| 完成率 | 77% | 66% | 不明 | 75% | 75% | >50% | 不明 |

\* 处数据为笔者推算得出。

数据来源：规划目标见"山西省国有重点煤矿采煤沉陷区综合治理网站"（http://cx.sxei.cn/gzdt.asp）；完成情况见《中国矿业报》电子版 2011 年 4 月 11 日的报道。

这种拖延状况在全国最大的采煤沉陷区（2005 年已达 500 平方公里）大同市似乎更加明显。经民间环保人士调查了解到，在 2005 年，大同市南郊区和左云、新荣、浑源三县已有 375 个村庄属于"地质灾害严重村"，受灾农民达 69959 户、23 万人。按照规划，大同市将建起一个庞大的住宅区用来安置 45625 户灾民，拟建的住宅面积占到山西省的一半。但在实施过程中，"沉陷区治理"与大同煤矿集团的"棚户区改造"工程并到了一起，而"两区工程"先期建起的房子被优先安排给了"棚户区"的矿工，从而导致大量沉陷村农民的搬迁被悬置。比如，在南郊区，有 5 个乡镇的 71 个村庄（灾民 21294 户，10 万间房屋和 20 多万亩耕地遭到破坏，其中 30 多个村庄受到有害气体泄漏的威胁）需要搬迁，但是到 2010 年 9 月，只有 21 个村实现了搬迁，除去已达成协议而"有望搬迁"的村庄外，尚有三分之一的村庄无法落实（吴天有，2010）。在左云县，纳入治理规划的有 47 个村，到 2011 年 5 月只有 8 个村实现了搬迁、2 个村和区域实施了治理（《大同日报》，2011）。

那么，地方煤矿沉陷区的治理状况又如何呢？国家发改委的有关通知规定："对于地方国有煤矿和乡镇煤矿历史遗留的采煤沉陷区治理资金由省、市、县政府和企业、个人共同筹措解决，中央原则上不予补助。"（发改投资 ［2004］，1126 号）在山西省，由于地方煤矿数量众多，且多数处于村庄附近、开采多为浅层、技术落后，造成的灾害范围远远超过国有重点煤矿。《山西日报》曾报道说："据初步测算，全省地方煤矿采煤造成的沉陷区为 3000 余平方公里，受灾人口超过 160 万，在全国最为严重。"（《山西日报》，2009）但尽管如此，在制订国有重点煤矿沉陷区治理方案的时候，山西省政府并没有将受灾人群更大的地方煤矿沉陷区纳入治理和救助的范围。

不过，似乎是陆续发生的塌陷造成人员伤亡的事件①特别是 2006 年 8 月宁武县西马坊乡采空区塌陷造成 18 人死亡的重大事故触动了新的主政者，山西省政府于当年推出了又一项覆盖范围有限的治理规划：从 2007 年起，力争用三年左右时间完成"采矿权灭失地"② 676 个村庄的塌陷、房屋损坏和地下水疏干等严重地质灾害的集中治理任务。在 2007 年初召开的山西省人代会上，山西省省长宣布当年要治理 201 个村，解决 4.8 万户、17 万农民的住房和饮水严重困难问题，并作为"向全省人民承诺要办好的 12 件实事之一"。随后制定了实施方案，成立了领导机构，召开了动员大会，并由

---

① 据山西省国土资源厅 2006、2007 年度《地质灾害防治方案》所载的"不完全统计"，2005～2006 年发生突发性地质灾害 68 起，死亡 43 人，"采矿强度加大使矿山地质灾害进一步加剧"。而宁武县的塌陷事故造成的死亡人数之多为全国同类事故所罕见。

② 所谓"采矿主灭失地"，是指由于煤矿关闭找不到责任主体或因多家煤矿交叉开采而责任主体不清的状况，它意味着无法找到相关企业来承担治理资金，因此只能由政府来"埋单"。

常务副省长分别与各市的分管副市长签订了"目标责任书","一场农村地质灾害治理工程的大幕"就此拉开（《经济参考报》，2007；《中国矿业报》，2008）。

按照规定，治理资金主要由地方各级政府分担、"受益人"适当负担。当年所需要的政府补助资金共 11.9 亿元，由省、市、县三级按照 5：3：2 的比例分担，资金出处主要从各级财政收取的探矿权、采矿权使用费和价款中安排。具体措施包括搬迁 193 个村（31503 户）、修缮住房 8 个村，旧村土地复垦 2.5 万亩，新水源地建设 199 项，采取工程措施治理地质灾害 35 项。资金补助标准是：避让搬迁每人 5000 元，危房修缮每人 1200 元，打井每米平均 2000 元，造地每亩 5000 元[①]。

这项工程算是对因"采矿权灭失"而无法找到相关企业承担治理责任的情况最终由政府"埋单"的情况办法。尽管如此，它覆盖的灾民也只有 20 多万，而对于 160 多万受灾人口中的其他灾民如何救助，还是没有考虑。后者似乎属于能找到责任主体，按照"谁破坏、谁治理"的原则，应由相关煤矿解决，虽然这在实践中经常落空。另外，政府的最终"埋单"仍然有限，因为正如国有重点煤矿沉陷区的治理一样，它同时要求"受益人适当分担"。据后来的报道，由于新居住点需要征地、建房和水电暖设施的配套等等，每人 5000 元的搬迁补助根本不足，除了各县要自筹大量资金外，搬迁村民也必须出钱，最多的出到了每户 2.7 万元。对于那些担心找不到就业门路的村民来说，"这笔支出太沉重了，有人干脆迟迟不搬新居。"（《半月谈》，2009）当然，与前述国有煤矿沉陷区治理相比，它增加了旧村土地复垦、新水源地建设和工程措施治理，但同样没有解决搬迁居民的后顾之忧。

关于工程的进展状况，尽管有报道称部分市、县和广大人民群众存在着等待和观望的思想，至 8 月底（2008 年），许多治理工程没有取得实质性进展，但经过后来的动员和突击，最终超额完成了 2008 年当年的计划[②]。2008 年 4 月山西省政府又下达了第二轮治理方案：集中治理 100 个村，涉及 1.6 万户、6 万农民，并列为当年要办的"10 件实事之一"。而"山西省

---

① 山西省财政厅，《山西省农村地质灾害治理工程资金管理办法》，财政厅晋财建〔2007〕132 号。

② "当年已让 206 个村、5.1 万户、20 万农民群众从中受益"（《中国矿业报》，2008）。

农村地质灾害治理工程领导组办公室"在 2009 年 2 月下发的相关通知①中提到："通过两年来的工作，全省采矿权灭失地因采矿造成的村庄塌陷、房屋损坏和地下水疏干的 6.7 万户、25 万农民的住房安全问题和严重饮水困难得到有效解决，农村地质灾害治理工程工作取得了阶段性成果。2009 年，省领导组要求各市再接再厉、努力工作，全面完成 2007 年、2008 年工程项目的收尾工作，使这项为群众办的实事真正落到实处。"

通知没有交代 676 个村庄中有多少得到了安置。但据新华社后来报道，"两年多里一共解决了 305 个村、23.1 万人的住房和饮水问题"，省、市、县三级财政总计投入资金 18 亿元（这意味着平均到每个灾民不足 8000 元）。（《半月谈》，2009；《半月谈内部版》，2010）按照当初的计划，还有 371 个村庄需要治理，涉及的人数也应该超过新华社报道的 23.1 万人和"晋农灾治办"所说的 25 万人。但通知没有提到对这些村庄的治理计划，此后也终无下文。至此，这项被定位为"省委、省政府落实科学发展观、着眼改善民生的一项重大决策部署"，在同样只是取得了"阶段性成果"（按照村庄数计算的"完成率"只有 45%）之后，也同样不了了之。

由于缺少对相关政策过程的详细了解，难以说清为什么被赋予了巨大政治意义的两项"惠民工程"都成了十足的"半拉子工程"。不过，当山西省政府宣告"农村地质灾害治理"工程进入收尾阶段后一个月，在北京召开的全国人民代表大会上，山西省的 17 名全国人大代表联名提交了一个提案，要求中央政府"将山西地方煤矿采煤沉陷区治理列为国家试点给予支持"（《山西日报》，2009）。所谓的支持当然意味着政策和资金支持，而在中国的行政话语中，"政策支持"也就意味着资金的再分配。这容易让我们推测，直接的或首要的原因是治理工程遭遇了资金短缺。

资金短缺的诱因似乎是山西省政府 2007 年开始推进的"煤炭资源整合"，这切断了许多县市的大部分财源。如前所述，由于采煤大县（当然也是采煤沉陷大县）的财源主要来自地方煤矿，当山西省政府大力推进煤矿的兼并重组之后，许多县市的中小型煤矿被大型国有煤矿整合或者停产而等待重组。例如原来的千万吨产煤大县左云县"近一年内只有一座煤矿在生产"（曹海东、李廷祯，2009b）。在紧邻左云的大同市南郊区，国有

---

① 山西省农村地质灾害治理工程领导组办公室，《关于做好 2007、2008 年全省农村地质灾害治理工程收尾工作的通知》，晋农灾治办 [2009] 1 号。

煤矿沉陷区治理工程原计划投资 7.8 亿元，用于安置 71 个村的搬迁。在计划立项时，基于南郊区财政收入丰厚因而由该区政府承担了多数资金。但工程开始不久即遭遇"煤炭资源整合"，导致多数地方煤矿关闭，留下的 18 座也全部停业等待重组，区级财政因此丧失了大部分财源，权力机构的正常运转已出现困难，治理资金也就缺少着落，搬迁费用到 2009 年已经飙升到 21 亿元。该区的官员为此呼吁：希望省政府给予资金配套和政策扶持①。

不过，在资金短缺的背后，存在更深层的原因。首先，它与各级政府之间的事权与财权分配的失衡有关。高层政府掌握了更多的财政收入来源，而将更艰巨的落实任务交给市县，必然造成后者的资金短缺。其次，退一步说，任何一个（级）政府几乎都会面临"资金短缺"的难题，关键在于有限的资金优先用于何处，其轻重缓急之分当然从属于"重大决策部署"。但山西主政者的频繁更迭无疑导致"重大决策部署"缺少延续性。比如，来自广东的于幼军 2005 年 7 月开始执掌山西省政府，同时省委书记由原省长张宝顺接替，正是在两位非煤炭系统出身的官员共同主政期间，出台了上述两项治理工程和一系列"煤炭新政"。但是，于幼军在任职两年后即因"洪洞黑砖窑事件"离任，继任者孟学农又于 2008 年 8 月因为"襄汾溃坝事件"辞职，新的主政者则是具有长期从事煤炭行业背景的王君②。尽管难以弄清走马灯般的人事变动如何具体影响到治理工程的实施，但在盛行"人治"的大背景下，除了需要考虑整个政府系统的某种严重制约之外，可以肯定这种变化影响了相关工程的进展。

简要考察 2006 年前后接连推出的一系列"煤炭新政"的实施情况，可以确信上述推论的合理性。所谓的"煤炭新政"包括：关闭小型煤矿、实施"煤炭资源整合"；推行限产政策，"十一五"期间实现"零增长"，期末控制在 7 亿吨左右；经国务院批准实施"煤炭工业可持续发展政策措施试点"，并为此制定了《山西省煤炭开采生态环境恢复治理规划》，旨在建立生态补偿机制，做到"渐还旧账，不欠新账"，"争取用十年左右使全省

---

① 见《大同日报》2011 年 5 月 18 日的相关报道，以及民盟山西省委参政议政部的调研报告（http://www.sxmm.org.cn/main/Article.asp?LocaTxt=%，2009 年 7 月 28 日）。

② 王君在 1985～1997 年曾先后任大同矿务局党委副书记、第一副局长、局长，后调任北京、江西，在 2008 年 9 月以国家安全生产监督总局局长之职率团调查襄汾溃坝事件期间，就地受命为山西省代省长，翌年初正式出任省长至 2012 年 12 月。

矿区生态环境明显好转"。如果这一系列措施得以实施，无疑会产生显著的防灾救灾效应。但是从结果来看，三项政策中只有"煤炭资源整合"借助超强度的行政手段超额完成了目标，原来的上万家煤矿企业到 2009 年底减至 1053 家（这强化了"国有煤矿"或大型煤炭集团的垄断，但并没有彻底遏制"黑口子"）；"限产政策"很快流产，2010 年的采煤量比限产之前增加了 2 亿吨；"可持续发展"试点征收了数百亿元的"煤炭可持续发展基金"和"矿山生态环境恢复治理保证金"，但实际用于生态恢复治理的大约只占 3 成①。

在这样一种背景下，我们能够看到许多沉陷村的"地质灾害治理工程"在实践中发生着怎样的变形。为了弥补资金的不足，县乡政府以默许"采煤"来换取承包商的"治理"。对于资本来说，这当然意味着巨大的商机："一旦被列入 676 个村庄的名单，就等于拿到了露天采煤的许可证"（《21世纪经济报道》，2010）。于是，这就导致了新的产能、赢利机会和新的地质灾害。迄今已被报道的案例有：山阴县吴马营乡、乡宁县尉庄乡、交口县宎则山村、汾西县李家坡村、沁水县上峪村，以及盂县上曹村。在这些地方，地质灾害治理工程或搬迁后的"土地复垦"全都伴随着对煤炭资源的私挖滥采，以至于"新的地质灾害正在形成"。其中上曹村原先已被破坏的耕地迟迟不见复垦，而未被破坏的 1000 亩耕地变成了承包商的露天煤矿，经过 4 年多的"治理"后变得千疮百孔②。

## 四　结语：如何理解"治理危机"

从本文的考察可以看出，就"矿山地质灾害"这种生态环境灾难的形

---

① 据山西省发改委负责人介绍，从 2007 年 4 月试点开始至 2009 年 11 月底，全省累计征收煤炭可持续发展基金 416.2 亿元，实际用于"跨区域的生态环境综合治理"为 113.5 亿元（http://www.sxdrc.gov.cn/lddt/ldjh/201108/t20110812_49066.htm），即只占征收额的 27.3%；另据新华社 2010 年 9 月 29 日报道，截至当年 8 月，"山西省重点煤炭集团共提取矿山生态环境恢复治理保证金 103 亿元，使用 33 亿元"。

② 相关案例的报道可参见 http://tv.people.com.cn/GB/166419/14412952.html（2011 年 4 月 18 日）；《时代周报》2011 年 11 月 3 日；《新民周刊》2011 年第 43 期；《中国经济周刊》2011 年第 41 期；《中华工商时报》2009 年 4 月 30 日；《中国产经新闻报》2011 年 3 月 2 日；http://www.kjfnews.cn/a/xinwendiaocha/20120614/6424.html；http://jjsx.china.com.cn/c11/0323/17253591425_3.htm。

成及其治理而言，破坏的动力巨大而拯救的动力不足，"治理"的速度赶不上破坏的速度。它的直接后果是灾害或灾难的扩大再生产：到 2011 年的夏季，山西省采煤沉陷区的受灾人口达到了 300 万。也就是说，灾民的规模比开始"治理"之前的 2005 年又多出了 80 万人。

对于沉陷区的农民来说，"矿山地质灾害"所包含的实际内涵，如水源枯竭，土地开裂或塌陷，耕地无法耕种，房屋开裂或倒塌，在危房中度日如年，乃至要面对地裂缝中冒出的有害气体，意味着名副其实的生存危机，也是一种总体性危机。当然，由于村庄内部的分裂和村庄之间缺少联系，为了摆脱这种危机而进行的呼救和抗争总是局限在单个村庄中的小群体，乃至个人。这样，尽管生存危机会引发一些群体性事件，从而在更大范围内汇聚为一种社会危机，但迄今为止，还难以发现表面上此起彼伏而实际上非常零散的诸多事件构成了整体性的"统治危机"。换句话说，抗争并没有对国家统治构成实质性的挑战。

不过，对统治的稳定性构成威胁的"治理危机"确实已非常明显。种种状况及其背后的制度、机制和逻辑都充分表明，尽管目前仍然处于转型的过程中，但是问题的发生和表现出来的危机状况确实不是有学者所说的"转型危机"①，而是真正的"治理危机"。

当然，进一步的问题在于如何看待这种危机的根源。酿成社会危机或治理危机的似乎并不仅仅在于国家体制（黄宗智，2009），以及由其主导的整个政治行政系统。这个系统的局限在近年来多个领域的研究中已经有比较充分的展现，本文的研究也进一步揭示了它所具有的问题和影响。但除此之外，还需要强调的是，如果考虑到中国在世界格局中所处的地位（"世界工厂"和全球产业链的中低端），以及山西在中国所处的地位（"世界工厂的锅炉房"和中国产业链的低端）就应该承认，山西的大地上呈现的危机状态也与全球市场体系或者全球资本主义相连。这种联系既表现在国家体制接受了资本的逻辑、权力系统的资本化，又表现为更广泛的文化或文

---

① 徐湘林（2010）认为，在转型国家存在着两种不同类型的危机，也即"转型危机"和"国家治理危机"。前者是指经济和社会关系发生重大结构变迁从而产生大量矛盾和冲突，需要国家干预；后者则是指作为治理者的政府在特定时期无法有效地对社会矛盾和冲突进行控制和管理，进而严重影响到政府统治能力的状态，其特征是国家治理体制存在着不可克服的严重缺陷，而且自身无法进行有效调整。他的判断是：中国目前面临的社会危机是一种"转型的危机"，"是在特定历史背景下结构性转型的必然现象"。

明的特征，即大量生产、大量消费、大量消耗、大量破坏，以及大量地制造灾难。

而当山西和整个中国都已经锁定在、并且反过来强化了全球资本主义这一庞大的系统，再来考虑对"治理危机"的治理，恐怕必须在既有的两种或多种"主义"之外另辟蹊径。当然，对这一艰巨课题的探讨已经远非这篇短小的论文所能及。

## 参考文献

曹海东，2009a，《山西为煤所误三十年》，《南方周末》4 月 29 日。

曹海东，2009b，《煤老板取代了晋商》，《南方周末》4 月 29 日。

曹海东、李廷祯，2009a，《山西能摆脱"资源诅咒"吗》，《南方周末》4 月 30 日。

曹海东、李廷祯，2009b，《煤老板绝地反击质疑山西煤改违法》，《南方周末》11 月 5 日。

曹金亮，2004，《山西省矿山环境地质问题及其研究现状》，《地质通报》第 11 期。

董继斌，1994，《山西能源基地建设十周年回顾》，《能源基地建设》第 2 期。

高山，2006，《山西：一年内 7 名安监局长落马》，《中国青年报》9 月 14 日。

郭建立，2011，《新形势下山西煤炭采区矿山地质环境保护对策探讨》，《科技情报开发与经济》第 8 期。

黄宗智，2009，《改革中的国家体制：经济奇迹和社会危机的同一根源》，《开放时代》第 4 期。

克莱夫·庞廷，2002，《绿色世界史：环境与伟大文明的衰落》，王毅等译，上海人民出版社。

李北方，2006，《煤权之祸》，《南风窗》第 21 期。

李成先等，1995，《山西省地方煤炭工业技术现状和发展趋势》，《科技情报开发与经济》第 5 期。

李承义，1986，《山西乡镇煤矿企业经济效益及发展对策》，《中国农村经济》第 12 期。

李径宇，2003，《山西矿难的真相》，《中国新闻周刊》第 13 期。

李其谚等，2010，《大同原副市长落马幕后》，《财经国家周刊》第 10 期。

孟登科，2008，《山西非常一月》，《南方周末》10 月 23 日。

苗长青，2006，《"一柱擎天"惹人愁——山西实施能源重化工基地发展战略的回顾与反思》，《党史文汇》第 1 期。

秦文峰、苗长青，2009，《山西改革开放史》，山西教育出版社。

戎昌谦、唐晓梅，1981，《对山西社队企业调整的几点看法》，《经济问题》第 2 期。

山西省统计局，2006，《山西建设资源节约型社会问题研究》，山西统计信息网，

www. stats-sx. gov. cn 2006 - 11 - 29。

上官敫铭，2009，《山西白家峁血案调查——一个吕梁山下"村矿矛盾"的极端悲剧》，《南方都市报》10 月 22 日。

石破，2008，《山西煤炭："黑金"掘进 30 年》，《南风窗》第 19 期。

宋凯，2010，《论山西矿山生态环境现状及治理》，《吕梁高等专科学校学报》第 4 期。

孙春龙，2005，《官煤产业链黑幕》，《瞭望东方周刊》第 45 期。

王宏英，2000，《山西省能源基地建设可持续发展》，《能源基地建设》第 1 - 2 期合刊。

王宏英、曹海霞，2011，《山西构建煤炭开发生态环境补偿机制的实践与完善建议》，《中国煤炭》第 10 期。

王社民、杨红玉，2010，《在分类指导中整体推进——山西省加强农村党风廉政建设纪实》，《中国监察》第 13 期。

吴达才，2004，《"热""冷"遐思——关于山西能源重化工基地建设的随感》，《山西能源与节能》第 3 期。

吴天有，2010，《大同市南郊区西部采煤沉陷区农民生存现状调查报告》，未刊稿。

徐湘林，2010，《转型危机与国家治理：中国的经验》，《经济社会体制比较》第 5 期。

俞可平主编，2008，《中国治理变迁 30 年：1978—2008》，社会科学文献出版社。

约翰·福斯特，2006，《生态危机与资本主义》，耿建新、宋兴无译，上海译文出版社。

张玉林，2007，《中国的环境战争与农村社会——以山西省为中心》，梁治平主编《转型期的社会公正：问题与前景》，生活·读书·新知三联书店。

张玉林，2012，《流动与瓦解——中国农村的演变及其动力》，中国社会科学出版社。

周洁，2008，《浓墨重彩写辉煌——改革开放以来山西煤炭工业发展回顾》，《前进》第 10 期。

《21 世纪经济报道》，2010，《阳泉"煤之战"》，12 月 31 日。

《半月谈》，2009，《"煤海"采空区治理调查：谨防"生态移民"变"无业游民"》，4 月 25 日。

《半月谈内部版》，2010，《我国地质沉陷区治理存弊端 需国家层面整合资源》，第 11 期。

《大同日报》，2011，《丰云祥深入南郊区、左云县进行调研》，5 月 18 日。

《经济参考报》，2007，《山西矿山地质灾害治理拉开大幕》，6 月 15 日。

《经济观察报》，2005，《揭秘红顶煤商》，10 月 31 日。

《山西日报》，2008，《山西防与治——为全国采空区地质灾害治理探索新路》，9 月 5 日。

《山西日报》，2009，《山西代表联名：将山西作为采煤沉陷区治理试点》，3 月 7 日。

《中国矿业报》，2008，《山西 11 个市立下"军令状"》，4 月 1 日。

《中国矿业报》，2008，《山西 11 个市立下"军令状"》，4 月 1 日。

85

《中国矿业报》，2011，《山西 30 余万人告别采煤沉陷区》，4 月 11 日。

《中国青年报》，2009，《山西忻州第一信访案平息 2 人死亡多人受伤》，11 月 11 日。

John Robert McNeill. 2000/2011. Something New Under The Sun：An Environmental History of the Twentieth-Century World. 日译本见《20 世纪环境史》，海津正伦、沟口常俊监译，名古屋大学出版会。

# 第二单元
## 风险认知／环境行为

# 大众传媒：环境意识的建构者

## ——基于 10 年统计数据的实证研究

仲　秋　施国庆[*]

**摘　要：**本文采用 1999 年以来的统计数据，对中国公众环境关注率、中国 31 个市级报纸环保关注文章、中国环境污染事故与损失率进行归纳和对比，总结发现公众的环境意识在形成时期与环境污染程度密切相关，但在发展时期与报纸的环保关注度相吻合。作者认为，中国公众的环境意识已经从被迫的环境关注阶段，发展到被大众传媒建构的阶段，并预测未来的环境意识会在复杂中向自发性靠拢。

**关键词：**公众意识，大众传媒，环境保护，关注率

## 一　引言

以汉尼根为代表的建构主义的环境社会学研究（Hannigan，1995）对"环境的社会化"问题给予了重视。汉尼根指出：公众对环境的关心并不直接与环境的客观状况相关，而且公众对于环境的关心程度在不同时期并不一定一致。事实上，环境问题并不能"物化（Materialize）"自身，它必须经由个人或组织的建构，被认为是令人担心且必须采取行动加以应付的情况，这时才构成问题（转引自洪大用，1999）。

施国庆和仲秋（2009）认为，汉尼根的观点主要适用于西方社会，中

　*　仲秋，河海大学社会学系博士研究生；施国庆，河海大学公共管理学院院长，教授、博士生导师。原文发表于《南京社会科学》2012 年第 11 期。

国的环境意识发展拥有其自身的特点。

中国公众对于环保关注的环境意识到底由谁决定？大众传媒在环境意识建构的过程中扮演怎样的角色？

## 二 环境关注

《中国公众环保民生指数》指数是由国家环保总局指导、中国环境文化促进会组织编制的国内首个环保指数，并从1999年开始进行了历年的持续调查，被誉为中国公众环保意识与行为的"晴雨表"[1]。

由于本论文需要研究环境意识的影响者，因此掌握历年环境意识的变化规律是先决条件，而《中国公众环保民生指数》中"居民关注的国内社会热点问题排序"调查，是反映环境意识变化最好的窗口。因此笔者统计出由1999年到2008年[2]《中国公众环保民生指数》中的"环保关注率"，并总结出表1和图1。

表1 环境保护问题关注率（1999～2008年）[3]

| 年份 | 1999 | 2000 | 2001 | 2002 | 2003 | 2004 | 2005 | 2006 | 2007 | 2008 |
|---|---|---|---|---|---|---|---|---|---|---|
| 环保关注率[4] | 5.60% | 49.20% | 41.3% | 29.5% | 24.3% | 29.6% | 23.1% | 42.3% | 46.1% | 37.7% |

对于中国公众的环境关注率的历年趋势进行分析，2000年和2007年是环境保护关注人数较多的年份，其中2000年在1999年的基础上增长迅猛，并达到有调查数据的这10年的顶峰，达到49.20%的关注率。2006年在2005年23.1%的"缩水"之后重新达到42.3%的关注率，并在2007年升至46.1%。

---

① 从1999年到2006年，调查范围涉及京沪穗汉蓉沈等8～28个城市，2007年起调查范围覆盖全国31个省、自治区、直辖市。

② 由于调查从1999年开始，而2009年的报告尚未公布，因此数据的年份统计的起止时间为1999～2008年。

③ 数据来源于《中国公众环保民生指数》中的"居民关注的国内社会热点问题排序"。1999～2005年度数据来源于《中国公众环保民生指数2005年度报告》，之后数据来源于各年的《中国公众环保民生指数》。

④ 表中所列数据为关注率，"关注率是按照关注程度使用限选三项的答法计算得出"，参见《中国公众环保指数2005年度报告》。

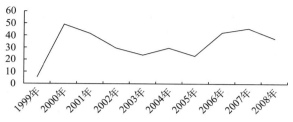

**图1　环境保护问题关注率变化曲线（1999～2008 年）**

除起始年 1999 年外，关注率的低谷分别出现在 2003 年和 2005 年，分别"缩水"至 24.3% 和 23.1%。而低谷中的关注率上升出现在 2004 年，虽然只达到了 29.6%，但也将 2000 年到 2007 年之间的图形趋势由"V"形改写成为倒写的"M"形。

## 三　环保关注率与大众传媒宣传度拟合

汉尼根认为："现代社会中的两个重要的社会设置——科学和大众媒体，在建构环境风险、环境意识、环境危机以及对于环境问题的解决办法方面，发挥着极其重要的作用。"（Hannigan，1995）

公众环境意识受到大众传媒的影响在国内也已被很多学者认可（洪大用，2005；宋言奇，2010）。从间接的影响上讲，大众传媒已成为公众环境保护知识的主要来源（杨莉等，2001）；另外，传媒也对人们在全国环境问题严重性评价中产生了重要影响（中国环境意识项目办，2008）。报纸作为大众传媒中重要组成部分，在环境意识建构中的地位数一数二（中国环境意识项目办，2008）。

本文选取了 1999 年至 2009 年，中国大陆 31 个省（自治区、直辖市）代表性报纸中关于环境主题的文献作为大众传媒宣传度与环保关注率的拟合数据。

进行统计研究之前，对报纸的选取和环境主题的界定有着严格的要求。首先是报纸的选取。由于是全国性的报纸研究，需要全国各省市的情况，因此笔者选择了所有的直辖市、省会城市的报纸。其次是环境意识关键词的选取。从理论上讲，不论是环境污染还是气候变化，不论是领导讲话还是居民实践，我国的环境关注最终会落在"保护环境"这个关键词上。从数据前期分析来看，以《人民日报》为例，凡是含有"保护环境"

91

"环境保护"或者"环保"的关键词的文章，都包括如"环境问题""环境污染"等关键词，而反之并不成立。因此，笔者选取"保护环境""环境保护""环保"作为关键词采用"或含"的关系，并使用"题名"检索的方式在中国知网（CNKI）检索"中国重要报纸全文数据库"内的直辖市、省会城市以及随机抽样的地级市报纸中的全部文章。

本次数据整理的报纸共有31种，涉及中国大陆31个省、自治区、直辖市。其中每个省会城市、自治区、直辖市各一份，均选取当地发行量、影响力大的报纸，如《北京日报》《文汇报》《重庆日报》等①。

2641篇②文章构成了研究的文献库，具体分布如表2。

### 表2　直辖市、省会城市报纸文献统计总表

单位：篇

| 年份（年） | 1999 | 2000 | 2001 | 2002 | 2003 | 2004 | 2005 | 2006 | 2007 | 2008 | 2009 | 总计 |
|---|---|---|---|---|---|---|---|---|---|---|---|---|
| 直辖市 | 0 | 13 | 13 | 11 | 15 | 22 | 41 | 139 | 154 | 119 | 90 | 617 |
| 省会城市 | 0 | 6 | 5 | 4 | 11 | 15 | 55 | 389 | 583 | 551 | 405 | 2024 |
| 总计 | 0 | 19 | 18 | 15 | 26 | 37 | 96 | 528 | 737 | 670 | 495 | 2641 |

从1999年到2009年，报纸中涉及环境保护的文章呈现迅速增长的趋势。具体来说可以划分为两个阶段，一是从1999年到2004年的阶段，文章数量实现了零的突破但增长趋势缓慢，到2004年增长到37篇，但由于基数低，此阶段所有文章数的总和仅为115篇。

从2005年到2009年为第二阶段，此阶段涉及环境保护的文章增长迅猛，2005年文章数约为2004年的3倍并接近百位数量级，但即使这样，2005年的96篇仅在此阶段的2526篇文献中做出了3.8%的贡献，可谓凤毛麟角。2006年涉及环境保护的文章篇数达528篇，2007年又继续增长，但文章总数在2008年和2009年略有回落，处在略低于2007年文章数量的水平。

---

① 省会级的报纸基本都可以选取到，但由于CNKI收录的限制，少数省会级报纸由省级报纸替代。

② 时间跨度从1999年1月1日至2009年12月31日，包含所有已发行的选中报纸中含有关键词的文章。

时间序列上报纸关注度统计，见图 2。

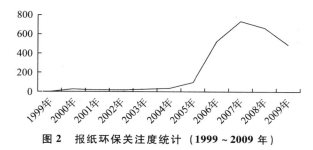

**图2　报纸环保关注度统计（1999～2009 年）**

图 2 的报纸环保文章历年统计图展示，环境保护的关注文章在 1999 年还没有出现，但曲线在 2004 年转折向上并在 2005 年形成一个将近 90 度角的上跃，但是折点在 2007 年开始回落，与之前的上升线相应形成倒 "V" 字形曲线。

将报纸环保文章关注数量曲线与之前公众环保关注率曲线相比较，我们可以看出，1999 年的低谷和 2005 年之后的抛物线在这两个曲线中都有相似的显示。然而，2000 年到 2005 年这 6 年中，两者的总体趋势却几乎是相反的。

因此，我国公众环境意识与报纸这种大众传媒的关系在 1999 年至 2009 年间，并没有在统计分析中形成一致的趋势。这与汉尼根关于大众传媒与环境意识之间强相关关系的论述似乎有所不同。这也证明了 "中国在环境意识的形成阶段有着自身的特点" 这一论断（施国庆、仲秋，2009）。但这个特点是什么？我国公众环境意识到底与什么指标密切相关？

## 四　环保关注率与污染事故损失率拟合

如果公众环境意识不是被大众传媒建构起来的，那么最可能的影响因素就是环境污染本身。也就是说，环境客观的恶化是导致环境意识上升的原因。因此笔者假设环境污染对环境意识的影响为正相关关系。

根据 1999～2008 年间的《中国环境统计年鉴》《中国环境状况公报》《中国环境统计年报》等关于全国环境污染事故次数与损失方面的数据统计，笔者得以绘制出表 3。

**表 3  中国环境污染事故与损失数据（1999～2008 年）①**

| 年份 | 1999 年 | 2000 年 | 2001 年 | 2002 年 | 2003 年 | 2004 年 | 2005 年② | 2006 年 | 2007 年 | 2008 年 |
|---|---|---|---|---|---|---|---|---|---|---|
| 环境污染与破坏事故（次） | 1614 | 2411 | 1842 | 1921 | 1843 | 1441 | 1406 | 842 | 462 | 474 |
| 污染直接经济损失（万元） | 5710.6 | 17807.9 | 12272.4 | 4640.9 | 3374.9 | 36365.7 | 17423.0 | 13471.1 | 3016.0 | 18185.6 |

　　总体来说，全国污染与破坏事故次数总体呈下降趋势，高峰顶点出现在 2000 年。

　　由于环境污染与破坏事故次数不能直接反映污染事件的大小。不过特大事故越多，直接经济损失越大，因此，本文使用污染直接经济损失的年际变化图直观反映环境污染程度的年度变化。

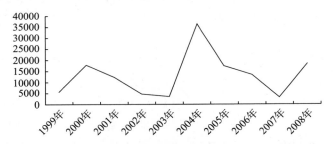

**图 3  中国环境污染事故直接经济损失（1999～2008 年）**

　　图 3 的数据呈现出心电图状的折线，峰值分别出现在 2000 年（17807.9 万元）、2004 年（36365.7 万元）和 2008 年（18185.6 万元）③。

　　再将这个曲线与公众环保关注率进行拟合，结果在 1999 年至 2005 年间

---

① 数据来源包括《中国环境统计年鉴》、《中国环境状况公报》、《中国环境统计年报》以及中华人民共和国国家统计局网站的相关环境统计数据。由于数据来源的限制，2009 年数据缺失，本文收集了从 1999 年到 2008 年 10 年间的数据进行分析。

② 年鉴中的污染直接经济损失数据为 10515.0，但是这个数据在《中国环境公报》中被核实不包括松花江污染事件的损失。此处的数据加入了松花江污染事件的损失，损失金额 6908 万元（黄璘，2007）。

③ 虽然 2009 年的全国统计数据暂缺，但是 2009 年国家环境保护部接报的环境事故比 2008 年增加 26.7%，我们有理由相信全国的环境污染事故在 2009 年仍然呈上升趋势。

呈现出强相关关系。见图 4。

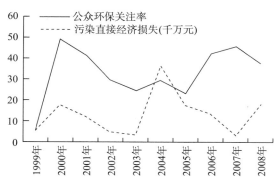

**图 4　全国污染直接经济损失与公众环保关注率拟合（1999～2008 年）**①

　　为了讨论的方便，笔者将 2005 年作为中间点，之前的作为第一阶段，之后的作为第二阶段。在第一阶段，公众环保关注率与污染直接经济损失的变化曲线完全相关，峰值与低谷都在每年的折点上都非常吻合②。如此惊人的重叠性让人有理由相信公众环保关注率与污染损失密切相关，然而自 2005 年之后，两条曲线的完全背离，尤其是 2007 年公众环保关注率的峰值却是污染经济损失的波谷，这个结果又似乎推翻了第一阶段的结论。

## 五　大众传媒的后期力量

　　从第一阶段的趋势分析上看，环境意识在中国的变化趋势与环境污染损失的大小呈现强相关关系，与大众传媒中报纸的环保关注曲线没有明显的相关度。但是，第二阶段却呈现出与报纸关注趋势一致的情况。

　　为了更加直观地展现第二阶段的情况，笔者将报纸环保关注度与公众环保关注率的变化直观地展示在一张图上，情况见图 5。

　　根据图 5 拟合图中呈现的趋势，笔者验证了第二阶段公众环保关注与报纸环保关注的强相关。

---

① 　为了在同一座标中展示明显的趋势变化，污染直接经济损失单位由"万元"转换为"千万元"。

② 　虽然关注率与损失的峰值在程度上有一定的区别。

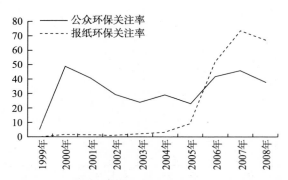

**图 5　公众环保关注率与报纸环保关注率①拟合情况（1999～2008 年）②**

　　在试图解释环境意识趋势由污染损失转到报纸环保关注程度的过程中，2004 年巨大的环境污染损失以及 2005 年松花江污染事件引起了笔者的注意。

　　2004 年《中国环境统计年报》指出当年"全国环境污染与破坏事故造成的直接经济损失共计 36365.7 万元，比上年增长了 9.8 倍。其中，特大环境污染事故、重大环境污染事故、较大环境污染事故和一般环境污染事故造成的直接经济损失分别占损失总额的 92.3%、2.4%、1.5% 和 3.8%。与 2003 年相比，特大环境污染事故损失所占比重上升了 66.7%，一般环境污染事故损失所占比重下降了 48.5%。"特大环境污染事故的大幅度上升使得媒体关注度上升，2004 年《中国环境报》关于环保的文献共 161 篇，关于环境污染的文献就有 134 篇，占到环保类文献的 83%。

　　2005 年松花江污染事故的焦点性成为媒体关注的必然。首先是客观事故重大。中国石油吉林石化公司双苯厂（又称 101 厂）装置于 2005 年 11 月 13 日下午发生爆炸并起火，造成 6 人死亡，70 人受伤，数万人要疏散。其次是引起政府关注。环保总局将松花江水污染事故认定为重大环境污染，时任国家领导人的胡锦涛、温家宝分别给予高度关注。再次是污染地点涉及俄罗斯，国际政治舆论压力加大了媒体关注程度，客观上也抵制了信息封锁。最后是发生一系列连锁反应的新闻事件，如吉林市副市长自缢身亡、

---

①　为了在同一座标中展示明显的趋势变化，将每年报纸环保关注数量各除以 10，得到报纸环保关注率。

②　由于公众环保关注率数据 2009 年的暂缺，因此与报纸环保关注对比图中删除了 2009 年的数据。

中国国家环保总局局长引咎辞职等。所有的原因加总使得松花江事件成为报纸关注的焦点。

笔者认为，2005 年报纸媒体对于环境保护集中的关注是在环境破坏损失增大后受到典型事件刺激的产物。由于 2004 年的环境污染与破坏事故直接经济损失非常大——比 2003 年增长了近 10 倍之后，在 2005 年松花江污染事故又以典型事件的形式爆发出来。因此，报纸在 2004 年基于污染损失的自发关注之后，2005 年的典型事件触发了媒体对环境保护的集中关注。

# 六　结论

中国公众的环境意识在形成时期，与环境污染程度（具体反映为污染损失量大小）密切相关，环境污染的损失量决定了公众环保关注程度，这阶段属于被动的环境意识。但是，随着特定环境事件触发媒体关注后，大众传媒对环保的关注成为公众了解环境保护的重要渠道，并且上升为影响公众环保关注度的主要因素。

我国公众的环境关注已进入被建构阶段，公众的环保意识不再仅仅建立在污染后不得已的关注之上。这说明更多公众在没有遭受直接而严重的环境影响时，也开始关注环保，这是大众传媒的功效。

笔者预测，随着环境意识的进一步发展，在被迫关注、被建构的意识之后，将出现自发主动的环境意识。自发主动的环境意识也很可能使得关注度的变化不再贴切地迎合大众传媒的宣传，而会转变为从意识到实践再到反思后的非追随，影响因素也会变得更加复杂。

虽然本文尽可能采取稳定的数据来源方式，但由于数据统计上的波动性，误差仍然存在。比如公众环保率的统计基于《中国公众环保民生指数》，但是 1999 年到 2006 年的数据来源的调查范围仅涉及被抽样的城市，2007 年起调查范围才覆盖全国 31 个省、自治区、直辖市。这方面的不足也反映出，尽管环境方面的调查报告层出不穷，但是历年持续稳定的环境意识调查在我国尚不全面。

另外，大众传媒对政策关注有着特定的敏感与政策宣传对大众传媒的依赖性也决定了环保素材的报道；公众对环保的关注程度也反过来推进了大众传媒对环保相关问题的挖掘和报道。因此，公众的环境意识与其影响者之间的关系错综复杂，进一步的分析与验证也应该在将来的讨论中出现。

## 参考文献

洪大用，1999，《西方环境社会学研究》，《社会学研究》第 2 期。

洪大用，2005，《中国城市居民的环境意识》，《江苏社会科学》第 1 期。

黄璘，2007，《吉化爆炸事故及松花江水污染事件》，《当代广西》第 16 期。

施国庆、仲秋，2009，《中美环境意识变化比较及其影响因素分析（1950—2008）》第 9 期。

宋言奇，2010，《发达地区农民环境意识调查分析》，《中国农村经济》第 1 期。

杨莉、戴明忠、窦贻俭，2001，《论环境意识的组成、结构与发展》，《中国环境科学》第 6 期。

中国环境意识项目办，2008，《2007 年全国公众环境意识调查报告》。

Hannigan，John A. 1995. *Environmental Sociology*：*A Social Constructionist Perspective*. London：Routledge：5 – 57.

# 隐形的环境问题
## ——对 LY 纸业公司的个案调查

崔　凤　秦佳荔[*]

**摘　要：** 环境问题的发展呈现了两种走向：一是通过建构主义路径成为普遍关注的社会问题；另一个走向是成为"民不举，官不究，媒体关注盲区"的隐形环境问题。本文通过对 LY 纸业公司造成的隐形环境问题现象阐述，从逐渐远离的自然环境、特殊的结构体系、绕开政府的环境问题、关注与报道的戛然而止四方面分析了 LY 纸业公司造成隐形环境问题的原因。在此基础上，从分布地区、参与主体、社会结构、影响结果阐述了隐形的环境问题的特征。

**关键词：** 环境行为，环境问题，隐形的环境问题

## 一　问题的提出

目前在环境社会学理论研究和经验研究领域存在着这样一种主流的研究取向，即"以对社会造成明显损失的恶劣环境污染问题"为研究主线，并取得了一些研究成果，如张玉林以海河流域为中心分析了海河流域"有河皆干，有水皆污"状态；江莹对秦淮河主城段、秦淮河江宁段、秦淮河溧水段等区域的企业废水排放量研究；陈阿江对太湖流域水环境恶化的社

---
\* 崔凤，中国海洋大学法政学院教授；秦佳荔，中国海洋大学社会学硕士研究生。原文发表于《河海大学学报》（哲学社会科学版）2012 年第 4 期。文中相关地名、人名和企业名已经依学术规范做过相关技术处理。

会文化逻辑研究，厦门 PX 事件、癌症村研究等。这种研究思路一方面受社会科学中的测量技术的局限，"社会学的方法、观点、理论无法从事自然科学的研究，它的研究无法说明物理的、化学的和生物本身作为物质的存在所发生的变化过程"（吕涛，2004）；另一方面也充分说明了环境社会学未来研究的更大发展空间。

### 1. 现实的困惑

笔者曾在 LY 纸业公司所在的 DP 村进行 3 个多月的实地调研，企业的污染从直观层面来看确实存在，却没有想象之中轰轰烈烈的环境事件。笔者体会到企业内部的漠视以及周围受影响群众的麻木，这种无声无息的环境问题以及相关行为主体的反应引起了笔者对"隐形的环境问题"的思考。在中国的现实条件下，这类环境问题客观且普遍存在，这种表面看似没有问题的环境问题恰恰更是一种问题，对社会的影响可能远远大于显形的轰轰烈烈的环境问题。与此同时，关于"环保斗士"马军①以及相关环保人士揭露苹果公司供应链问题的报道接踵而来，如"苹果的另一面"② "毒苹果""苹果的另一面——污染在黑幕下蔓延"③ 引发了笔者进一步的思考，其中记者与马军有这样一段对话：

> 记者："事实上，不仅仅只有苹果有着不为人知的'另一面'，在报告中我们看到专门设置了一个版块，提出一些国内外知名 IT 品牌的供应商重金属排放超标违规问题，但是在众人的关注中我们注意到这样一个问题，就是你一直在关注一些很大的知名的公司。在现实中污染的企业很多，尤其是中小企业，为什么你的关注点只在一些知名大公司？"

> 马军："在我们污染地图的数据库上实际可不只包括了那些大的知名公司，谁有污染我们就必定把它给录入进来，这里边有超过 5 万家以

---

① 马军，1993 年起在海外媒体工作，曾对中国环境和资源状况做跟踪研究，著有《中国水危机》，建立了公众环境研究中心网站 http：//www. ipe. org. cn/pollution/index. aspx，发布了中国水污染地图等环境资源，致力于环境信息公开。

② http：//news. cntv. cn/china/20111015/107758. shtml，最后访问时间 2011 年 10 月 21 日 09：30。

③ http：//gongyi. china. com/gyjf/gysm/11098804/20111017/16816849_2. html，最后访问时间 2011 年 10 月 20 日 10：30。

上的企业，我想其中很多很多都是这些普通的中小企业，但是现在我们要注意到这样的一个问题，虽然我们公平地把它们都列到了一个统一的公开的名单里面去，但是真正最后社会所关注的是那些被列出的大的企业，那些小的企业他们没有一个知名的品牌，他们也没有一个很大的值钱的品牌，所以对这样的一个公布，这样的一种公众的压力它不敏感，你爱公布不公布，他也不在乎，其他社会各界也不关注这些。"①

在这段对话中，我们首先注意到污染地图，包括知名企业、"没有很值钱的品牌"的中小企业。知名企业的污染引发了一系列的报道与重视，"没有很值钱的品牌"的中小企业的污染就这样在众目睽睽下"隐形"。在这一过程中从"公平地列出各种污染企业"到"没有很值钱的品牌"的中小企业由于"对公众压力不敏感"因此"社会其他各界的不关注"，这也从现实意义上恰恰说明了"隐形的环境问题"的存在以及研究意义。

### 2. 理论的发展

笔者通过对环境社会学相关研究的梳理发现，并没有以"隐形的环境问题"作为研究主题的相关文献资料。而相对"隐形的环境问题"而言，我们更为直观地联想到环境问题的显形化，这需要社会各方面力量的建构。自1973年以来，社会建构主义逐渐步入了社会理论研究的核心，并在社会问题领域乃至整个社会学中产生了大量重要的理论和经验研究成果（汉尼根，2009）。约翰·汉尼根（John Hannigan）从社会建构主义视角出发，提出环境议题、环境问题的社会建构过程，认为这一进程直接对应的是社会行动者们成功的"主张提出"，这些行动者包括实业家、科学家、公务员、新闻记者、环境活动家和政客（汉尼根，2009）。环境社会学的建构主义学者注重分析环境问题从建构到曝光于公众的过程及相关主体的环境行为，这也使我们对进入建构过程之前就已然存在的环境问题的隐形过程以及没有被成功建构的环境问题产生了研究兴趣。约翰·汉尼根提出要成功建构一个环境问题的六个必要条件：第一，某种环境问题必须有科学权威的证实和支持；第二，需要科学普及者将深奥的科学转化为通俗的环境主张；

---

① http://www.cqn.com.cn/news/cjpd/492152.html，最后访问时间 2011 年 11 月 15 日 13：00。

第三，媒体的塑造对环境问题的前途十分重要，环境主张必须受到媒体的关注；第四，形象化和视觉化的表达方式对潜在的环境问题的显现十分重要；第五，在应对环境问题的行动中经济收益必不可少；第六，相对一个有前途的环境问题来说，制度化支持者的存在才能确保环境问题建构的合法性和连续性（汉尼根，2009）。洪文安在《论水环境问题的社会建构——九曲河个案研究》中提出在 20 世纪 90 年代以来的 20 多年的时间中"九曲河污染"并没有成为一个引起社会关注的重大问题，真正成为一个"社会问题"则是近四五年来的事情，主要是源于媒体介入、市政协委员们的呼吁、打官司等因素（洪文安，2009）。除此之外，环境建构主义中存在这样一种研究意向，即关于没有被成功建构的环境问题的相关探讨。伊巴拉（Ibarra）和科茨尤斯（Coates Euston）提出"反向修辞策略"，用以阻止议题主张者建构一个问题以及要求实际行动（汉尼根，2009）。这种反向的修辞可能会成为环境问题不被成功建构的原因之一。陈燕（2010）在研究中从环境建构主义视角提出农村环境问题没有被成功建构的原因是：农村工业污染缺乏科学权威的支持和证实，预期中的环境问题没有很好地得到媒体的舆论宣传，解决农村环境问题也没有可见的经济刺激。除此之外，科学普及者、潜在问题的醒目符号和形象词汇、制度化的赞助者在农村环境问题上都存在着缺位。

对于环境问题被成功建构或是说环境问题显形化的影响因素我们可以做如下总结：从主体来看包括受害者、科学家、实业家、政客、公务员、新闻记者和环境活动家、受众等；从进程来看包括形成环境主张、表达（提出）环境主张、被受众接受、进入政治进程，整个进程中需要行为主体的配合、磋商与研究，需要外界媒体条件、政治条件等相互作用。从这一理论过程来看，一个环境问题被成功建构需要的条件在现实中很难得到满足，同时在另外一个层面上也说明了在现实社会中有大量的"隐形的环境问题"的存在。也就是说，环境建构主义是建立在这样一种默认的理论前提下——被成功建构的环境问题处于"显形化"阶段，没有被成功建构的环境问题处于"隐形化"阶段。从现实的环境问题来看，实际上环境问题呈现了两种走向：一个走向是通过建构主义路径成为普遍关注的社会问题；另一个走向是成为"民不举，官不究，媒体关注盲区"的"隐形的环境问题"。

因此，探究这些没有造成大量的人员伤亡，没有形成大规模的疾病暴发如癌症村问题，也没有造成大规模的农业、畜牧业、养殖业等经济损失，同时污染程度有限、政府管理松懈、媒体素材的冲击力弱、对社会公众的压力敏感性差的普通中小企业造成的环境问题的形成过程；分析在环境污染问题曝光于媒体大众、政府相关部门之前或是没有被成功建构的这些已然存在的环境问题是以怎样的状态存在的；探析造成这种状态的社会原因以及"隐形的环境问题"的基本特征，对于环境社会学的理论体系构建以及现实环境问题的阐释具有重要的研究意义。

## 二　基本概念与研究方法

对"隐形的环境问题"这种社会现象进行描述与阐释，首先需要对"隐形的环境问题"的概念作必要的说明与阐述。

### 1. 概念界定

社会行动的价值取向是复杂多元的，不能以经济价值的一元取向作为研究的预设，因而社会系统对社会行动及其方式的影响也是多种多样的，存在着破坏环境的行动及其"规则"，也存在着限制破坏环境的行动及其"规则"（吕涛，2004）。"隐形的环境问题"就是在破坏环境的行动及其"规则"下的行为结果。如果一个社会事实确实存在，但人们并没有在主观上认为它是一个问题并希望采取相互一致的行动去解决这一问题，它就不是一个确定的社会问题（张虎彪，2010）。这也是传统社会学研究中对社会问题探讨的基本观点，洪大用（2002）也指出，与传统的社会问题[①]相比，环境问题具有自身的特征，它是对于特定区域和特定人群而言，不一定有环境破坏的客观事实，也不一定引起大多数人的注意，甚至只有少数人觉醒，具有滞后效应。这也从环境问题与社会问题的层面论证了"隐形的环境问题"的客观存在与理论价值。简·汉考克（2007）认为在环境污染问题上区别不同的污染物是很重要的，他将污染物分为三类：一是无毒污染物例如二氧化碳，可能会导致气候和环境的变化，但是对人体健康没有影响；二是污染物质达到一定程度才会损害人类健康；三是污染物为有毒物

---

① 洪大用指出构成社会问题的若干要素：1. 客观存在某种社会现象；2. 这种现象妨碍社会的正常运行；3. 这种现象损害多数人的利益；4. 这种现象引起多数社会成员的注意；5. 这种现象必须依靠社会力量加以解决。

质，不能接触。对于污染物的差别性研究也恰恰论证了"隐形的环境问题"存在的基础，尤其是对于第二种污染物的界定，进一步揭示了研究"隐形的环境问题"的必要性。从"隐形的环境问题"的危害来讲，"很多人都会承认，2001 年 9 月 11 日恐怖分子袭击美国引起 3000 人死亡，这种伤害是真实的，然而 PM10 在美国每年引起死亡的数字，是 9·11 恐怖分子驾驶飞机撞击建筑物造成死亡数字的 20 倍。"（汉考克，2007）"隐形的环境问题"所造成的社会危害是潜移默化的累积式危害，数字的积累过程比起显形的突发环境事件有着更为不可控的后果，因此，研究"隐形的环境问题"有着迫切的社会发展需求。

麦库马斯（McComas）和沙纳汉（Shanahan）研究分析了 1980～1995年《纽约时报》和《华盛顿邮报》有关全球变暖的事件报道，发现环境事件的叙述经历了五个阶段：前问题阶段、被惊醒的发现时期、显著进步的公众实现期、强烈公共兴致的衰退期以及后问题阶段（汉尼根，2009）。但在现实生活中有些环境问题一直处于"前问题阶段"，这些环境问题虽然客观存在，但一直被忽视、漠视，使得真正的环境问题被掩盖，"隐形的环境问题"就是在这样一种理论和现实背景下提出的。"隐形的环境问题"是指客观存在的但由于某种原因没有进入公众和社会的视线，尤其是拥有管制权力的人看不见，或是已经进入公众视野，拥有管制权力的人不作为的环境问题。

对于"隐形的环境问题"的界定我们主要从以下两点进行说明。

（1）"隐形的环境问题"并不等同于环境问题不存在，而恰恰是在现实社会中环境问题已经存在，并且对于人民生活环境和自然环境造成了一定程度的影响。"隐形"包括环境行为主体将环境问题掩盖的动态行为过程，也是指环境行为的状态与结果，是相对进入环境治理进程或是环境治理取得一定成果而言的其他环境问题（或是说没有被成功建构的环境问题），是多个主体的环境行为共同作用的结果。

（2）"隐形的环境问题"所造成的后果是无论环境问题是否进入公众和社会的视线，环境问题治理的核心主体均会"看不见""不作为"。在这种情况下造成的结果是环境污染会继续存在且持续恶化，将"隐形的环境问题"显形化的主要曝光平台是大规模信访活动、网络平台、媒体报道、环境纠纷、政府管制等。

2. 研究方法

基于环境问题的敏感性以及避免在收集第一手资料的过程中产生不必要的阻挠，并保证资料的真实性，笔者通过实地研究，采用作为参与者的观察法，选取 LY 纸业公司作为调查对象进行研究，以求对环境问题的相关主体的环境行为过程进行真实呈现。笔者于 2011 年 3 月 18 日到 7 月 10 日在 LY 纸业公司实习，担任厂长助理，对企业的生产状况、销售状况有较为详细的了解，并且经历了企业污染在网络上曝光的整个过程，采用访谈法对日常工作中与厂长、员工、村民、相关环保机构等环境问题处理过程中的不同环境行为主体的对话进行记录。同时通过网络、图书馆查阅、收集、整理相关的专著、论文报纸、政府文件、企业规章、报刊以及论文等文献资料，了解国内外在环境问题相关领域的研究现状与动态，并进行系统的分析整理。使用的资料包括相关谈话记录、协助厂方处理事务的过程和感受记录、后期访谈录音整理、个体观察状况描述，同时还包括互联网、报纸杂志等相关报道。

## 三 "隐形的环境问题" 的表现与原因

LY 纸业公司位于 HB 省 XS 县 DP 村，该村面积 2.21 平方公里，耕地有 3210 亩，人口共有 3000 多人。2009 年 DP 村开始进行新农村建设，全村的经济结构以乡镇企业为主，在纸业、畜牧业、酒业等方面有一定的发展，只有少数人从事农业生产。LY 纸业公司以生活用纸的生产和加工为主，集大轴的生产和切割、产品的加工销售为一体[①]。公司的规模在造纸行业属于小型企业，主要的衡量标准是生产能力和销售能力、知名度。该公司的生产使用机器属于行业中等技术水平，公司拥有环保资格认证证书，但没有自身的污水处理设备，原因是产品的生产能力和销售能力有限，导致资金

---

① 本次研究主要关注的是以生活用纸为主要产品的纸业公司，纸业公司一般有三种存在形态：1. 只生产原料大轴，公司主要销售业务是出售大轴；2. 不生产原料大轴，买进大轴进行切割，制成成品赚取差价，也称为复卷厂，复卷厂产品的质量一般随大轴供应商的变动而波动，这种工厂基本不存在明显的生产废弃物污染和水污染等；3. 集大轴生产、切割、成品销售为一体的企业，污染物主要是在大轴生产的过程中产生。大轴生产的原料称为浆板，一般大轴的生产与浆板是分开的，浆板属于半成品原料，包括木浆板、竹浆板、苇浆板、棉浆板、美废（再生纸），北方一般是采用木浆板。

有限，公司没有能力购买污水处理设备。该公司生产的生活用纸原料为木浆板，污染相对传统工艺尤其是与再生纸相比污染较小。其主要的污染物是大轴生产过程中用于清洗纸浆和冷却的废水，呈奶白色且黏稠，沉淀后有纸屑，还有一些固体废弃物如废纸边、企业垃圾等。

在 LY 纸业公司 3 个多月调研过程之中，笔者经历的唯一较为明显的一次污染问题事件来自网络上的一篇投诉报道。该投诉是通过 YZ 环保网转投，具体内容如下文所述。

报道一："网友投诉：XS 县 LY 纸业公司肆意排污"① 2010 年 4 月 9 日

LY 纸业公司的多个排水口由地下管道直接引到外面的河沟，排出的污水像糨糊一样，浑浊不堪。其中南墙根的 4、5 个排水口排出的废水在树林里肆意的流淌。我们的地下水都已经受到了污染，水烧开后特别黏稠。厂子后面有一个被挖出的专门用来堆放生产废料的大坑，面积有十余亩，那里曾经都是树林。

我们多次向环保局投诉过，可环保局一而再、再而三地敷衍我们。希望你们能帮帮我们，污水再这样流下去会把白洋淀也污染了的。

2010 年 4 月 9 日，该投诉已转 XS 县环保局。请相关领导和广大网友关注调查处理结果。

报道二："XS 县 LY 纸业公司污水垃圾侵占良田　村民欲告无门"②

"LY 纸业公司的污染你们能管吗？"这是当地群众向我们反映问题时挂在嘴边的话。

LY 纸业公司有污染吗？记者前后 2 次前往企业核实。在企业后墙和企业的南墙分别看到多个排水口。在企业后墙的排水口由地下管道直接引到距离企业 500 米远的一条河沟，从企业排水管道出来的水浑浊不堪，好像糨糊一般，污水顺势而下，村民说一直流下去就到白洋淀了。在企业南墙根下边有 4、5 个排水口。从企业墙里边出来的污水随意排放，就像农民浇地似的顺着地上的沟壑随意流淌。在厂子大门后边挖了一个大坑，企业的生产废料随意堆积，一部分推到挖好的坑里，

① http：//www.yzhbw.net/news/shownews－20_997.dot，最后访问时间：2011 年 12 月 10 日。
② http：//www.lowcn.com/huanjing/201004/092983.html，最后访问时间 2011 年 12 月 10 日。

在坑边上有好几棵大树的树根，十分明显大树是因为挖坑而被挖出来了。企业堆积废料占地 10 余亩。

村民说："以前这都种着树呢！闲碍事都挖了。"当地村民反映说："这几年来我们的地下水都变味了，烧开了就像粥一样，反映多少次了，就是没人管啊！""早前烟都黑的，现在好多了，黑的时候少了。"

就企业污染问题，我们先后多次主动向 XS 环保局联系反映该问题，第一次得到答复："我们局长出门开会去了，等回来吧，LY 没有污染！"第二次得到答复："企业现在已经停产了"。从我们反映问题截至我们发稿两周中，企业的污水一天也没有停止，企业进货拉货的车依旧来来往往。企业到底有污染吗？企业污水在流、烟筒在冒烟，环保局却告诉我们企业已经停产了！到底是什么蒙蔽了 XS 县环保局工作人员的眼睛，没有看到企业生产。

HB 省干部作风建设年活动领导小组办公室召开刹风整纪案件第二次新闻发布会，公布了 18 起干部作风方面典型案件的查处情况。这 18 起典型案件中，乱摊派乱收费案件 5 起，不作为乱作为案件 7 起，利用职权为个人或他人谋取私利案件 6 起。其中就有 NG 市环保局二中队队长魏某不作为案，针对 LY 纸业公司的问题请有关领导给予关注！

从这两篇报道本身来看，我们看到 LY 纸业公司的环境污染具有以下特征。

第一，公司并没有要求网站对报道进行删除，最为直接也是最为重要的是表明企业自身的污染问题确实存在，从网站报道的真实性来看不具备删除的理由①。

第二，这两篇污染报道文章并没有引起任何网友的特别关注，评论数量为零，同时也表明该报道对企业、销售商、消费者以及网友等的弱影响力。

第三，至笔者截稿日（2011 年 2 月）记者没有继续进行跟踪调查与

---

① 污染报道网站的一份声明："除来源为 YZ 环保网、HB 电视台《今日资讯》《绿色家园》的信息外，本站其他新闻资讯内容均来自互联网或网友上传，并均已注明来源，其内容和行为并不代表本站观点，本站不承担因转载所造成的一切法律问题。如有疑问，将在 24 个小时内删除，给您带来不便，深感抱歉！"

报道。

第四，相关政府部门也没有对 LY 纸业公司进行调查与整治，企业的销售情况没有波动。

第五，村民与企业之间就环境问题没有明显的对峙与冲突。

LY 纸业公司所暴露的环境问题，从引起相关记者与网站的报道层面来看，似乎已经进入公众和社会的视线。但是从报道来看拥有管制权力的人存在不作为的现象，如"我们多次向环保局投诉过，可环保局一而再、再而三的敷衍我们""LY 纸业公司的污染你们能管吗""就企业污染问题，我们先后多次主动向 XS 县环保局联系反映该问题，第一次得到答复：'我们局长出门开会去了，等回来吧，LY 没有污染！'第二次得到答复：'企业现在已经停产了'"。从 LY 纸业公司造成的环境问题的结果来看，污染问题并没有得到解决，固体废弃物、废水以及对周围环境的破坏，如对树木的砍伐，不仅依然保持现状且持续积累恶化。LY 纸业公司的环境问题符合"隐形的环境问题"的概念定义。因此，我们将从以下四个方面探讨 LY 纸业公司造成的"隐形的环境问题"的原因。

**第一，逐渐远离的自然环境。**

从最为直观的地理位置来看，LY 纸业公司所在村落 DP 村 2009 年进行新农村建设试点，全村兴建集体单元楼、别墅区，村民进行了整体搬迁，从事农业的人员比例低。这一方面使得工厂所在地区居住的本村居民的数量十分有限，直接受污染环境的影响人数减少，同时也意味着不可能发生大规模的集体事件；另一方面也使得村民的生活就业与当地企业关系更加紧密。而无论是新农村建设还是城市化背景，除了集中居住伴随而来的还有大量人工景观的建立，造成了人们对自然景观的漠视与忽视，如居民的活动空间也由过去的树林田间转移到具有健身器材的广场以及社区活动室等。这也使得许多村民对 LY 纸业公司在数十亩的树林中堆积废弃物视而不见，当人们对自然景观的需求不断减少时，关注的热度也必然会随之下降。对环境污染举报的动力缺失，造成了村民集体的漠视。

**第二，特殊的结构体系。**

从企业背后的社会结构来看，LY 纸业公司的创始人之一老板 C 是 DP 村本地人，且亲属在村委员会有一定的地位，家族在村中威望较高。在 DP 村这样一个熟人社会结构之中，一直存在"枪打出头鸟"的观念，尤其是得罪人的事情，很难有人站出来做。在环境问题中，我们称之为环境抗争好处的非排他性，即不承担环境污染问题的抗争压力，也可能受到其他主体抗争后环境问题的治理和改善带来的好处。从 LY 纸业公司的员工结构和待遇状况来看，在吸引一部分当地人就业的同时，将差别化工资待遇作为筹码与补偿在这一环境问题中也有所体现。老板针对环境问题曾说过："我们在技术上是没办法也没实力做到没有污染，我们也没有那么大的资金实力做好政府以及相关部门的工作，但我们并不是没有付出代价，当地人拿的工资（比外地人）多啊，他们还有什么说的。"① 因此，用工作机会以及差别化工资待遇安抚当地人的过激行为是另一种代价，稳定了 LY 纸业公司在当地村民生活中的角色与地位，这实际上也是以工作报酬为代价的环境使用权与举报权的交换。

**第三，绕开政府的环境问题。**

在 LY 纸业公司整个环境污染过程之中，没有受到任何环保部门的干预与惩治，这里所暴露的环境问题似乎从没出现在政府的视野之中。这种"隐形的环境问题"可能存在两种路径：一是由于环境问题确实没有进入公众和社会的视线，尤其是拥有管制权力的人看不见；二是已经进入公众视野，拥有管制权力的人不作为的环境问题。笔者找到了相关的环保部门人员②进行访谈，地方环保部门 Z 局长指出："这些小企业本身就没什么钱，就是一次次地查也怎样不了（潜在意思是指没有很多油水可捞），你让他们处理污染就是让他们关门，除非上面领导突击检查，总得有些做牺牲品。"污染受害者对政府管理能力与效率的质疑导致他们在环境问题的解决上也远离了政府管理，这也就解释了为什么在很多环境问题之中，没有第三方介入的情况下有些社会冲突也会悄然结束。弱势群体在衡量现实条件进而选择获取利益渠道时，最终结果是绕过国家，选择寻求自身利益诉求，如工作机会等。

**第四，关注与报道的戛然而止。**

在网络平台逐步发展的背景下，通过对环境行为主体的交涉过程的观察，笔者发现了一个典型的无直接利益的支持者群体如顶帖者、给予声援

---

① LY 纸业公司的员工结构为：当地人占 2/3，基本保底月工资 1500 元，按工作量完成程度提成；外地人则为计件工资，管吃住，平均月净收入 1000 元。

② XS 县环保局 Z 局长，是笔者亲戚的前同事，由文化局后调任环保局局长，因此，比较真实地反映对待此类问题的态度。

的网友等。他们对推动环境污染问题的显形化起到了重要的作用，我们暂且将其定义为环境非直接利益群体，即他们并不是环境问题的施害者也不是直接受害者、治理结果受益者，他们的行为主要是基于道德自觉和对未来环境的担忧。显然，从"隐形的环境问题"造成的污染程度来看，对于非直接利益群体道德底线的触碰以及对媒体视觉的冲击力是非常有限的，这也使得 LY 纸业公司污染报道没有引起网友的评论与关注。LY 纸业公司污染问题的曝光中，记者在坚持报道真实性的同时，尽量将此次污染事件归结到一个对公共管理的批判背景之下，增强报道的轰动性，如"XS 县 LY 纸业公司污水垃圾侵占良田，村民欲告无门""HB 省干部作风建设年活动……其中就有 NG 市环保局二中队队长魏某不作为案，针对 LY 纸业公司的问题请有关领导给予关注""地下水黏稠"①。但是面对相似的系列报道，作为读者的我们首先不是被环境事件的恶劣程度所震撼，而是觉得有司空见惯的熟悉感，这种熟悉感隐藏的另一种意涵就是漠视的开始，也是将环境问题隐形的重要推动者。新闻受众的麻木反应，反馈到新闻报道层面必然就是追踪报道的戛然而止，LY 纸业公司报道的结束也恰恰是将环境问题隐形的助力。

## 四 "隐形的环境问题"的基本特征

范式（Paradigms）最初由科学哲学家托马斯·库恩（Thomas Kuhn）使用来描绘科学家针对他们的研究对象所持有的指导其理论与研究的精神影像与假设。社会范式（Social Paradigms）是指社会中的人们所普遍共有的关于世界是如何运作的一种内在模式。查尔斯·哈珀（1998）认为社会范式只属于一定的生活领域。"隐形的环境问题"的研究源于经验调查过程中对研究对象的思考，对其理论的探析与阐述需要对理论假设进行交代，就经验研究而言，需要对存在的条件与特征进行限定。在"隐形的环境问题"中，除了媒体、公众、政府等行为主体的参与，我们需要在社会现实的基础上从更为广泛的视角来探讨。笔者在此研究基础之上，走访了 XS 县乡镇企业分布的地区，并分析了目前环境问题的相关理论和经验研究成果，认

---

① 笔者走访的 DP 村多家中，亲自使用当地的地下水，并没有村民描述的黏稠等情形，且村中大多户都直接采用地下水进行烧沸饮用。

为在中国的现实条件下，环境问题之所以"隐形"不仅是因为建构条件没有达成，还因为这些环境问题自身以及环境行为参与主体具有一些其他特征。

首先，从"隐形的环境问题"的分布地区来看，污染源主要位于乡镇地区，一般处于独立的行政区划范围内（例如不存在河流上下游污染纠纷），管理主体单一；企业分布较为分散，成点状分布，一般没有形成某种行业集群效应；行政执法薄弱，没有较为成熟的环保 NGO。

其次，从参与主体方面来看，污染源头一般是资金能力较弱的或是说品牌不太值钱的中小企业，对公众压力的敏感度低，受到环境污染影响的群体一般是普通公众（拥有的资金、政治权力和群体声望等经济社会地位都不突出），在环境问题发生过程中缺少第三方力量的介入或是第三方力量的介入不均衡①。

再次，从当地社会结构方面来看，其具有特殊性。当地的社会结构一般为熟人社会②，这种社会结构抑制着社会个人行为的发生能力，行为者通过当代人或上代人之间的交往彼此熟知，且企业创建者、管理者以及员工主体多为本地人。

最后，从影响上来看，影响结果较为有限。污染源造成的环境问题的影响有限，没有危害受害者的生存条件，尤其是并没有造成人员伤亡、大规模的怪异疾病暴发如癌症村问题；没有造成大规模的农业、畜牧业、养殖业等明显的经济损失；也没有大规模的信访等恶性群众性事件发生；没有引起社会对未来环境的担忧与不安；没有引起媒体的关注与报道。

## 五 小结与讨论

笔者通过对 LY 纸业公司的实地调查，提出了在现实社会中客观、普遍存在的"隐形的环境问题"，其具有自身的特征，且是多方环境行为主体共同作用的结果。笔者认为"隐形的环境问题"实际上是不同环境行为主体

---

① 韦伯提出社会分层的三个标准：经济标准、群体声望和政治权力（刘少杰，2006）。
② 费孝通认为中国传统社会是一个熟人社会，特点是人和人之间有着一种私人关系，人与人通过这种关系联系起来，构成关系网，背景和关系是熟人社会的典型话语（费孝通，2008）。

对社会公平自我探寻的结果，同时也体现出他们对当代社会治理环境问题能力的悲观态度，暴露了解决环境问题的社会机制的不足。环境行为的主体是多元的，在一个环境问题中组织、个人、群体等以不同的形式组合后相抗衡，如个人与组织的抗衡，主体力量的不均衡与"隐形的环境问题"的产生密切相关。"隐形的环境问题"意味着将一种社会不平等隐形，环境行为主体无法通过第三方管理与调节解决环境问题以获得相对的社会平等。在这种情况下，行为者只有通过自身所拥有的资源来寻求相对而言的平等，环境行为的主体衡量平等的价值体系发生变化，从生存生活环境发生变化、所受污染的恢复以及不继续受到污染与破坏的环保目标简化为借环境受到破坏之机来获取除此之外的"实际"利益目标。

面对"隐形的环境问题"的困境，尤其是"隐形的环境问题"下更多社会层面之间的各种联结意味着更复杂的发展未来。在多方行为主体的环境行为充满惯性的基础上，尤其是当不同的角色群体获得了"隐形的环境问题"带来的"益处"后，我们无法期待他们在短时间内有思想观念与行动体系上的"突飞猛进"。"隐形的环境问题"作为普遍的环境问题，同样受现有的技术与政策发展水平限制。走出"隐形的环境问题"困境需要在现有的技术与制度框架下从中国目前的环境事件主体的环境行为入手，探讨在中国社会普遍存在的"隐形的环境问题"的治理困境的突破点。这需要强势的环境行为主体的参与，由他们以点的突破带动面的进展，如强势的政府治理措施、治理背景或是强势的受害人如"疯子""傻子"① 的行动。因此，寻求"隐形的环境问题"的突破口，无论是在理论研究还是经验研究方面都需要进行更多深入的扩展性研究。

**参考文献**

查尔斯·哈珀，1998，《环境与社会》，肖晨阳等译，天津人民出版社。

陈燕，2010，《有限的环境抗争——从环境建构主义视角出发》，《法制与社会》第11期。

费孝通，2008，《乡土中国》，人民出版社。

① 江苏宜兴的"太湖卫士"，"疯子"吴立红，不断举报当地企业的违法排污，并逐级向政府部门反映下级环保部门监管不力，并把材料递交全国人大、全国政协和国家环保局。38岁的杭州农民"傻子"陈法庆，不断举报当地石矿污染，多次遭到报复。他拿出39万在人民日报等媒体做环保公益广告，号召保护环境并建立环保网站，提出立法建议。

洪大用，2002，《试论环境问题及其社会学的阐释模式》，《中国人民大学学报》第 5 期。

洪文安，2009，《论水环境问题的社会建构——九曲河个案研究》，《安徽农业科学》第 37 期。

简·汉考克，2007，《环境人权：权力、伦理与法律》，李隼译，重庆出版社。

刘少杰，2006，《国外社会学理论》，高等教育出版社。

吕涛，2004，《环境社会学研究综述》，《社会学研究》第 4 期。

约翰·汉尼根，2009，《环境社会学（第二版）》，洪大用等译，中国人民大学出版社。

张虎彪，2010，《环境维权的合法性困境及其超越——以厦门 PX 事件为例》，《兰州学刊》第 9 期。

# 约制与建构：环境议题的呈现机制

## ——基于 A 市市民反建 L 垃圾焚烧厂的省思

龚文娟[*]

**摘 要：** 本文在回顾和梳理环境事实论与环境建构论的基础上，剖析了环境议题呈现的社会机制，并以 A 市市民反对 L 垃圾焚烧发电厂建设的过程为例诠释这一机制。研究发现，环境议题的呈现机制包括了群体利益冲突、差异性认知和主张竞争、权力、资源及策略运作三个环节。环境议题不仅是客观环境现象的持续再现，更内卷了人们对环境问题的关注、认知和判断；它的提出、表达和形成正逐步由"政府主导型"和"精英主导型"向"环境利益相关者共构型"过渡；环境议题呈现了不确定性和模式化趋势的特征，这既暗示了风险社会的到来，同时也见证了公众对环境公正和政治平等日渐强烈的呼声，以及市民社会成长与结构性限制之间的张力。

**关键词：** 环境议题，约制，建构，环境公正，政治平等

改革开放三十余载，环境问题与社会发展并行是毋庸置疑的事实。在相似的环境状况下，有的环境问题演化为倍受关注的社会焦点，而有的却遭受"视而不见"的冷遇；同样性质的环境问题，有的进入政府议事日程并得到有效解决，而有的却久拖不决或不了了之。因此，环境状况转化为

---

[*] 龚文娟，厦门大学公共事务学院。原文发表于《社会》2013 年第 1 期。本研究得到国家社会科学基金青年项目（项目编号：11CSH019）、教育部人文社会科学研究青年项目（项目编号：10YJC840025）、中央高校基本科研业务费项目（项目编号：2010221013）和福建省社会科学规划一般项目（项目编号：2012B078）的资助。

社会议题的机制是一个值得探讨的重要问题。本文认为对此问题的分析既要认识环境利益相关者（Environmental Stakeholder）身处的社会结构，也要考察环境利益相关者之间的互动。本文关心的问题是：在既定的社会结构中，各环境利益相关者如何认知和定义环境状况；各方采用何种话语表达自己的环境主张；各方在认识和行动过程中受到哪些限制；他们掌握和动用了哪些权力与资源并采取何种行为策略，以及相互之间是如何互动。

目前，关于环境问题的研究大多采用社会事实论范式，关注"社会看见了什么"。笔者认为，关注"社会如何看见"和"社会对这些客观事实如何反应"也非常重要。基于对社会现实的困惑和对既有解释的质疑，本研究以社会转型"加速期"为背景，结合利益相关者构想，采用嵌入性单案例研究方法①剖析典型案例，展示环境议题呈现的社会机制。

## 一 两种视野中的环境问题

环境社会学内部有关现实主义视角与建构主义视角的争论由来已久。环境事实论预设环境问题的客观实在性，并主张从客观的社会事实和社会结构要素之间分析问题的致因和影响。早期研究中著名的"艾里奇—康芒纳"之争，便是环境事实论的典型代表。艾里奇（Ehrlich，1968）提出的"人口增长论"认为，环境问题的产生源于世界人口增长过快，人口增加必然要使用更多资源、占据更大空间、制造更多污染。同时代的康芒纳（Commoner，1971）提出的"技术决定论"认为，环境问题产生的根源在于，具有环境破坏性的技术代替了不太具有环境破坏性的技术。尽管二者各执一词，但都承认环境问题由社会结构性要素——人口或技术——变迁造成。

作为环境社会学的奠基人，邓拉普和卡顿在吸取了邓肯的"生态复合体"思想和帕克的"社会复合体"思想后，提出了更为综合的生态学分析框架（Dunlap & Catton，1979；1983）。他们强调环境因素的中心地位并着

---

① 本研究之所以采用嵌入性单案例研究方法，是因其适用于"包含一个以上分析单位的一个案例研究"（殷，2004：48），且单案例研究适用于对典型性事件进行讨论。本研究案例为一起公众反建垃圾焚烧厂事件，在这一研究中同时并存多个分析单位：各级政府、垃圾场管理方、项目投资商和筹备方、群众（包括受影响和不受影响的群众）、各类专家、各级媒体和民间环保组织。

力回答两方面的问题：一是人口、技术以及文化、社会和人格系统等变量如何影响自然物理环境；二是自然物理环境由此发生的变化又如何影响人口、技术、文化、社会和人格系统以及它们之间的相互关系（Dunlap & Catton，1979）。显然，研究者对环境、人口、技术、文化等客观社会结构性要素十分重视。此后，邓拉普和卡顿（Dunlap & Catton，1983）提出的"环境的三维竞争功能"（Three Competing Functions of the Environment）亦能看到结构功能论和冲突论的影响。他们通过分析环境的三种功能（提供生活空间、生存资源和进行废弃物储存与转化）和功能间的冲突关系①，解释了当代环境问题的生态根源。但是，此模型的缺点在于没有涉及人类的社会行为是如何影响环境功能以及如何加剧这些功能之间的竞争的。

当众多学者热衷于探讨人口增长、技术发展和物质主义消费者等因素对环境衰退的影响时，史莱伯格（Schnaiberg，1980）做出了令人信服的批评，他认为这些因素过于表面化，没有从社会体制深层挖掘环境问题产生的根源和影响，人们应该关注社会系统自身运行的复杂机制及其对环境造成的影响。他提出了一种替代性解释模型——生产制动机制。这个解释模型大量吸收了马克思主义政治经济学和新韦伯主义社会学的观点，认为资本主义政治经济制度是当今环境问题产生的重要驱动力。其解释逻辑是：资本主义存在和发展的内在要求就是经济扩张，经济扩张必然从自然环境中开采更多资源，过度地向环境索取产生了大量环境问题，反之大量的环境问题成为限制经济进一步发展的瓶颈，这种恶性循环如同踩脚踏车一样周而复始地回转。因此，史莱伯格的解释模型也被形象地称为"苦役踏车模型"。这一浸染了浓厚政治经济学意味的模型，从制度因素切入环境问题分析，无疑响应了事实论"从社会结构性要素分析问题"的号召。不仅如此，史莱伯格还阐明了一个强有力的"资本—国家—劳动力"联盟是如何支持持续的生产扩展，使得环境破坏的"苦役踏车"难以被制止。

但是，环境问题并不仅仅是地区性问题。依据沃勒斯坦的分析，现代世界体系包括核心、半边陲、边陲三部分。核心国主要经营收益丰厚的制造业，而边陲国为核心国和半边陲国提供原材料和廉价劳动力，核心国还把边陲国当作垃圾回收站，把本国的污染工业和废弃物向边陲国转移。因

---

① 环境的每项功能都在相互竞争资源和空间，并作用于其他功能。近年来三项功能的交叠和竞争越发明显了，并且区域性生态系统的功能竞争现已扩散到了全球范围。

此，根据世界体系理论，不同国家在世界体系中的不同位置是导致全球环境恶化的主要因素。过去十几年，采用世界体系理论研究环境问题的成果在增加，包括对资本主义发展过程中生态因素作用的分析，对国家在世界体系中所处的位置与对森林采伐程度、二氧化碳的排放率和生态足迹等环境状况之间关系的分析等（转引自 Dunlap & Marshall，2006）。

上述观点，不论是限于一国之内的，还是全球视野的，不论是来自人口、技术、文化、人格体系的解释，还是制度层面的批判，都预设了环境问题的客观实在性，并将研究重心放在社会结构要素之间的联系上。

1973 年，斯佩克特和科茨尤斯（Spector & Kitsuse，1973：146）发表了《社会问题的重构》，把社会问题定义为"群体活动，目的是向一些组织、部门和机构就一些公认的社会状况进行投诉和提出主张"。此文一出立刻在学界引起轩然大波。它不但直接挑战了"结构功能理论"对社会问题的定义和理解，实际上也动摇了结构功能主义在社会理论界的主导地位。此后，随着社会建构理论的不断完善，该理论流派逐渐在社会理论领域取得合法地位，并成为研究包括环境问题、社会运动等在内的社会问题的另一种范式。

最早将社会建构主义视角引入环境问题研究的是巴特尔及其同事，他们用建构主义方法分析了全球环境变迁问题，并提出关于全球环境变迁问题的环境社会学研究纲领（Buttel，1992）。其后，一大批学者对此进行了尝试，如索尔斯博里（Solesbury，1976）提出在政治体系内发展和壮大环境问题必须完成的三项任务：吸引注意力、争取合法性和激发实际行动。恩农（Enloe，1975）分析了一个环境事件转变成万众瞩目的环境问题需要具备的条件：吸引媒体注意力、涉及政府部门、需要政府的决议、不被公众视为转瞬即逝的怪事和关系到众多市民的个人利益。同时，恩农认为，这些条件的实现部分依赖事件本身，部分依靠环境倡导者对事件的成功宣传。

更有甚者将环境话语、权力关系、媒体关注、科学家和风险等相关研究纳入社会建构环境问题模式。在汉尼根（Hannigan，2006）看来，环境问题不是"物化"本身，而是被社会建构出来的。他明确提出并详细阐述了建构一项环境问题的三项关键任务，即环境主张的集成、表达和竞争。集成环境主张的任务包括问题的最初发现和详细地描述被发现的问题；表达环境主张的任务是吸引社会注意力，并合法化该主张；主张的竞争是指为了在众多主张中脱颖而出，并使该主张得以实现，主张提出者要不间断地

117

抗争以寻求实现法律和政治上的变革。尽管汉尼根一再强调他并不否认环境问题的客观实在性，但他对环境问题产生的客观原因的回答仍不能令同行们满意。

对社会问题产生的客观原因缺乏关心，过于注重文化符号和人的主观能动性是建构主义流派的通病，环境建构主义也不例外。针对建构主义的不足，佩罗（Pellow，2001）等在研究环境不公平问题的基础上，提出"环境不公平由多方行动者共筑"的观点。在佩罗看来，环境不公平的形成过程是多方行动者在一定的政治经济框架中为争夺有价值的环境资源而进行互动的动态演变过程，强调一种状态或问题呈现的结构性、互构性和历史性。

对比环境事实论和环境建构论，环境事实论认为传统社会学注重社会环境的作用而忽略自然环境，导致当下研究对环境问题解释力减弱；倡导重视自然环境的作用，并认为应当从社会结构、社会制度和社会关系等客观社会条件中去探寻环境问题产生的根源和社会影响；主张兼收并蓄的态度，吸收其他学科的知识进而改革社会学对环境问题的研究方式（Dunlap & Catton，1979，1983，1993；Dunlap，Lutzenhiser & Rosa，1994）。

环境建构论趋向于集中考察环境问题的问题化过程，认为一项环境问题的呈现倚赖人们对环境现象的解读，人们眼中的环境反映了特定的社会结构和文化理解。建构主义者的研究表明，环境问题不仅源自客观环境状况的改变，而且人们对环境状况变化的理解也是影响环境问题形成的重要因素。然而，20世纪90年代，具有后现代倾向的一些建构主义者在解构环境问题的同时，还解构环境或自然本身，激起了"现实主义阵营"环境社会学家的抗议。现实主义批评者认为，虽然人类能解构自然概念，但这很难挑战全球生态系统存在的事实（Dunlap，Lutzenhiser & Rosa，1994）。他们进一步指出"强大的建构主义者"方法忽视环境论的有效性，破坏环境科学并排斥被视为环境社会学基础的"社会—环境关系检测"，潜在地使"认为生态物理环境不重要"的传统认知死灰复燃（Dunlap & Marshall，2006）。但环境建构主义者认为他们并非否认环境问题的客观实在性，而只是将环境主张和知识问题化（Yearley，2002）。

两种研究取向的讨论最后各自进行了妥协和退让。建构主义者们开始温和地表达他们的研究取向，而部分现实主义者则转向"批判的现实主义"视角。正是这种切磋，一方面激励建构主义者不断完善其理论，另一方面激发了学者们将二者结合的兴趣和热情。

既然环境议题的形成是一个关涉结构和行动相互掣肘的互动过程，那么就有理由考察人们在怎样的社会结构中，采取怎样的方式推动环境议题的呈现。

## 二 "别在我家后院"[①]：反建 L 垃圾焚烧厂始末

本研究选取的典型案例——L 垃圾焚烧厂[②]只是全国众多垃圾焚烧厂中的一个[③]，作为 A 市 "十一五" 规划的重点项目，在 "十一五" 完成之际，却无然倒地。案例卷入了国家、市场、市民社会等多方力量，展开了一场没有赢家的 "协商与竞技"。令人宽慰的是，这一事件一方面让地方政府意识到政府公信力在 "关门政治" 中的日渐消耗，从而尝试打开与公众的沟通之门，另一方面使居民开始反思城市垃圾处理的根本之道，而不再纠缠于垃圾焚烧技术的争论。

1994 年，A 市 H 区政府以城区垃圾处理已经不能满足城市发展为由，向市政府上报了紧急请示，请求将位于 L 地区[④]的某建材工贸公司的取土坑改建为垃圾填埋场。在 A 市召开的关于解决 H 区经济发展等问题的现场办公会上，市领导原则同意将这个建材公司的取土坑开辟成为垃圾填埋场。1995 年 6 月，区环境卫生管理局向市环境保护局递交了 L 垃圾填埋场环境影响评估报告书，同年 7 月初，市环保局下达了对该环评报告的批复："原则同意该报告书的结论和建议"。

1998 年市政府开展 "献礼工程"，为在 1999 年国庆前夕建成 L 垃圾填埋场，市政府开始拨款搬迁砖瓦厂厂房和职工居住区，整改兴建垃圾填埋

---

① "别建在我家后院"（Not In My Back Yard）兴起于欧美，居民希望保护自己的生活环境，强烈反对具有负面效应的公共或工业设施，如垃圾处理厂、变电所、精神病院、监狱等在自家附近落户。

② 按照学术规范，笔者对文中所涉及的社区、团体、组织和个人名称都进行了匿名处理。

③ 据报道，目前中国建成和在建的垃圾焚烧厂，总数超过 160 座；而 "十二五" 期间规划的垃圾焚烧厂超过 200 座。也就是说，2012 年后的未来 4 年垃圾焚烧发电厂的数目可能增加 2 倍到 3 倍（于达维，2012）。

④ L 地区地处 A 市近郊西北部，与该市地下浅层水源相连，属湿地，常年风向为西北风。因此，当地人称之为 "上风上水" 的宝地。

场，前后共拨款 1500 万①。1999 年 10 月，L 垃圾填埋场竣工并投入使用。在垃圾填埋场选址和兴建过程中，L 地区陆续规划并建成了多处居住型社区，在垃圾场投入使用前，居民已在附近入住。2000 年底，垃圾臭味扰民，较早入住附近社区的居民曾因恶臭围堵过垃圾运输车，但收效甚微。2005 年，垃圾场周边四个主要商品房社区的业主陆续入住，高新技术区的数十家企业也陆续落户该地。受到臭味困扰的公众和单位越来越多，这在一定程度上为后来问题的发展聚集了民众力量。

2006 年，政府计划在 L 垃圾填埋场旁兴建垃圾焚烧发电厂，这一项目是 A 市"十一五"规划中的重大项目。正是这一"铁板钉钉"的项目让之前民众的"小打小闹"快速拧成一股抗议力量，并将问题推向高潮。2007 年 6 月，L 地区居民在联名向市环保局提交《行政复议书》被否决的情况下，上千人统一着装到国家环保总局请愿。对此，环保总局做出快速反应，立刻召开新闻发布会，宣布缓建 L 垃圾焚烧厂。环保总局的决议，使 L 事件在全国造成了巨大轰动，全国各地媒体纷纷报道，一个地区性事件随即转化为一项社会议题。

"2007 年 6 月 7 日，一个值得我们纪念的日子"，A 市"茉莉园"社区的一位业主在论坛上贴出一篇文章这样写道，"在经过近两年的反建垃圾焚烧厂抗争后，我们终于看到了希望"。国家环保总局发布的决议被 L 垃圾填埋场附近的居民称作"反建工作里程碑"。此后近 5 年中，当地居民坚持他们的主张——要求垃圾焚烧厂停建并搬迁，并动员多方资源采取多种行动策略表达他们的主张，持续与政府进行沟通。与此同时，在媒体跟进之下，L 垃圾焚烧厂的受关注程度不减。至 2011 年 1 月，A 市 H 区区委书记在 A 市"两会"上表示，L 垃圾焚烧项目弃建，将另行选址解决本区垃圾处理问题。

这一结果让人喜忧参半：反建行动的成功，说明政府倾听了民意；但是，另行选址只是将垃圾处理转移到其他地方，环境风险依然存在。问题的实质在于："别在我家后院"的主张和行动是如何建构成环境议题的？垃圾处理应该在"谁家后院"或者是否有"不在任何人的后院"处理垃圾的

---

① 对于搬迁款的去向的质疑导致居民更加反感地方政府和相关单位的做法，增加了民众对地方政府的不信任感，这种不信任在社会生活其他方面也有积累，逐步演化为一种结构性的不信任。

更合理的方案？

## 三　群体利益冲突：环境议题的内部动因

马克思（1956：82）曾精辟地指出，"人们奋斗所争取的一切，都与他们的利益有关"。现代社会的利益主体多元化、利益关系复杂化，使环境议题的形成和解决超越了科技的界域，成为一个错综复杂的社会和文化过程。

### （一）群体利益

群体利益是社会议题形成的前提，当客观状况侵害或威胁到大多数社会成员所珍视的利益时，人们会就该状况推动公共议题的形成并要求解决。在多元社会中，社会群体的利益诉求是不同的，他们对有限资源的争夺势必引发矛盾和冲突。

在诸多环境利益相关者中，政府本身就是一个独立的环境利益相关主体。公共选择理论认为，政府一旦产生就具有很强的独立性，在很大程度上也是"理性经济人"，也会追求自身利益最大化，政府利益表现为政府组织利益、部门利益和官员利益。

随着社会分工的专业化，政府组织的自利性表现得越来越明显。

政府的部门利益包括不同职能（横向）和不同级别（纵向）的部门利益。以经济和政治赋权为特征的改革，是中央政府对地方利益和部门利益的承认，并希望通过实现地方和部门利益从而推动经济发展。然而"赋权"的同时，由于"分权"界限模糊和规则不完善，使得横向部门之间为了争取更多利益和资源产生不合理竞争；纵向部门为了追求本地局部利益，各级政府之间相互讨价还价；此外，当部门权力与集团利益挂钩时，政府可能在集团利益的驱动下将公共权力部门化。例如，A市生活垃圾如果由专门职能部门从总体上统一规划处理，会比"谁家孩子谁领走"的分散处理方式更有利于整体环境。但由于部门利益分化、权力交叠、同级政府间利益竞争等原因，使得垃圾处理仍依照"自家孩子自家领走"的原则进行，造成垃圾处理场"围城"的局面。

政府官员是公共权力的代表者和执行者，但作为个体，他们又是以自我利益为导向的理性行动者。如果政府官员私欲膨胀，特别当外部约束机制弱化时，他们可能借公共权力扩大个人利益，而损害公共利益。

本研究中垃圾填埋场作为区政府的下属机构，属事业单位性质，政府每年投入资金维持其运营；同时，半市场化运营又使其具有赢利性的特征。拟建的垃圾焚烧项目，利润更丰厚，虽然前期投入大，但运营成本低，收益稳定丰厚（如垃圾处理补贴、售电收入、税收优惠、供热收入和售渣收入等）。

区政府与垃圾填埋场属上下级关系，而拟建垃圾焚烧厂的投资商和管理方与区政府个别官员存在私人关系，这两种关系都容易使区政府与垃圾处理方之间产生"利益共谋"，从而影响地方政府的决策，给普通市民的日常生活带来环境风险。例如，垃圾焚烧厂的选址过程没有公众参与，体现了地方政府与焚烧厂投资方"利益共谋"的局面和深层的社会结构。

城市生活垃圾由公众共同制造，而垃圾处理单位提供的公共服务在一定区域内没有排他性，即远离垃圾场的公众是垃圾处理的获益者；而居住在垃圾场附近的居民却成为直接受害者。两类公众对待垃圾处理单位的态度也会因此产生较大反差。获益者至少不会强烈反对垃圾焚烧厂的兴建；受害者强烈抵制焚烧厂在住家附近落户。

> 他们（地方政府）不知道调查了哪里的居民，写出来的环评报告说，70%以上的人都同意建垃圾焚烧厂。我们自己也搞了一个调查，发问卷，结果是100%反对。现在大家都清楚二噁英的危害了，谁愿意自己门前蠹着个垃圾焚烧厂啊！（访谈资料 RH100918）

不同立场的专家和媒体有不同的利益诉求和外在限制。在垃圾污染这个问题上，他们或赞同和支持兴建垃圾焚烧厂，或与公众一道呼吁环境保护[1]。由于民间环保组织未得到充分发育，力量不够强大，并且出于生存和自身利益考虑，也无法与污染主体和地方政府部门抗衡。

**（二）群体利益冲突**

当各方利益相关者越来越强调主体性与权利时，各种利益分歧与冲突凸现：环境利益—经济利益的冲突；环境公益—环境私益的冲突；不同主体之间利益的冲突。这些冲突都表现为主体对其利益的获取和维护，从不

---

[1] 事实上，反建专家和媒体在反对 L 焚烧厂的目标上与当地公众并不是完全一致的，当地公众就只想把垃圾焚烧厂搬走，至于搬去哪里他们并不关心；而反建专家呼吁的目的是从全局上保护环境；媒体的目标是追求公平正义。

同侧面反映了环境议题的综合性和复杂性。

环境在满足人类的各项需求时，其功能是相互竞争的。在本案例中，环境在满足地方政府处理废弃物的要求与公众对洁净生活空间的需求产生了功能冲突。地方政府要快速处理城市生活垃圾，提高市政管理绩效；周边公众需要一个清洁干净的生活环境。垃圾处理方追求利润，为了收益最大化，他们可能降低垃圾处理成本，进而造成环境污染。因此，垃圾处理方与周边公众对环境资源展开争夺。

在这场利益冲突中，没有绝对的赢家，但必须承认冲突中存在相对受益者和相对受害者，并且其对环境议题的呈现拥有不同影响力。

**表 1　环境利益相关者的影响力与利益卷入矩阵**

| 对议题的影响力<br>利益卷入度 | 低影响力 | 高影响力 |
| --- | --- | --- |
| 低利益卷入 | 最小优先权群体 | 弱利益相关的强势群体 |
| 高利益卷入 | 强利益相关的弱势群体 | 最大优先权群体 |

依据一项议题中群体的利益卷入程度和对议题呈现的影响能力，我们将环境利益相关者区分为 4 种不同类型：（1）最小优先权群体，指那些利益卷入度较低并且其左右环境议题呈现能力较弱的人群，如非当地的普通公众，他们对问题的关注度总体低于当地公众，普遍缺乏行动的利益动因，并且影响力较低；（2）弱利益相关的强势群体，指在事件中，其利益卷入度较低，但掌握着对议题呈现具有关键影响力的群体，如媒体、技术专家；（3）强利益相关的弱势群体，指在事件中，各种权益受到威胁或侵害，但缺乏能力维护自身权益的人群，如众多分散的利益受损的普通公众①；（4）最大优先权群体，指在事件中利益卷入度和影响力都高的群体，如与此相关的各级政府。需要注意的是，这一区分是为了帮助我们厘清群体利益在议题呈现中的作用，但并不意味此划分就是铁板一块。事实上，四个群体的影响力和角色在议题呈现的不同阶段会发生转化。

利益是不同群体在不同阶段进行各种活动的内在动因。每个利益相关者依据本群体利益，对同一环境状况做出不同甚至截然相反的判断，他们

---

① 需要说明的是，分散的普通公众作为原子式个体对议题的影响力较低，但如果众多个体聚集在一起，共同对事件做出反应，那么这股联合的力量将对议题的呈现产生重要影响。

强调自身的困境和状况的紧迫性，提出反映各自利益立场的环境主张，并为争夺稀缺资源而相互竞争。围绕某种环境状况，利益相对受害者努力要将该状况转化为一项社会议题，并得到解决；而相对获益者则往往不希望状况曝光，甚至否定问题的存在。上级政府是否将某种客观环境状况"问题化"并动用社会资源加以解决，反映了政府在不同群体间的利益分配倾向。图1展示了群体利益在环境议题呈现中的地位及议题呈现的路径。由此可见，有没有问题绝不是一个简单的事实判断，而是一个价值冲突和利益争夺的过程。

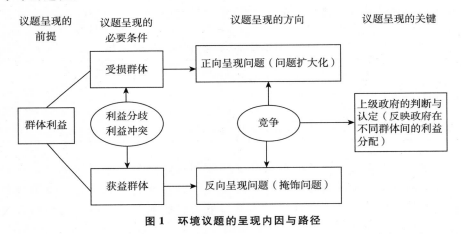

**图1　环境议题的呈现内因与路径**

# 四　认知差异与主张竞争：环境议题的社会建构

## （一）环境状况的认知差异

环境议题的形成最终取决于掌握法制化权力的政府，而处于权力中心的政府官员对环境状况的认知对于环境议题的呈现来说极为关键。

出于维护经济可持续增长、政治合法性和对社会诉求及国际影响的回应等综合考虑，中央政府对我国环境问题的态度是：审慎而积极。尽管如此，但对一些具有潜在危害性的环境状况，特别是一些在技术和科学上存在国际争议和不确定性风险的环境状况，中央政府显得心有余而力不足。只有当突发事件或影响较大的群体事件出现时，在媒体的关注下，政府才把这些状况推向前台。

在垃圾处理问题上，地方政府除了考虑废弃物对环境和健康的影响外，更要考虑垃圾激增造成无处消纳的问题。由于地方政府的综合管理职能和多重管理目标，使得其必须考虑各项职能之间的契合，实现目标的效率最大化。因此，地方政府会首先根据其利益需求对这些状况进行重要性排序。同时，影响地方政府官员环境判断的主要因素是利益和政绩。所以在L事件中，地方政府最初对环境状况的认知和判断是：垃圾难以消纳是显性问题，优先解决。

由于地位和职能的差异，地方政府与中央政府对于相同环境状况的认知往往出现分歧。各级政府的认知差异会影响环境议题的确立过程：当认知一致时，议题确立和解决的成本较低，上级的政令能顺畅执行，如对城市垃圾分类问题的认知；当存在认知差异时，问题的确立和解决就要通过博弈，互动成本提高，可能出现"上有政策，下有对策"的情况。

作为问题制造者的L垃圾填埋场，一再强调大量垃圾集中处理对环境产生一定影响是必然的。对于环境污染和周边民众的"闹"，填埋场刚开始采取"躲""避"策略，后来发现这种"闹"有好处，因为群众一闹，政府会拨款用于设备检修和购买各种消毒除臭药剂。而"垃圾日产量剧增""垃圾场负荷运转"和"资金有限"也成为其开脱责任的主要说辞。

垃圾焚烧厂筹建方和融资方一直期望项目上马。首先，他们担心前期投资能否收回。垃圾焚烧发电厂的设施成本极高，如果不能在此处建，前期投入的资金就"打了水漂"。其次，垃圾焚烧厂市场化运作，利润十分丰厚。但在对外宣传中，焚烧厂的筹建方从不提经济利益，只是宣传垃圾焚烧的合理性和可行性。对于外界关于为何要在此处建垃圾焚烧厂的质疑，筹建方的回答是"便于综合治理"。

作为L事件的主要环境利益相关者，当地公众对环境状况的认知是：（1）L垃圾填埋场和焚烧厂选址不合理。垃圾填埋场离A市的引水渠约1100米，周围有部队驻地、两个别墅区、医院、航空材料研究基地等敏感单位。（2）环境风险分配不公正。城市生活垃圾处理是政府提供的公共服务，但存在着受害者和获益者利益分配上的极大差异。（3）后代人的健康与安全受到威胁。在集体上访中，有人打着"以妻儿老小的名义"的标语坐在国家环保部门口（在北部新城社区中购房的业主大多数年龄在30~50岁，很多家庭都有小孩）。

公众对环境状况的认知和接受程度除了受自身感受影响外，还受到初级社会关系（朋友、家庭、同事）和次级因素（公众人物、大众传媒）的影响。建构主义者认为这些认知是被"集体建构"的。当公众中产生较为一致的集体认知时，有助于维系集体凝集力，可降低集体行动的动员成本并使松散组织能持久地存在。

专家意见对议题的形成十分重要，但就焚烧技术和垃圾焚烧发电厂的选址而言，专家们的意见并没有达成一致。反对者认为，"从 H 区居民生活垃圾的成分分析，居民生活垃圾热值低、湿度大，且 A 市目前没有普遍的垃圾分类，垃圾焚烧的温度很难达到理想值，所以不适合焚烧发电"（访谈记录 EL080910），"L 紧邻引水渠，周围又是高新产业基地密集地区和居民区，在此处建垃圾焚烧厂显然不合适"（《华夏时报》，2007），"目前世界上不存在所谓的国际先进成熟工艺设备，二噁英超标排放无法在线监测，短时间内根本无法发现问题并及时处理"（访谈记录 EZ080325）。拥护者如工程组专家、清华大学 N 教授认为，二噁英等有害物只要控制在低含量的标准，就不会对人体和生态产生不良影响。A 市环保局环境影响评价管理处 Z 专家也表示，L 垃圾焚烧厂引进国外先进设备，如在线监测和超标自动报警等安全措施，可以防止二噁英超标排放。

产生上述认知差异的主要原因是：第一，不同的社会位置和利益立场会影响对环境风险的感知。第二，各方对"危害"的定义不同。受害公众认为垃圾焚烧会对环境造成二次污染，而地方政府认为无法处置的垃圾对环境危害更大。正如汉尼根（Hannigan，2006：113）指出的，"在每一个这样的案例中，一个特定对象会带来什么危害，其定义本身就有争议，会激发起一系列的主张与反向主张，尽管在事实上存在有对风险对象的共识"。第三，风险对象和环境危害之间因果关系存在不确定性。受害者虽然无法在短期内获得科学数据证明因垃圾焚烧造成环境污染从而危害健康，但坚持声称垃圾焚烧会危害健康，只是这种影响要经过很长时间才能显现；地方政府则由于受害者没有证据证明自己的观点，坚持认为垃圾焚烧具有安全性和可控性。

**（二）主张集成与表达**

主张是"群体成员对其认为有侵犯性或感到不愉快的社会状况的申诉"（Hannigan，2006：64）。围绕 L 垃圾焚烧厂兴建问题，不同环境利益相关者形成两种主张——赞成与反对。

地方政府的困扰在于城市垃圾难于消纳，影响城市管理和发展，于是提出兴建垃圾焚烧厂的主张，并在辖区范围内选址、进行环境影响评价、申报和办理各种手续。垃圾焚烧厂筹建方的主张与地方政府高度一致。

公众最初发现并描述了垃圾填埋场对环境的污染，并将污染与周边社区里可观察到的健康问题（如肺气肿、癌症、妇女子宫肌瘤和流产等）联系在一起，还在当地收集了关于垃圾污染的一手资料。关于垃圾焚烧，一开始公众并不了解，后来逐渐从网络、媒体和环保非政府组织（ENGO）那里了解到潜在风险，才开始形成与地方政府相反的主张，提出按期关闭垃圾填埋场、焚烧厂另行选址的诉求。在主张集成过程中，周边公众做了以下事情：为主张命名；估计问题的严重性和影响范围；确定主张的科学、道德和法律依据；划定可团结和动员的公众力量；预估问题可能的发展空间等。

在地方政府和公众集成主张的过程中，专家分成主建派和反建派，两派专家各自从专业领域中寻找支持本方主张的证据，为各自提供科学支持。

民间环保组织按其宗旨主张"跳出利害关系之外，以宽阔的视野提出一些容易被忽略的见解，以及着眼于宏观和未来的解决办法（毛达，2007）"，而不只是关心某个垃圾焚烧厂的建与不建。尽管如此，由于民间环保组织在中国的地位和力量，在 L 事件中，这些组织并没有站出来明确表态。

在表达一项环境主张时，主张提出者的首要任务是为主张提供正当合理的依据，并努力吸引注意力。为了表明其主张的正当化和必要性，地方政府除了一再强调垃圾管理"危机四伏"，还委托科研机构进行多项城市垃圾调查和环境调查①。同样，公众除了努力营造"环境受害者"的形象，也收集了环境污染证据，包括垃圾场周围环境前后十年的照片，垃圾场附近地下水质检验报告及近年周围社区患病人数比例的变化趋势。要使一个潜在的环境问题具有足够的吸引力，它必须新颖、重要并且易于理解。或许大部分公众起初并不理解很多被冠以复杂学术名称的物质是什么，不过这不要紧，当科普者和公众中的主张提出者将这些有害物质与癌症等疾病相联系，人们很快就明白其中的危险。讲道理不如生动的图片和数据更能震撼人心，反建主张者通过互联网上传亲自拍摄的垃圾填埋场图片和国外垃

---

① 如中国社会科学院城市发展与环境研究中心与 A 市市政管理委员会联合进行了一系列"A 市生活垃圾分类规划调查"。

圾焚烧产生的有害物质的数据，让人们更易理解和认同潜在问题的严重性和主张的正当性。

在主张表达过程中，话语与修辞事关主张的合法性。地方政府话语框架的核心是：城市发展与国家利益。其中包括：（1）城市建设与发展的需要。地方政府一再强调城市化进程中，基础设施建设的需要和政府管理的难处。这样的论说常见于媒体的报道中，如"每天将有 10770 吨垃圾无处堆放。巨量垃圾放哪里？政府也有难处"。（2）城市形象和国家形象的维护，呼吁民众考虑大局。城市管理不仅是"行政任务"，更事关国家形象，维护国家形象是每个公民的责任和义务，具有不可谈判性，常用措辞如"服从大局利益""以国家利益、集体利益为先"等。

而当地公众对抗性话语架构的核心是：环境风险与环境权利。公众分别通过建构政治、技术、法律和道德等方面的正当性，显示自己主张的合法性。（1）不恰当的垃圾处理破坏环境，有违中央政府的科学发展观，并通过强调中央政府的环保意愿，凸现对方主张不合理的同时，提升自己主张的政治合法性。例如，有访谈者讲道，"胡锦涛总书记（时任）提倡，坚持贯彻以人为本、全面协调可持续发展的科学发展观，走生产发展、生活富裕、生态良好的文明发展道路。垃圾焚烧厂在这里选址就没有遵从'以人为本'，他们（地方政府）遵从的是经济利益最大化"（访谈资料 RZH081012）。（2）环境风险扩大化。将部分人的环境风险与更多市民的潜在环境利益联系在一起，从技术角度论说主张的合法性。"我们这里的水源受到污染，其他地区的公众也不会好到哪里去""从来没有免费的午餐"等。这些说法也许把生态系统生态学过分简化了，但在修辞上却有着强大的力量，通过强调环境风险扩散，吸引更多关注，并有可能赢得社会支持。（3）维护合法权利。公众不但强调环境权，还从法律角度强调国家赋予公民的处境知情权、听证权、污染补偿权、民主参与决策权等。对合法权利的强调恰恰符合中央政府"尊重民意，发扬民主"的精神。有被访者谈道，"2006 年由环保总局颁布实施的《环境影响评价公众参与暂行办法》明确规定了公众参与环境管理的权利和途径，对于不合理的垃圾焚烧厂选址，我们有充分的理由和法律依据反对"（访谈资料 RZY080922）。（4）环境不公正。从受影响人群的"人权"出发，公众提出了有关反对毒性污染物的主张，强调主张的道德合法性，拷问环境风险在地域、程序、社会三方面是否公平分配。

在主张表达阶段，公众采用了"公正修辞"和"理性修辞"并用的修辞策略，前者在道德层面上论证环境主张的正当性，而后者则从实用角度告诫民众，潜在环境风险将波及大部分民众的生活。

不同主张者围绕各自的意向和概念建立起一系列有关环境问题的"修辞"。不同的环境话语为环境主张提供了不同的主导"动机"或"正当理由"。各方提出主张只是一个开头，重要的是如何让自己的主张合法化，得到社会和中央政府认可，从而使自己的意志得到贯彻。由此，各方主张之间展开激烈竞争。

### （三）主张竞争

不同的或截然相反的环境主张在进入宽泛的政治议程这个环节上可能相对容易，但要在政治议程中取得合法地位却很困难，特别是当主张要求对既定利益进行再分配再调整时。不同主张需要在多个领域内争夺合法性，包括科学界、媒体、法律、社会和政治等领域。

在崇尚科学的时代，科学证据是最主要的说服工具之一，甚至连专家权威本身也符号化为科学性的标志，它们都可能影响问题议程和大众方针。如果当科学界对某种环境状况的诊断是一致的，那么主张的科学合理性一目了然（如对"造纸业污染江河水"的判断）；但当科学界对同一环境状况做出不同甚至截然相反的诊断后，特别当诊断双方都具有权威性时，不同主张间就会展开势均力敌的竞争。当某种环境状况缺乏先例，且科学依据的不确定性①越强，它就越容易被社会建构。对于地方政府而言，主建派专家提供的科学数据和"技术成熟、安全"的结论是他们的主张得到认可的重要证据；对于公众而言，为了防范潜在风险，"宁可信其有"，他们不但相信和拥戴反建专家，更把他们的科研结论作为维护其反向主张的武器。由于主张的双方都深知在有争议的领域里，决策制定过程容易受"修辞"的影响，因此，在主张竞争过程中，各自不遗余力地证明其技术合理性：一是主张提出者面对面的直接争论，例如，在 L 垃圾焚烧厂的论证会上，地方政府和当地民众都携带了大量科学材料以佐证自己的主张；二是持不同观点的专家之间关于技术细节的论争，例如，关于垃圾焚烧过程中二噁英排放的监控问题和焚烧厂与居民区之间的安全防护

① 科学的不确定性可能来自技术、研究方法、研究对象，甚至专家本身的差异。

距离问题。

双方都希望自己的主张通过媒体的塑造，在社会中扩大并强化，从而展开对媒体注意力的争夺。地方媒体是地方政府宣传和造势的阵地，地方政府在操控本地媒体方面远比公众有优势。在一段时间内，地方媒体强调政府的管理困境，却对民众的反建主张"集体失语"。公众只好把目光投向具有较大影响力的异地媒体，如《香港文汇报》《南方周末》等，希望"异地监督"生效，推销自己的主张。具体做法有：（1）把自己拍摄的垃圾场周围环境变化的照片寄给报社，制造视觉效果；（2）通过关系网络联系外地媒体和记者对此事进行采访和报道，聚合大量居民直接向媒体反复传递相似的观点和主张；（3）重视网络和网民的巨大潜力，在论坛上展开大讨论，增加点击率，通过网络媒体的"野报"吸引正统媒体去"求证"。公众在通过媒体宣传和扩大自己主张的同时，还意图通过报道引发大讨论，对地方政府造成一定的舆论压力。

程序合法与否是地方政府与公众主张竞争的又一重要领域。公众强调国家相关法规赋予自己的环境管理参与权，如环境影响评价公众参与。他们认为地方政府关门做决定，屏蔽了他们的环评参与权；而地方政府的环境评价报告中，则清楚撰写了公众参与环评的过程和结果。

要在主张竞争中获胜，争取社会的认可和支持也十分重要。地方政府强调垃圾处理的公益性，希望赢得受益公众的支持；而当地公众除了寻求道义上的同情，更将大多数人的环境利益与潜在的环境风险联系起来，希望吸引更多人反对垃圾焚烧。

尽管上述领域内的竞争都很重要，但主张的合法化最终还得在政治领域中得到确认，即取得政治的合法性。首先，主张最好与当下大的社会背景和主流问题吻合，但又要有所区别，便于引起决策者的重视和辨识。其次，主张须符合政策制定者的基本价值观，至少不能反其道而行之，即主张能暗合中心决策者的某种需求和意图，从而默认主张。

雷恩提出了"社会竞技场"这一概念，用以比喻各方行动者向决策者提出主张，期望影响政策过程的情境（转引自 Hannigan，2006：115）。如上所述，在这个竞技场上，不同主张者利用各种方法在不同领域中展开竞争，最后结果具有很大的不确定性。任何一个领域的"照顾不周"，都有可能使其主张破产。

## 五　权力、资源与策略：环境议题的结构性约制与运作

权力和资源的支撑是环境议题呈现的不可或缺的条件，在漫长而曲折的竞争过程中为主张提供"能量"。

### （一）权力掌控

各利益方都呈递了自己的主张，但很少有势均力敌的情况，其原因在于权力差异。"权力无处不在，但权力关系却很少是对称和完全民主的"（Hannigan，2006：137）。

我国现行制度赋予了地方政府和公众不对等的权力。体制转型为地方政府扩权的同时，并没有在法律和制度上为公众赋权，公众对地方政府应有的监督权仅停留在纸面上，权力行使空间被大大压缩。

就大型公共设施兴建而言，地方政府不但掌握选址、规划、土地征用、项目审批和环境评价等一整套权力，并且还可以制定各种配套性政策，如"通知""办法""意见"等。而民众唯有空泛的监督权，且监督权常常被各种繁杂的程序所遏制。地方政府在国家根本制度框架下，既能对国家政策和法规进行再理解、再界定，又能设计相应的操作性地方法规，以寻求地方利益和组织利益最大化。在社会转型期，国家的很多法规由于还不尽完善，往往为地方政府所利用。

例如，在《生活垃圾焚烧污染控制标准》（GB18485-2001）国家标准中，对生活垃圾焚烧厂的选址仅作了原则规定。具体的选址规范和细则由地方政府制定。《生活垃圾焚烧大气污染物排放标准》A 市地方标准（DB11/502-2008）规定，"生活垃圾焚烧厂厂界距离民住宅、学校、医院等公共设施和类似建筑物的防护距离不小于 300 米①"，并特别标明"本标准为强制性标准"。L 垃圾焚烧厂的拟建厂界距最近的居民建筑直线距离仅280 米。公众质疑 A 市地方标准的合理性和科学性：地方标准的制定是以科

---

① 对于 300 米的安全防护距离，环境专家之间存在很大争议，有专家指出，生活垃圾焚烧排放的二噁英，不能只按照一般常规污染物排放源方法计算和考虑环境防护距离，因为二噁英是极难降解的一级致癌物，并明确指出"300 米的防护距离太冒险"（参见 http：//www.sciencenet.cn/bbs/showpost.aspx？id=31388）。

学为依据，还是为 L 垃圾焚烧厂"量身定做"？

地方政府还通过权力影响专家、媒体和环保非政府组织等，寻求科学和道义的合法性。本来科学合法性应当是独立于权力的，但在地方政府营造的这个权力空间中，一方面各项合法性既受权力影响，另一方面它们又反过来维护权力的持续。在这里，合法性与权力之间形成一个封闭的自循环系统，并在强大利益团体的支持下，空间被"加固"。

与地方政府相比，公众掌握的权力较少：第一，有限的法律权限。当环境权受到侵害时，当地公众以公民合法身份提起联名诉讼进行环境维权。他们希望通过合法"武器"表现他们身后的合法支持，试图借助法律影响地方政府的决策，但往往收效甚微。第二，弱者身份的力量。在 L 事件中，公众恰到好处地利用了这一非制度化手段，通过"诉苦""示弱"等策略得到政协委员、外地媒体和外地公众对本地公众的支持和声援。第三，少数群体成员拥有的权力。受害群体中有成员在某些领域具有权威性，并握有一定权力和资源。L 事件中，ZH 苑的居民里有高院的法官、律师、教授和资深媒体记者，他们拥有的职务权力在社会上有一定的影响。但职务权力的运用存在三个问题：一是个体是否愿意动用其权力，如前所述，不同身份的人受利益的制约，另外集体行为中存在"搭便车"现象，极大地限制了他们利用职务权力对抗地方政府的决策；二是与地方政府的权力相比，少数公众所具有的职务权力呈原子化分散状态；三是少数公众拥有的职务权力能否合法动用，存在权力使用途径的合法性问题。

尽管与地方政府及利益团体掌握的强大权力和经济实力相比，公众手中的资源较少。但在社会互动中，利益相关者之间必然会相互影响。权力弱势方可以借助他们掌握的某些资源对权力强势方实施一定程度的影响；权力的强势方也会在某些方面受制于权力弱势方，正所谓"反者道之动，弱者道之用"。不同环境利益相关之间权力的互动，正是环境议题非线性发展的原因之一。

**（二）资源控制与动员**

不同环境利益相关者对环境议题的影响力，不但取决于该群体掌控的资源总量，还取决于他们控制和动员资源的效果。

在本案例中，地方政府及利益团体掌控的资源包括五项。

**第一，政治资源**。主要指制度赋予地方政府的行政权力，如地方发展规划权、地方法规制定权、土地征用权、城市建设规划权、大型项目审批权、环境管理权等。

**第二，经济资源。**地方政府某些官员与垃圾焚烧厂投资方结成的利益集团，为拟建垃圾焚烧厂提供稳定可靠的经济支持。除焚烧厂建设投资的十亿人民币外，在项目招标等过程中，竞标方还有专门的"公关费用"。

**第三，文化资源。**L事件中地方政府控制的文化资源包括学术研究机构、专家和地方媒体等。他们资助或批准研究机构、专家或媒体的某些申请，设立专门基金资助学术研究，要求研究结论能够证明地方政府主张和决策的合理性。同时，又向研究机构、专家个人或隶属媒体施压，禁止与地方政府"唱反调"。地方政府较普通民众更容易调动知识界的头脑库和媒体资源，为其提供有利的合法化证据。

**第四，生活资源。**对生活资源的控制主要针对那些在生活上有困难的、依赖国家和政府救济的民众，通过对其采取软硬兼施的方法，分化反建群体。

**第五，法规资源。**利用国家法律和制度中有关结社的具体规定和程序，尽可能阻止公众成立可能与地方政府抗衡的社团，提高集体行动的组织和动员成本。

地方政府对重要社会资源的控制，一方面合理化自己的主张，另一方面从公众内部瓦解反建力量，使议题按照自己的主张方向推进。

但反建公众并不因此坐以待毙，他们努力整合自身拥有的资源，积极动员潜在资源主要方式如下所列。

**（1）天助自助者：自身力量的整合**

> 我们自己的态度和行动才是最重要，最根本的，才是维权能够进行下去并获得成功的根本。没有众多居民的支持和统一行动，专家、官员、人大代表和政协委员是不会帮着我们呼吁的，即使呼吁也不会有好的效果。（访谈 ZY100928）

在反建过程中，公众通过对自身力量的发现和利用，挖掘并整合了多种资源。

① 组织资源，例如反建积极分子在申请行政复议和进行垃圾焚烧知识宣传时，建立了网络论坛，收集资料和证据，起草行政复议申请书，联系律师和媒体，开碰头会等。各社区积极分子的非正式交流，在一定程度上

加强了受害社区之间的联系，起到了整合反建力量的作用。

② 知识资源，包括专业知识和日常生活知识。L 垃圾场所在的北部新城在 2000 年以后开发的商品房多定位为"精英的理想居所"，业主 80% 以上是白领和科研技术从业者，拥有多个领域（如环境、生物、化学、法律、建筑、政府管理和经济等方面）的专业知识，为反建主张提供了知识支持，把反建主张阐述得合理合法，甚至直接质疑政府专家的观点。

如 ZH 苑的 H 先生退休前在某国有科研单位从事管理工作，加入反建活动后，H 开始研究国家和地方的各种关于环境评估、防渗处理、垃圾焚烧和环境保护的法规和资料。每当反建业主们需要派代表去与支持建设焚烧厂的教授、专家们辩论的时候，H 都是作为民间技术专家出场，并且屡战屡胜。

另一类知识资源是日常生活观察。对垃圾填埋场污染和有毒物质二次污染的关注最初来自当地普通居民，他们发现垃圾填埋场周边居民的各种疾病发病率高于其他地区，就着手整理了患病者名单和病种以及当地人的因病死亡率和病因。这些来自生活的直接体验和资料比政府专家提供的复杂数据更令人震撼，也大大增加了反建主张的说服力。

③ 关系资源，指通过社区业主个人关系，获得"弱利益相关的强势群体"的支持。ZH 苑和茉莉园里有"关系通天"的人，在民众申请行政复议阶段，有人通过内部关系把各种材料和公众联名信直接送到中央一级相关政府官员手中，避免通常会发生的"有去无回"的情况。

受害社区拥有的资源类型是不同的，例如，ZH 苑和茉莉园拥有知识资源和关系资源，而 X 小区和 Y 山庄因为距离垃圾填埋场和焚烧厂厂界最近，具有充足的反建理由。ZH 苑借受污染最严重的 X 小区的合法化身份，X 小区借 ZH 苑的知识资源和人际关系资源，实现资源的相互整合，即行动能力与合理性的整合。

（2）借力：潜在的外部资源

面对强大的对手，仅靠公众自身的资源要想把问题推上中央政府的议事日程，并得以解决，显然是不够的。因此需要动员并激活潜在的外部资源。

① 借上级政府的力。并非所有政府部门和官员都与垃圾处理方保持利益关系。因此，受污染公众希望能够获得那些"弱利益相关的强国家力量"的支持。

向政府借力，包括直接借力和间接借力两种方式。前者主要是通过申请行政复议、诉讼、联名上书等方法诉请上级政府直接干预；后者通过寻找上下级政府在利益、立场和基本价值等方面的分歧，利用上级政府的政治权威和力量对地方政府施压。例如，以中央文件和领导人的讲话精神来否定地方政府某些决策的正当性。

> "尊敬的温家宝总理（时任）提出：'关注民生、重视民生、保障民生、改善民生，是我们党全心全意为人民服务宗旨的要求，是人民政府的基本职责。'我们多么希望政府官员们能够遵照总理的指示，每句话，每个行动，每项政策都要符合人民的利益。如果有了错误，一定要及时改正，这就叫向人民负责。"（摘自 L 地区公众的万人联名信）

直接借力的优点是可以快速有效地将垃圾污染状况问题化，并有望得到解决，但要直接动员上级政府的资源和力量并不容易做到；间接借力容易操作，但其效果远不如直接借力，地方政府可以对公众小规模的施压置若罔闻。

② 借相似处境公众的力。"十一五"期间，A 市计划兴建 4 座生活垃圾焚烧厂。2008 年 7 月，C 区垃圾焚烧厂点火试运营，各垃圾焚烧厂附近的居民面临"共同的问题"，这为 L 地区民众反建垃圾焚烧厂提供了更大的社会环境和气候。L 地区公众向其他地区处境相似的公众借力，借的是对抗议有利的"形势"。

> "最近 C 垃圾焚烧厂周围的民众闹得厉害，C 区政府正式向公众道歉，我们应该与 C 区反臭和反垃圾焚烧活动构成呼应，借着这个势头'于情、于理、于法，有礼、有利、有节'地抵制垃圾焚烧厂在 L 地区建设。"（座谈会资料 RZ080913）

③ 借其他环境利益相关者的力。要在更大范围内使反建主张合理化，还需要争取通过政府资质认定的科学权威的支持，所以反建公众希望获得经中央政府认可的专家的支持。例如，L 地区的公众将国家环保总局环境工程评估中心专家 K、首都师范大学的 LD 教授等反建专家拥戴为"民众的专家"。正是这一小部分专家在论证会上的据理力争，才使建垃圾焚烧

厂的决议没有快速通过，并且让更多人看到了技术安全的不确定性，从而为反建增加了理由。公众对反建专家表示的极大尊敬实际就是对专家资源的动员，尤其是当反建专家在评估组里居于少数，承受巨大压力的情况下。

受害公众还通过政协委员向上反映情况，政协提案是体制内合理合法的主张表达渠道。2007 年全国人大、政协会议前，当地公众找到了全国政协委员 ZJF。ZJF 专门到 L 垃圾填埋场及附近地区进行了调研，并向全国"两会"提交了停建 L 垃圾焚烧厂的议案。此外，公众还借助 ENGO 的各种活动警醒其他地区的居民关于"垃圾焚烧"的危害性。

媒体资源也被当地公众很好地动员起来。通过业主关系或 ENGO 介绍，受害公众主动联络中央电视台经济资讯频道的《全球资讯榜》①和《南方周末》《中国环境报》等媒体，在了解情况后，电视栏目组实地录制垃圾场状况，相关报纸媒体刊登有关报道；同时，不断制造新闻点（如悬挂条幅和标语，集体参观垃圾填埋场，集体上访等），吸引媒体关注，让媒体主动去追踪他们。公众对媒体资源的动员方式，由行动初期的平面媒体转向多种媒体（包括电视、广播、杂志等），达到多渠道扩大影响力、获取更多社会支持和声援的目的。

公众对社会资源的动员——不管是内部资源的整合还是外部资源的借助——存在"机会空间狭小"或"合法性局限"的问题。由于缺乏制度性保障，公众争取"相关专业机构独立鉴定，公共知识分子自由发言，公共媒体监督职能，律师介入及司法部门独立裁决，以及各种政治力量和市民团体支持行动等"（陈映芳，2006）的可能性很有限，并且行动者在资源动员过程中面临种种政治和法律风险，甚至遭受威胁。所以，在结构性的制约下进行资源动员十分不易。

### （三）行动策略

环境状况"问题化"并非权力和资源简单转化的结果，各环境利益相关者还需精心设计一整套行为策略，以便在种种结构限制和互动关系中，将环境议题推向有利于自身的方向。

**1. 主建方的行动策略**

关于城市垃圾管理，地方政府对上（上级政府）和对下（群众）都要

---

① 该栏目在 CCTV - 2 频道周一至周日中午 11：50 首播，具有较高收视率。

有合理的交代。地方政府对上的策略主要是：一是区政府站在市政管理立场上，反复强调垃圾消纳的紧迫性和重要性。二是"诉苦"，区政府一再强调"巨量垃圾已经找不到地方堆了，政府也有难处""垃圾焚烧是为了解决臭味扰民"。三是通过政策技巧，对上级政府的政策进行再界定，为地方决策提供依据。这种在国家制度框架内依据地方利益设计操作性法规的做法，特别在存在"制度间隙"的地方"创造性发挥"，几乎已经成为一种不言自明的共识（林梅，2003；陈映芳，2006）。

对于老百姓，问题初期采取区别性对待策略，拉拢远离垃圾处理场并从垃圾处理中受益的普通公众，给环境利益受损公众带"高帽子"；通过专家、媒体向市民宣传垃圾焚烧的安全性和可靠性；邀请非本地公众参加兴建垃圾焚烧厂的论证会，请市民代表到上海、深圳等地参观已经建成的垃圾焚烧发电厂等。同时，地方政府不断重申焚烧技术的可靠性，强调垃圾处理是国家的重大工程，承诺给当地公众某种形式的补偿。

当受影响人群开始表达不满和反对时，地方政府采取"拖"和回避策略，对公众或不闻不问或内部互相推诿。

当公众正式表达反对主张并为之采取行动时，政府的应对策略是：第一，在不影响重大既得利益关系前提下，考虑妥协或退让，如公开道歉、承诺加大监管治理力度等策略。第二，当涉及地方政府不愿退让的重大利益时，尽可能采用遏制策略，如上述资源控制和程序限制。

即便通过问题制度化阶段，公众的反建主张成功搬上中央政府的议事日程，官僚体系内的反对者也可能采取一系列的策略推迟问题的彻底解决，他们将该问题返回要求更深入的研究和论证，以确保这个问题的解决不会立刻被付诸行动。

**2. 反建方的行动策略**

在既定的结构性约制下，公众采取了"理性而不妥协"的策略。为了提高行动效率，面对不同的互动对象，反建公众采取了不同的行为策略。

**（1）面对各级政府**

第一，采取"诉苦"与强调自身合法权益相结合的策略。倾诉垃圾处理产生的污染给生活带来巨大困扰，侵害了居民的环境权，强调受害者是无辜的、无过失的。公众强调自身环境权的正当性和应受到公共权力的保护，但由于公共权力运用不当，侵害了公民的环境权。这一策略赋予公众

137

的主张以道义合理性。但由于目前我国公民环境权的立法存在缺陷①，公众的环境权难以找到具体对应的法律保护。该策略在主张提出的早期十分有效，能激起社会对受害者的同情和道义上的支持，但当主张间展开竞争时，却发现它缺乏制度支持。

第二，表明态度，站明立场。反对政府的主张是要担政治风险的，所以公众明确地将反对目标锁定为某项具体的不合理的城市管理决策，而不是政府。一来表明公众行为的单纯动机——只是为了保护自己的合法权利；二来避免被其他怀有不良动机的人利用和煽动。有反建者表示"我们反对的不是政府，而是个别为己私利不顾老百姓死活的官员和不合理的垃圾治理决定"。如英国人类学家道格拉斯（Douglas，1981：154）所说："（他们）的立场好像是一个斥责教会浮华的老派新教徒，他们并不是反对神，只是在反对那些声称自己与神有特殊关系并借此牟利的人"。

第三，采取法律手段。如向各级政府递交联名信、上访、请政协委员提交政治提案、申请行政复议、诉讼等。

第四，合法"挑战"。在前面办法失效的情况下，公众可能冒险在合法范围内直接"挑战"对手，以引起当政者的注意。在公众的行政复议两度被驳回，且L垃圾焚烧厂马上要开工的情况下，上千公众于"世界环保日"这一天统一着装，集体到前国家环保总局上访。这种策略虽然是合法上访但风险很大，一旦形势失控或被某些别有用心的人利用，将彻底改变行动的性质，政府可能以"扰乱社会治安"为由，动用警力将之驱散。

**（2）针对公众内部**

首先，建立我群认同感和增强内部凝聚力。在本研究案例中，"环境受害者"是L垃圾场周边居民的集体身份。在问题形成的初期，通过将公众的具体诉求不断抽象化的策略，以"维权"为核心建立认同感，将受害公众联合起来。

"政府处理垃圾，也得让老百姓吃安心饭、喝干净水、呼吸新鲜空气吧。干净的水源和清新的空气是大家的权利，合理合法的权利，它还关系到我们后代的健康成长，所以要靠大家来维护。""顶！家园是

---

① 我国宪法没有将公民环境权规定为基本权利，环境权立法层次较低，环境法对公民环境权在立法上规定不具体，且刑法缺乏对侵害环境犯罪的惩罚措施。

大家共同的，需要我们团结一致来保护，大家一定要齐心协力地维护自己的合法权益。"（摘自 ZH 苑业主论坛帖子）

在问题发展中期，增强公众内部凝聚力成为一项关键任务。由于 L 事件牵涉既得利益的变动，该问题的解决注定要经历一个漫长过程，而在这个过程中，群众内部难免产生急躁情绪。为了"让事情热乎着，不至于冷下去"，反建者将公众遭遇的共同困境定性为"社会问题"，以缓解公众内部的急躁情绪，并将"保护环境""维护社会公正"等建构为自身的责任，用以唤起成员的使命感，增强内部凝聚力。

　　保护环境，保卫家园是每个公民应尽的责任！无论是处在引水渠的上游还是下游，无论是居住在上风上水的宝地还是市中心，我们拥有的都是同一片天空，饮用的都是同一个水源，呼吸的都是同一方空气。我们没有理由拒绝这份沉甸甸的责任！对全区如此，对全市如此，对全国也如此。（茉莉园业主会议 081010）

其次，审时度势。在 L 事件中，他们注意把握关键时机和"顺势"的重要性。当时有一件事情有利于民众表达反建主张：市政府马上要进行换届选举，公众希望借着"新官上任三把火"的势头，向市政府再次表达主张。事实也证明，这一阶段政府非常重视民意的表达，尽管问题没有彻底得到解决，但至少民众的主张得到了政府接纳。

当地居民在与地方政府互动的过程中，通过判断政府的行为意向来制订自己的下一步行动策略，以顺应主张竞争的需要，避免陷入"非友即敌"的思维定式。例如，地方政府按照国家环保总局的要求暂停了垃圾焚烧厂的建设，当地公众开始颂扬各级政府的"执政水平和执政意识提高"；2008年下旬，地方政府曾在地方报纸上隐晦地表示"正在抓紧论证垃圾焚烧厂的建设""希望各项手续顺利办妥"，当地居民即刻联名上书要求地方政府"按照中央政府的指示，认真对待民意"。

再者，拿捏行为的"度"。对行为分寸的把握，一是为了既刺激政府做出改变又尽量规避集体行动潜在的风险，二是为日后修复公众与地方政府的关系留下回旋空间。"不能不痛不痒、隔靴搔痒，也不能太过"，因此当地居民采取合理合法、有礼有节的行为，防止过激行动，他们深谙体制的容忍限度，所以选择了诉讼、申请行政复议和上访等方式表达自己的主张。

> 游行、示威这些方式不靠谱，发生直接冲撞对谁都没好处，并且很容易让对方钻空子。可能由于一时的冲动行为，导致整个反对垃圾污染的主张丧失合法性，那么之前所有的努力都破产了。（访谈资料RZ080922）

对尺度的把握还体现在主张表达的精准度上。反建总主张由诸多分主张构成，包括：具体反对什么、为什么反对、希望政府如何解决。比如，"我们反对的是垃圾处理单位选址不当和管理不当造成的环境污染，因为这侵害了居民的环境权，我们并不反对政府采取先进技术处理垃圾"。每个分主张的表达都坚持"以事实为依据，以法律为准绳"，以保证最大限度地表达自己的诉求，又不至于要求过分而激怒政府或自行破坏主张的合法性。

公众深谙问题的最终解决还得落回到地方政府这一层，即便中央政府做出了指示，最后具体怎么操作，还在于地方政府，所以地方政府能够容忍的限度一直是他们制订行为策略的依据之一。公众懂得把握行为的尺度，也是为日后修复官民关系留条后路。更何况当地民众与地方政府的接触并非仅此一件事情，"它还更为广泛地体现在有形与无形并长期绵延的一种渗透于生活方方面面的日常化领域，在这些方面，业主们是无法不依赖于区、市政府的，这即是所谓'日常化权威'的一种体现"（吴毅，2007：40）。

最后，"无组织的有组织化"。L地区反垃圾污染力量主要源自松散的社区公众，而不是西方主流环境运动研究经常提及的那种自上而下指挥的、专业化的组织形态。在L事件中，更是体现出群体利益指向清晰、分散的个体行为和行为理性化等特征。现代社会中，人们行为判断越来越以自身利益为中心。只有在特殊情况下，当不同个体的利益集中于一点，分散的无组织行为才表现出组织化的效果。

也就是说，是共同的利益和诉求将众人联系到了一起，而这种松散的联系仅针对某个特殊事件，问题一旦解决，这些松散的联系就会解散，所以他们不具备形成正式组织的基本特征。在现代化大都市中，普通民众不敢也不能进行公开的、有组织的抗争。正如斯科特（2007：2）所说，"贯穿于大部分历史过程的大多数从属阶级极少能从事公开的、有组织的政治行动，那对他们来说过于奢侈。换言之，这类运动即使不是自取灭亡，也是过于危险的"。并且"那些具有相应组织化行动能力的知识分子、中产阶层，在今天的中国城市，亦缺乏以正式的、组织化的政治活动来变革制度的政治/法律空间"（陈映芳，2006：15）。L事件中出现的"无组织的有组织化"恰好符合了"政府不愿意看到有组织抗议"的意愿，而那些反建者也比较中意这种方式，因为它可降低政治风险。

### （3）面向社会

之所以说L事件中的公众表现出一种"生活的智慧"，除了他们坚持理性抗议外，他们还懂得如何"造势"并争取社会支持。

首先，将自身合法化，将对方问题化。在争取媒体和社会支持的过程中，公众强调他们召保护环境是在响应国家号，而地方政府的决策却不利于环保。一封通过网络传播，获得极大社会支持的联名信将"合法化自身，问题化对方"策略发挥到极致。

在这封联名信中，第一步，直接将要反映的问题提到一个关乎国计民生、社会稳定的高度——"千万人口饮水安全和城市发展大计"；第二步，直截了当地摆明自己的主张，请求政府"放弃在L地区建垃圾焚烧厂"；第三步，分述主张的理由：疑惑、担忧和恐惧。同时，指出地方政府"选址严重违反环发82号文件规定"，"区政府仍置民意于不顾，执意在此建垃圾焚烧厂"，实际就是在"问题化"对方；第四步，通过引用领导人的讲话精神证明自身主张的合理性并暗中对地方政府施压。

其次，丰富事件的相关议题。引发L事件的直接原因是垃圾污染，但L事件还涉及土地征用、城市开发、居民动迁、房屋产权等议题。这些议题或在之前没有得到重视，或没有得到彻底解决，当某个相关事件发生，很可能吸引不同议题关注人群，因为他们也在寻找契机解决自己的问题。对于L地区公众而言，外界人群关心与L事件相关的哪个议题不是最重要的，他们要的是社会关注和影响力。当事人需要做的就是对同一事件中不同议题进行描述，针对不同的对象，使用不同的"解释框架"，以吸引大批关心不同议题的社会公众。以Y山庄为例，在Y山庄购房的大部分房主是旧城拆迁户，他们关心动迁补偿、房屋产权等问题。在接受媒体采访的过程中，这里的拆迁户除了描述垃圾恶臭和自己对二噁英的惧怕外，还主动向媒体谈拆迁和"小产权"等话题，并出示各种单据，表明自己还有哪些权利受到损害；征地农民关心征地补偿，还牵扯出政府是否违规批地的问题；普通商品房业主则关心市政府城市建设规划、开发商楼盘实体建成情况是否与规划一致、物业管理等议题①。随着这些议题的展开，关注 L 事件的人越来越多。

最后，"造势"。通过打官司、上访、递交联名信等行为既扩大社会影响，又对居民有个交代，维持反污染的行动力。

> 起诉的事儿没多难，管他胜与败，递状子，造声势，虽败犹荣，表明一种姿态。
> 我们不图钱，就是表明一种态度，上访、打官司不一定要成功，关键是让外界知道我们的合法权益受损了。要造势，一是对政府产生触动，二是对周边的居民有个交代，不能让这个事情冷下去，要热乎着。不以打赢为目的，不要赔偿，只要社会影响。（ZH 苑业主会议081013）

不管主建方还是反建方，他们的行为策略既要从以往的"行动知识库"中吸取经验，又需依据新形势不断进行创新。正如萨巴蒂尔所说"个体并非能完全独立或自主地做决策，而可能会被拖入社会之中。在这种情况下，参与者可采取更加广泛的策略，而且他们可从过去的行动后果中学习到如何与时俱进地改变他们的策略"（萨巴蒂尔，2004）。

# 六 结论与讨论

本文围绕"环境议题在结构性约束下如何通过多方利益相关者行动得以呈现"这一主题，采用嵌入性单案例研究方法，从相关者的利益冲突，主张表达与竞争，权力、资源和策略运作等方面，剖析了社会转型期我国环境议题的呈现机制，以及国家、市场与市民社会在应对环境问题时的基本态度和互动关系。

## （一）环境议题呈现的实质与特点

环境议题的呈现是政府、公众、垃圾处理方、媒体、专家和民间环保组织之间的复杂互动。不同利益相关者带着不同的价值判断、利益得

---

① 业主与物业管理公司之间的纠纷及业主维权运动在全国各大城市屡屡出现，并吸引了学者们的深入研究（如陈映芳、施芸卿和张磊等学者近年的相关研究）。

失和动员各种资源的能力参与到这一过程中来，试图"控制"局势。本研究认为环境议题呈现的背后隐匿着一套机制：环境状况变化引起群体利益分歧和冲突；利益分歧导致不同利益相关者对同一客观环境状况产生差异性认知，并提出不同的主张；为了将问题朝有利于自身的方向建构，各方动用权力和资源，并采取不同行为策略，以引起更高级别政府的注意，从而将环境状况"问题化"，争取进入政府议事日程进而获得解决（见图 2）。

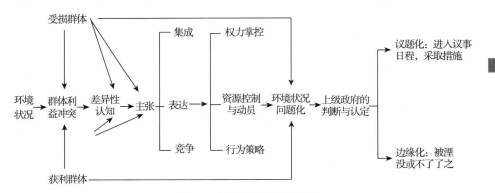

**图 2　环境议题呈现的机制**

在这一机制中，呈现的不仅是环境和科技问题，更是关涉"社会资源"（Social Goods）和"社会恶物"（Social Bads）在公众中如何分配的公共政策安排，乃至政治公平问题。如罗尔斯（1971）所言，环境议题的本质是政治的，非科学的。如前所述，依据利益卷入度和影响力大小，环境利益相关者被区分为最小优先权群体、弱利益相关的强势群体、强利益相关的弱势群体及最大优先权群体。在主张表达和权力运作阶段，弱势群体的利益和主张极易被结构性地加以忽视，但这种来自强势群体的有意忽视已阻止不了民意的表达。环境抗议的出现表明，各利益相关者并不一定要求达成结果的一致，但要求在面对公共问题时能够获得各方持续对话和参与公共事务管理的机会。

环境公正和政治公平的要求体现在环境议题呈现的不确定性上，它不再依据政府或者某一方利益相关者的意志有计划地依次推进，没有谁可以把持议题的发展方向和程度。环境议题的提出、表达和形成已开始逐步由"政府主导型"和"精英主导型"向"环境利益相关者共构型"过渡。转变背后暗藏着深层的社会变化，例如公众环境和权利意识提高、公众参与社会事务的诉求增长、社会环境开放度增加、民间环保力量成长等。

环境议题呈现具有两个特点。

第一，环境议题呈现的不确定性。它源于：①现存科学知识的不确定性。对于某一新事物，现存科学知识可能并不足以对其可能产生的影响做出明确且一致的判断，例如，关于垃圾焚烧对环境的影响，目前科学界并没有定论。科学依据的不确定，使各环境利益相关者都有机会依据自己的利益和意愿来建构环境议题，"一个问题的事实不确定性越强，就越容易被社会建构"（Murphy & Maynard，2000：134）。②话语表达的多样性。不同利益相关者提出不同主张，并采用不同话语框架和修辞手段支撑自己的主张，决策者就面对一大堆互相竞争甚至矛盾的主张和话语。在那些存在争议且缺乏先例的领域，决策者很容易受各方话语与"修辞"的影响。因此，当问题事实不确定时，话语表达的多样性容易导致环境议题呈现方向的不确定。③情景的不确定性。即各方环境利益相关者会在不同的情景中互动和交流，这可能影响他们对问题的表达。例如，当少数受政府邀请参加听证会的群众代表被一大堆"披着白大褂，以图标和统计数字武装起来"的专家团团围住时，他们对问题的表述往往不同于他们在社区内部业主会议上的表现。此外，偶然性事件也可能改变议题的发展方向。

第二，环境议题呈现的方式模式化。复制和效仿是其最重要的特点。"状况问题化""让政府意识到问题严重性"不仅在本案中得到体现，而且也为其他有相似困扰的群体提供"解题"思路。在L事件中，当地业主直言不讳地承认厦门PX事件给了他们很多启示。"群体抗议—专家论证—媒体关注—社会影响扩大化—中央政府介入"似乎成了一套有效的环境议题建构模式。但这种可"复制"的模式无疑增加了社会风险。

"复制和效仿现象"的产生，意味着当代公众环境风险意识和权利意识增强。当他们认为在体制内找不到有效利益表达途径时，就可能采取体制外的表达手段，从而造成诉求与达成手段"错位"。一旦社会普遍性地出现这种"错位"现象，就很容易引起群体失范行为，对社会稳定造成冲击。政府应当注重公众风险意识的变化和他们遭遇的困境，按照弗罗伊登伯格（Freudenburg）的说法："正如对科学家的风险评估不能只是尊敬一样，对公众的风险意识也不能只是蔑视"（转引自哈珀，1998：169）。因此，针对这些潜在的风险，唯有不断完善制度政策并改善其实施的社会环境。

### （二）反思：别在我家后院？

面对那些带有污染性质的大型公共服务设施，多数公众只是要求"别在我家后院"。但是，在城市化进程加速，城市人口剧增，用地紧张的情况下，这些必要的大型公共服务设施应该建在何处？

"我不反对焚烧垃圾，但是反对在我们这里烧"本案例中反建代表的话说出了大部分居民的心声，它暗合了西方"邻避（NIMBY）运动"的精髓。"邻避运动"最早出现在欧美国家，因居民希望保护自身生活领域免受具有负面效应的公共设施干扰而发起。在我国，从厦门、大连 PX 事件，上海磁悬浮列车路线事件，全国各地的反建垃圾焚烧厂事件，都可见"邻避运动"的身影。或许我们可以打着维权的旗帜通过集体抗议要求政府另行选址、搬迁，将风险转移到那些维权意识薄弱又缺乏利益表达渠道和能力的群体身上，但终究不能将风险消除。当人们欢呼民意的胜利时，这是强民意对弱民意的胜利吗？其结果也许只是借助所谓的民主机制将风险进行时空转换，再生产出新的环境不公正。

在这场没有最终胜利者的竞争中，可以尝试的是建立透明的信息公开制度，公正的公众参与制度，以及对设施周边居民的各种补偿制度。尽管公共政策的后果不能为所有社会成员所接受，但至少当事人有机会平等地表达主张，这种意志形成和表达过程本身，就宣示着公共政策的正当性。但遗憾的是，在我国当下，普通公众并没有获取公共决策的核心信息，以及参与公共决策的机会，更遑论公众与政府之间的风险沟通。所以，邻避现象不仅是在拒绝公共政策中的"社会恶物"，还是对政治不平等的一种挑战。

**参考文献**

艾里奇、保罗、安妮·艾里奇，2000，《人口爆炸》，张建中、钱力译，新华出版社。

陈映芳，2006，《行动力与制度限制：都市运动中的中产阶层》，《社会学研究》第 4 期。

哈珀，查尔斯，1998，《环境与社会——环境问题中的人文视野》，肖晨阳等译，天津人民出版社。

汉尼根，约翰，2006，《环境社会学（第二版）》，洪大用等译，中国人民大学出版社。

《华夏时报》，2007，《L 垃圾焚烧厂不会过关》，7 月 14 日。

康芒纳，巴厘，1997，《封闭的循环：自然、人和技术》，侯文蕙译，吉林人民出版社。

林梅，2003，《社会政策实施的制度分析》，中国言实出版社。

罗尔斯，约翰，1988，《正义论》，何怀宏等译，中国社会科学出版社。

马克思·恩格斯，1956，《马克思恩格斯全集（第一卷）》，人民出版社。

毛达，2007，《要论证的不只是垃圾焚烧》，《绿叶》第 7 期。

萨巴蒂尔，保罗·A，2004，《政策过程理论》，彭宗超等译，三联书店。

斯科特，詹姆斯·C，2007，《弱者的武器》，郑广怀等译，译林出版社。

吴毅，2007，《"权力－利益的结构之网"与农民群体性利益的表达困境》，《社会学研究》第 5 期。

沃勒斯坦，伊曼纽尔，1998，《现代世界体系（第一卷）：16 世纪资本主义农业和欧洲世界经济的起源》，尤来寅等译，高等教育出版社。

沃勒斯坦，伊曼纽尔，1998，《现代世界体系（第二卷）：重商主义与欧洲世界经济体的巩固（1600—1750）》，吕丹等译，高等教育出版社。

沃勒斯坦，伊曼纽尔，2000，《现代世界体系（第三卷）：资本主义世界经济大扩张的第二个时代》，孙立田等译，高等教育出版社。

殷，罗伯特·K.，2004，《案例研究——设计与方法（第 3 版）》，周海涛等译，重庆大学出版社。

于达维，2012，《垃圾焚烧大跃进》，《财新〈新世纪〉》第 2 期。

Buttel，F. H. and Taylor，P. . 1992. "Environmental Sociology and Global Environmental Change：ACritical Assessment". *Society and Natural Resources*5：211－230.

Douglas，Mary. 1981. "High Culture and Low". *TLS* 13：154.

Dunlap，R. E. and W. R. Catton Jr. . 1979. "Environmental Sociology. "*Annual Review of Sociology*5：243－273.

Dunlap，R. E. and W. R. Catton Jr. . 1983. "What Environmental Sociologists Have in Common. " *Sociological Inquiry* 33：113－135.

Dunlap，R. E. and W. R. Catton Jr. . 1993. "Towards an Ecological Sociology：The Development，Current Status and Probable Future of Environmental Sociology". *The Annals of the International Institute of Sociology* 3：263－284.

Dunlap，R. E.，Lutzenhiser，L. A. and Rosa，E. A. . 1994. "Understanding Environmental Problems：An Environmental Sociology Perspective". In *Economy，Environment，and Technology：A Socio-Economic Approach（Studies in Socio-Economics）*. edited by Burgenmeier，B. . NY：M . E. Sharpe.

Dunlap，R. E. and Brent K. Marshall. 2006. "Environmental Sociology. " In *The Handbook of 21st Century Sociology*. Thousand Oaks，CA：Sage.

Enloe，C. H. . 1975. *The Politics of Pollution in a Comparative Perspective：Ecology and Power in Four Nations*. New York：David Mckay.

Murphy，P. and M. Maynard. 2000. "Framing the Genetic Testing Issue：Discourse and Cultural Clashes among Policy Communities". *Science Communication* 22: 133 – 153.

Pellow, David N., Adam Weinberg, and Allan Schnaiberg. 2001. "The Environmental Justice Movement: Equitable Allocation of the Costs and Benefits of Environmental Management Outcomes." *Social Justice Research* 14: 423 – 439.

Schnaiberg, Allan. 1980. *The Environment: From Surplus to Scarcity.* New York Oxford: Oxford University Press.

Solesbury, W.. 1976. "The Environmental Agenda: An Illustration of how Situations may Become Political Issues and Issues may Demand Responses from Government: Or How They May Not." *. Public Administration* 54: 379 – 397.

Spector, M. and Kitsuse, J. I.. 1973. "Social Problems: A Reformulation." *Social Problems*, 20: 145 – 159.

Yearley, S. 2002. "The Social Construction of Environmental Problems: A Theoretical Review and Some Not-very-Herculean Labors". In *Sociological Theory and the Environment: Classical Foundations, Contemporary Insights.* edited by R. E. Dunlap, F. H. Buttel, P. Dickens and A. Gijswijt. Lanham MD: Rowman&Littlefield.

147

# "癌症村"内外

陈阿江 *

**摘　要**：以淮河流域的"癌症村"为研究点，以"内""外"两个视域为分析框架，发现：（1）孟营村的污染主要来自上游，是外源污染，但也不排除其他的因素；（2）媒体虽然写实村庄内部癌症死亡异常问题，但重心指涉村外流域污染问题，而政府的"非预期"介入及随后的大规模研究，使得原本期望澄清"污染－癌症"变成了一个迟迟无法告知民众的两难话题；（3）实地调查发现，"癌症"不仅与村外的污染关联，也与村内居民的日常生活密切相关，探究到"男性—吸烟—肺癌""乙肝—肝癌"及"饮用生水—肠道疾病高发—改水—肠道疾病骤减"等重要线索；（4）在与水俣病、塔纳汤"癌症"社区及国内其他"癌症村"的比较中，注意到"内""外"关注的重心差异影响了对疾病认知及应对行动的平衡。

**关键词**：癌症村，水污染，淮河流域，健康

## 一　导言

如果说"是否患癌症"指涉个人的身体健康，那么"癌症村"的话语指涉就不纯粹是身体健康了，因为"村"是一个社会生活共同体及共同体

---

＊　陈阿江，河海大学社会学系，环境与社会研究中心教授。原文发表于《广西民族大学学报》（哲学社会科学版）2013 年第 2 期。本文为国家社会科学基金课题"'人—水'和谐机制研究——基于太湖、淮河流域的农村实地调查"（项目编号：07BSH036），美国社会科学协会（Social Science Research Council）、中国环境与健康项目（China Environment and Health Initiative）"环境健康风险的公众认知与应对策略——基于若干癌症村的实证研究"的阶段性成果。

所依托的物理与社会生活空间。农耕地区的中国社会在现代化以前,夸张一点说就是由村落构成的,村在中国社会里具有特殊的意义。目前中国"癌症村"现象不仅是村内居民所谈论的话题,而且也是村外乃至国家层面广泛操持的话语实践——"癌症村"已成为一个由村而国的广义话题,也是社会科学所关心的话题。

与此同时,如何看待"癌症村"里的癌症问题,也形成了"内""外"两个不同视域。根据医学的基本原理,一般认为,致癌的因素或风险因素主要有:(1)遗传因素,比如同一癌症在不同种族人群的发病率有很大的差异,提示可能与遗传有关;(2)膳食营养状况,长期缺乏某种营养元素,如硒的摄入量与结肠癌、直肠癌、前列腺癌等好几种癌症的发病率呈负相关,近年的研究也表明,胰腺癌乳腺癌等可能与营养过度有关;(3)病毒病菌致害,虽然目前还没有结论性的证据认为病毒可以直接致癌,但流行病学的调查发现,世界上 15%~20% 的癌症与病毒和生物性因素有关,如乙型肝炎与原发性肝癌细胞的关系(王素萍主编,2009);(4)生活习惯,如吃饭太快、食物太烫等饮食习惯可能会增大患食道癌的风险,吸烟与肺癌有关联等;(5)日益严重的环境污染问题。本研究以村为单元区分"内""外",把遗传因素以及包括病毒病菌感染、膳食营养状况、生活习惯等属于"生活方式"范畴的因子视为(村庄)"内"的范畴;把外来环境污染视为外在因子。从这样一个分析框架出发,我们发现,以 C 电视台 2004 年播出的《河流与村庄》为代表,虽然影片借助孟营村这一"癌症村"故事来展开,着重关注的是村外也即淮河流域的水污染问题,但却引发了始料不及的另一个焦点问题——"癌症村"问题,进而引起中央政府的重视,并开启了后续的关于癌症高发的大规模调查。笔者随后在孟营村的调查发现"男性—吸烟—肺癌"及"乙肝—肝癌""饮用生水—肠道疾病高发—改水—肠道疾病骤减"等线索,在后续的思考研究中,尝试理解村内人的日常生活与疾病的关系,提示致癌情形的复杂性。本文通过研究论证以期平衡由媒体触发的、全民性过度关注的村庄外在性的淮河(沙颍河)污染致癌(病)问题。

本文以淮河流域广泛关注的孟营村为案例进行分析。二手的资料来自于:(1)C 电视台的《河流与村庄》的调查材料①;(2)中国知网学位论

① http://www.cctv.com/news/china/20040810/102281.shtml.

文中收录的关于淮河流域污染与疾病关系的研究。我们的实地进行两次调查：（1）2009 年 4 月作为"人水和谐"课题中"人水不谐"类型进行的调查。（2）2010 年在社会科学协会资助的南方其他数个癌症村调查与总结的基础上，于 2011 年 8 月再赴孟营村进行追踪调查。孟营村调查最重要的信息来源是信息关键人村医王先生。在村庄内部的"污染—疾病"事务上，乡村医生最为知情。首先，村医掌握了常规的医学科学知识，且有长期的临床经验。王先生行医 20 多年，每天的门诊量通常在 30 次以上。其次，乡村医生是"生于斯、长于斯"的当地人，而村落是一个典型的"熟人社会"（费孝通，1998），包括人口、经济状况、婚姻家庭关系、地方风土人情等，当地人都了若指掌，而疾病特别是一些慢性病的诊断、治疗及预后效果往往与病人的经济社会文化背景密切关联。再次，就王先生而言，他同时也是乡村里的精英（他曾经担任村会计），加上医生这样的特定职业，决定了他对地方事务了解得比较多。通过王先生，我们把 2004 年 C 电视台完成的癌症死亡清单接续到了 2011 年 8 月。另外，2011 年 8 月的调查还访问了孟营村所在的县疾控中心、环保局及省水利厅农水处、疾控中心慢性非传染病研究所的相关专家，一方面了解相关的背景，另一方面也和专家咨询和探讨了疾病、污染等我们所关心的话题。

## 二　区域特征：水系演变与污染

孟营村地处豫东沙颍河南岸约 3 公里、豫皖边界以西约 30 公里的地方。沙颍河是淮河最大的支流，发源于河南省伏牛山区，流经豫、皖两省的平顶山、漯河、许昌、周口、阜阳等四十余县市，全长 600 多公里，流域面积近 4 万平方公里。沙颍河是 20 世纪 90 年代以来淮河流域水污染的重点地区。

为了理解孟营村这样的村庄，我们把该村所处水系的历史变迁脉络作一简要交代。因为一方面水系的历史演变及其后续的水利工程建设所形成的水系格局与工业化以后的水污染形成有一定的关联；另一方面，由于黄河夺淮入海而引发的水系紊乱及自然灾害，是淮河流域经济发展滞后及社会整合欠佳的重要原因，这些自然与经济社会背景与"癌症村"的形成有一定的关联。

"走千走万，不如淮河两岸"这句民谚说出了淮河流域曾经是中国的富庶地区，同时那个时候（宋及以前）淮河两岸人来人往，是为世人所关注的地区，或因富庶或因美景。恰与今日淮河流域或因灾害、或因贫困、或因污染而被关注形成鲜明对照。公元 1128 年以前，淮河独流入海，河道深阔，水流通畅。众所周知，都江堰使成都平原成为"水旱从人"的"天府之国"，而可与之媲美的淮河流域古代水利工程芍陂修建于 2600 多年前，可灌田万顷。类似这样的古代水利工程促进了淮河流域农业生产的发展。由于优越的地势及位置处于黄河、长江之间，早先的淮河流域交通也甚为发达。公元前 486 年开挖的邗沟开通了淮河、长江之间的航运；公元前 360 年开挖的鸿沟，把黄河与淮河的支流丹水、睢水、沙水、颍水等联系在一起，组成了淮河与黄河间的水运网（郑连第主编，2004）。自黄河夺淮入海以后，黄河入海的主流常在淮河的支流颍水、涡水、睢水、泗水等河之间变换，加之黄河夹带大量泥沙，使淮河下游地区的出海通道抬高，导致淮河中游及淮北地区成了低洼水滞不畅之地（郑连第主编，2004）。淮河流域地处我国南北气候过渡带，冬春干旱少雨，夏秋暴雨集中，暴雨旱涝转变急剧，形成了"大雨大灾、小雨小灾、无雨旱灾"的多灾局面。在新中国进行淮河治理之前，包括今天豫皖淮河流经地区是广泛受灾的地区。

20 世纪 50 年代起，国家开始了对淮河流域的全面整治。简要地说，国家对淮河的整治，首先要解决淮河洪水排泄问题，同时也要解决淮河流域农田灌溉难题，解决民生问题。经过多年的建设，淮河流域已成了全国主要的商品粮基地。虽然就地区自身的历史比较而言，已经摆脱灾荒解决温饱并获得了巨大发展，但横向与其他地区的比较看，这一地区仍然相对滞后。比如，现今的孟营村所在县与新中国成立前相比已不可同日而语，但相比于其他地区，其人口多、工商业基础差，仍然是国家级贫困县，农民的现金收入也主要是依靠劳动力外出打工而获得。

20 世纪 50 年代及随后的淮河治理，对原有的水系进行了比较大的整治，这样的水系特点与后续的污染滞留有比较大的关联。以孟营村附近的情况来说，槐店闸拦蓄上游来水，抬高水位，相当于在槐店闸上游形成一个水库。闸上游沙颍河水通过沙南总干渠，再通过若干干渠、支渠进入孟营村等村庄和附近的农田。从农田、村庄排出的水，再回流到下游的河道中。这样的水工和水流特点，造成了面源营养物向河道集中。

根据实地调查及对相关文献的梳理，孟营村的水污染包括以下三方面。

首先是来自上游的工业污染，这是最主要的污染。孟营村所处的沙颍河流域上游有味精、造纸、制革等重污染行业。如笔者调查的卯集就是制革业的典型代表（陈阿江、罗亚娟、陈涛，2011）。除了行业特点外，与上述谈到的流域水系及水工特点有很大关系。兹以几起典型污染事件去理解污染与水系特征的关系。

1994 年淮河流域特大污染事故从河南省沙颍河流域到江苏省洪泽湖，淮河干流形成污染带达 70 公里，部分地区发生饮水困难，渔业损失惨重，部分企业被迫停产。污染发生的原因有，淮河持续干旱，主要闸坝全部关闭；7 月中下旬淮河出现大暴雨，7 月 14 日颍河闸开闸泄洪，污染进入淮河干流，先后进入淮南、蚌埠；7 月 19 日蚌埠闸开闸，蓄积的 2 亿立方米污水进入下游，形成 70 公里长的特大污水带（宋国君等编著，2007）。

此后的 1995 年、1999 年及 2004 年等的淮河重大污染事故，与上述污染事件极其相似。事实上，从改革开放沙颍河流域的工业得以发展以来，沙颍河的水质就在恶化。而像孟营村这样的村庄，农业生产灌溉主要依赖沙颍水，大河被污染，村庄及其周边的水系污染难以避免。就孟营村的情况看，沙颍河的水通过干渠及支渠灌溉村民的庄稼，干渠也与村庄的坑塘相通，而村民的浅水井大多离村里的坑塘都不远，污水渗透地下污染水井。2004 年 C 电视台委托的检测表明，沙颍河孟营村所在县河段、干渠、孟营村水塘等三种水的化学需氧量（COD）以及氨氮等五项指标已经超过五类水的标准。

二是内源性污染。笔者在对太湖流域进行的水污染成因分析时发现，水域遭受长期外源性而得不到治理的情况下，当地居民有可能从水域的保护者到水域的污染者（陈阿江，2010）。此后，笔者在多处调查地如苏北、皖北、豫东观察到受外源工业污染的村庄，其内源性污染也十分严重的情况。在孟营村也有类似情况，污染严重的时候，大家无意识地把生活垃圾也都往水塘边倒。孟营村从 2004 年起已经过多年环保教育与宣传，并且进行过村庄环境整治，但我们 2009 年及 2011 年调查时仍然能在坑塘的边坡看到不少垃圾。

三是地质性化学元素异常问题。在 C 电视台委托的检测中，村民孙家 8 米深的水井中，还存在锰超标的问题。留给观众的印象是淮河流域污染导致孙家井中的水锰超标。但结合文献及笔者的实地调查经验，锰超标更有可能是地质原因。在国家颁布的《全国农村饮水安全工程"十一五"规划》（国家发展改革委、水利部、卫生部印发，2007）关于农村饮水安全现状及面临的主要问题中"其他饮水水质超标人口分布、成因及危害"一节中有如下的解释。

全国农村铁、锰等其他饮水水质超标人口为 4410 万人，占饮水不安全人口的 14%、占水质不安全人口的 19%。

铁、锰超标主要是由地质构造与水文地质条件造成的，主要分布在湖积、古河道、低平原地区……部分铁、锰、重金属超标，是由于采矿与冶炼废渣随意堆放，废水不经处理直接排入水体，致使地表水源受到严重污染，污染物随水下渗导致地下水污染，属人为因素所致。

结合孟营村的地理现状及水系演变史看，锰超标由地质构造与水文地质条件造成的可能性较大。另外，就目前所掌握的有限信息看来，沙颍河上游的工业企业中没有大量与锰相关的矿业生产活动，而且如果锰来自沙颍河上游的污染，那么其他水井中锰含量也应该异常。与之相似的情况也发生在我们曾调查过的江西上饶的涧南村，在那里我们也发现了锰与地质方面的关系（陈阿江，程鹏立，2011）。综合各方面的情况看，地质构造导致锰超标的可能性更大。

## 三 媒体关注：村外污染与癌症

淮河流域污染问题到 20 世纪 90 年代中期十分突出，并引起了中央政府的重视。1994 年 5 月国务院召开了淮河流域环保执法检查现场会。1995 年 8 月国务院颁布了中国第一部流域性水污染防治法规《淮河流域水污染防治暂行条例》。1996 年国务院批准《淮河流域水污染防治规划及"九五"计划》，并将淮河流域治理纳入国家"九五"期间"三河三湖"治理的重点。政府和民众对淮河污染的治理寄予厚望，但经过十年治理努力后的 2004 年又重现了多年前出现的污染状况：2004 年 7 月中旬，淮河中上游突降暴雨之后中上游及支流紧急开闸放水，大量污水进入淮河干流，形成了全长 150多公里向下游漂移的污水团（林海，2017）。淮河污染治理的效果再次受到质疑。在此背景下，2004 年 8 月播出的《河流与村庄》就淮河流域的治理提出了一个更为尖锐和敏感的话题：淮河流域的污染已损害了民众的健康——"污染"导致"癌症"高发，触目惊心。

C 电视台入村调查，了解了大量基础事实，还委托科研机构进行了水样检测，并咨询了相关的专家。下面就《河流与村庄》有关"疾病"及"疾病与污染关系"的话题梳理如下（以下4段所引均出自该节目，不再单独标注）。

村庄遭遇了癌症高发问题。记者进村调查就碰到村里正在为刚过世的村民举行出殡仪式。记者介绍说，"十几年来孟营村癌症多已经在当地出名了，今年这一年就新增了17个癌症病人，其中8人已经死亡。"记者在村支部书记的陪同下，走了村中的一条街，该街"一连八家都有癌症"。"根据村委会对1990年到2004年全村死亡情况的统计，14年里共死亡204人……癌症105人，占死亡总人数的51.5%，……癌症的患病率也明显偏高。癌症死亡年龄大多为50岁左右，最小的只有1岁。"

影片最后以一长串的癌症死亡者名单结束。

那么一个原本宁静的村庄，到底是什么原因导致癌症高发呢？记者对食物、空气污染、水污染等方面进行分析，并排除了食物和空气污染方面的可能性，直指水污染。"如果不是空气、食物这些因素，那么最有可能导致癌症的就只能是村民的饮用水了"。根据村支书王先生的叙述，靠坑塘、靠沟渠居住的住户癌症发病比较多，而远的地方则比较少。

淮河流域河流污染与水井污染的关系是清楚的。随着沙颖河被污染，污染的河水通过灌溉渠系流向下游的农田、村庄。如沙颖河上的槐店大闸，每年拦蓄约2亿立方米的沙颖河水，通过渠系水网，灌溉了县内75万亩农田、涉及500多个村庄。污水流入到村周围的沟渠、坑塘，而水井离水塘很近，深度也只有数米到十几米，所以很容易被污染。根据水质检测表明，水塘水的化学需氧量及氨氮等五项指标已属于劣五类水。"自从沙颖河的污水流入了孟营，干渠和坑塘里的水越来越黑，水里的鱼虾逐渐绝迹，而村里的癌症和死亡却一年比一年多。"——这是一个基本结论。

从医学科学的角度看，要确定癌症高发及癌症高发的原因是相当困难的。但"癌症村"话语一旦被广泛操持，"一石激起千层浪"，触发了广泛而深刻的社会影响。

中央政府对媒体报道的情况给予高度重视。孟营"癌症村"经由媒体报道后，"温家宝总理（时任）立即批文给河南省委省政府李克强书记（时任）和李成玉（时任）省长，要求'对淮河流域肿瘤高发问题开展深入调查研究'"之后，国务院组织淮河流域的河南、安徽、江苏、山东四省及有关部委开会，部署淮河流域污染治理和癌症综合防治工作（陈建邦，2010）。2004 年卫生部发布《中国癌症预防控制规划纲要（2004~2010）》，提出了癌症预防控制的指导思想、目标、任务、措施等。从2005 年起，卫生部启动了中央转移支付癌症早诊早治项目。

2005 年，由中国疾病预防控制中心牵头，由中国医学科学院、协和医科大学等大学和科研机构参加的"淮河流域重点地区恶性肿瘤调查项目"启动。该项目试图回答关注地区肿瘤是否高发、肿瘤发生是否与淮河水污染有关这两个问题。随后，国家财政专项"淮河流域癌症综合防治项目"展开工作。但非常遗憾，淮河流域癌症综合防治工作的研究成果并没有公开。

报道之后，政府也快速启动了改水进程。根据我们在孟营村调查了解到的情况，政府投资在孟营村打了 3 眼深井，解决村民的饮用水问题（除了本村人口，水井实际的服务人口覆盖到该村所在的乡，约 4 万人口的范围）。这次孟营村的改水活动，很显然属于特事特办。从宏观背景看，2000年以来，中国政府加大了农村饮水解困工作力度，"十五""十一五"期间解决了大量农村人口的饮水问题。但像孟营村这样的情况，正常情况下很难列入"农村饮水安全工程"中解决。因为污染导致的水问题，按"谁污染谁治理，谁污染谁解决问题"的原则，理论上由污染方解决饮用水问题。在我们研究的案例中，如西桥村、涧南村等，村民也确实要求污染企业解决他们的饮用水安全问题，但实际上解决起来很困难（陈阿江、程鹏立，2011）。

与此同时，有关"癌症村"的报道也为地方制造了的麻烦。关于"污染""癌症"等的负面性新闻，隐含着对地方政府工作不力的批评，"形象不佳"也影响到与地方经济发展密切关联的招商引资工作。所以在随后的政府工作中，地方政府试图用"生态"消解"癌症村"话语带来的不良后果。2009 年笔者入村调查时发现电线杆上挂着"孟营村循环经济示范村"这样的牌子（约长 70 厘米、宽 1 米）。2011 年，村貌大有改进，村口主干道挂上了"省级生态村孟营行政村"巨大横幅，村里主街墙体也进行了美化，刷上有关环保及生态话语的标语。

回到"内""外"关系看，虽然《河流与村庄》是在写实村庄内部疾病异常问题，但重心是通过孟营村的癌症问题，诉说淮河流域的水污染问题，重点指涉村外污染问题。只是因为中央政府介入这一非预期后果的出现，使得孟营村的"污染—疾病"升级为国家话语的"癌症村"问题。但是，也正是因为想通过村庄"癌症"话语指涉外部污染事务，使得本来指望"癌症村"能够说清楚的话题变成了一个难以言说并迟迟无法告知民众的两难科学话题。

## 四 整体理解：村民日常生活与疾病

2009 年笔者在孟营村的调查，最初是期望能够了解到底是哪些污染导致了村民的癌症高发，但现实情况远比预期的要复杂。在实际的调查中，笔者发现诸多疑惑。经过多时的思索和讨论，2011 年又进行了追踪调查。结合两次调查所得以及多年的思索，笔者注意到"癌症"不仅与"外"（流域污染）有关联，也与"内"（村民的日常生活）有所关联。笔者把与村民日常生活密切关联、但在多方指责"外"因的大背景下被忽略的信息择要梳理如下。

1. 肺癌死者中男性生前吸烟的比例很高

在解读癌症死亡清单的分类数据时，笔者发现肺癌死亡名单中的性别比异常，即死于肺癌的主要是男性。在 1990～2011 年 134 名癌症死亡名单中，肺癌 25 人中，占癌症死亡人数的 18.7%。其中，男性为 19 人、女性 6 人（见表 1）。通过调查生前的吸烟情况，我们注意到，男性 19 人中，15 人吸烟，不吸烟的只有 4 人。关于吸烟与健康的关系，医学界已有较多的研究。孟营村的肺癌死亡者多为吸烟男性，表明个体生活习惯与健康有密切关系。

表 1　孟营村肺癌患者死亡性别及吸烟情况（1990～2011 年）

| 性别 | 男 | | 女 | |
|---|---|---|---|---|
| 数量/比例 | 人数 | 比例 | 人数 | 比例（%） |
| 吸烟者 | 15 | 78.9 | 0 | 0 |
| 不吸烟者 | 4 | 21.1 | 6 | 100.0 |
| 合计 | 19 | 100.0 | 6 | 100.0 |

2. 肝癌死者中乙肝患者比例较高

2009 年调查时笔者注意到淮河流域皖北豫东一带，关于乙肝治疗的广告随处可见。随之而来的疑问是，该地区是不是乙肝的高发区？后来通过村医王先生获知，不仅肝癌比例比较高，而且肝癌死亡名单中乙肝患者的比例也比较高。在1990～2011年134名癌症死亡名单中，肝癌42人，占总癌症死亡人数的31.3%。肝癌死者中乙肝的发病比例较高。42人中可以确定死者生前患乙肝的有21人，确定不患的2人，不确定生前是否患乙肝的有19人（由于早些年的检查较少，所以相当一部分人并不清楚自己是否患有乙肝；另外，有的家庭考虑乙肝"标签"对婚姻等的影响，有关乙肝信息也处于保密状态）。2011年调查所了解到的2009年～2011年间肝癌死者的信息看，5人生前全都患过乙肝。

表2　孟营村肝癌死亡病人性别、生前是否患乙肝（1990～2011年）

| 性别 | 男 | | 女 | |
|---|---|---|---|---|
| 数量/比例 | 人数 | 比例（%） | 人数 | 比例（%） |
| 确定患乙肝 | 19 | 79.2 | 2 | 11.1 |
| 确定不患乙肝 | 2 | 8.3 | 0 | 0 |
| 不确定是否患乙肝 | 3 | 12.5 | 16 | 88.9 |
| 合计 | 24 | 100.0 | 18 | 100.0 |

访谈中，村医王先生提供了肝癌患者的家族信息。例如，2003年去世的WXH时年38岁，生前患有乙肝，其弟2008年去世，时年41岁；他们的两个舅舅也都死于肝癌。SFR在2010年10月去世，时年48岁，他哥哥于同年11月（49岁）去世，兄弟去世时间仅差1个月，且两人生前均患乙肝；他们的父亲去世时也大约在50岁左右，生前也患乙肝。GHR于2009年61岁去世，其弟31岁死于肝癌，其子女均为乙肝患者。

3. 改水与普通消化道疾病的减少

据村医王先生介绍，孟营村改水之后，普通消化道疾病减少非常明显。当地人有喝生水的习惯，在改水之前，天气一转暖，消化道疾病就多起来，而改水之后的普通消化道疾病大量减少。

> 饮用水改变后，疾病变化最明显的还是体现在肠道疾病上。肠炎、痢疾、慢性结肠炎少得多了。像我们这边从五月到八月一直都有喝生水的，相应的就是肠道疾病的高发季节。像五月到八月，我这个诊所里，不管哪一天，都要瞧二十个以上患肠道疾病的病人。……现在每

天看的肠道疾病的病人，一天也就一两个（2011 年 8 月的访谈，笔者再次询问一般情况下的肠道疾病的患者，他认为三人至四人）。上一次，我跟我们县卫生局长打了一个赌。当时记者来问我的时候，问我一天能看多少病号，我说三四十个。我们县卫生局长听到这以后就来找我，他认为我跟记者说的时候夸大其词了。……他就说，"我就坐这，我看你一天能看三十个病号不能！"他就坐在了这里。结果那一天我看了五十多个病号。（2009 年 4 月 5 日对王先生的访谈）

王医生叙述的村民喝生水习惯，笔者听了之后有些诧异。确实，过去农村地区普遍有喝生水的习惯。比如拍摄于 20 世纪 50 年代到 60 年代的电影，经常可以看到男孩拿起水瓢从水缸里一舀就喝水的镜头。但随着农村经济状况的改善以及水质的普遍下降，大部分农村人已改变了喝生水的习惯。

### 4. 悄然变化的村民生活

笔者在 2011 年进村时，与 2009 年相比感到孟营村有了明显的变化。一方面是源于外部的整饰。为了消解"癌症村"话语，地方政府强化了"环保""生态"等话语。另一方面，村民的日常生活也在悄然变化中。与其他经济相对后发的地区相似，孟营村的大部分劳动力在外打工。打工增加了村民的收入，近些年不少农户在新建楼房。新建住房在卫生、日常生活设施等方面的条件大有改善。与此同时，农民在打工过程中了解到城市及其他地区的生活方式及习惯，在无形中学习和改变了原来一些不好的习惯。村医王先生列举说，比如，十多年前，剩余的馒头、面条等，村民总是留下来继续吃，现在则不会那样了。几年前，病死的猪、羊、鸡等，村民还会吃其肉，现在不要说病死的家禽家畜，就是购买的肉有些不对，也不吃了。即便去超市，村民也非常注意辨认食品是否为三无产品、是否过了保质期。村民一般会专留出一块地，种自己吃的粮食、蔬菜，宁可产量低也尽量不用农药。

在事后的梳理中，笔者逐渐了解实际调查中发现的村民生活方式等属于"内"的范畴，它与癌症有着密切的关联。关注村民的日常生活，这既是社会科学的研究着眼点，也是理解作为医学的癌症问题及作为社会科学的"癌症村"问题不可或缺的重要一面。

# 五　比较与讨论

　　癌症问题非常复杂，在医学科学领域仍然有许多未解的盲点，"污染致癌（病）"有更多的不确定性。在科学技术存在诸多不确定性的现实下，"内""外"的过度偏重或执着，无论在认知上还是在行动上，均会造成偏差。而"内""外"的偏重或执着，往往与其预设的假定或暗含的假定密切关联。下面笔者就日本的水俣病、美国的塔纳汤"癌症社区"及国内的东井村等与本案例就"内""外"视域的差异作一简短的比较与讨论。

　　水俣病首次出现日本熊本县水俣镇（今天的水俣市），病名因地名而得。战后日本经济高速发展时期，水俣镇氮素工厂含汞废水未经处理而直接排入水俣湾海域。有机汞被吸收并通过生物链富集后，借由鱼虾贝类等海鲜食品进入人体，造成对人体神经及大脑的伤害。污染与水俣病之间的因果关系是清楚的，但在"自我认定"和"法律认定"之间产生了巨大分歧。在水俣镇为补偿而进行受害申请登记时，截止到1986年，政府认定的仅1672人，本人认为水俣病患者的而被政府拒绝认定的有4999人（Funabashi & Harutoshi, 2001），即四分之三的人没有得到正式认定。这里既存在技术认定困难和法律证据有效性困难的问题，也存在利益纠葛。若从"内""外"这两个角度重新审视，可以发现，在存在不确定性的情况下，未获批准的申请者把自己的疾患更多地归因于企业造成的伤害，视作外部污染造成的伤害，而官方则把申请者的疾患归结于居民自己的问题。这样的假设分歧导致了日本未被认定的水俣病患者及其他支持者（包括律师）从20世纪60年代起进行持续不断的抗争活动，直到1995年，时任日本首相的村山富市首次发表了致歉讲话。政府最终的解决方案，很大程度上是出于人道主义的政治考量。

　　班舍姆（Balshem）讨论了是美国塔纳汤（Tanners town）社区"癌症"归因的"内""外"之争。在早期的疾病检查中，政府发现一些地区癌患率比较高，于是启动了"有所作为"（CAN-DO）癌症教育项目，费城欧裔美国工人阶级的塔纳汤社区就属于这样的"癌症社区"。政府及科学家群体期望通过癌症教育项目，比如通过改变生活习惯等达到减少癌患的风险；而社区居民则认为专业人员对癌症难以作为。癌症教育者认定的居民生活习惯问题，居民则更喜欢用诸如这样的话来加以反驳：

159

"我的邻居她喜欢吃宿食，今年93岁了……"

"我邻居家的狗死于癌症。为什么这狗会死于癌症呢？这狗并不吸烟，没有吃不合适的食物，也没有躺在太阳下。为什么？"（Balshem，1993）

在排斥内因的同时，居民把致癌风险更多地归因到环境污染上。1981年费城日报新闻（*Philadelphia Daily News*）关于"癌症区"的系列文章强烈地指出，一定地区的癌症高死亡率可追溯到工业污染（Balshem，1993）。在25名被访谈者及8个焦点组回答者中，选择预防或导致癌症的生活方式因素（饮食、吸烟等10项）的回答频次为93人（次），而选择个人以外的环境因素的（环境污染、食品添加剂等）达185人（次），后者是前者的2倍（Balshem，1993）。可见，居民与项目设计者的看法有很大的差异。

班舍姆在对胰腺癌死者约翰之妻詹妮弗的回访研究中，作为常人的詹妮弗勇敢地去挑战作为权威的医院大夫，以期客观地理解癌症问题。大夫关切约翰的吸烟及喝酒问题，而詹妮弗为抗争大夫给丈夫定义的"广义的滥用酒精史（Extensive history of alcohol abuse）"便在其丈夫的病历报告"边缘"补写了"每周少于1件啤酒（Less than 1 case of beer/week）"，詹妮弗以此强调丈夫的饮酒量非常有限，而不应"理所当然"地视为"滥用酒精"或因为饮酒过度导致癌症。与此同时，她关注环境对健康的影响，包括约翰长期在化工厂工作、生活在高度污染的社区里等因素，以此希望平衡其生活方式对癌症风险的影响（Balshem，1993）。

事实上，在启动"有所作为"这一癌症教育项目时，行动计划本身已经暗含了很强的假设，即居民的不良生活方式是塔纳汤社区居民癌症高发的重要原因，但居民表达了不同的观点，至少，他们想强调那些在政府和科学权威们所忽视的环境污染因素。

这一点，中国国内的"癌症村"体现了非常相似的特点，比如东井村民与企业及地方政府的抗争中，村民直指外部的环境污染导致东井村的癌症高发，企业及地方政府均予以否认，而法院系统以证据不充足为由不支持村民的主张（罗亚娟，2010）。在洞南村这样的癌症村案例中，居民指向外部污染的问题，在某种程度上已有很强的情绪渗入其中（陈阿江、程鹏立，2011）。

孟营村与塔纳汤社区及东井村、洞南村不同，由"外"指"外"的话语胜于由"内"指"外"。这一由村外的环保人士发动、国家媒体报道传播信息，其落脚点也在于指向淮河流域的污染问题。虽然由"外"指"外"后又导向了癌症问题，也使有关污染与癌症的研究一开始就潜在地预设了一定的目的，但事实上，无论是证明污染致癌或否认污染致癌，都是困难的。而忽视癌症问题的"内"因素，无论在认知上还是行动上都会打破应有的平衡，而这正需要我们在充满激情的年代理性地思考科学的真问题。

## 参考文献

陈阿江，2010，《次生焦虑——太湖流域水污染的社会解读》，中国社会科学出版社。

陈阿江、程鹏立，2011，《"癌症—污染"的认知与风险应对——基于若干"癌症村"的经验研究》，《学海》第 3 期。

陈阿江、罗亚娟、陈涛，2011，《"先污染后治理"的路径与后果——环保与卯集皮革业发展之案例研究》，《广西民族大学学报（哲学社会科学版）》第 3 期。

费孝通，1998，《乡土中国生育制度》，北京大学出版社。

国家发展改革委、水利部、卫生部，2007，《全国农村饮水安全工程"十一五"规划》。

林梅，2007，《博弈分析：关系及格局——以淮河污染防治为例》，载洪大用主编《中国环境社会学：一门建构中的学科》，社会科学文献出版社。

陆建邦，2010，《从食管癌现场的发展看我国肿瘤防治的道路和方向》，《中国肿瘤》第 1 期。

罗亚娟，2010，《乡村工业污染中的环境抗争》，《学海》第 2 期。

宋国君等编著，2007，《中国淮河流域水环境保护政策评估》，中国人民大学出版社。

王素萍主编，2009，《流行病学》，中国协和医科大学出版社。

郑连第主编，2004，《中国水利百科全书水利史分册》，中国水利水电出版社。

Funabashi, Harutoshi, Minamata. 2006. Disease and Environmental Governance. *International Journal of Japanese Sociology* 15.

Martha Balshem. 1993. *Cancer in the Community*. Smithsonian Institution Press.

# 地方依附感与环境行为的关系研究
## ——基于沙滩旅游人群的调查

赵宗金　董丽丽　王小芳[*]

**摘　要：**地方依附感与环境行为研究是地方依附感应用研究的重要内容。虽然地方依附感研究已有 40 余年的历史，但是关于地方依附感的构成因子、地方依附感与环境行为的关系并没有得到充分的揭示和验证。本研究以青岛石老人海水浴场为例，设计问卷测量了游客的地方依附感和环境负责任行为，使用 SPSS 统计软件分析了两者的关系。结果表明：地方依附感是由地方依靠和地方认同两个主要因子构成；地方依附感对环境行为存在正向预测作用。

**关键词：**地方依附感，地方认同，地方依靠，环境负责任行为，沙滩旅游人群

滨海旅游是人们休闲旅游的重要方式之一，浴场沙滩是这种休闲方式的主要场所。所谓沙滩旅游，是指在一定的社会经济条件下，以滨海沙滩为依托，以满足人们精神和物质需求为目的而进行的海洋游览、娱乐和度假等活动所产生的现象和关系的总和（董玉明、王雷亭，2000）。滨海沙滩旅游在满足了人们娱乐消遣需要，拉动经济增长的同时，带来了一些负面影响。滨海沙滩旅游过程中形成的生活垃圾等废弃物进一步加剧了近海环

* 赵宗金，中国海洋大学法政学院副教授；董丽丽，中国海洋大学社会学系硕士研究生；王小芳，中国海洋大学硕士研究生。原文发表于《社会学评论》2013 年第 3 期。本文为国家哲学社会科学基金项目"我国海洋意识及其建构研究"（项目编号：11CSH034）阶段性成果。

境的破坏，海洋环境承载力下降，海洋生态环境开始恶化。当前海洋环境的状况让人们意识到保护行动已刻不容缓。但在人们环境意识增强的同时，环境保护行为却没有明显的改善。

研究者们已经开始对环境关心和环境行为之间的关系进行研究，试图对环境态度、意识和环保行为之间的不一致现象进行解释。他们引入地方依附感（Place Attachment）的概念和理论框架，尝试分析自然环境与环境意识、环境意识与环境行为的关系等问题（Vaske & Kobrin，2001；Williams et al.，1999；Halpenny，2006；Kyle et al.，2003；Moore & Graefe，1994）。本研究使用问卷调查的方式对青岛石老人海水浴场的旅游人群进行调查研究，尝试验证上述研究结论，并进一步探讨地方依附感与环境负责任行为之间的具体关系。

# 一　地方依附感与环境行为

## （一）地方依附感研究

地方依附感又称为地方依恋、场所依赖等，是指当个体在经历了一个地方（包括居住地和游憩地），因这个地方可以满足自己的某种或某些需求而产生了依赖感，以及在情感的层面对这个地方产生的认同感、归属感和其他层面的表现。

国内关于地方依附感的研究起始于2006年，至今不足十年时间（黄向等，2006）。而国外关于地方依附感的研究历程已有40年之久。作为地方理论研究的重要衍生内容，地方依附感的相关研究成果非常丰富，主要研究包括概念及其界定、结构与维度、标准化测量及相关经验研究等。把地方依赖作为一种理论框架分析各种社会现象（Lewicka，2011），也成为当前研究的一个重要应用方面。

Tuan早在1974年提出了"恋地情结"（Topophilia）概念，将其界定为：人与地方、环境之间的情感关联。这是与地方依附感类似的概念，现已融入西方地理学的学科体系中（Tuan，1974）。其后，Relph于1976年提出"地方感（Sense of Place）"的概念，指人与自然以某种美妙的体验为中心的结合，这种感知和意识往往集中于某些地点和特别的设施，带着强大的情绪和心理联系，深刻存在于人们的心中，使得在该地点所进行的活动都充满了意义。这种界定将认知要素融入地方理论之中，但将人与环境的联结置于地点和设施上，存在一定的局限性。

"地方依附感"是由 Stokols 等人（1981）于 1981 年正式提出，之后 Williams 等人（1989）进行了较为完整地定义：地方依附感是人与地方之间基于感情（情绪、感觉）、认知（思想、知识、信仰）和实践（行动、行为）的一种联系。其中，感情因素是第一位的。这个定义将行为因素融入了地方依附感的概念中，从情感、认知和行为三个方面界定了地方依附感，是迄今为止仍广泛使用的概念。在此基础上，Williams 等人（1992）提出了地方依附感的理论框架，将地方依附感区分出地方认同与地方依赖两个维度。地方依赖是人与地方之间的一种功能性依恋，而地方认同是一种情感性依恋；他们还设计了地方依附感量表，应用于测量个人与户外游憩地的情感联系（董丽丽，2012）。

我国台湾学者对地方理论的研究起步较早，研究成果也较为丰硕。李海清把地方依附感归为人对地方的一种感情的依附，通过自身与地方的联结程度、对环境产生的情绪以及自身所代表的象征和感受。游客可辨认不同的地点，体验此地点对游客所散发的不同特性，即游客已产生认同地方感（即地方依附感）（转引自赵苑姗，2008）。曾秉希（2003）则将地方依附感细分为以下四种因素：第一，地方依附感是个体体验环境所产生的经验；第二，地方依附感是个体在社会发展网络中产生的情感联结；第三，地方依附感是对地方的一种长期感受；第四，地方的历史和文化特点影响个体对地方的评价。彭逸芝也指出，必须经由环境熟悉与认知，并要经过体验才能产生地方依附感（转引自赵苑姗，2008）。他们的研究结果都强调了一点，即地方依附感所指的是个人对地方的记忆以及与环境之间的积极情感联系。

总之，从国内外研究状况来看，地方依附感的概念界定比较混乱（Jorgensen et al，2006），不同学科的学者使用各不相同的措辞，在内涵表述上也各有差异。这在一定程度上阻碍了地方依附感理论的良性发展。

**（二）地方依附感的结构**

目前已经存在多种地方依附感的结构模型，包括二维结构说、三维结构说、四维结构说和五维结构说（Williams et al.，1992；Bricker & Kerstetter，2000；Raymond，2000；Hammitt et al.，2006）等。国内的研究通常将地方依附感划分为地方依靠和地方认同两个维度。本研究在常用的地方依附感量表基础上自编问卷，对其进行检验和论证。

1. 地方依靠。地方依靠（Place Dependence）是对一个地方的功能性依附感，意指一个地方的环境景观、公共设施、特殊资源、可达性等能满足用户的特定需求（Stokols & Shumaker，1981）；是人们对某地方的一种功能性依赖，体现了资源及其提供的设施对想要开展的活动的重要性（Williams & Roggenbuck，1989）。当某一地方可以为他们的活动提供条件并达到他们满意的程度时，就会对这一地方产生地方依靠（Lewicka，2011）。地方依靠关注的重点是地方依附感中的欲求部分，是说当一个地方的资源环境能达到使用者的预期、满足使用者对社会与物理资源的需求时，就会让使用者产生满足感。显然，这种层面的依附感是功能层面的依附感。

2. 地方认同。地方认同（Place Identity）是个体在地方感知基础上产生的情感，这种心理层面的情感是通过符号的象征表现出来的（Schreyer & Roggenbuck，1981）。地方认同与个人的环境适应过程紧密联系。地方认同是对实在环境的感知，在此基础上，个体不断改变自己的行为方式；通过持续的改变来积极地适应环境，从而实现自我同一性、自我价值以及自我表达的目的。当实在环境对个人行为目标的实现产生积极作用时，个体就会对这一环境产生强烈的情感依附，也即地方认同。可见，与地方依靠比较起来，地方认同不强调地方的功能，而是强调个体的感知和自我两个方面。

3. 生活社交形态。生活社交形态（Social Bonding），也被认为可能是地方依附感的因素，并且在既有研究中得到了验证（Kyle et al.，2005）。它和地方依靠一起构成了地方依附感的意向联系部分。但是地方依靠是功能性的依附，强调地方可以满足个体某一需要的功能；而生活社交形态则是指建立社会关系、参与地方的活动，为地方做贡献等行为倾向（Lou & Altman，1992）。也有研究者指出，生活社交形态是指个体感觉归属于一群人（比如朋友或家人）或者认为自己是其中的一员，以及基于相同的历史、兴趣或者关注点而产生的情感关联（Trentelman，2009）。

4. 其他结构因素。Hammitt，Backlund 和 Bixler（2006）研究了游憩者的地方依附感，发现地方依附感是由地方熟悉感（Place Familiarity）、地方归属感（Place Belongingness）、地方认同、地方依靠和根深蒂固感（Place Rooted）五个维度构成。地方熟悉感是对游憩地方相关信息的熟悉程度与记忆水平，在游憩地产生的各种愉快的和有成就感的记忆，以及认知和环境意象，是人与地方之间的联结关系的最初阶段。地方归属感是指人们感觉自己是游憩地的一分子，以本地人的身份融入了地方，是对地方的环境或者对其他游憩者产生的一种精神上的联结关系。地方认同感不仅是情感上的依恋以及归属某一特定的地方，还包括了态度、价值观、思想、信念以及行为倾向的总和。地方依靠感则是在跟其他地方进行比较时，该地方具有的环境等特征能符合使用者的需求，满足游憩活动参加者所需的功能，进而使游客产生依赖感。根深蒂固感强调地方的不可替代性，在该地方感觉到舒适和安全，有宾至如归的自在感，并且不会再去寻找另一个替代地点从事活动。对根深蒂固感测量所用的量表题目和探讨地方依靠感的变量所用的题目非常相似，因此可以视为相同的因素。

### （三）环境行为概念及其结构

环境行为是环境意识的最终表现和衡量标准，大致可以分为两大类，一类是建设和保护环境行为，另一类是消费和破坏环境行为。这里我们将前一类行为按日常生活的通识，称之为"环境负责任行为"。目前对环境行为的称谓有很多，例如环境行为（Environmental Behavior）、积极环境行为或亲环境行为（Pro-environmental Behavior）、具有环境意义的行为（Environmentally Significant Behavior）、负责任的环境行为（Responsible Environmental Behavior）以及生态行为（Ecological Behavior）等。虽然名称上有所不同，但内涵大体一致，都强调个人主动参与、付诸行动来解决或防范生态环境问题。在现有研究中，Hines 和 Stern 等学者的研究较有代表性，并被后续研究广泛引用。Hines 等学者（1986）将"负责任的环境行为"定义为"一种基于个人责任感和价值观的有意识行为，目的在于能够避免或者解决环境问题"。Stern（2000）提出从行为的"影响"和"意向"两个维度来界定"具有环境意义的行为"——"影响"导向强调人的行为对环境产生何种影响，"意向"导向强调行为者是否具有环保的动机。以上研究视角虽有所差别，但涵盖的范围基本一致。

国内学者也对这一概念进行了界定。王芳（2007）认为环境行为"主要是指作用于环境并对环境造成影响的人类社会行为或各社会行为主体之间的互动行为。它既包括行为主体自己的行为对环境造成的影响，也包括了行为主体之间直接或间接作用后产生的行为的环境影响"，基于环境行为的分析视角，以分析社会行动者的环境行为与环境问题的关联为切入点，剖析了转型期中国环境问题的实质，对环境问题形成的社会根源进行了理论上的探讨。崔凤等（2010）则认为用定义去分析现象会忽略间接环境行为，他们认为环境行为具备社会性，且被各种特定社会因素影响，以一定的社会关系形式进行并对不同社会关系产生不同影响，并依据行为主体多元化、行为结果差异和行为实施方式对环境行为进行分类。本研究将环境负责任行为界定为人们基于个人的情感和认知价值观，为了环境保护和影响生态环境问题的解决而采取的有意识行为。

### （四）地方依附感与环境行为的关系

作为一种理论，地方依附感强调人与地方之间的功能性和情感性的联结，可用来解释人的行为与环境改变之间的关系。在意识层面可以有效测量人对地方的依恋和依赖的程度，在行为层面上可以测量地方依附感对环境行为改变的影响。因此，地方依附感可以有效测量态度、意识和行为之间的分离现象。

目前探讨两者关系的文献数量并不是很多。Hernández 等学者（2010）的研究表明地方认同影响人们对当地环境的态度。Vaskle 和 Kobrin（2001）研究了个体的地方依恋与环境负责任行为之间的关系，证实了依赖居住地自然资源的青少年会在日常生活中表现出负责任环境行为。他们的研究还表明，地方的资源、环境等对个体具有吸引力时，会使个体对地方产生功能性依恋。但随着依恋程度的加深，人与地方的关系超越了这种依恋，个体对资源、环境等产生了情感，功能性依赖开始加深为情感性的依附关系，个体在日常生活中就会表现出更加负责任的环境行为。

在地方依附感对人的态度与行为的影响研究中，Williams 等（1999）认为地方认同对在特定地方中的环境行为有直接的影响；个人对地方的心理依赖会促使他表现出负责任的环境行为。当人们对特定地方认同时，会对该地表现出负责任环境行为，如捡垃圾、尊重野生动物、在指定步道上行走等等。Halpenny（2006）通过对国家公园的游客进行调查，发现地方依附感与环境负责任行为的各变量都存在正相关关系。随后，他又选取加拿大国家公园与皮利角国家公园中的观光旅游者为调查对象，研究地方依附感与环境保护行为的关系。研究发现，地方依附感对观光旅游者的环境保护行为意图有重要影响。Kyle 等人（2003）也发现，地方认同水平较高的游客愿意支付更多的费用开展资源保护。当游憩者对某游憩景点有强烈的依赖时会成为该地资源保护者。Moore 和 Graefe（1994）的研究表明，地方依靠主要是通过地方认同的中介作用影响人对资源环境的态度和日常行为。总体而言，地方依附感与环境行为的关系并没有得到充分的揭示和证明。

根据上述分析，本研究将围绕以下问题展开：（1）地方依附感的因子构成，考察地方依附感是否由地方依靠和地方认同两个主要因子构成；（2）地方依附感与环境行为之间的关系，考察地方依附感是否对环境行为存在预测作用。

## 二　场所依赖与环境行为的测量与问卷调查

### （一）研究工具的编制

本研究借助于已有的成熟量表，考虑了海滨沙滩的自然特征与游客环境行为的特征，编制了场所依赖与环境行为问卷。经过前期对初始问卷的反复讨论，剔除了一些语义含糊不清、重复或者有歧义的指标，对问卷进行了修正并最终形成正式的调查问卷。

1. 场所依赖与环境行为量表的构成

正式问卷包括 4 部分（基本信息部分、旅游行为相关信息部分、地方依附感部分和环境负责任行为部分），共设置了 29 个题项。

（1）人口社会统计变量，包括性别、年龄、学历、婚姻状况、职业、月收入等。

（2）旅游的基本信息，包括 7 个问题：是否本地休闲者、对海水浴场的了解程度、来海水浴场的次数、如何得知海水浴场的信息、和谁同来、在海水浴场停留的时间以及来海水浴场的目的。

（3）地方依附感分量表，包含地方依靠和地方认同 2 个维度。该分量表借鉴了 Williams 的旅游依赖量表。问卷翻译过程中，在保持原始含义的基础上，尽量使用通俗易懂的词语，以适应调查对象的情况；并将其中表示地方的用语替换为"海水浴场"。修订后的量表由 8 个题项（C1 – C8）构成，采用李克特五点量表计分方法。

（4）环境行为分量表，包含一般环境行为和具体环境行为两个方面。本文参照了 Smith-Sebasto 等（1995）及 Halpenny（2006）为测量环境行为而开发的量表，该量表的信度和效度均比较高。考虑到文化差异的存在，对原始量表进行了一定的修改以适用于本研究的目标、背景和群体。修订后的量表由 8 个题项（D1 – D8）组成，采用李克特五点量表计分方法。

2. 场所依赖与环境行为量表的信度

信度（Reliability）指测验结果的一致性、稳定性及可靠性，一般多以内部一致性来表示该测验信度的高低。地方依附感的信度检验结果方面，地方认同和地方依靠的可信度 Cronbach's Alpha 系数值为 0.763，说明地方依附感量表的信度较高，问卷可靠性较高。环境负责任行为分量表的信度检验结果表明，一般环境行为和具体环境行可信度 Cronbach's Alpha 系数值为 0.795，说明环境负责任行为量表的信度较高，问卷可靠性较高。

此外，对地方依附感和环境负责任行为量表进行分半信度检验，其用 Spearman-Brown 公式计算出的信度系数为 0.671（P < 0.001）。因此，量表的分半信度较高，即所测验的项目内部一致性程度较高。

3. 场所依赖与环境行为量表的效度

使用主成分分析法分别对地方依附感分量表和环境行为分量表进行因子分析，结果表明，地方依附感分量表和环境行为分量表都具有较好的结构效度。

（1）地方依附感分量表的 KMO 和 Bartlett 球形检验系数为 0.804，显著性水平为 0.000。说明地方依附感量表适于进行因子分析。通过降维处理，按照特征根大于 1 的原则，萃取出 2 个公共因子，累计方差贡献率为 51.94%。这两个因子也就是地方依靠和地方认同。

（2）环境行为分量表的 KMO 和 Bartlett 球形检验系数为 0.801，显著性水平为 0.000。说明环境行为分量表也适于进行因子分析。通过降维处理，我们萃取出了两个特征根大于 1 的公共因子——一般环境行为和具体环境行为。这两个因子的累计方差贡献率为 54.639%。

**（二）方法与程序**

研究者于 2012 年 7 月至 10 月间对青岛石老人海水浴场进行了实地调查。调查对象是来石老人海水浴场旅游的人群。调查采取随机发放的形式并将问卷当场收回，共发放问卷 220 份，回收了问卷 220 份。剔除无效问卷后，共获得 204 份有效问卷，问卷有效率为 92.7%。

样本基本情况如下：男性占调查总数的 53.7%；女性占调查总数的 45.9%（0.4% 的数据缺失）。年龄集中在 15～24 岁之间，其中小于 14 岁（含 14 岁）的被试占调查总数的 1%；15～24 岁的占调查总数的 49.8%；25～44 岁的占调查总数的 38%，45 岁以上的占调查总数的 10.7%（有 0.5% 的数据缺失）。文化程度集中覆盖了初中及以下、高中与中专、大专与本科以及本科以上四个层次。其中，初中及以下占调查总数的 6.9%；高中与中专学历占调查总数的 30.9%；大专与本科学历占调查总数的 49%；本科以上占调查总数的 13.2 %。婚姻状况上，未婚人数占调查总数的 62.3%，已婚人数占调查总数的 37.7%。

样本旅游信息状况如下：调查对象的 54.4% 是外地休闲者，其余为本地休闲者；对石老人海水浴场了解一些的游客占调查总数的一半以上；多数游客来旅游的次数为三次及以上；从亲朋好友那里得知海水浴场信息的游客最多，并且多数人是与亲朋好友一起来旅游的；停留时间多为半天；旅游目的为休闲娱乐的占调查对象的一半以上。

研究使用 SPSS 20.0 统计软件对 204 份有效问卷的数据进行统计和分析。首先通过信度分析检验了问卷设计的可靠性；使用描述性统计分析工具分析了人口学的基本特征；借助因子分析统计工具对地方依附感与环境负责任行为的维度进行了操作化；借助于方差分析考察了基于人口统计学变量与旅游信息因素的地方依附感与环境行为差异；使用相关分析方法考察了各个因子之间的相关性；最后对地方依附感与环境负责任行为进行相关性检验等。

## 三 地方依附感与环境行为的结构及影响因素

### （一）地方依附感的基本结构

研究采用最大方差法对地方依附感因子分析的结果进行旋转，并进行大小排序。结果表明（见表 1），因子 1 地方依靠包含 C1、C2、C3、C4、C5 共 5 个题项。因子 2 地方认同包含 C6、C7、C8 三个题项。这验证了地方依附感的二因子结构假设。

表 1 地方依附感量表因子分析正交旋转

| 指标 | 因子共量 | |
|---|---|---|
| | 1 | 2 |
| C4 进行同类活动不选择别的地方 | .747 | .052 |
| C2 相同景点这里最好 | .704 | .194 |
| C3 在这里体验别的地方不能给 | .690 | .095 |
| C5 对这里有很强依恋感 | .653 | .270 |
| C1 空闲时间最喜欢来这里 | .537 | .180 |

| 指标 | 因子共量 | |
|------|------|------|
| | 1 | 2 |
| C7 希望呆更长时间 | .118 | .841 |
| C6 我觉得自己是这里一分子 | .106 | .746 |
| C8 以后经常提起这里 | .381 | .568 |
| 特征根 | 3.0858 | 1.0630 |
| 解释变异量 | 29.729% | 22.132% |

### (二) 环境负责任行为的基本结构

对地方依附感因子分析的结果表明（见表2），环境负责任行为的测量量表具有良好的结构效度。其中因子1包含 D6、D7、D8 共 3 个题项；因子2包含 D1、D2、D3、D4、D5 五个题项。分别是具体环境行为和一般环境行为。所谓具体环境行为，指的是公民为保护生态环境而采取的实际性的环境行动。具体环境行为存在一个明显的特征，就是即时性。也就是说环境行为的发生会立马改善行为对象的环境状况。所谓一般环境行为，是指除了具体环境行为之外，公民所采取的其他有利于改善环境状况或者保护生态环境的行为。

表 2　环境负责任行为量表因子分析正交旋转

| 指标 | 因子共量 | |
|------|------|------|
| | 1 | 2 |
| D6 看到垃圾会捡起来 | .856 | .064 |
| D7 看到破坏行为上前阻止 | .827 | .207 |
| D8 有净化沙滩活动我会参加 | .625 | .290 |
| D4 说服同行亲友采取对自然有利行为 | .099 | .725 |
| D1 学着解决环保问题 | .131 | .675 |
| D5 不会破坏这里环境 | .162 | .655 |
| D2 阅读环境的文章或书籍 | .316 | .629 |
| D3 讨论环保问题 | .476 | .498 |
| 特征根 | 3.2948 | 1.0763 |
| 解释变异量 | 27.336% | 27.303 % |

### （三） 滨海沙滩旅游人群的总体特征

统计结果显示，地方依附感的总体均值为 29.58。其中，地方依靠维度总体均值为 17.87，地方认同维度总体均值为 11.7098。8 个测量指标的平均得分为 3.698。说明滨海沙滩旅游人群具有一定的地方依附感水平。

游客在地方依靠得分上的均值（M = 3.5735）要小于地方认同得分上的均值（M = 3.9032）。说明游客情感性的地方认同比功能性的地方依靠对地方依附感的贡献更大。人们的地方依附感更多体现在情感的层面。

滨海沙滩旅游人群表现出了一定的环境行为水平。对环境行为的整体特征进行分析，结果表明，游客环境负责任行为总体均值为 31.0539，其中一般环境行为维度总体均值为 19.5，具体环境行为维度总体均值为 11.5539。八个测量指标的平均得分为 3.88。

滨海沙滩旅游人群的具体环境行为得分上的均值（M = 3.85），要小于环境负责任行为的均值（M = 3.88），并小于一般环境行为得分均值（M = 3.9）。说明相对具体的环境行动，人们的环境负责任行为更多的还是只停留在关心层面。

### （四） 地方依附感上的差异性分析：游客特征的影响

1. 性别差异。

研究结果表明，不同性别的被调查对象在地方依附感上不存在显著性差异。这与 Scannell 等人的研究结果一致（2010）。而其他研究，如 Hidalgo 等人（2001）的研究却得出女性比男性拥有更强的地方依附感。该研究认为这一现象的产生是由于女性自身的社会角色与男性不同引起的，女性会比男性与地方产生更多的联系，所以女性对地方的依附感会高于男性。因此，性别对地方依附感是否有影响仍是需要继续深入研究的问题。

2. 年龄差异。

单因素方差分析结果显示，不同年龄的被调查对象在地方依附感上存在显著性差异（F = 10.572，p < .001），这与 Hidalgo 等人的研究结果是一致的（2001）。他们的研究表明，随着年龄的增长，人们对邻居和城市的依附感也会不断增强。在本研究中，调查对象主要是年龄在 25 ~ 44 岁的滨海沙滩旅游人群。在年龄分布上，青少年和老年人样本数量较少。因此，年龄对地方依附感的具体影响还需进一步的研究和验证。

3. 受教育程度的差异。

受教育程度不同的被调查对象在地方依附感上存在显著性差异（F = 3.439，p = 0.018）。具体表现为，学历越高的群体，地方依附感水平越低，这与 Tartaglia 和 Rollero 的研究结果一致（2010）。教育水平高的人更倾向于变换地方，而较少依恋于某个特定的地方。

4. 地方依附感在婚姻状况、职业和收入上不存在显著差异。

研究结果表明，虽然已婚者（M = 29.88）依附感高于未婚者（M = 29.38），但是婚姻与否在地方依附感水平上的这种差异并不具有显著性（F = .775，p = 0.380）。在职业分布上，虽然农民依附感最低（M = 28.13），退休人员得分最高（M = 31.00），但是，地方依附感水平在职业分布上也不存在显著性差异（F = 1.132，p = 0.34）。在收入水平上，地方依附感水平的收入分布虽呈现出一定的曲线增长趋势，但差异并不显著（F = 1.682，p = 0.17）。

**（五）地方依附感上的差异性分析：旅游信息变量的影响**

以相关旅游信息的变量为基础，使用单因素方差法考察地方依附感的差异，结果显示如下。

（1）地方依附感在是否本地休闲者之间不存在显著差异（F = .261，p = 0.610）。但本地休闲者（M = 29.7204）地方依附感程度高于外来休闲者（M = 29.4364）。

（2）地方依附感在对地方的了解程度上存在显著差异（F = 3.365，P = 0.020）。调查对象对该地的了解程度越深，产生的地方依附感越强烈。

（3）地方依附感在以前来过的次数上不存在显著差异（F = .942，P = 0.421）。但随着旅游次数的增加，地方依附感的均值也在增加。

（4）地方依附感在和谁一起来的问题上不存在显著差异（F = 2.347，P = .074）。但独自前来（M = 31.6667）依附感的得分最高。

（5）在海水浴场停留的时间上，地方依附感也不存在显著差异（F = 1.996，P = 0.116），即游玩时间的长短不会影响游客对旅游地的地方依附感。

**（六）环境负责任行为的差异性分析：游客特征的影响**

研究结果表明（见表3），不同性别、年龄、学历、婚姻状况、职业和月收入的人群在环境负责任行为和一般环境行为维度上均不存在显著性差异。

表 3　滨海沙滩旅游人群的环境负责任行为的单因素方差分析

| 指标 | d | 一般环境行为 | | 具体环境行为 | | 环境负责任行为 | |
|---|---|---|---|---|---|---|---|
| | | F | P | F | P | F | P |
| 性别 | 1 | 0.299 | 0.585 | 2.044 | 0.154 | 0.123 | 0.726 |
| 年龄 | 4 | 0.683 | 0.604 | 4.595 | 0.001** | 1.88 | 0.115 |
| 学历 | 3 | 0.196 | 0.899 | 0.709 | 0.548 | 0.185 | 0.906 |
| 婚姻 | 1 | 0.001 | 0.978 | 1.115 | 0.292 | 0.292 | 0.59 |
| 职业 | 9 | 1.211 | 0.29 | 1.453 | 0.168 | 1.554 | 0.132 |
| 月收入 | 3 | 0.276 | 0.843 | 0.859 | 0.463 | 0.539 | 0.656 |

注：** 在显著水平为 0.001 时（双尾），差异显著。

在具体环境行为维度上，除不同年龄人群具体环境行为存在显著性差异（p = 0.001）之外，在其他变量上不存在显著性差异。其中不同年龄人群在具体环境行为上的均值差异如下图所示：

由图 1 可知，青少年和中老年在具体环境行为上的得分要显著高于其他年龄段的人群。任莉颖的研究表明，居民环境保护行为呈 U 型，即相对于中年人来说，青年人和老年人更倾向于做出环境保护的行为（2002）。本文的研究结果表明，居民环境负责任行为在年龄上也呈 U 型分布，不过中年人的环境负责任行为水平要高于青年人。

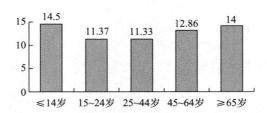

图 1　不同年龄游客在具体环境行为上的均值差异

### （七）环境负责任行为的差异性分析：旅游信息变量的影响

研究结果表明，游客对石老人海水浴场的一般环境行为、具体环境行为和环境负责任行为有以下几点特征。

（1）对海水浴场的了解程度不同，在环境负责任行为上不存在显著性差异（F = 1.802，P = .148）。

（2）以前来过的次数不同，在环境负责任行为上不存在显著性差异（F = 1.307，P = 1.307）。

（3）与不同的人来海水浴场的不同游客，在环境负责任行为上不存在显著性差异（F = 1. 470，P = . 224）。

（4）在海水浴场停留时间不同，在环境负责任行为上存在显著性差异（F = 3. 165，P = . 026），在海水浴场停留时间越长，一般环境行为、具体环境行为和环境负责任行为的水平越高，情况如图 2 所示。

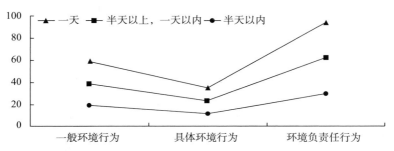

**图 2　不同停留时间的游客在环境负责任行为上的均值差异**

## 四　地方依附感与环境行为之间的关系

人们在环境知觉的基础上进行判断和选择，进而做出行为决策，对环境的感知和评价是人们的环境态度和行为的前提和基础。因此本研究假设地方依附感与环境负责任行为之间存在正相关关系，地方依附感作为深层次的环境感知结构，对人的环境态度和行为有着深刻的影响。对地方依附感与环境行为之间关系的研究借助 SPSS 分析软件中的相关分析以及多元回归分析来验证。

### （一）一般环境行为与地方依附感关系研究

为了分析地方依附感对滨海沙滩旅游人群一般环境行为的影响，我们将地方依附感各维度纳入相关分析中，结果如下所示。

在地方依靠层面，与一般环境行为相关关系最为强烈的是"地区体验的不可替代性"（C3）以及"景点自身对旅游群体的吸引力"（C2），相关系数分别为 0. 289 和 0. 288。与一般环境行为相关关系最低的是"空闲时间最喜欢来这里的程度"（C1），相关系数为 0. 202。整体来看，地方依靠与一般环境行为间的相关关系都不是特别强。

在地方认同层面，与一般环境行为相关程度比较强的是"以后是否会经常提起这里"（C8），相关系数为 0.376，这也是地方依附感中与一般环境行为相关最为强烈的因素。越常提到石老人沙滩的人群，一般环境行为的水平就越高。相关程度次之的是"地区归属感"（C6）和"希望呆更长的时间"（C7），相关系数分别为 0.372 和 0.289。整体来看，地方认同与一般环境行为间的相关程度要比地方依靠高。

总的来说，与一般环境行为相关程度比较强的是"以后经常提起这里"（0.376）、"觉得自己是这里的一分子"（0.372）、"希望在这待更长时间"（0.289）、"在这里的体验别的地方不能给"（0.289）。其他因素与一般环境行为的相关程度相对来说比较弱。说明个体对某一地方的情感依附感、功能性依附感越强，个体越有可能采取对环境有利的行为。这与 Devine-Wright 和 Howes（2010）、Gosling 和 Williams（2010）、Hernández 等（2010）、Vaske 和 Kobrin（2001），及唐文跃等（2008）的研究结果一致。同时说明，较之于功能性依附，情感性依附对个体一般环境行为的影响更大。

为了进一步分析地方依靠与地方认同对一般环境行为的具体影响，本文采用逐步多元回归分析的方法，得到以下分析模型。

表 4　滨海沙滩旅游人群的一般环境行为影响因素的多元回归分析

| 模型 | | 非标准化回归系数 | | 标准化回归系数 | t | sig. | 共线性统计量 | |
| --- | --- | --- | --- | --- | --- | --- | --- | --- |
| | | B | 标准误差 | | | | 容差 | VIF |
| 3 | 常量 | 10.477 | 1.139 | | 9.196 | .000 | | |
| | C8 | .899 | .231 | .257 | 3.885 | .000 | .866 | 1.155 |
| | C6 | .895 | .205 | .279 | 4.368 | .000 | .927 | 1.079 |
| | C3 | .547 | .220 | .162 | 2.490 | .014 | .894 | 1.119 |
| | $R^2 = 0.247$ | | F = 21.812 | Sig = .000 | | | | |

从上述回归分析的结果可以看出，并非地方依附感的所有变量都达到了统计上的显著水平，我们选择了解释力度比较强同时通过显著性检验的变量比较多的第 3 模型。模型的 $R^2$ 为 0.247，也就是说，它可以解释一般环境行为 24.7% 的变化，并通过了显著性检验，说明此模型是有效的。

在模型的八个变量中，只有三个变量（C3、C6 和 C8）达到了统计上的显著水平，对一般环境行为的影响比较明显；其余的变量对一般环境行为的影响都未达到显著水平。在通过显著性检验的变量中，地方依靠的因素仅有一个（C3），它对一般环境行为的影响也是最小的，标准回归系数为 0.162。在所有变量中，对一般环境行为影响最大的是地区归属感（C6），其标准回归系数为 0.279。总体上看，地方认同对一般环境行为的影响因子也远大于地方依靠。

**（二）具体环境行为与地方依附感关系研究**

对地方依附感各因素与具体环境行为进行相关分析，结果如下所示。

地方依附感的各个变量与个人的具体环境行为都存在相关（p < .01），但总体相关水平要低于其与一般环境行为的相关程度。总体来看，情感性依附与功能性依附对具体环境行为都有正向影响，但是地方依靠与地方认同对具体环境行为的影响相差不大。

为进一步分析地方依附感各变量对具体环境行为的具体影响，本文将地方依附感的所有变量都纳入回归分析模型中，采用逐步回归的方法，剔除关系不显著的变量，得出结果如表 5 所示。

**表 5　滨海沙滩旅游人群的具体环境行为影响因素的多元回归分析**

| 模型 | | 非标准化回归系数 | | 标准化回归系数 | t | sig. | 共线性统计量 | |
|---|---|---|---|---|---|---|---|---|
| | | B | 标准误差 | | | | 容差 | VIF |
| 3 | 常量 | 6.639 | .881 | | 7.254 | .000 | | |
| | C2 | .452 | .163 | .193 | 2.769 | .006 | .871 | 1.148 |
| | C6 | .441 | .169 | .180 | 2.610 | .010 | .893 | 1.120 |
| | C8 | .467 | .185 | .175 | 2.519 | .013 | .885 | 1.130 |
| $R^2 = 0.155$ | | | F = 12.143 | Sig = .000 | | | | |

从表 5 中可知，模型的 $R^2$ 值为 0.155，说明模型可以解释具体环境行为 15.5% 的变化，并通过了显著性检验，说明模型具有一定的解释力度，但是解释力度较低。与对一般环境行为的解释力度相比（一般环境行为影响因素模型可解释 24.7% 的变量），这一模型的解释力度要低许多。

在模型的八个变量中，也是仅有 C2、C6 和 C8 三个变量通过了显著性检验；在这三个变量中，地方依靠题项也只有一个，即"相同景点这里最好"（C2）。"地区归属感"和"以后是否会常提起这里"代表的满意感这些情感性依附因素不管是对一般环境行为还是具体环境行为都具有显著性的影响。

### （三）环境负责任行为回归模型的构建

在本研究中，我们假设地方依靠、地方认同为自变量，环境负责任行为做因变量，建立多元回归模型，其模型摘要见表6。

**表6 逐步多元回归分析模型摘要**

| 模型 | R | $R^2$ | 调整后的 $R^2$ | 标准估计的误差 |
|------|-----|-------|------------|--------------|
| 1 | .462[a] | .214 | .210 | 3.52725 |
| 2 | .516[b] | .266 | .259 | 3.41585 |

a. 预测变量：（常量），地方认同　b. 预测变量：（常量），地方认同，地方依靠。

从表6可看出，模型2的调整后 $R^2$ 为0.259，大于模型1调整后的 $R^2$ 值0.210，说明模型可解释的变异占总变异的比例越来越大，引入方程的地方依靠变量是显著的。

如表7所示，模型2的回归平方和与残差平方和相比，残差平方和要远大于回归平方和，说明线性模型对总平方和的解释是有限的，拟合效果不太理想。但当回归方程包含不同的自变量时，其显著性概率值均远小于0.01，所以可以显著地拒绝总体回归系数为0的原假设，即模型具有统计学意义。

**表7 ANOVA 方差分析**

| 模型 | | 平方和 | 自由度 | 均方 | F | sig. |
|------|-----|--------|--------|--------|--------|---------|
| 1 | 回归 | 680.301 | 1 | 680.301 | 54.680 | .000[a] |
| | 残差 | 2500.734 | 201 | 12.441 | | |
| | 总计 | 2500.734 | 202 | | | |
| 2 | 回归 | 847.426 | 2 | 423.713 | 36.314 | .000[b] |
| | 残差 | 2333.609 | 200 | 11.668 | | |
| | 总计 | 3181.034 | 202 | | | |

a. 预测变量：（常量），地方认同；b. 预测变量：（常量），地方认同，地方依靠。

表8给出了模型1与模型2的回归系数估计值。两个自变量的膨胀因子（VIF）都为1.293（小于5），所以模型2中的两自变量之间没有出现共

线性。

表8  环境负责任行为回归系数的估算值

| 模型 | 非标准化回归系数 | | 标准化回归系数 | t | sig. | 共线性统计量 | |
|---|---|---|---|---|---|---|---|
| | B | 标准误差 | | | | 容差 | VIF |
| 1    常量 | 18.733 | 1.687 | | 11.107 | .000 | | |
| 地方认同 | 1.053 | .142 | .462 | 7.395 | .000 | 1.000 | 1.000 |
| 2    常量 | 15.452 | 1.849 | | 8.356 | .000 | | |
| 地方认同 | .771 | .157 | .338 | 4.914 | .000 | .773 | 1.293 |
| 地方依靠 | .369 | .098 | .261 | 3.785 | .000 | .773 | 1.293 |

研究表明，地方依靠与环境负责任行为之间存在较为显著的正相关关系，也就是说个体对某地的功能性依附感越强，环境负责任行为水平就越高；同理，地方认同与环境负责任行为间也存在显著的正相关关系（r = 0.338）。这说明，对某一地方情感性依附越强的个体，环境负责任行为水平越高，这一结果与 Carrus 等（2005）、唐文跃等（2008）、Hernández 等（2010）的研究结果一致。从回归系数来看，较之于地方依靠，地方认同对整体环境负责任行为的影响更大。也就是说，情感性依附比功能性依附更能促使个体做出对环境负责的行为。

地方依靠和地方认同的相关性检验结果与（Moore & Graefe，1994）和唐文跃等（2008）的研究结果一致。地方依靠与地方认同在 p < 0.001 的水平上显著相关，两者相关系数为 0.476。也就是说地方依附感的功能性依附与情感性依附之间关系紧密。地方依靠对地方认同的形成有直接的影响，由于地方依靠而重复访问一个地方可能产生地方认同；个体对某一地方的功能性依附感越强，其地方认同感也即对地方的情感性依附感也越强。

## 五  研究结论

本研究主要探讨地方依附感与环境负责任行为之间的相关关系。通过对石老人海水浴场旅游人群的地方依附感与环境负责任行为进行调查研究，发现滨海沙滩旅游人群的地方依附感与环境负责任行为之间存在正相关关系，地方依附感与一般环境行为和具体环境行为之间都存在显著的正相关关系。个人对地方的依赖会促使他对该地表现出负责任的环境行为。当人们对特定地方产生依附感时会对该地产生负责任环境行为。个体与地方的情感、认知和行为的纽带关系着实影响了个体对地方的关心和保护程度。

地方依附感由地方依靠和地方认同两个维度构成，这与国内多数实证研究的结果基本一致。同时，地方依附感的两个维度即地方依靠与地方认同之间存在显著的正相关关系。地方依附感的构成维度与环境负责任行为的各维度之间也存在正相关关系。

研究也探讨了影响地方依附感和环境行为的相关因素。影响地方依附感的人口特征变量包括年龄和受教育程度；影响地方依附感的旅游信息变量包括目的地的熟悉度、目的地的吸引力（包括感受地方文化的内在吸引和休闲娱乐的外在吸引）和内在经验（寻找儿时记忆）。从研究结果来看，影响地方依附感的因素不仅仅限于外在环境的影响，还包括了个体对地方的一种内在的体验和感受。与之相对比，人口特征变量对环境行为并未产生显著影响。但地方停留时间对环境负责任行为具有正向影响。随着停留时间的增多，环境负责任行为倾向也逐渐提高。可见，与地方互动的社会参与可以促进个体的环境负责任行为。

地方依附感的研究为人海关系研究提供了一个新的视角。滨海旅游人群对旅游地不仅具有功能性的依赖，也具有情感上的依附性，这对于研究人与海洋之间的关系具有重要的意义，对利用海洋资源发展海洋经济以及保护海洋环境方面也提供了有价值的参考。在日后发展海洋经济的过程中，尤其是发展海洋旅游事业方面，要注重海洋资源的有效利用和相关设施的配套完善，为旅游者的功能性依赖感的形成奠定良好的基础。同时，还要注重促进旅游者情感性依赖的形成，在旅游规划中更多倾向于人性化的设计，重视文化因素的培育。

研究还表明，被调查游客的环境负责任行为总体水平不高；相较于具体环境行为，公民更倾向于参与一般环境行为。人口统计学变量因素和旅游信息对游客的环境负责任行为影响较小。在以后的研究中，有必要将环境负责任行为与旅游负责行为结合起来，并借鉴当前环境意识、环境行为的理论研究成果，把文化传统、社会规范、社会制度、社会价值观念、经济水平、政策导向等变量进行操作化，研究其与游客的环境负责任行为之间的关系，以期找出影响环境负责任行为的主要因素，构建出适用于滨海沙滩游客的环境负责任行为理论模型。在此基础上，发展出测量中国公民环境负责任行为的信、效度较高的量表。未来研究中，希望通过实践研究，找出制约公民环境负责任行为的"短板"，从而做到有的放矢，探索如何切实提高公民的环境负责任行为水平，促进我国环境友好型社会的建设。

## 参考文献

崔凤、唐国建，2010，《环境社会学：关于环境行为的社会学阐释》，《社会科学辑刊》第 3 期。

董丽丽，2012，《场所依赖研究综述》，《绥化学院学报》第 32 期。

董玉明、王雷亭，2000，《旅游学概论》，上海交通大学出版社。

黄向、保继刚、Wall Geoffrey，2006，《所依赖（Place Attachment）：一种游憩行为现象的研究框架》，《旅游学刊》第 9 期。

任莉颖，2002，《环境保护中的公众参与》，载杨明主编《环境问题和环境意识》，华夏出版社。

唐文跃、张捷、罗浩等，2008，《古村落居民地方依恋与资源保护态度的关系——以西递、宏村、南屏为例》，《旅游学刊》第 10 期。

王芳，2007，《环境社会学新视野——行动者、公共空间与城市环境问题》，上海人民出版社。

曾秉希，2003，《地方居民对台中市梅川亲水公园依附感之研究》，硕士学位论文，台中朝阳科技大学休闲事业研究所。

赵苑姗，2008，《游客观光意向与地方依附感关系之探讨——以高雄市旗津区为例》，硕士学位论文，台湾高雄应用科技大学。

Bricker, K. S., and Kerstetter, D. . 2000. "Level of Specialization and Place Attachment: An Exploratory Study of Whitewater Recreationists", *Leisure Sciences* 11: 233 – 257.

Carrus, G., Bonaiuto, M., and Bonnes, M. . 2005. "Environmental Concern, Regional Identity and Support for Protected Areas in Italy". *Environment and Behavior* 37: 237 – 257.

Devine-Wright, P., and Howes, Y. 2010. "Disruption to Place Attachment and the Protection of Restorative Environments: A Wind Energy Study". *Journal of Environmental Psychology* 30: 271 – 280.

Gosling, E., and Williams, K. J. H. 2010. "Connectedness to Nature, Place Attachment and Conservation Behaviour: Testing Connectedness Theory among Farmers". *Journal of Environmental Psychology* 30: 298 – 304.

Halpenny, Elizabeth A. . 2006. "Environmental Behaviour, Place Attachment and Park Visitation: A Case Study of Visitors to Point Pelee National Park". Ph. D. diss. . University of Waterloo.

Hammitt, W. E. , Backlund, E. A. , and Bixler, R. D. . 2006. "Place Bonding for Recreation Places: Conceptual and Empirical Development". *Leisure Studies* 25: 17 – 41.

Hernández, B. , et al. 2010. "The Role of Place Identity and Place Attachment in Breaking Environmental Protection Laws". *Journal of Environmental Psychology* 30: 281 – 288.

Hidalgo, M. C. , and Hernandez, B. 2001. "Place Attachment: Conceptual and Empirical Questions", *Journal of Environmental Psychology* 21: 273 – 281.

Hines, J. M. , Hungerford, H. R. , and Tomera, A. N. 1986. "Analysis and Synthesis of Research on Responsible Environmental Behavior: A Meta-analysis". *Journal of Environmental Education* 18: 1 – 8.

Jorgensen, B. S. and Stedman, R. C. 2006. "A Comparative Analysis of Predictors of Sense of Place Dimensions: Attachment to, Dependence on, and Identification with Lakeshore Properties". *Journal of Environmental Management* 79: 316 – 327.

Kyle, G. , Graefe, A. , and Manning, R. 2005. "Testing the Dimensionality of Place Attachment in Recreational Settings", *Environment and Behavior* 37.

Kyle, G. , Graefe, A. , Manning, R. , and Bacon, J. 2003. "An Examination of the Relationship between Leisure Activity Involvement and Place Attachment among Hikers along the Appalachian Trail". *Journal of Leisure Research* 35: 249 – 273.

Low, S. M. & Altman, I. 1992. "Place Attachment: A Conceptual Inquiry". In I. Altman, &S. M. Low (eds.) . *Place Attachment.* New York and London: Plenum Press: 1 – 12.

Maria Lewicka. 2011. "Place Attachment: How Far Have We Come in the Last 40 Years?". *Journal of Environmental Psychology* 31: 207 – 230.

Moore, R. L. , Graefe, A. R. 1994. "Attachments to Recreation Settings: The Case of Railtrail Users". *Leisure Sciences* 16: 17 – 31.

Raymond, R. 2000. "Exploring the Loyalty Construct at Two National Park Sites". Masters of Arts. University of Waterloo, Waterloo, ON.

Scannell, L. and Gifford, R. 2010. "The Relations between Natural and Civic Place Attachment and Pro-environmental Behavior". *Journal of Environmental Psychology* 30: 289 – 297.

Smith-Sebasto. N. J. , D'Acosta A. 1995. Designing a Likert-type Scale to Predict Environmentally Responsible Behavior in Undergraduate. Journal of Environmental Education27 (1) .

Stern, P. C. 2000. "Towards a Coherent Theory of Environmentally Significant Behavior". *Journal of Social Issues* 56 (3): 407 – 424.

Schreyer, R. , Roggenbuck, J. W. 1981. "Visitor Images of National Parks: The Influence of Social Definitions of Places on Perceptions and Behavior". In D. Lime, D. Field (eds.). Some Recent Products of River Recreation Research. USDA Forest Service, Gen. Tech. Rep. NC, 63: 39 – 44.

Stokols, D. , Shumaker, S. A. 1981. "People and Places: A Transactional View of Settings in: Harvey Cognition". *Social Behavior and the Environment*: 441 – 488.

Tartaglia, S. And Rollero, C. 2010. "Different Levels of Place Identity: From the Concrete Territory to the Social Categories". *Journal of Psychology* 27: 134 – 245.

Trentelman, C. K. 2009. "Place Attachment And Community Attachment: A Primer Grounded In The Lived Experience Of A Community Sociologist". *Society and Natural Resources* 22: 191 – 210.

Tuan, Y. F. . 1974. "Space and Place: Humanistic Perspective". *Progress in Geography* 6: 233 – 246.

Vaske, J. J, Kobrin K. 2001. "Place Attachment and Environmentally Response Behavior". *Journal of Environmental Education* 32: 16 – 21.

Williams, D. R. , Patterson, M. E. , Roggenbuck, J. W. , and Watson, A. E. 1992. "Beyond the Commodity Metaphor: Examining Emotional and Symbolic Attachment to Place". *Leisure Sciences* 14: 29 – 46.

Williams, D. R. , Roggenbuck, J. W. 1989. "Measuring Place Attachment: Some Preliminary Results". Paper Presented at the Session on Outdoor Planning and Management. NRPA Symposium On Leisure Research, San Antonio, TX.

Williams, D. R. , Vogt, C. A. , and Vitterso, J. 1999. "Structural Equation Modeling of Users' Response to Wilderness Recreation Fees". *Journal of Leisure Research* 31: 245 – 268.

# 公众环境风险认知与环保倾向的
# 国际比较及其理论启示

洪大用　　范叶超[*]

**摘　要：**基于 ISSP2010 和 CGSS2010 数据，本文就世界 31 个国家公众对环境问题的关注程度、环境问题重要性的认知、不同环境问题相对重要性的认识、环境问题危害的认知、环保责任主体的认知、本国环保工作的评价、环保政策的偏好、环境保护的意愿等方面进行了比较分析，以求更加全面地观察不同收入水平国家的公众在环境风险认知与环保倾向方面是否存在差异。研究表明，环境问题受到调查各国公众的关注，但并没有被认为是最重要的社会问题。一些方面的分析结果似乎证明了经济发展水平高的国家，其公众具有更强的环境关心；而另外一些方面的分析结果又似乎说明环境关心是一种全球性现象。作者指出，进一步的研究应该尽量采用同样的数据和比较指标，同时谨慎对待按照经济发展水平将国家分类进行比较，并在比较指标的选择方面力求全面合理。作者还结合数据分析对环境关心国际比较研究所涉及的"后物质主义转变"这一核心命题提出了初步的质疑。

**关键词：**环境风险，环境关心，环境保护，国际比较

当代环境问题在本质上是一个全球问题。这样说至少有两个方面的理由：一是地球环境系统极其复杂、彼此相关、自成一体、不分国界，加上全球经济社会联系日趋紧密，所以局部地区性的环境问题，最终总是会以

---

* 洪大用，中国人民大学社会学系教授；范叶超，中国人民大学社会学系研究生。原文发表于《社会科学研究》2013 年第 6 期。

这样那样的方式造成全球性的影响；二是工业化以来人类对于地球环境的破坏不断累积，目前已经造成了对地球环境的整体性威胁（例如广受关注的气候变化问题），自然也就威胁、困扰着世界各国人民。在此意义上，解决环境问题确实需要全球各国密切合作、共同努力，这里的合作主体除了各国政府之外，也应包括非政府组织和公众，其中公众的认知和行为无疑是发挥基础性作用的重要因素。因此，对世界各国公众环境认知和环保行为倾向进行调查和比较，就具有了非常明显的政策意义，而在比较分析中发展出的方法论和理论解释亦可促进专业知识的积累，推动环境社会学的学科建设。鉴于此，本文基于2010年国际社会调查项目（简称ISSP2010）和中国综合社会调查（简称CGSS2010）的最新数据，对调查国家的公众环境风险认知与环保倾向进行初步的比较分析。

## 一　研究回顾与数据基础

自20世纪90年代初起，随着一些跨国环境调查得以实施，有关公众环境态度和行为的国际比较研究越来越多。整体上，这类研究关注的核心问题是各国公众的环境态度与行为是否存在差异及其可能的理论解释。

一些研究者发现，公众的环境认知和行为倾向在不同国家之间存在着显著差异，而且这种差异与国家的经济发展水平密切相关。由此，英格尔哈特（Inglehart，1995）的观点常常被用作理论解释的基础[①]。该学者提出的"后物质主义理论"（Post-Materialism Theory）认为：二战以后，随着社会经济的不断发展，自20世纪60年代起整个西方社会的价值观念开始了一个明显的从物质主义到后物质主义的转向，即从关注物质需要和安全需要，开始逐渐强调归属感、自我表达和生活质量，突出表现为公众环境关心的显著增长（Inglehart，1990）。一些学者直接指出，由于经济发展而驱动的后物质主义价值观在个体层面和国家层面都对公众的环境态度和行为具有显著影响（Kidd & Lee，1997；Dietz et al.，2005；Gerhards & Lengfeld，2008）。

---

① 事实上，英格尔哈特本人对43个国家的比较研究发现了公众环境关心的普遍性，并给出了一种新解释：发达国家和欠发达国家公众环境关心的成长可能存在两条不同的路径。发达国家公众由于主观的后物质主义价值观而强调环境保护，而欠发达国家公众则因为本国客观存在的环境损害而关心环境保护。

也有学者从其他角度分析，但是同样论证了经济发展水平对公众环境态度和行为的正向影响（Diekmann & Franzen，1999；Bravo & Marelli，2007；Franzen & Meyer，2010）。

另外一些研究者则发现世界各国公众都很关心环境保护，许多不发达国家公众具有较高的环境关心水平，甚至在某些方面超过发达国家，国家的经济发展水平以及与之相关的后物质主义理论并不能给出合理的解释。一些学者直接指出环境关心应被看作一种全球现象而不是发达国家公众后物质主义价值观的独有产物（Berchin & Kempton，1994，1997；Dunlap & Merting，1997；Dunlap & York，2008）。围绕欠发达国家和地区公众环保意识的成长，学者们提出了三种主要的理论解释：一是环境退化的驱动。即，公众可能因为对客观环境退化的直接相关体验而关心环境，由此本国或本区域的环境状况对公众环境关心水平的差异具有重要影响（Inglehart，1995；Gelissen，2007；Knight & Messer，2012）；二是全球化过程的驱动。即，环境保护是一种全球扩散的社会现象，各个国家都纷纷成立环保部门和进行环境立法，跨国民间组织在欠发达国家积极传播环保理念，这些国家公众获得环保信息的渠道不断增多，从而使得其与发达国家公众之间的环境关心水平差异不断缩小（Dunlap & York，2008；Knight & Messer，2012）；三是政治情境的影响。马荃特派特（Marquart-Pyatt，2012）的最新研究发现，相较其他资本主义国家，中东欧的六个前社会主义国家的公众环境关心具有一致的特殊性，该学者由此认为国家制度特征和政治情境可能会造成环境关心的区域性差异。

以上已有研究加深了我们对全球公众环境关心的理解，也是本研究的重要基础。进一步分析表明，不同发现之间的差异，有可能是受研究者使用数据和比较变量的影响[①]。从表1可以看出，已有研究所使用的数据分别来源于盖洛普健康地球调查（Gallup1992）、两次国际社会调查（ISSP1993/2000）和四次世界价值观调查（WVS1990/1995/2000/2005）。而且研究者用于比较的指标也不尽相同，虽然几乎所有的研究者都关注了公众环境保护的意愿。相对而言，邓拉普（Dunlap）等人（1997）在研究中所比较的变量最为全面，但也还有不足。

---

① 例如，有的学者很早就对跨国比较数据的效度和信度提出质疑，参见 Neumayer（2002）。

表 1　已有主要研究的数据基础和国际比较的指标

| 作者 | 发表年份 | 数据 | 国际比较的指标 |
|---|---|---|---|
| Brechin 等 | 1994 | Gallup1992 | 对环境问题重要性的认知、对环境问题关心程度、对环境问题关注程度、经济增长与环境保护的权衡、环境保护的意愿 |
| Inglehart | 1995 | WVS1990 | 对生态运动的赞同情况、环境保护的意愿 |
| Dunlap 等 | 1997 | Gallup1992 | 对环境问题严重性的认知、对环境问题重要性的认知、对环境问题的关注程度、对环境的质量的评价、对环境问题健康后果的认知、对环保措施的支持、经济增长与环境保护的权衡、环境保护的意愿 |
| Kidd 等 | 1997 | WVS1990 | 环境保护意愿 |
| Gelissen | 2007 | WVS2000 | 环境保护意愿 |
| Dunlap 等 | 2008 | WVS1990/1995/2000 | 经济增长与环境保护的权衡、感知到的环境污染程度、对生态运动的支持程度、环境保护的意愿 |
| Franzen 等 | 2010 | ISSP1993/2000 | 环境保护的意愿、环境态度 |
| Marquart-Pyatt | 2012 | ISSP1993/2000 | 对环境风险认知、环境保护的意愿 |
| Knight 等 | 2012 | WVS1990/1995/2000/2005 | 环境保护的意愿、经济增长与环境保护的权衡、对环保运动的支持、对环境问题严重性的判断 |

187

　　一个更为重要的问题是，由于数据来源的限制，大多数的已有研究没能将中国纳入比较视野。在前述三种主要的跨国调查中，两次国际社会调查未在中国收集样本；而1992年的盖洛普健康地球调查只在中国部分城市收集了509个样本，四次世界价值观调查都只在中国大陆的少数省份收集样本，可见这两项调查对中国公众的调查均不是全国随机抽样。很显然，在当今世界进行跨国比较研究如果缺失了中国，不能不说是一个严重缺陷。ISSP2010和CGSS2010数据的同时发布，不仅使得弥补这一缺陷成为可能，而且可以利用改进的、最新的数据分析最新的状况（因为已有研究主要是利用2000年以前的数据），ISSP2010在数据搜集工具上也做了必要的改进。

　　ISSP是一个连续的跨国社会调查项目，为长期跟踪和比较研究提供了很好的数据基础。其2010年的主要数据于2012年8月28日发布，此次发布的数据覆盖了30个国家：阿根廷、奥地利、保加利亚、加拿大、智利、克罗地亚、捷克共和国、丹麦、芬兰、法国、德国、英国、以色列、日本、韩国、拉脱维亚、立陶宛、墨西哥、新西兰、挪威、菲律宾、俄罗斯、斯洛伐克、斯洛文尼亚、南非、西班牙、瑞典、瑞士、土耳其和美国①。调查对象为 16 岁以上的各国公众，均采用随机抽样（以多阶段概率抽样为主）获得样本。各国的样本量均在 1000～3000 个之间，30 个国家的总样本数为 41848 个。CGSS 是中国人民大学发起的一个连续调查项目，其 2010 年度调查纳入了 ISSP2010 的全部环境调查项目，并与 ISSP 同步实施，在全国范围内针对 16 岁以上的居民进行随机抽样，完成样本 3716 个。

为了考察国家经济发展水平对公众环境关心的影响，我们按照 2010 年世界银行以人均国民总收入水平（GNI）对各国所进行的分类，将 ISSP2010 数据中的 30 个国家划分为中等收入国家和高收入国家两种类型，前者包括 10 个国家②，后者包括其余的 20 个国家。同时，为了直观地比较中国与其他国家的差异，将中国单独作为一个国家类别。

考虑到数据的可获性和比较分析的科学性，我们试图就各国公众对环境问题的关注程度、环境问题重要性的认知、不同环境问题相对重要性的认识、环境问题危害的认知、环保责任主体的认知、本国环保工作的评价、环保政策的偏好、环境保护的意愿等方面进行尽量广泛的比较，努力弥补已有研究的不足，以更加全面地观察不同收入水平国家的公众在环境关心方面是否存在差异。如果存在，主要体现在什么方面？

## 二 公众对环境问题的重视程度

我们从两个方面来看公众对环境问题的重视程度：一是公众对环境问题有多关注？二是与各种社会问题相比，环境问题在公众心目中的位置。

### （一）公众对环境问题的关注程度

调查问卷中询问了受访者"总体上说，您对环境问题有多关注"，公众的相关回答情况见表 2。

---

① 本研究选取的都是在全国范围内随机抽样调查获得数据的国家，故将"比利时佛兰德斯地区"和"中国台湾地区"的相关数据在分析时予以剔除。

② 这 10 个国家为阿根廷、保加利亚、智利、拉脱维亚、墨西哥、菲律宾、俄国、南非、土耳其和立陶宛。世界银行对各国收入水平的相关分类可以参见 http://data.worldbank.org/country，最后访问日期：2013 年 5 月 20 日。

表 2 公众对环境问题的关注程度

单位:%

| | 中等收入国家 | 高收入国家 | 中国 | 所有国家 |
|---|---|---|---|---|
| 非常关心 | 26.9 | 23.8 | 17.1 | 24.3 |
| 比较关心 | 24.1 | 33.4 | 48.6 | 31.6 |
| 说不上关心不关心 | 27.6 | 27.6 | 19.2 | 26.9 |
| 比较不关心 | 13.0 | 9.8 | 10.6 | 10.9 |
| 完全不关心 | 6.6 | 4.3 | 3.1 | 5.0 |
| 无法选择 | 1.8 | 1.0 | 1.4 | 1.3 |
| 合计（样本量） | 100.0 (14756) | 100.0 (26851) | 100.0 (3715) | 100.0 (45322) |

注：总样本量应是 45564 个，部分样本没有选择，作缺失值删除。

189

由表 2 数据汇总结果可以看出，整体来说，全球范围内公众对环境问题的关注程度处于中等偏上水平，55.9% 的公众表示关心环境问题，其中"非常关心"的比例为 24.3%；只有 15.9% 的公众表示不关心环境问题。不同收入水平国家公众对环境问题的关注程度略有差异。51.0% 中等收入国家公众表示关心环境问题，"非常关心"的比例为 26.9%，表示不关心的比例为 19.6%；高收入国家中 57.2% 的公众表示关心环境问题，"非常关心"的比例为 23.8%，不关心的比例为 14.1%。相较之下，中国公众对环境问题的关注程度较高，表示关心环境问题的比例达到 65.7%，明显高于高收入国家和中等收入国家的一般水平。

国别比较分析表明，包括中国在内的 31 个国家中，公众对环境问题最为关注的前三位国家分别是加拿大（76.2%）、斯洛文尼亚（74.0%）和新西兰（70.6%），关心比例最少的三个国家分别是南非（41.0%）、斯洛伐克共和国（32.6%）和捷克共和国（28.4%），在 31 个国家中中国位于第七位。

**（二）公众对环境问题相对重要性的判断**

整体上，在包括医疗保健问题在内的 9 个社会问题选项中，公众认为最重要的问题依次是"医疗保健"（23.7%）、"经济"（23.3%）、"教育"（17.1%）等，"环境"位于第六位（5.2%）。从表 3 数据可以看出，中等收入国家与高收入国家相比，公众对于重要社会问题的认识有顺序的差异。中等收入国家认为当前本国最重要问题的公众比例依次是医疗保健（21.8%）、贫困（19.2%）和教育（18.5%）等，环境位列第七（2.5%）；高收入国家认为最重要问题的公众比例依次是经济（29.7%）、医疗保健（23.9%）和教育（15.4%）等，环境位列第六（6.6%）。中国公众认为当前最重要的问题依次是医疗保健（30.7%）、教育（23.5%）和贫困（16.3%）等，环境位列第六（5.5%）。

**表3　公众对环境问题相对重要性的判断**

单位：%

| 项目 | 中等收入国家 | 高收入国家 | 中国 | 所有国家 |
|---|---|---|---|---|
| 医疗保健 | 21.8 | 23.9 | 30.7 | 23.7 |
| 教育 | 18.5 | 15.4 | 23.5 | 17.1 |
| 犯罪 | 16.1 | 8.5 | 6.1 | 10.8 |
| 环境 | 2.5 | 6.6 | 5.5 | 5.2 |
| 移民 | 2.4 | 4.8 | 0.3 | 3.7 |
| 经济 | 13.8 | 29.7 | 15.0 | 23.3 |
| 恐怖主义 | 5.3 | 2.0 | 1.1 | 3.0 |
| 贫困 | 19.2 | 8.1 | 16.3 | 12.5 |
| 以上都不是 | 0.4 | 0.9 | 1.4 | 0.8 |
| 样本量 | 14670 | 26163 | 3462 | 44295 |

注：总样本量应是45564个，部分样本没有选择，作缺失值删除。因四舍五入的原因，图表上比例数据加总的结果略有0.1%左右的误差。

在包括中国在内的所有31个国家中，认为环境问题是其本国当前最重要问题的公众比例最多的前三位国家分别是挪威（15.6%）、瑞士（13.5%）和加拿大（13.4%）。但整体来看，即使在这些国家，环境问题也并不被认为是最重要的问题，三国公众均将"医疗保健"选为当前本国最重要的问题。

## 三　公众对环境问题危害的认知

当进一步观察公众对具体环境问题及其危害程度的认知时，我们可以发现世界各国具有明显差异，而且中等收入国家公众对环境问题的危害有着非常充分的认知。

### （一）公众认为最重要的具体环境问题

调查问卷中列举了包括空气污染等在内的10个具体的环境问题选项，

询问受访者认为哪个问题是当前其本国最重要的环境问题。交叉分析结果见表4。

**表4　公众认为本国最重要的具体环境问题**

单位：%

| 项目 | 中等收入国家 | 高收入国家 | 中国 | 所有国家 |
|---|---|---|---|---|
| 空气污染 | 27.2 | 17.1 | 34.7 | 21.8 |
| 化肥和农药污染 | 8.0 | 11.3 | 10.1 | 10.2 |
| 水资源短缺 | 12.2 | 7.2 | 5.2 | 8.7 |
| 水污染 | 14.2 | 11.4 | 20.0 | 13.0 |
| 核废料 | 4.6 | 8.2 | 0.5 | 6.4 |
| 生活垃圾处理 | 9.0 | 8.3 | 17.7 | 9.3 |
| 气候变化 | 8.0 | 18.1 | 5.7 | 13.8 |
| 转基因食品 | 6.9 | 4.5 | 1.0 | 5.0 |
| 自然资源枯竭 | 8.0 | 12.4 | 4.0 | 10.3 |
| 以上都不是 | 1.8 | 1.4 | 1.1 | 1.5 |
| 样本量 | 14261 | 25590 | 3277 | 43128 |

注：总样本量应是45564个，部分样本没有选择，作缺失值删除。因四舍五入的原因，图表上比例数据加总的结果可能出现0.1%左右的误差。

表4数据汇总结果显示，全球范围内公众最重视的前三位具体的环境问题分别是空气污染（21.8%）、气候变化（13.8%）和水污染（13.0%），相对重视较少的三个环境问题分别是水资源短缺（8.7%）、核废料（6.4%）和转基因食品（5.0%）。此外，不同收入水平国家公众对不同环境问题的重视程度存在较大差异。中等收入国家最重视空气污染问题，高达27.2%的公众将这一问题选择为当前本国最重要的环境问题，接下来是水污染（14.2%）和水资源短缺（12.2%）等问题；而高收入国家公众最为重视气候变化（18.1%），其次是空气污染（17.1%）和自然资源枯竭（12.4%）等问题。对比之下，超过三成（34.7%）的中国公众认为空气污染最重要，接着是水污染（20.0%）和生活垃圾处理（17.7%）。

在所有调查的31个国家中，14个国家公众最为重视本国的空气污染问题（最高比例为保加利亚，达39.7%），9个国家公众认为气候变化最重要（最高比例为日本，达51.7%），以色列（31.5%）和南非（26.5%）的公众认为水资源短缺最为紧迫，阿根廷（25.8%）和新西兰（27.3%）为水污染，法国（30.1%）为化肥和农药污染，韩国（21.9%）为生活垃圾处理问题，而美国和瑞士公众分别认为本国的自然资源枯竭（27.7%）和核废料问题（28.7%）最紧迫。

### （二）公众对环境问题危害的认知

调查问卷中枚举了7项环境危害，分别是汽车造成的空气污染、工业造成的空气污染、农业生产中使用的化肥和农药、江河湖泊污染、气候变化引起的全球气温升高、转基因作物和核电站，并让受访公众对其国家存在的上述危害的程度进行判断。可以选择的回答有"对环境极其有害""非常有害""有些危害""不是很有害""完全没有危害"和"无法选择"。为简化分析，我们将以上选择分别赋值为5分、4分、3分、2分、1分和0分，进行累加，得分越高，表示认为环境危害越严重。交叉分析结果见表5。

表5 公众对环境问题危害程度的认知

单位:%

| 得分 | 中等收入国家 | 高收入国家 | 中国 | 所有国家 |
|---|---|---|---|---|
| 5分及以下 | 0.9 | 0.7 | 4.2 | 1.0 |
| 6~10分 | 0.9 | 0.7 | 4.5 | 1.1 |
| 11~15分 | 2.7 | 2.9 | 11.2 | 3.5 |
| 16~20分 | 7.2 | 13.4 | 21.7 | 12.0 |
| 21~25分 | 21.8 | 34.1 | 30.3 | 29.7 |
| 26~30分 | 37.5 | 35.3 | 22.0 | 34.9 |
| 31~35分 | 29.1 | 13.0 | 6.1 | 17.7 |
| 样本量 | 14591 | 26305 | 3647 | 44543 |

注：总分值为35分；总样本量应是45564个，部分样本没有选择，作缺失值删除。因四舍五入的原因，图表上比例数据加总的结果可能出现0.1%左右的误差。

表5数据汇总结果显示，调查国家公众对所列举的7项环境危害整体认为较严重，评估分值在中等偏上的比例占绝大多数（20分以上的比例为82.3%）。但是，不同收入水平国家公众对环境危害的评估还是存在一定差异。从平均得分看，中等收入国家公众的是27.02分（标准差5.999分），高于高收入国家公众（24.87分，标准差5.339分）。若从不同分数区间的公众分布情况看，88.4%的中等收入国家公众得分在20分以上，高收入国

家这一比例为 82.4%；中等收入国家公众得分在 30 分以上的比例为 29.1%，明显超过高收入国家的 13.0%。综合来看，中等收入国家公众较高收入国家公众更为担忧环境危害。相较之下，中国公众得分在 20 分以上的比例虽然也超过一半（58.4%），但无论是从平均分（20.92 分）还是不同得分区间的分布情况来看，其对环境危害的认识还有不足。

国别比较可以发现，得分在 30 分以上的公众比例较高的前几个国家分别是土耳其（44.5%）、智利（40.9%）、俄国（35.8%）和墨西哥（32.1%）等，这几个国家都是中等收入国家。而丹麦（7.6%）、瑞典（7.6%）、瑞士（7.1%）、芬兰（6.8%）、英国（6.6%）和挪威（3.1%）等高收入国家，其得分在 30 分以上公众比例都较低。

## 四　公众的环保倾向分析

面对环境问题及其很高的致害风险，乃至现实发生的环境危害，各国公众如何认识环境保护的责任主体，如何评价本国环境保护的贡献，如何看待不同的环境政策选择，以及有多大的意愿为保护环境做出自己的努力，这些都反映了公众的环保倾向。

### （一）哪类国家更应付出努力

当今时代，虽然环境问题已是全球问题，威胁到世界各国人民的生存安全和生活质量，但是，不同发展程度的国家从全球环境恶化中所获得的收益不同，其应对和治理环境问题的能力也不同，因此各国之间在分担环境保护责任方面存在着不同的认识和主张。究竟哪类国家更应付出努力？调查各国公众又如何评价本国在环境保护方面的相对贡献？调查问卷中设计了两个问题来询问公众的看法，结果参见表 6。

**表 6　公众对环保责任承担的认知**

单位:%

| | 中等收入国家 | 高收入国家 | 中国 | 所有国家 |
|---|---|---|---|---|
| "在保护环境方面，富国应该比穷国做出更多努力" | | | | |
| 完全同意 | 11.8 | 8.4 | 38.5 | 12.0 |
| 同意 | 31.2 | 27.7 | 41.5 | 30.0 |
| 无所谓同不同意 | 19.0 | 19.0 | 7.6 | 18.0 |

| | 中等收入国家 | 高收入国家 | 中国 | 所有国家 |
|---|---|---|---|---|
| 不同意 | 25.2 | 29.3 | 1.5 | 25.7 |
| 完全不同意 | 7.1 | 11.8 | 0.6 | 9.3 |
| 无法选择 | 5.7 | 3.7 | 10.4 | 4.9 |
| 样本量 | 14768 | 26465 | 3693 | 44926 |
| "在保护世界环境方面，一些国家比另一些做得多。总体来说，您认为本国做得如何？" | | | | |
| 做得太多 | 4.9 | 8.2 | 6.5 | 7.0 |
| 做得正好 | 31.1 | 39.6 | 29.8 | 36.0 |
| 做得太少 | 52.6 | 44.3 | 40.0 | 46.7 |
| 无法选择 | 11.4 | 7.9 | 23.7 | 10.3 |
| 样本量 | 14704 | 26743 | 3695 | 45142 |

注：总样本量应是 45564 个，部分样本没有选择，作缺失值删除。因四舍五入的原因，图表上比例数据加总的结果有可能存在 0.1% 左右的误差。

表 6 数据汇总结果显示，42% 的受访者同意 "在保护环境方面，富国应该比穷国做出更多努力" 这一说法，但是也有 35% 的人明确表示不同意。不同收入水平国家的公众对此说法的态度具有明显差异。中等收入国家 43.0% 的公众表示同意，另有 32.3% 的人不同意；高收入国家公众只有 36.1% 表示同意，不同意的比例则高达 41.1%。很明显，高收入国家公众的反对声音更强，与中等收入国家的期望有些相左。相比之下，中国公众的绝大多数期望富裕国家做出更多努力，表示同意的比例高达 80.0%。

在评估本国环境保护的相对贡献方面，表 6 数据显示，调查各国 46.7% 的公众认为本国在保护世界环境方面所做的工作太少，另有 36.0% 的公众认为做得正好，认为做得太多的比例仅为 7.0%。进一步看，52.6% 的中等收入国家公众认为本国在保护世界环境方面做得太少，高收入国家这一比例为 44.3%；近四成（39.6%）高收入国家公众认为本国做得正好，中等收入国家这一比例为 31.1%；高收入国家 8.2% 的公众认为本国做得太多，略高于中等收入国家（4.9%）。由此可见，高收入国家公众较中等收入国家更倾向于认为本国在履行国际环保责任方面已经做得较好、付出较多。中国公众中的多数认为本国在世界环境保护方面做得太少（40.0%），只有近三成（29.8%）的人认为做得正好，认为做得太多的比例较低（6.5%），此外还有相当大比例的公众表示无法选择（23.7%），在一定程度上似乎反映出中国公众对世界范围环境保护了解的有限性。

**（二）偏爱哪种政策选择**

调查问卷中列举了三种主要的环境政策类型：重罚破坏环境的行为、税收手段鼓励环保行为、提供关于环保的信息和培训，在此基础上询问受访者"哪种类型的政策是能够让本国工商企业保护环境的最好方式""哪种类型的政策是能够让本国的公众及其家庭保护环境的最好方式"。数据分析见表7。

**表7　公众对环境政策的偏好**

单位：%

| | 重罚其破坏环境的行为 | 税收手段鼓励其环保行为 | 提供关于环保的信息和培训 | 无法选择 | 样本量 |
|---|---|---|---|---|---|
| "您认为哪种方式是能够让本国工商企业保护环境的最好方式" | | | | | |
| 中等收入国家 | 43.4 | 23.8 | 26.7 | 6.2 | 14771 |
| 高收入国家 | 34.3 | 36.5 | 24.9 | 4.3 | 26815 |
| 中国 | 39.5 | 18.3 | 23.7 | 18.5 | 3684 |
| 所有国家 | 37.7 | 30.9 | 25.4 | 6.1 | 45270 |
| "您认为哪种方式是能够让本国的公众及其家庭保护环境的最好方式" | | | | | |
| 中等收入国家 | 32.0 | 20.5 | 41.8 | 5.7 | 14762 |
| 高收入国家 | 20.2 | 31.6 | 44.2 | 3.9 | 26786 |
| 中国 | 25.5 | 20.0 | 38.3 | 16.2 | 3693 |
| 所有国家 | 24.5 | 27.0 | 43.0 | 5.5 | 45241 |

注：总样本量应是45564个，部分样本没有选择，作缺失值删除。因四舍五入的原因，图表上比例数据加总的结果可能存在0.1%左右的误差。

由表7数据可知，总的来看，调查各国公众对三种环境政策类型都有一定的支持，但最多的公众认为让本国工商企业保护环境的最好方式是"重罚其破坏环境的行为"（37.7%），而让公众及其家庭保护环境的最好方式是向其"提供关于环保的信息和培训"（43.0%）。进一步看，这种选择并不具有十分明显的国家差异，不同收入水平国家公众在此问题上的看法基本一致。一个稍显特殊之处，就是高收入国家公众似乎对采用税收手段鼓励企业、公众的环保行为更为赞成一些，相应比例分别为36.5%和31.6%，高于中等收入国家。相对而言，高收入国家公众更少偏爱管制型惩罚政策。

比较来看，中国公众对采用税收手段鼓励企业、公众的环保行为更加缺乏信心，相应的选择比例分别是 18.3% 和 20.0%，都是相对最低的。中国公众对于管制型惩罚政策的偏好则介于一般中等收入国家和高收入国家之间。

**（三）公众个人的环保意愿**

调查问卷从公众的环保意向性和支付意愿两个方面对公众自我报告的环保意愿进行了调查。环保意向性方面设计了两个问题：一是询问受访者在多大程度上同意"像我这样的人很难为环境保护做什么"这种说法，二是询问受访者"为了保护环境，您在多大程度上愿意降低生活水平"；环保支付意愿方面也设计了两个问题：一是询问"为了保护环境，您在多大程度上愿意支付更高的价格"，二是询问"为了保护环境，您在多大程度上愿意缴纳更高的税"。在以上四个问题中，第一个问题可以选择的回答依次是"完全不同意""比较不同意""无所谓同不同意""比较同意""完全同意"和"无法选择"；第二、第三、第四个问题可以选择的回答依次是"非常愿意""比较愿意""既非愿意也非不愿意""不太愿意""非常不愿意"和"无法选择"。

数据分析显示，对于第一个问题，全部有效样本中选择"完全不同意"和"比较不同意"的比例为 44.9%（即认为个人可以为环保出力）。其中，高收入国家这一比例 52.4%，明显高出中等收入国家的 32.7%，中国为 40.4%，介于两类国家之间。对于第二个问题，选择"非常愿意"和"比较愿意"公众并不多，只占总体的 31.3%。即使高收入国家，这一比例也只是 33.5%，略高于中等收入国家水平（23.6%）。中国为 33.9%，相对比例最高。对于第三、第四个问题，全部有效样本中表示愿意的公众比例都不高，分别为 23.3% 和 30.1%。在高收入国家，相应比例分别是 33.5% 和 23.3%，中等收入国家分别是 24.6% 和 20.7%。相对来说，中国公众的支付意愿最强，有 42.3% 的受访者表示为了保护环境愿意支付更高的价格，33.9% 的受访者表示为了保护环境愿意缴纳更高的税。

为了进行概括和简化的分析，我们将以上问题的回答选项依次赋值为 5 分、4 分、3 分、2 分、1 分和 0 分，并进行累加，从而得到公众个人环保意愿的总分。得分越高，说明个人的环保意愿越强。数据分析表明，高收入国家公众个人环保意愿平均得分为 11.19 分（标准差 3.65 分），略高于中等收入国家（平均分 9.61 分，标准差 3.870 分）和中国（平均分 10.88 分，标准差 3.730 分）。但是在最高分段，中国公众的比例较高。参见表 8。

**表 8　公众个人环保意愿分值分布情况**

单位:%

| 得分 | 中等收入国家 | 高收入国家 | 中国 | 所有国家 |
|------|------------|-----------|------|---------|
| 5 分及以下 | 9.7 | 5.9 | 11.2 | 7.6 |
| 6 ~ 10 分 | 46.7 | 41.4 | 32.2 | 42.4 |
| 11 ~ 15 分 | 36.0 | 47.5 | 40.2 | 43.2 |
| 16 ~ 20 分 | 7.6 | 5.2 | 16.4 | 6.9 |
| 样本量 | 14710 | 26485 | 3684 | 44879 |

注:总分值为 20 分;总样本量应是 45564 个,部分样本没有选择,作缺失值删除。因四舍五入的原因,图表上比例数据加总的结果可能存在 0.1% 左右的误差。

由表 8 数据可知,总的来看,调查各国公众的环保意愿得分集中在 6 ~ 15 分这个区间(占 85.6%),没有意愿或者意愿很强的人都是少数。进一步看,中等收入国家具有较强环保意愿公众(得分在 16 ~ 20 分区间)所占比例甚至高于高收入国家,中国公众得分在 16 分以上的占到了 16.4%,更是明显超过高收入国家和一般中等收入国家。

# 五　总结与讨论

以上基于 ISSP2010 和 CGSS2010 的数据分析显示,调查各国面临的社会问题各不相同,但是都普遍存在着公众关注的突出问题。高收入国家并没有因为经济发展水平高而解决了所有的社会问题。在众多社会问题并列时,各国公众明显更加关注医疗保健、经济和教育等问题,环境问题只是排在第六位,而且各国之间的排序差异并不大。由此可见,有着近期影响的、直接关涉公众日常生活的社会问题,更易引起公众重视。

数据分析同时也显示,随着全球环境状况的持续恶化,各国公众都对环境问题有所关注。超过一半的公众(55.9%)自我报告对环境问题比较关心或非常关心,而且高收入国家与中等收入国家相比差距不大。作为发展中国家的中国,有 65.7% 的公众自我报告关心环境问题,高于高收入国家和中等收入国家的一般水平。很明显,环境议题已经是世界各国公众的重要议题之一。

进一步的分析表明,空气污染、气候变化和水污染等具体环境问题受到了比较广泛的关注。调查各国公众对于各种具体的环境问题的危害都有着比较充分的认识，危害评估分值在 20 分以上（最高 35 分）的比例达到了 82.3%，而且中等收入国家公众的平均得分要高于高收入国家公众的平均得分。特别是在高分段，中等收入国家公众所占的比例明显要高。这在一定程度上说明中等收入国家公众对其发展过程中面临的环境危害感受更为直接。

在环境保护的国际合作方面，调查表明超过四成的受访者认为富国应该比穷国做出更多努力，其中中国公众持此观点的高达 80%。但是，高收入国家公众对此赞成有限，他们更倾向于积极评价本国所作出的贡献，接近一半的人认为本国做的正好甚至做的太多。同时，调查各国公众中也有接近一半的人期待本国做出更大贡献。在中等收入国家，这种期待相对更为迫切。

在环境保护的政策偏好方面，调查各国公众整体上最为支持直接运用管制型重罚手段促使工商企业保护环境，同时认为让公众及其家庭保护环境的最好方式是向其提供关于环保的信息和培训。进一步看，在相对意义上，高收入国家公众似乎对采用税收手段鼓励企业、公众的环保行为更为赞成一些，而更少偏爱管制型惩罚政策。中国公众则对采用税收手段鼓励企业、公众的环保行为更加缺乏信心，其对管制型惩罚政策的偏好介于一般中等收入国家和高收入国家之间。

在公众个人的环保意愿方面，整体上看，调查各国公众的表现不是很突出。虽然有 44.9% 的公众认识到个人可以为环保出力，但是表示愿意为环境保护降低个人生活水平的比例仅为 31.3%，愿意出于环保目的支付更高价格的只占 23.3%，愿意支付更高税的为 30.1%。进一步分析表明，中等收入国家公众的个人环保意愿要比高收入国家的显弱。可见，当环境保护政策威胁到公众切身利益时，其所能获得的支持还是很有限的。需要特别指出的是，中国作为一个发展中国家，其公众个人的环保意愿是明显强于高收入国家和其他中等收入国家之一般水平的，多数受访者表示愿意为环境保护做出更多的个人牺牲。

与已有研究相比，由于数据来源和比较指标的差异，在一定程度上，很难说本研究证实了或者证伪了已有发现。随着跨国社会调查的日益成熟，进一步的研究应该尽量采用同样的数据和比较指标，以积累可靠的观察结果。但是，就已有研究普遍关注经济发展水平与公众环境关心之间的关系而言，本研究还是可以提供以下两点重要启示。

（一）简单地按照经济发展水平将国家分类进行比较需要谨慎。一方面，同样经济发展水平的国家之间，在对待环境问题方面实际上也存在着巨大差异。比如说，在本研究中，经济发展水平最高的美国，其公众对环境问题的重视程度只是中等水平，多数人更为重视经济问题（36.6%），远远超过对环境问题的重视（4.3%），与其他高收入国家相比有很大差异。而同属发展中国家的中国，公众则有着明显强于其他中等收入国家的环境保护意愿。另一方面，应该清楚地认识到，经济发展水平只是影响公众环境关心的一个因素。事实上，各国资源环境禀赋不同、人口状况不同、文化与制度安排不同、社会经济发展阶段和水平不同、发展模式各异、面临的环境问题存在差异化，并且各国在全球经济体系中的位置也有很大差别，这些因素都可以影响到公众的环境风险认知和环保行为倾向。由此，开展跨国比较分析就是一项十分艰巨的课题，在理论框架和方法论方面都有进一步完善的空间。

（二）在环境关心的界定和测量方面应该力求全面合理。本研究尝试就环境关心的多个方面进行了比较分析。其中，一些方面的分析结果似乎证明了经济发展水平高的国家，其公众具有更强的环境关心，例如不同国家公众对抽象的环境问题的关心程度和个人的环保意愿存在差异；而另外一些方面的分析结果又似乎说明环境关心是一种全球性现象，各国公众都将环境问题放在心目中大致相同的位置上，甚至一些经济发展水平相对较低的国家，其公众更加直接地感受到环境问题的危害，更加期待本国采取更为严厉的政策手段做出更大的环保努力。这样一种结果可能反映了各国公众环境关心的实际情况。实际上，在全球环境状况持续恶化的今天，作为影响人类生存安全和生活质量的重要问题，环境问题已经引起了比较普遍的关注，这种抽象的关注受经济发展水平的影响已经不大。经济发展阶段和水平的差异可能更多地影响到人们对具体环境问题的定义和对解决环境问题的看法。比如说，本研究表明，高收入国家更加关注气候变化，中等收入国家更加关注空气污染；高收入国家更加强调环境保护的共同责任，中等收入国家更加强调区别责任；高收入国家更加偏好经济刺激政策，中等收入国家更加偏好行政管制政策等。相比简单地讨论哪类国家具有更高的环境关心水平而言，更加全面地比较公众的环境关心，发现以上各个具体方面的差异，似乎更加有助于推动全球环境治理的合作。

最后，针对已有研究围绕的核心理论命题，即"后物质主义"命题，我们认为也有必要做进一步的审视。该理论命题是针对二战以后西方社会的变化而提出的，其所认为的价值观念从物质主义到后物质主义的转向是否真实地发生过？是否是不可逆转的？本研究表明，即使在西方发达国家，在调查所列举的9项社会问题中，公众认为最重要的问题依然是经济、医疗保健和教育，而象征"后物质主义"重视的环境关注只是排在第六位。由此，我们似乎有理由怀疑西方社会是否真的发生过朝向后物质主义价值的真正转变。退一步说，假如真的发生过，那么只能说现在的西方社会又"转回"到了"物质主义"时代。而如果这一判断成立，那么就说明后物质主义转向是可逆的。为什么可逆？实际上，基于唯物主义的立场可以给出很合理的解释，即任何社会的基础都是物质生活资料的生产和再生产，没有哪个社会能够超越这个基础，西方社会也不例外。所谓关注归属感、自我表达和生活质量等"后物质主义价值"（这里权且搁置对这些价值是否是"后物质主义价值"的疑问）都是依附于关注物质需要和安全需要这样的"物质主义价值"的，二者不可分割。如此一来，我们不禁要进一步质疑：从物质主义到后物质主义的彻底转变是否真的能够发生？这个命题是否真正能够成立，是否具有充分的科学性？相关问题值得更深入的研究。

## 参考文献

Bravo, G. and Marelli, B. 2007. "Micro-Foundations of the Environmental Kuznets Curve Hypothesis: An Empirical Analysis". *International Journal of Innovation & Sustainable Development* 2 (1): 36 – 62.

Brechin, S. R., and Kempton, W. 1994. "Global Environmentalism: A Challenge to the Postmaterialism Thesis?". *Social Science Quarterly* 75 (2): 245 – 269.

Brechin, S. R. & Kempton, W. 1997. "Beyond Postmaterialist Values: National Versus Individual Explanations of Global Environmentalism". *Social Science Quarterly* 78 (1): 16 – 20.

Diekmann, A., and Franzen, A. 1999. "The Wealth of Nations and Environmental Concern". *Environment and Behavior* 31 (4): 540 – 549.

Dietz, T., Fitzgerald, A., and Shwom, R. 2005. "Environmental Values". *Annual Review of Environment and Resources* 30: 335 – 372.

Dunlap, R. E., and Mertig, A. G. 1997. "Global Environmental Concern: an Anomaly for Postmaterialism". *Social Science Quarterly* 78 (1): 24 – 29.

Dunlap, R. E., and York, R. 2008. "The Globalization of Environmental Concern and the

Limits of the Postmaterialist Values Explanation: Evidence From Four Multinational Surveys". *Social Science Quarterly* 49 (3): 529 – 563.

Franzen, A. , and Meyer, R. 2010. "Environmental Attitudes in Cross-National Perspective: A Multilevel Analysis of the ISSP 1993 and 2000". *European Sociological Review*26 (2): 219 – 234.

Gelissen, J. 2007. "Explaining Popular Suppor t for Environmental Protection: A Multilevel Analysis of 50 Nations". *Environment & Behavior* 39 (3): 392 – 415.

Gerhards, J. , and Lengfeld, H. 2008. "Support for European Union Environmental Policy by Citizens of EU-Member and Accession States". *Comparative Sociology* 7 (2): 215 – 241.

Inglehart, R. 1995. "Public Support for Environmental Protection: Objective Problems and Subjective Values in 43 Societies". *Political Science and Politics* 28 (1): 57 – 72.

Inglehart, R. . 1990. *Culture Shift In Advanced Industrial Society.* Princeton University Press: 66.

Kidd, Q. , and Lee, A-R. 1997. "Postmaterialist Values and the Environment: A Critique and Reappraisal". *Social Science Quarterly* 78 (1): 1 – 15.

Knight, K. W. , and Messer, B. L. 2012. "Environmental Concern in Cross-National Perspective: The Effects of Affluence, Environmental Degradation and World Society". *Social Science Quarterly* 93 (2): 521 – 537.

Marquart-Pyatt, S. 2012. "Environmental Concern In Cross-National Context: How Do Mass Publishing Central and Eastern Europe Compare With Other Regions of the World? ". *Czech Sociological Review* 48: 641 – 666.

Neumayer, E. 2002. "Do We Trust the Data? On the Validity and Reliability of Cross-National Environmental Surveys". *Social Sciece Quarterly* 83 (1): 332 – 340.

# 第三单元
## 环境抗争/社会冲突

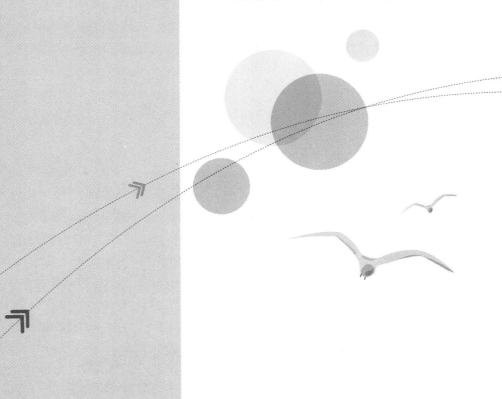

# 转型期国家与农民关系的一项社会学考察

## ——以安徽两村"环境维权事件"为例

张金俊[*]

**摘　要：** 国家与农民关系问题既是一个理论问题，也是一个历史问题和现实问题。在转型期安徽两村的"环境维权事件"中，国家与农民关系主要表征为地方政府、村级政权同污染企业、农民之间的关系，地方政府常常以"污染合理"与"不出事"两种逻辑在场，两村农民在"生存主义"与"风险最小"两种逻辑的支配下似乎只能发出微弱的杂音，他们在很大程度上还是要依赖地方政府来解决威胁他们基本生存的环境污染问题。

**关键词：** 国家与农民关系，安徽两村，环境维权事件

国家与农民关系问题既是一个理论问题，也是一个历史和现实问题。"国家"指的是对个人及其群体的利益做出政治性安排的权力系统（郑杭生、杨敏，2010），"农民"指的是具有农业户口、在农村生产生活、与土地有着天然联系的社会劳动者（高建民，2008）。在我国封建社会中，由于皇权止于县一级政权，农民与国家关系中的"国家政权、地主士绅和农民三角结构所形成的多元关系中，最重要的是地主和农民的关系，与地主无处不在的影响力相比，国家政权在广大社会中的作用相形失色"（黄宗智，2000）。近代中国的农村在帝国主义、封建主义以及官僚资本主义的压迫

---

　＊　张金俊，安徽师范大学历史与社会学院副教授。原文发表于《西南民族大学学报》（人文社会科学版）2012年第9期。本文为教育部人文社会科学研究青年基金项目"转型时期的农村社会变迁与农村环境维权——以安徽两村为例"（项目编号：12YJC840057）的阶段性成果。

下，处于动荡和衰败之中（武力，2011）。新中国建立后，过去的国家政权—士绅地主—农民关系被新型的国家政权—农民关系所取代（黄宗智，2000）。改革之前，国家通过社会主义计划经济制度下的人民公社、统购统销与户籍制度"三驾马车"对农村社会实行了高度控制，农村社会中形成了"国家大—社会小"的治理结构（李成贵、孙大光，2009）。改革以后，计划经济体制被废除，国家与农民的关系得到不断调整，农民逐渐获得了一些在计划经济体制下缺失的权利，处境也比以前有了明显改善（李成贵、孙大光，2009）。但是，在社会主义市场经济体制下，国家控制与农民被控制的关系并没有从根本上得到改变。在安徽两村特定场域中的农民"环境维权事件"中，游离于国家权力之外的民间社会组织力量极其单薄，国家与农民关系主要表征为地方政府、村级政权同污染企业、农民之间的关系。地方政府主要是指（市）县一级和乡一级政府，村级政权在很大程度上与地方政府保持一致。有学者认为，依据"国家—社会"二分模式来看待我国的国家与社会关系，我们必然会得出一个"强国家—弱社会"的普遍结论，农民在强大的国家几乎无所不在的压制与渗透下，并没有多大的反抗空间和余地，而且农民基本上没有掌握任何话语权的可能（贺飞、郭于华，2007）。

## 一　转型期安徽两村的"环境维权事件"

### （一）皖南吕村的"环境维权事件"

吕村属于行政村编制，辖13个自然村，位于安徽省 W 市 N 县 SL 镇东南部，地处皖南山区，紧邻革命老区 J 县 YL 镇，面积10余平方公里，耕地2300多亩，林地1万余亩，全村2800多人，以农业、林业以及矿产资源开发为主。吕村地处长江中下游地区的"鱼米之乡"，过去曾为山清水秀、鸟语花香、环境宜人之地。2003年以前，吕村旁边的 J 县 YL 镇的造纸厂和吕村集体所有的金矿由于生产规模比较小，当时造成的环境污染比较轻微，基本上对村民的正常生产与生活秩序没有影响。吕村环境污染开始变得严重的转折点是在2003年。是年，YL 镇的造纸厂被一个江苏商人承包，吕村的金矿被一个福建商人承包，两家企业的生产规模急剧扩大，生产废水大量排放，造成了吕村严重的水源污染和耕地污染。其中，吕村所辖的河村、金村两个自然村分别遭受了最为严重的造纸废水污染和含氰废水污染。河村和金村村民为了维护自身的环境权益，先后开展了以"法"（即环保法律法规）为依据的与污染企业主的集体协商与谈判、不得已的集体环境暴力维权（即通过打、砸、抢、烧等方式来表达自身的不满和愤怒）、求助新闻媒体、"诉苦型"集体环境信访（这种"诉苦"不再是过去国家权力引导意义下的挖苦根、忆苦思甜的农民阶级意识形成与国家观念重塑的重要机制，而是在现代国家权力许可或默许下的农村环境污染面前，农民寻求现代国家权力支持的一种重要策略）等一系列环境维权行动。

**（二）皖北田村的"环境维权事件"**

田村也属于行政村编制，辖 13 个自然村，位于安徽省 J 市（县级市）TY 镇东部，全村 7800 多人，耕地 4800 多亩，人多地少的矛盾非常突出。田村地处淮河流域的皖北平原腹地，这里虽然没有江南水乡的灵秀和草原地区的四季牧歌，但在改革开放以前基本上保持着村庄自然生态的平衡。改革开放以后，田村村民开始进行土法炼铅，几乎村村点火、家家冒烟，给田村的生态环境带来了一定的破坏，但还没有严重影响到村民正常的生产与生活秩序。20 世纪 90 年代以来，田村逐渐发展成为 J 市著名的循环经济工业园区，包括再生铅冶炼在内的十几家污染企业均坐落在该村，铅污染的影响范围不仅涉及田村所辖的 13 个自然村，而且已经波及到邻近的其他村庄。田村村民为了维护自身的环境权益，先后开展了以"理"（即道理，跟我们平常所说的"以理服人""晓之以理""喻之以理""凡事抬不过一个理字""天下事抬不过一个理字"中的"理"字含义基本相同，它与前述的"法"的含义是相对而言的）为依据的与污染企业主的个体协商与谈判、求助新闻媒体、"诉苦型"个体环境信访（这种"诉苦"也是在现代国家权力许可或默许下的农村环境污染面前，农民寻求现代国家权力支持的一种重要策略）等一系列以个体为主的、零星的、分散的环境维权行动。

# 二 安徽两村"环境维权事件"中
## 地方政府在场的逻辑

有学者认为，由于现代国家权力的干预以及现代市场经济的渗透，中国传统的乡土社会正在逐步瓦解，现代农村公民社会正在缓慢的发育之中（杨心宇、王伯新，2005），但是，俞可平、邓正来等学者指出，从整体上来说，我国公民社会的发育还非常不成熟，至于农村这个庞大的社会领域，

207

更是距公民社会相去甚远（俞可平，2006；邓正来，2011）。在处理地方经济发展与农村环境保护的关系问题时，由于缺乏农村社会力量的制约，代表"国家"的地方政府居于绝对的主导地位。由于我国中央政府高度强调环境保护这种政治正确性的影响，地方政府自然不会轻易表示不重视环境保护。但是，地方政府在农村环境保护问题上存在机会主义行为，比如林梅、陈阿江在研究中就发现，地方政府在治理水污染的过程中有着重经济、轻环保的机会主义行为（洪大用主编，2007；陈阿江，2007）。而且，地方政府在不受社会力量监督约束和缺乏竞争性的情况下，还有着追逐自身利益一些倾向（肖魏、钱箭星，2003）。在治理农村环境污染时，地方政府常常缺席；而在农民"环境维权事件"中，地方政府却常常在场。地方政府在场的逻辑大致有两个："污染合理"的逻辑与"不出事"的逻辑。

**（一）"污染合理"逻辑**

"污染合理"的逻辑，即地方政府强调环境污染是我国工业化初期的必然问题。比如，在2007年5月中下旬的太湖蓝藻污染事件中，江苏无锡市委书记杨卫泽援引英国作例子，表示现代发达程度很高的英国在其工业化的初期阶段，其首都伦敦曾经是世界上有名的"雾都"，而泰晤士河也曾经是一条人见人怕的"臭水河"。他因此认为，我国生态遭受破坏的问题是我国现代化特定发展阶段的问题，是我国工业化初期必然一定会发生的问题（高一飞，2007）。在发达的江苏无锡，其政府官员尚且有着这样的思想认识，在我国很多地方尤其是经济相对落后的地区，很多政府官员何尝不是抱着"污染合理""末端治理"这样的思想呢？在这种思想意识的支配下，很多地方政府都树立起"你发财、我保护"的招商理念，在农民"环境维权事件"中往往采取了对污染企业予以保护的做法，成为污染企业强有力的保护大伞。

**（二）"不出事"逻辑**

钟伟军认为，改革以来，地方政府在社会管理中总体上遵循着一种"不出事"的逻辑（钟伟军，2011），这种"不出事"逻辑至少包含三个方面的含义：其一，把社会管理的任务最终简化为维护地方社会的"底线"稳定，即不发生冲击地方社会秩序的重大事件；其二，为了"不出事"，地方政府可以不惜代价，不择手段；其三，"不出事"不是不出任何事情，而是不出引发中央高度关切的地方负面事件，特别是群体性事件这样的"大事"。在这种逻辑支配下，地方政府在社会管理中呈现出不恰当的功能和角色：一是攫取而不是服务的社会管理行为取向，往往会利用各种机会攫取地方社会的种种资源；二是高压式的社会管理方式，往往采取"严防"和"打压"的方式预防和处理"出事"；三是策略式的社会管理过程，往往依照具体"事件"的不同特点和情况采取不同的"灵活"的手段和方法（钟伟军，2011）。在这种逻辑支配下，"推与闹""挤与缠""打与弹"等战术（应星，2001），"截访""拘留""罚款""劳教""判刑""连坐""送精神病院""销号""陪访""金钱收买""欺骗拖延"等强硬手段与怀柔手段并济（于建嵘，2010），"拔钉子"（对上访者实施打压）、"摘帽子"（对相关官员进行惩处）和"开口子"（给上访者一定的特殊待遇）（钟伟军，2011）等往往都是地方政府处理农民"环境维权事件"对比较常用的方式，这些方式实际上就是"高压式"和"策略式"相结合的社会管理方式。

在皖南吕村所辖河村的村民自力救济的环境暴力维权过程中，J县和YL镇政府领导为了保护YL镇造纸厂的正常运转，分别对前来闹事的河村村民采取了欺骗拖延的怀柔手段和暴力打压的强硬手段。J县环保局工作人员的"协调"和"监督"、YL镇镇长的"劝说"和"承诺"YL镇造纸厂"达标排放"，实际上都是欺骗拖延的怀柔手段；YL镇派出所的警察帮着造纸厂老板打压前来闹事的河村村民，这属于暴力打压的强硬手段。在吕村所辖金村的村民自力救济的环境暴力维权过程中，N县SL镇政府直接采取了暴力打压的强硬手段。他们在得知金村村民要闹事的消息之后，以极快的速度派出了SL镇派出所警察和一批全副武装的"治安联防队员"对金矿实施"增援"和"救援"。

吕村因为YL镇造纸厂污染、FX金矿污染以及FX金矿扩大经营征用山场而出现了三次规模比较大的农民环境信访事件。在前两个农民环境信访事件中，农民采用的主要方式就是直接找县镇级政府部门的主要领导，向他们"诉苦"，希望政府领导能为他们做主，协调或解决给他们带来身体之苦和精神之痛的环境污染问题。在后一个农民环境信访事件中，农民采取了直接写"告状信"向安徽省政府主要领导"诉苦"的方式。面对吕村农民的环境信访，YL镇和SL镇政府领导大致采取了"讲道理"（强调"污染合理"，说经济发展免不了要污染环境，不过这些都是暂时的）、"拖延欺骗"（稳住村民，为了"不出事"）、"承诺"（答应一定要治理污染）、"暴力"（让警察出动）、"联合"（和村干部一起对付上访的农民）等手段来对付上访的农民。

与皖南吕村农民公开的、大规模的环境信访方式不同，皖北田村农民的环境信访主要采用了秘密的、个体的"诉苦"方式，这与污染企业的企业主朱某等在当地强大的势力密切相关。受访的村民都说，如果上访的事被朱某他们知道了，人家用钱也会把上访的人砸死。周作翰、张英洪（2006）指出，在某些时候，信访制度已经不再起到把老百姓与政府连接起来的桥梁作用，而是异化为上访农民身心痛苦的荆棘之路。在田村两个农民秘密的、个体的环境信访中，TY 镇政府运用了"摆事实"（例如，说"铅厂已经实现环保式运营，污染基本上没有了，而且铅厂推动了当地经济发展，改善了农民的生活条件"）、"讲道理"（例如，说"往上一级跑没有什么意思，如果铅厂搬走了，田村就会倒退几十年，大家又会忍饥挨饿"）的方式来应付上访的农民。

## 三 安徽两村"环境维权事件"中农民微弱声音的逻辑

我国农民的弱势地位自古以来一直没有很大的改观。在我国封建时代的乡村社会中，由于国家政权离农民较远，宗族领袖或地方士绅通过"族权的政权化、集体记忆与文化权力"（族权的政权化内含了政权和法律控制，集体记忆涵盖了风俗习惯和信念信仰控制，文化权力则囊括了组织控制、伦理道德和社会舆论控制等）（张金俊，2011）等获得了对乡村社会和农民的控制权。近代中国的农民处于帝国主义、封建主义以及官僚资本主义的三重压迫下，苟存性命于乱世，弱势地位更不必说。新中国成立以后，与代表"国家"的强势的地方政府相比，农民群体也一直是我国底层社会的弱势群体，他们的力量极其弱小，几乎在农村公共事务中没有任何话语权。有学者认为，由于我国农民缺少有组织、有力量、掷地有声的"农民代言人"，他们在农村公共政策中缺乏任何话语权（闫威、夏振坤，2003）。而且，农村社会中间组织力量极其薄弱，自治组织不发达，农民没有传媒的支持，也没有经济保障等都影响和制约了农民话语权的表达（唐任伍、李水金，2007）。改革开放以后，随着工业化与城市化的快速发展，大量被城市淘汰的污染企业向农村地区转移，一系列污染严重的化工园区在许多农村地区悄然兴起并受到地方政府的保护和扶持，农民又沦为我国现代化发展进程中的"环境弱势群体"，他们"在环境权利享有与环境义务承担方面处于社会结构的不利位置上"（李淑文等，2011）。在我国各级城市或各类发达地区强大的民意压力下，污染型项目和污染设施纷纷转移到话语权力薄弱、环境维权意识不强以及利益表达渠道不畅的农村地区或欠发达地区投入生产，对当地造成了非常严重的环境污染，"弱势民意"被迫为"强势民意"埋单（阿计，2011）。在农村环境污染和农民"环境维权事件"中，缺乏话语权的弱势农民似乎只能发出微弱的"杂音"。他们这些微弱的"杂音"大致遵循着两个逻辑："生存主义"的逻辑与"风险最小"的逻辑。

### （一）"生存主义"逻辑

"生存主义"的逻辑，即维持最基本的生存是农民的底线要求。美国著名学者詹姆斯·C.斯科特在其所著的《农民的道义经济学：东南亚的反叛与生存》一书中，通过引用 R. H. 托尼的一个比喻"（中国1931年）有些地区农村人口的境况，就像一个人长久地站立在齐脖深的河水中，只要涌来一阵细浪，就会陷入灭顶之灾"，提出了农民基于"安全第一"的生存经济学问题（斯科特，2001）。在中国传统社会中，贫困是小农家庭最主要的敌人，生存经济是小农家庭经济的主要特征，即使在被誉为盛世的雍乾时期，小农家庭仍然在生存经济之中苦苦挣扎（周祖文，2008），他们除了从事农业生产之外，还要从事家庭纺织、饲养家畜家禽、种植蔬菜等家庭副业生产，以便维持最低限度的生活，同时也为了抵御可能因战争、自然灾害、饥荒瘟疫、社会动荡等带来的生存风险。近代中国的农民在帝国主义、封建主义以及官僚资本主义的三重压迫以及战争、灾荒等的影响下，更是经历生存经济的煎熬。新中国成立以后，农民的消费支出呈几何式增长，而他们的收入呈算术式增长，农民面临前所未有的货币支出压力，生存风险大大增加（贺青梅，2009）。对于依靠农业种植、副业生产以及外出务工或在本地务工等为主要收入途径的很多农民来说，农副业收入在家庭收入中还是占有一定比重的；而对于那些没有人员外出务工或在本地务工的农民家庭来说，农副业收入在家庭收入中占有绝大部分的比重。工业化的环境污染无疑是影响农民农副业收入的很大的诱因。农民的农副业生产成本、家庭日常生活消费、子女教育、医疗以及红白喜事等支出都是不小的开支。农民如果因为环境污染而染上重病，这对他们来说更是雪上加霜。面对影响自己或可能影响自己基本生存的环境污染，农民基于"生存主义"的逻辑，不得不寻求解决或减少环境污染、增加家庭收入的途径。在皖南的吕村和皖北的田村，生存经济问题一直是农民摆脱不了的一大困局，两村农民在"生存主义"逻辑的支配下,选择了自力救济、诉诸媒体以及环境信访的环境维权方式,但是他们发出的基本上都是微弱的"杂音"。

**(二)"风险最小"逻辑**

"风险最小"的逻辑,即农民把可能危及自身和家人人身安全的风险以及政治和经济风险尽可能减到最低。从农民的社会心理来说,我国绝大部分的农民自古以来就是比较"胆小怕事""怕担风险""怕惹麻烦""瞻前顾后""凡事能忍则忍""不爱出头露面"的群体,他们往往不愿意也很害怕承担由外界尤其是由地痞流氓、黑恶势力或地方政府暴力干预所带来的种种威胁和风险,因此他们在很多事情上都表现出了规避风险的态度。一般在不到万不得已的情况下,农民是不会发出自己的声音的。诚如牟成文(2008)所指出的那样,几千年来,中国农民臣属意识浓厚,他们多以当"顺民"为乐事,迫不得已时他们才铤而走险。农民的这种"风险最小"逻辑使得他们在很多事情上成为"无声者",成为地地道道的循规蹈矩的"顺民"。在我国转型时期的农村社会生活中,有大量的农民在农村环境污染危害面前选择了"集体沉默"(吕忠梅,2011),因为他们总是处于整个社会中的弱势一方,没有机会和能力发出自己应该发出的声音。在重庆的一个村庄,两年之内先后有40个村民死于癌症,人们认为癌症与当地造纸工业的污染有关,但是他们从来没有采取直接行动(Holdaway、王五一等,2010)。在皖南吕村和皖北田村环境污染日益严重的情况下,两村农民选择了自力救济、诉诸媒体以及环境信访的环境维权方式,不过他们在做出每一种、每一步选择的时候,都要遵循着"风险最小"的逻辑。因为面对强势的地方政府对污染企业的袒护、随时都有可能采取暴力的污染企业或是污染企业主强大的家族势力,他们不得不担心环境维权会带给自己和家人种种的风险,影响到自己和家庭正常的生产与生活秩序。尤其是那些发动和组织农民进行环境维权的环境活动积极分子,他们或被污染企业用金钱"收买",或因为拒不妥协而遭到种种威胁和攻击,他们和家人面临的种种风险概率会更大。这些"无声者"所发出的仍然是微弱的"杂音"。

# 四 结语

在历史上,我国农村社会虽然更多地游离于国家权力中心之外,但这种游离并不代表农村社会可以与国家力量相抗衡(田成有,2005)。现代国家权力对农村社会的控制与渗透力度明显大大加强了。中国共产党通过"政党下乡"（徐勇，2007b）与"行政下乡"（徐勇，2007a），把党和国家的意志传达到农村，实现对农村社会的全面渗透，从而将一个个分散的农村社会整合到国家体系之中。在安徽两村农民"环境维权事件"中，作为"国家"的地方政府力量强大，在很大程度上形塑着农民社会。地方政府拥有企业公司的许多特征，同企业相互嵌入，形成"你中有我、我中有你"的格局（Oi，1995）。市场利益与公众利益的背离又使得本该作为"社会"一部分的污染企业站在了农民社会的对立面，因为农民环境维权的主要对象就是污染企业。在治理农村环境污染时，地方政府常常缺席；而在农民"环境维权事件"中，地方政府却常常以"污染合理"与"不出事"两种逻辑在场，充当污染企业的保护伞。在安徽两村，农民在"生存主义"与"风险最小"两种逻辑的支配下似乎只能发出微弱的"杂音"，他们在很大程度上还是要依赖地方政府来解决威胁他们基本生存的环境污染问题。

## 参考文献

Jennifer Holdaway、王五一、叶敬忠、张世秋主编，2010，《环境与健康：跨学科视角》，社会科学文献出版社。

阿计，2011，《环保维权如何从"邻避主义"走向社会公平?》，《人民之声》第9期。

陈阿江，2007，《从外源污染到内生污染：太湖流域水环境恶化的社会文化逻辑》，《学海》第1期。

邓正来，2011，《"生存性智慧模式"：对中国市民社会研究既有理论模式的检视》，《吉林大学社会科学学报》第2期。

高建民，2008，《中国农民概念及其分层研究》，《河北大学学报（哲学社会科学版）》第4期。

高一飞，2007，《污染合理论：过时了40年的陈腐观念》，《中国保险报》7月2日。

贺飞、郭于华，2007，《国家和社会关系视野中的中国农民》，《浙江学刊》第6期。

贺青梅，2009，《生活社会化：小农的经济压力与行为逻辑》，《华中师范大学学报（人文社会科学版）》第1期。

洪大用主编，2007，《中国环境社会学：一门建构中的学科》，社会科学文献出版社。

黄宗智，2000，《长江三角洲小农家庭与乡村发展》，中华书局。

李成贵、孙大光，2009，《国家与农民的关系：历史视野下的综合考察》，《中国农村观察》第6期。

李淑文等，2011，《环境正义视角下农民环境弱势群体地位分析》，《生产力研究》第

4 期。

吕忠梅，2011，《理想与现实：中国环境侵权纠纷现状及救济机制建构》，法律出版社。

牟成文，2008，《中国农民意识形态的变迁》，湖北人民出版社。

唐任伍、李水金，2007，《中国农民话语权实现中存在的问题及其对策》，《中国行政管理》第 5 期。

田成有，2005，《乡土社会中的民间法》，法律出版社。

武力，2011，《论近代以来国家与农民关系的演变》，《武陵学刊》第 1 期。

肖巍、钱箭星，2003，《环境治理中的政府行为》，《复旦学报（社会科学版）》第 3 期。

徐勇，2007a，《"行政下乡"：动员、任务与命令：现代国家向乡土社会渗透的行政机制》，《华中师范大学学报（人文社会科学版）》第 5 期。

徐勇，2007b，《"政党下乡"：现代国家对乡土的整合》，《学术月刊》第 8 期。

闫威、夏振坤，2003，《益集团视角的中国"三农"问题》，《中国农村观察》第 5 期。

杨心宇、王伯新，2005，《中国农村市民社会发展的路径选择》，《求是学刊》第 5 期。

应星，2001，《大河移民上访的故事》，生活·读书·新知三联书店。

于建嵘，2010，《"信访综合症"背后的潜规则》，《人民论坛》第 15 期。

俞可平，2006，《中国公民社会：概念、分类与制度环境》，《中国社会科学》第 1 期。

詹姆斯·C. 斯科特，《农民的道义经济学：东南亚的反叛与生存》，程立昱、刘建等译，译林出版社，2001。

张金俊，2011，《宗族组织在乡村社会控制中的运作逻辑：以清代徽州宗族社会为中心的考察》，《江西社会科学》第 2 期。

郑杭生、杨敏，2010，《社会与国家关系在当代中国的互构：社会建设的一种新视野》，《南京社会科学》第 1 期。

钟伟军，2011，《地方政府在社会管理中的"不出事"逻辑：一个分析框架》，《浙江社会科学》第 9 期。

周祖文，2008，《论十八世纪小农家庭的生存经济》，《浙江社会科学》第 2 期。

周作翰、张英洪，2006，《当代中国农民的信访权》，《当代世界与社会主义》第 1 期。

Jean C. Oi. . 1995. "The Role of the Local State in China's Transitional Economy". *The China Quarterly*. 144：1132 – 1149.

# 群体性事件中的原始抵抗
## ——以浙东海村环境抗争事件为例

李晨璐　赵旭东[*]

**摘　要：** 在农民维权事件愈加复杂的背景下，抵抗的组织性、政治性研究也随之深化。在现实层面上，此种取向有其必要性，然而，在复杂的抗争之前，往往存在着原始的、简单的、农民自主产生的抗争方式。这些抗争手段是过往经验在农民记忆中的映射，出于自卫的本能，如自发形成的打砸、拦路、下跪等。作为行动上的表达，村民们通过最直接的方式保护自己，尽管杂乱但不容忽视，如若处理不当会形成极端抗争事件；作为心理上的表达，村民以此过往的经验躲避灾祸，重构他们的认知和意义。原始抗争方式的施用包含了抵抗、回忆、质疑和思考。

**关键词：** 原始抵抗，环境事件，农民维权

纵观社会现实，经济的迅猛发展带来了可观的物质满足，但其带来的环境污染也对人的健康产生了极大影响。日本旷日持久的水俣病事件即是前车之鉴，民众和政府及企业的对抗长达 50 多年，而我国因为污染问题而产生的抗争事件也不在少数，如 2007 年因担心 PX（对二甲苯）项目落户厦门带来的污染，厦门数千市民集体街头"散步"。类似的群体性抗争事件如果处理不当，极其容易演化为群体暴力事件，2009 年的瓮安、孟连的打砸抢事件即为恶性抗争的例证。

农民抗争是当前抗争研究的一个侧重点，从二十世纪九十年代起就受

---

[*] 李晨璐，中国人民大学社会学系；赵旭东，中国人民大学人类学研究所。原文发表于《社会》2012 年第 5 期。

到了各界学者的关注，李连江的"依法抗争"具有开创性的意涵，而后发展的范式将农民"理性化""政治化""组织化"的性质不断加强和深入。一个问题是，近几年的研究都将外界环境作用下的农民作为预设来展开抗争过程的讨论，实则忽视了农民在遇到困境初期不经外界影响，自发自主的应对行为。这些行为来自农民长期形成的传统和经验，是根植在他们思维中的认知的直接表现，霍布斯鲍姆（Eric Hobsbawm）用"脱离联结"[①]（Out of Joint）来指代这种原始性的思维形式。在抗争研究中，对此的审视对于认识农民的行为和缓解农民抗争的矛盾具有一定的启发性作用。

## 一　抗争研究范式的引申

对于抗争的研究涉及集体行动模式、个人理性假设及群体心理如交感意识的产生等，从政治社会学、经济社会学、社会心理学的角度来分析某种抗争行为，牵涉较广，目前集中的研究范式有"日常抵抗""依法抗争""以法抗争"，从研究趋势上看多强调有组织的抗争形式，这些研究角度尽管具有区域代表性但在普同性上需加讨论。

西方政治运动学者蒂利等人对抗争性政治着眼于"过程—机制"的分析，通过机制再现过程，认为抗争行为是从相似性归属、居间联络到协同行动的有组织的抗争互动的结果，秉持"资源动员理论"和"政治过程理论"，把运动看作理性计算的过程（蒂利，2010）。这种观点适合于西方的抗争模式，是有组织有领导的对抗，甚至会因为抗争形成和政府对抗的团体，成为某种政治力量，和中国的现状不尽相符。农民运动研究学者斯科特"日常抵抗"倾向于表述农民的弱者地位和被动性，没有正式组织、正式领导者，不敢和政府正视，具有某种意义上的回避性（斯科特，2007），尽管詹姆斯·斯科特（James Scott）是美国的学者，但是他的概念提出是根植于东南亚的实地研究，与早期国内的某些抗争形式类似。中国本土学者对抗争的研究立场则有较大的差异性。"依法抗争"介于"日常抵抗"和"农民革命"，强调农民的积极认同并利用现行政治制度进行合法抵抗，吸引而不是回避政府的注意，合理上访即是其表现方式（李连江，2008）。

"以法抗争"比"依法抗争"更进一步，明确了抗争的农民利益代言

---

①　既指空间的联结，又指时间（主要指未来）的联结。

人，有相对稳定的社会动员网络，直接挑战县乡政府，维护公民权利，强调了抗争者和抗争对象的绝对对立态势，抗争行为的组织化。他认为"底层研究要求给予普通民众在社会政治变迁过程中以新的定位"，并且"注重底层民众的政治意识，注重的底层民众政治表达、政治作用的自主性"（于建嵘，2010）。对此，应星、吴毅、吴长青、赵旭东等从不同的角度加以质疑，如案例的局限性、论断的情感性介入等，并有了各自的研究立场。应星主张的"草根动员"是指底层民众中对某些问题高度投入的积极分子自发地把周围具有同样利益但却不如他们投入的人动员起来，加入群体利益表达行动的过程，具有弱组织化特征和非政治化取向（应星，2007）。"权利—利益网络"、抗争伦理及"底层冤化"则从农民抗争的政治性转向政治关系纠葛和情感性的讨论，尤其是情感因素有受重视的倾向。

基于不同的研究时间和认知背景，研究者对于抗争行为的内涵不断损益和深化，这些观点也在一定程度上推进了除对抗外底层和政府间其他互动方式的研究，把社会关系网络、政治因素等加入底层抗争中。在对抗争伦理、情感因素的研究上，则侧重了农民自身的经历和本能反应，原始抵抗的讨论即延续了此种取向，强调了这种与外界"脱离联结"状态下实施的方式，发生在"先进"的抵抗之前，农民维权过程中往往经历了"被先进""被组织化"的过程，使得现代农民带有了类似西方亚政治团体的色彩，这种色彩与其说是农民本身所具备的，将其理解为外界话语的质控引导更符合实际状况。本文以浙江东海村环境抗争事件为例，通过分析该地农民原始的抵抗方式，探求原始抵抗的内涵和意义，以此唤求对农民自身思维及经验的重视，而非仅仅强调农民的政治性和对抗性。

## 二　案例的呈现

顺东化学有限公司由香港德基投资有限公司、宁波宏邦石化有限公司于 2005 年组建，是山海市引进的第一家规模较大的石油化工企业，现系中海油控股的石油化工企业，位于山海市北部港区。2009 年 7 月，中国海洋石油公司对顺东化学进行了股权收购，并将其纳入中海油"两洲一湾"的发展战略，成为中海油在长江三角洲地区发展千万吨级炼化项目的重要组织部分，可以算是山海市为发展海洋经济而实质性启动的第一家临港石油化工企业，也是定海区三大百亿工程之一。顺东当年的工业产值就实现 62

亿元，如今已上百亿，对地方的税收贡献也以亿计，其发展空间和发展利润较大。

顺东的气体危害纠纷是从其违规生产开始的。2005 年 4 月，顺东公司年产 25 万吨芳烃工程开始筹建；2005 年 10 月 19 日经山海市环保局环评审批，顺东项目主要内容为：$120 \times 104t/a$ 重油裂解装置、配套 $60 \times 104t/a$ 馏分油加氢装置、$30 \times 104t/a$ 芳构化装置、$25 \times 104t/a$ 芳烃抽提装置、$0.5 \times 104t/a$ 硫磺回收与 $30t/h$ 污水汽提装置，以及原料及产品罐区等公用工程和辅助配套系统设施。2008 年 1 月 7 日，环保局批复同意顺东公司为期三个月的试生产，但实际上，顺东公司已经建成 $240 \times 104t/a$ 高硫重油加工能力，并于 2008 年 3 月 12 日开始，重油裂解装置以一套 $120 \times 104t/a$ 规模进行试生产，其他生产装置以建成的 $240 \times 104t/a$ 能力投入试生产，使用的原料由环评批复要求的低硫油擅自改成高硫重油，很大程度超出了当初环保局批复的标准。这违反了《中华人民共和国环境影响评价法》第二十四条"建设项目的环境影响评价文件经批准后，建设项目的性质、规模、地点、采用的生产工艺或者防治污染、防止生态破坏的措施发生重大变动的，建设单位应当重新报批建设项目环境影响评价文件"的规定；违反了《浙江省环境污染监督管理办法》第二十五条第二款"建设项目试生产期间排放的污染物应当符合环保部门依法提出的对试生产要求"的规定。尽管在建造之初，专家认证顺东化学废气中主要含硫和苯类，由于经过多次脱硫程序，废气中的硫化氢比例很低，不会危及环境和居民安全，而且苯类又在密闭环境中运行，对周边环境基本不会产生影响。但是，过量生产势必导致排放气体的浓度超标，并且顺东发生的气体泄漏事故直接危害到了海村，对当地环境和村民健康造成较大损害。

表 1　2008～2009 年浙东海村部分村民过敏源检测报告单

| 姓名 | 年龄 | 性别 | 日期 | 测试结果 |
| --- | --- | --- | --- | --- |
| 应宜含 | 68 | 女 | 2008.3.15 | 霉菌、环境毒素（甲苯、二甲苯、苯乙烯） |
| 蔡有芬 | 51 | 女 | 2008.3.20 | 花粉、重金属（汞）、环境毒素（苯乙烯） |
| 潘昱帆 | 4 | 男 | 2008.5.15 | 粉尘螨、环境毒素（甲苯） |
| 孙雪芝 | 64 | 女 | 2008.9.17 | 花粉、重金属（汞）、环境毒素（甲苯、二甲苯） |
| 孙春芝 | 50 | 女 | 2008.11.12 | 重金属（汞）、环境毒素（甲苯、丙乙烯） |

续表

| 姓名 | 年龄 | 性别 | 日期 | 测试结果 |
|---|---|---|---|---|
| 林益飞 | 40 | 女 | 2009.1.4 | 霉菌、环境毒素（甲苯、二甲苯、甲醇、甲酮、苯乙烯） |
| 徐翠仙 | 46 | 女 | 2009.6.6 | 重金属（铅、汞）、环境毒素（甲苯、甲酮、苯乙烯、丙醇、硝基） |
| 徐和平 | 59 | 男 | 2009.6.10 | 屋尘螨、环境毒素（苯乙烯） |
| 孙阿仙 | 61 | 女 | 2009.9.21 | 酵母、环境毒素（甲苯、二甲苯、苯乙烯） |

注：筛查的变应原为四大类：吸入物、食入物、专项、特殊①。

从受到废气侵害开始，村民多次求助政府未果，为了停止这种气体的排放，村民们聚在一起集体拦路，阻止顺东工厂进出的车辆，以此达到让其停产的目的。而后，市长下村，村民们集体下跪，是在面临困境时产生的巨大无力感的压迫下的自然反应。这些未加外界影响所产生的行为即表现出原始的意涵。

在海村的案例中，原始的抵抗主要有两种方式：拦路和下跪。

拦路是最先实施的抵抗方式。顺东化工厂试生产的气体排放以及随后发生的瓦斯气体和硫化氢废气泄漏事件，村民们出现的全身无力、视野模糊、喉咙疼痛、呼吸不畅、面色发白等症状日趋严重，且头晕、呕吐的病症蔓延开来，越来越多的村民感到了这种不适，村民们开始恐慌。

> 顺东这家公司，是先上车后买票的，我们被这公司害了啊。原来定的是化工厂，定25万吨芳烃一年，但实际生产的有40万吨芳烃，这些都是违反当初批的规定的，批小建大，欺骗老百姓，受苦的是我们百姓，敏感的区域要给我们搬掉的啊。政府对上面说已经把海村拆掉了，但是实际没有，哎，村里市里区里，反正是山海市人民政府骗老百姓。要我们怎么过不下去啊！②

生存意识以及怨气的积累更加重了村民对企业的排斥情绪，引发了最

---

① 过敏源测试又称超敏反应，是机体受同一抗原再次刺激后所发生的一种表现为组织损伤或生理功能紊乱的特异性免疫反应，也可以说，变态反应是异常的、有害的、病理性的免疫反应。引起变态反应的抗原物质称为变应原。

② 依据2011年2月22日在某药店对海村村民沈建国的访谈录音整理。

初的反抗。村民的思维逻辑也十分明晰：当身体受到伤害时，首先想到的就是停止侵害，而停止侵害的方式就是使顺东停止生产，停止生产就拦路。村民"用最简单的方式保卫自己"，试图通过阻拦顺东员工的进出和原料的输入来达到目的。对于是否合法，村民们从未考虑，因为他们觉得手中握有"理"，他们是受害者。

任何一个群体行为的发生都是个体意识的衍生且需要环境条件的允许，拦路也如此。在海村，村民们都有这个习惯，每天晚饭后就会聚集在小店里，或是打牌或是聊天，妇女男人们，三五个人。海村有8家小店铺，都是杂货店的性质，销售油盐酱醋、日常食品、生活用品等，人口的流动性也比较大。有些相熟的村民在小店里多会逗留几个小时。顺东的事情发生后，村民们也会在聊天时讲起，骂骂顺东，出出气，想到这家厂给他们带来的危害，村民们咬牙切齿，通过汇报上级来和企业协调排放问题已经起不到作用了，怎么样才能停止企业的气体排放呢？那就让顺东不开工，停止生产！而怎么让它停止生产呢？有些村民就想到拦住顺东进出的车辆，使得原料无法运到厂内，既然是化工厂如果没有原油送进去，机器就不能运转。这个建议得到了很多村民的认可，有的说也拦住顺东上下班的员工，因为这些员工都在村外的顺东商品房内居住，拦住他们，不让他们上班，顺东就无法开工了，不开工，自然不能生产，就不会排放气体了。

"既然上级不给我们解决这个问题，就让他们看看我们老百姓也是有自己的方法对付这家化工厂的。"2008年3月19日，也就是顺东违规生产一星期后，当时还是村民代表的潘世清在村里的小店铺里和很多人聊，又讲到顺东的事情，一伙人起哄，非常气愤，于是在店里的9个人就去了村里书记的办公室。书记王飞跃本来已经表态过了，表示顺东化工生产村里根本没有办法，向上面意见也提过了，村民再来说也没用。当时听书记的口气潘世清觉得就好像他认定了村民不会也不敢怎么样，只能吃着哑巴亏，他忍不住了，放下一句话：顺东味道太重了，如果你不去管我们就去拦路了！书记说那你们去拦吧，随你们能耐了。那时候书记确实也没有意识到当天的应允造成如此严重的后果。那天起初就是这九个村民去拦路，地点在原来海村小学门口的岔路上，这是顺东进出要塞。村民们在路旁搬了石头，或是从自家搬来四角长板凳，拦在路当中，石头和板凳依次排开，人坐在那，摆成"一"字的阵势。那时是下午两点。到了晚上，在厂里做工的村民都回来了，到村口见状，拦路的事情也就越传越开了，村民也都对顺东颇有意见，你也去他也去，于是晚饭过后人越来越多，都去拦路了。

那次拦路持续了两天一夜，村里的干部把拦路的村民一个个劝回家中，说会解决、会解决。

村里的人也讲说顺东现在是并购给中海油了，但2008年的时候还是个人运营的工厂，进来的原料质量都很差，见到的村民描述顺东用的是像沥青一样的原油，拦路事件平息后没几天，顺东原料输进管道的时候又泄漏了，这次气味更加浓，有些敏感的人已经有了反应，眼睛干、舌头发麻、头晕。村民们恐慌心理更严重了，往各处打电话，告的告，骂的骂，事态已经失控，海村整村的村民慌乱了。为此，社区党委开了很多会议商讨办法，每次村干部在会议室里面开会时，会议室外面都会聚集三五个村民，听到消息，然后跑到小店里传开，不用多长时间海村三四百人都知晓情况了。

2008年4月13日，拦路的人达到高峰，人数至少有四五百人，全是海村的村民，分为七排，每排四五十个人，大多搬着凳子坐着拦着，也有搬石头的，有的村民甚至开着拖拉机挡在路当中，村民已经决心要反抗到底了。这几天的拦路还有时间表。

一队，150人，拦路时间是5点到12点。

二队，170人，拦路时间是12点到18点。

三队，40人，18点到半夜。

要拦的那条路是在原来海村小学的旁边，村民们自发在小学的操场上搭起了帐篷，用竹竿子嵌进泥土里，四根就可以支起一块帐篷布，在那边开起了灶台，拿来了煤气，给拦路时饿的人做吃的食物。这种气氛现在是很难看见的，由此老百姓一下子被团结了起来，本来都是去起哄的，后来拦着拦着血气就涌上来。对于自己的身体健康，每个村民都是极其珍视的，谁侵害了他们拥有健康的权利，他们就和谁抗争到底。

那天顺东进出车辆或是人员都遭到拦截，拦路持续进行了三天两晚，直到第三天晚上，政府出动了武警公安，人数达到六百多名，派出28部警车来驱散村民。他们先拿着盾牌，从老百姓中间穿过去，如果村民不让路就用警棍甩，不然回头就把人抓走。有的妇女会骂武警，看到他们说"狼狗又来了，狼狗又来了"，因为武警手上都牵着狼狗，确实武警在村民心中像狼狗一样凶恶。当下，这个妇女就被抓走了。驱散村民的时候，武警用喇叭喊："在场的村民听着，再给你们三分钟时间，撤退，如果不撤退就清场"。清场的含义村民都理解。那次拦路就这样被强制驱散了。

2008年5月份的时候，刮东南风，和海村相邻的小沙镇、毛峙镇也受到影响了。有一次气味重，小沙镇村民也开始拦路，他们所在的位置是顺东的后门，所以他们拦后门，而海村处于顺东的正大门，海村村民拦前门。这两个村的拦路有否策划？海村村民潘盛这样描述。

> 虽然没有明着电话沟通，但是私底下应该是知道情况的，毕竟两个镇相熟的村民也很多。有个叫张忠高的，原来在海村这里是做大饼油条的，他现在房子是在毛峙，他早上在做生意的时候见过我们在拦，中午回毛峙了就会告诉那里的村民。不过我们不是主动说的，他们也是自己要去拦路的，有时候会打电话给我们，问我们情况怎么样。我们说在拦呢，他们说他们也是，就是这样，自愿的、自发的就形成了两个镇拦路的情况。我记得有次矛盾是我们拦路时，顺东的车子硬是要开出去，把毛峙人张阿毛的腿压断了，矛盾激化，小沙村民开始大闹了。①

拦路不多久，海村发生了村民集体跪市长的事件。下跪最初发生在2008年6月份，因为顺东试生产时间为三个月，企业曾保证试生产完不会再有气体异味排放。但事实并非如此，2008年6月1日，山海村市市长下访海村，在社区会议室接见村民，与村民商谈。几百名村民在会议室内外聚集。村民有以下的几点质疑。

1. 顺东排放的异味何时能消除，若是消除不了如何解决。
2. 顺东环评是否合格，政府是否有欺骗老百姓的行为。
3. 卫生防护距离到底是多少，是否存在该拆却没拆的情况。

村民意思是让周市长直接答复，当场拍板。市长一直阐述他解决这件事情的难处，一方面是他刚上任一个月，很多情况不了解，另一方面是他也要和市里有关部门和负责人再讨论。直到晚上，双方都没达成协议，领导们想离开了，但是村民们反应仍很激烈。会议室外面都是年纪大的人，一听说市长要走了，就集体下跪，几百个人全部跪下，没有任何人发号施令，也没有事前商量，"跪下"似乎是他们当下唯一可以实施的方式。"求

---

① 依据2011年2月18日在区某茶室对村民潘盛的访谈录音整理。

求市长了，把我们的问题解决好再走，你是我们父母官，你要给我们做好事情再走"。这种类似哀求的反抗方式，出于的是原始的"拜求恩典"的情感。这种情感虽然盲目，但无时不在发生效用，影响人的行为和愿望。"无意识跪拜"也是原始抵抗的一种方式，出于村民自身的观念和情感，通过这种方式，村民们希望能留住市长、留住抗争的希望。

下跪尽管没有如村民预想的当场解决问题，但是市长在村民的哀求、阻拦中，放慢了离开村子的步伐。海村村民跪求市长的消息在政府内部和其他乡镇迅速传开。过几天，辽宁发生了在市政府面前群众集体下跪的事件，吸引到了全国的注意，不但解决了群众的问题，那里的官员还被免职。这个消息在海村村内迅速传播，村民们的观念也渐渐发生了改变。如果以"脱离联结"来界定，无疑，现在的村民处于"联结"（In Joint），2008 年10 月 18 日再次发生的政府广场跪拜就很难不打上"原始"的标记了。看看他们喊出的一些口号。

"青天大老爷啊，给我们这个垃圾厂搬搬掉了。"
"村干部不管我们了，顺东中毒了，臭死了。"
"我们人民生活过不下去了啊，压制百姓，夺命了"。

这次村民集体去市政府的下跪，带有明确的策略意识，无意识下跪的效用使他们了解到下跪也可以成为反抗的一种有效方式。村干部依次劝导，可见群众下跪确实能给政府施加压力，另外，外界成功案例的出现也让村民感悟到了新的抗争方式。这种"有意识"把原始的反抗逐渐引向另外的形式，在模仿和经验学习的影响下进行"有意识抗争"，这类的行为方式已经脱离了原始反抗的范畴。

## 三　原始的注解

"原始"相对于"复杂"而言，霍布斯鲍姆将它和"现代的反抗"加以区分，将它定位为"缺乏一整套意识形态、组织形式和行动计划的反抗"，"并且这些反抗完全依照自身的意愿实行，并不考虑是否合法的问题"（Hobsbawm，1959）。"原始的抗争有自己独特的抗争伦理，并且和现代社会关系及经济自由主义有一定程度上的脱结（Out of Joint）"（Hobsbawm，1959）。

223

抗争初期的拦路、跪市长、谩骂、打闹等行为是原始抵抗的表现。拦路是村民集体反抗中发生最早也是次数最多的行为，是由分散个体自主参与，集结成群。面对侵害，他们依照自己的理解实施抵抗，搬石头、拉扯、吵闹、拦人，冲动而易受感染。他们遵循的是村社中最简单的关系逻辑：人不犯我，我不犯人；人若犯我，我必犯人。如霍布斯鲍姆所述，村民有自己的抗争理解，这种理解最明显的标志是"脱离联结"，是基于自身的认识，不加外界的影响。然而，这种行为的效果并不完满，村民们受到了镇压，促使他们意识到需要"习得"其他方式。

基于自身理解的抵抗缘何形成？首先，在目的上，形成了短暂的"要求顺东停止侵害"的共识，群体利益指向清晰；在抗争方式选择上，是村民"今天他出点主意，明天他在网上知道点环保知识然后也献献策"，以这种形式"吵着哄起来的"；在消息的传递中，是以小店和村民家为场所的内部交流。尽管政府料想拦路是有头目在背后组织、事先策划实施的，但是事实是村民为保护自身而产生的共同的被迫的行为。"拦路就是这样，谁是总司令，到底有没有这个头头谁都无法给出答案。老百姓是乱的，几百个人在一起，易聚也易散。想着想着老百姓们就做了，没想过后果，拦路抗争并不存在恶意，就是想解决顺东排出的毒气问题。"①

初期的跪市长、跪领导也是原始抵抗的方式之一。李连江认为，在依法抗争中，抗争中下跪、静坐"带有强烈政治象征意义"，一方面显示上访决心、对领导者施压；另一方面为了争取旁观者的同情，获得舆论优势（李连江，2008）。李的论断带有强烈的政治意义，下跪确实是村民抗争的策略之一，然而，笔者认为，这种策略并不完全是为了获得舆论优势，摆出姿态给政府施压、和政府对垒。在海村，当事态刚刚显现，下跪是村民在求助无力中无意识的、出于自身理解的、类似"拜求恩典"思维的直观表现。

下跪经历了从"无意识到有意识"转变的过程，无意识下跪是原始抗争的表现。国人遵从权威、膜拜青天的传统政治观念并没有随着皇权形式的消除而发生实质性的覆灭，尤其是在村社结构中，不能否认这种传统观念仍发挥着微妙的作用，意识形态的控制力影响深远。持"无意识"观点的学者詹姆逊分析这种现象的原因是"当观念脱离所依赖的物质条件时，

---

① 根据 2011 年 3 月 2 日在海村蔡来福家门口的谈话整理。

它成了一种独立的力量，在特定的社会关系中决定和支配某种行为"（转引自谢少波，1999）。历史成为一个"不在场"的原因决定"在场"的行为。下跪已经作为一种神圣的力量根植于传统价值观念中，海村村民面对市长离开时，本能的反应是"求他不要走"，跪拜行为更多的是内在祈求的外化，是底层百姓在诉求无力中寄托希望的一种方式，是最简单、最直接的方式。

在霍布斯鲍姆的视野下，原始抵抗的中心意涵在于"怀旧"，是对传统世界、美好过去的怀旧（Hobsbawm，1959），和现代意义上的反抗相对，那些"古老"、没有充分准备的、自发的抵抗形式出于农民对现代世界破坏他们生活的直接反应（勒维，2001）。霍布斯鲍姆让我们理解了反抗的意义，无论是"政治卢德主义"或是千禧年主义运动，各种缺乏计划甚至看似愚笨的反抗方式都可能演化为革命的形式，两者的亲和性无可否认。他的论述将"原始抵抗"看作某阶级或是某群体的行为，以冲突的视角警示我们，社会中任何的抗争即便是看似最简单最愚笨的行为也不可忽视，存于其中的特定的价值体系依然有可能成为活跃的政治力量。即便是像海村村民搬石头、拦路、砸工厂这种行为，如若不能及时地给予安抚，也会演化为抢、打、杀等群体性泄愤事件。个体的诉求往往最初表达为简单、直接的方式，依照农民自己的逻辑实际不易产生破坏地方秩序的力量，而往往忽视这些原始、看似愚笨的方式的存在，却导致了民冤串联、底层冤化、群体暴力，霍布斯鲍姆对我们最重要的作用即在于警惕我们应该放弃对"原始"的偏见，只注重复杂的、组织化的抗争形态。

从文化和心理层面，继续探求的问题是农民实施此种方式的缘由。对其的重视不仅体现在一些精神分析学、文化人类学、心理学的研究上，持"理性""动员""集体"的社会运动研究也承认这种倾向的重要性。之所以现有的论述会排斥这个因素，因为早期"非理性"和"情感"往往是相连的，而事实是，"在现实生活中情感和理性是合而为一"，"情感在社会运动中的作用，以及参与者情感行为背后的宏观结构和微观社会心理学机制"都需被注重（赵鼎新，2006）。赵鼎新的观念呼应了霍布斯鲍姆的原始抵抗力量以及文化推崇者关于情感背后社会机制的研究。如在海村，村民们搬石头、拦住路、和化工厂管理人员吵闹、与武警缠打、扯衣服、下跪，甚至想烧掉化工厂，按照"文明人"的视角，拦住路就能阻止工厂车辆进出、工人出入？打败这批武警就能使反抗奏效？烧掉化工厂就能消除污染？这便是村民原始抵抗的逻辑，霍布斯鲍姆的"脱离联结"和村民所说的"我们只想到眼前的事"实则都表达了这个想法，在他们的思维中，能考虑的都是"在场的"可见的或存于身边的事物，如化工厂、领导、某种传统，并不会去思考"不在场的"不可见的如社会制度、法律、外界作用力。只有在实践中，这些外界的事情或规则确实在村内发生了影响，他们才会意识到这些，如对惩罚觉知的恐惧。抵抗中这些原始手段的施用，基于对传统①的信念和维护。那些村民们从未接触的文明的方式，谁又来确保这些是有效的，是安全的？

这种努力不能说是失败的，尽管村民们因此受到了伤害，也没有完全解决自己的诉求。但是，排除理性和技术，这些方式更能对人的情感产生作用，因为原始在某种意义上是一种回归。在技术和市场理性的作用下，文明创造了一个有可能将自己都打入的"牢笼"，每发明一个新的手段，都需要面对受挫的可能，贝克抽离出来的风险社会即为这种"向前"不确定性的展现。所以无论是"文明人"还是"原始人"，都期望从过往的安定中找到归属。过往给我们提供的是一些形式，并以文化为指代留存下来。所有文化的概念都建立在个体认知的基础上，在大脑中不断地重构、歪曲、改变以及发展其他人交流来的信息（赵旭东，2008）。后现代精神分析学者克里斯蒂娃对回归也有类似的定位——"延续和更新那些经验"（克里斯蒂娃，2007）。

在此意义上，村民原始的反抗有了文化的内涵，原始方式的再执行是对过往的延续和更新，作为质疑现实即存规范和权力的方式，通过回溯被重新定义。"拦住路就能让工厂停工""烧掉化工厂就能消除污染"这种认识正确与否只能在具体事实中才能验证。2008年后到现在，有时候顺东气味重，村民还会去村边拦路，前前后后拦路不下50次。村民确实是用这种最朴素的方式来抗争、来保护自己。抗争初期对市长的跪拜，村民作为弱者的无奈性显现无疑。

## 四 结语：原始抵抗的洞察力

原始的抵抗是整个抗争中最初始的形态。在转型社会的背景下，复杂

---

① 包括实在的事物和所有非实在的观念、文化。

的、计划周密的反抗已经被形形色色的研究范式剖析警示，出于抗争者个人认知、情感的原始抵抗往往被忽略。原始的抵抗因为"脱离联结"而表现出最纯净的状态，愤怒、恐惧的拦路行为和祈求恩典的群体下跪是农民认知及经验的最直接表现。原始抵抗的洞察力在于以下几方面。

第一，农民抗争的研究应考虑到基于农民自身思维的"脱离联结"状态下的行为，而不是仅仅注重受外界浸润下的农民策略性抵抗。

在方法论层面上，预设的条件往往是农民"被组织化""被政治化""被策略化"，在原始抵抗发生不久就放弃此方式，而采取外界灌输的所谓"有效"的抗争方法，尽管某种程度上产生了一些效果，但是并没有从根本上解决抗争的结点，治标不治本。从历史的角度，从古至今，村民社会中矛盾的根本解决大多基于的是农民自身的发明发现、自身产生的行为方式的调整和重构，而不是外界赋予或强加的。应该注意到的是农民对矛盾的创造性解决能力，留出时间和空间，让农民寻求适合的解决方式，回归他们自身的情感和认知。

第二，原始抵抗也可能演化为激烈的群体性抗争，某些抵抗也可能成为一定的政治力量，成为社会不安定的因素，不能忽视。

霍布斯邦姆以发展中国家原始抵抗的事实来警示我们这些行为的作用力。在海村，村民抗争初期的打闹、拉扯、谩骂、拦路、跪市长，是在无引导、无意识中自然表现的行为方式，看似简单、"落后"，实则暗含相当的影响力。这种方式往往潜存于村民深层意识当中，是最易想到，最易实施的行为。村民们通过最直接的方式保护自己，尽管杂乱但处理不当极易引发恶性群体性抗争事件，如底层冤化的联结，群体性"打、砸、抢"现象的发生。

第三，作为心理上的表达，原始抵抗的背后，支撑的是村民在村落社会中自然习得的价值体系，是村民出于对环境觉知而产生的恐惧。其基础是农民的认识，认识通过经验获取，原始的抵抗方式源于受认可的经验，在农民看来，这些方式至少在过去是有效的。

村民依照他们自己的想法，用最简单最顺手的行为自发地维护生存环境，折射出过去长久存于他们意识中的经验和规则。村民以过往的经验躲避灾祸，以实际行动的效用再决定他们的行为取向，重构他们的认知和意义。这种重构某种意义上是一种回归，从自身到自身的改变和确认，包含了抵抗、回忆、质疑和思考。

227

"政治无意识"的延续性和控制力、认知的"在场性"和对技术社会风险性质疑都是乡土社会村民的思维结构特征的体现。在农民研究的范畴中，基于农民自身基础上的情感、思维和行动需要再次被认识，而在"脱离联结"中形成的原始抵抗，正是这种取向的重要体现，是在最纯净状态下乡土社会结构的自然表达。

## 参考文献

蒂利，2010，《抗争政治》，李义中译，译林出版社。

詹姆斯·C.斯科特，2007，《弱者的武器》，译林出版社。

克里斯特娃，2007，《反抗的未来》，广西大学出版社。

勒维，2001，《从斯温队长到潘乔·比利亚——埃里克·霍布斯包姆史学著作中的农民反抗》，狄山译，《第欧根尼》第 2 期。

李连江、欧博文，2008，《当代中国农民的依法抗争》，载吴毅主编《乡村中国评论》第 3 辑，山东人民出版社。

吴长青，2010，《从"策略"到"伦理"对"依法抗争"的批评性讨论》，《社会》第 2 期。

吴毅，2007，《"权利—利益的结构之网"与农民群体性利益的表达困境——对一起石场纠纷案例的分析》，《社会学研究》第 5 期。

谢少波，1999，《抵抗的文化政治学》，陈永国、汪民安译，中国社会科学出版社。

于建嵘，2010，《抗争性政治：中国政治社会学基本问题》，人民出版社。

赵鼎新，2006，《社会与政治运动理论框架与反思》，《学海》第 2 期。

赵旭东，2008，《否定的逻辑：反思中国乡村社会研究》，民族出版社。

赵旭东、赵伦，2011，《新形势下群体性事件化解机制与农村稳定问题研究》，《信访与社会矛盾问题研究》第 3 期。

Hobsbawm，E. J. 1959. *Primitive Rebels*. Manchester：Manchester University Press.

# 政治机会结构与农民环境抗争

## ——苏北 N 村铅中毒事件的个案研究

朱海忠[*]

**摘　要：** 政治机会结构理论关注那些没有多少政治权力的群体在缺乏传统的政治资源时为何能获得一定的博弈能力。苏北 N 村铅中毒事件中，村民环境维权的政治机会分为两个部分，一是"结构性机会"，包括选举与"乡政村治"、环境诉讼、寻求专家学者和民间环境组织帮助、信访等，这些结构空间发挥的作用不大。与此相比，相对开放的媒体对于事件的解决起了关键性作用，这种状况反映了当前中国农民环境抗争的政治机会结构存在严重缺陷；二是"象征性机会"，包括中央对"三农"问题的重视和对环保问题的强调、中央政府与基层政府之间的张力，以及农民维权被镇压的危险明显减少等。象征性机会通过影响农民的主观感知和心态而对他们的策略选择产生间接影响。在不同情境中，"政治机会格局"可能对媒体的实际作用产生重要影响。

**关键词：** 政治机会结构，结构性机会，象征性机会，环境抗争，铅中毒事件

## 一　引言

自 20 世纪 80 年代以来，随着农村工业化步伐的加快和城市工业向农村

---

\* 朱海忠，南京大学政府管理学院博士生。原文发表于《中国农业大学学报》（社会科学版）2013 年第 1 期。本文是教育部人文社会科学研究一般项目"农民环境维权问题研究"（项目编号：09YJC840037）、江苏省社会科学基金青年项目"环境污染与农民环境利益诉求研究"（项目编号：09SHC010）的阶段性成果。

的转移，农村原本优美的环境在很多地区遭到严重破坏。面对各种各样的污染，受害农民运用诸如跪求、诉苦、上访、诉讼、拦截、破坏，直至暴力冲突等各式手段进行环境抗争，环境冲突由此成为影响农村社会稳定的又一重要因素。近年来，学术界有关草根环境抗争问题的研究逐渐增多，如黄家亮讨论了农民集团环境诉讼所面临的困境，以及克服这些困境的动力机制与应对策略（黄家亮，2008）；景军（2009）讨论了地方性文化在农民环境抗争中的社会动员作用及其与农民环境意识的连接；罗亚娟（2011）描述了农民环境抗争的发展过程及各阶段的行动策略；高恩新（2010）讨论了关系网络在环境集体维权过程中的作用；童志锋（2011）讨论了农民环境抗争中的认同建构；陈阿江等（2011）讨论了农民环境抗争过程中的认知特点等。然而，这些研究大多集中于探讨民众环境抗争的内在动力机制，忽略了外部政治背景。在西方社会运动理论中，政治机会结构理论是涉及社会运动的外部政治背景的最重要的理论，因此，本文以该理论作为分析框架，结合 2008 年苏北 N 村发生的铅中毒事件，对目前中国农民环境抗争的政治机会结构特征进行检讨。

## 二 农民环境抗争的政治机会结构：
## 一个本土的分析框架

"政治机会结构"（Political Opportunity Structure）是指某个社会运动得以产生的外部环境或政治背景。最早提出这一概念并对其进行详细阐述的是美国学者艾辛杰（Eisinger），他把政治机会结构看成是民众对当地政府的影响力的函数。他在研究了 1968 年美国 43 个城市发生的抗议活动之后发现，抗议发生的频率与政治机会结构之间有一个曲线关系：政治机会结构非常开放或非常封闭，抗议不太可能发生；当某个政体既有开放特征又有封闭特征时，抗议则最容易发生（Eisinger，1973）。在艾辛杰那里，政治机会结构仅仅指城市政体的开放程度。随着相关经验研究的不断增加，这个概念的外延不断扩展并由此带来了研究困境。为此，麦克亚当（McAdam）呼吁将"政治机会"同其他有利条件区别开来，强调其"政治"特性，并且将"政治机会结构"确定为四个维度，即：政体的开放程度、精英联盟的稳定程度、在精英中有无同盟，以及国家镇压的能力与倾向（McAdam，1996）。这一界定成为研究者理解政治机会结构内涵的基础。

祝天智根据上述四个维度首次对当前中国农民的维权现状进行了卓有成效的分析（祝天智，2011），虽然只是一般性的概括，没有具体的个案材料支撑，但是开了中国学者从政治机会结构视野分析农民维权行为之先河。从诱发根源考虑，农民维权有很多类型，或因为土地被征用、房屋被拆迁，或因为基层干群矛盾，或因为环境污染。这些维权行动有共同的政治机会，但各个类型之间也存在一些差异，比如，中央政府大力推进环境保护的姿态对于农民环境维权非常重要，但对于拆迁维权则意义不是太大。正因为如此，迈耶和闵考夫强调，在运用政治机会结构理论分析具体个案时，一定要对政治机会进行细微区分，找出哪种机会"对什么有利"。因为不同的结果可能是由不同的机会所导致的（Meyer & Minkoff，2004）。

将政治机会结构理论与草根环境抗争问题相结合的代表性研究成果是阿尔梅达和斯蒂恩斯（Almeida and Stearns）对日本水俣病患者环境抗争的分析。他们强调政治机会与抗争者的行动策略和行动结果之间的关系：当政治机会微弱时，草根行动者采取的"扰乱性行动"（Disruptive Actions）或"非制度化策略"（Noninstitutional Tactics）收效甚微；当政治机会增加时，运用这一策略会大大增加他们同政府和企业讨价还价并最终实现行动目标的可能性（Almeida & Stearns，1998）。阿尔梅达和斯蒂恩斯仅仅强调了政治机会的两大维度，即"精英的不稳定性"和"外部联盟"。他们的分析思路在解释中国民众环境抗争时有很大的局限性。第一，中国不存在因政党竞争和地方自治而出现的体制内精英的分裂；第二，中国各地虽然污染事件接连不断，但并没有出现能够支援地区性草根环境抗争的全国性环境运动；第三，"扰乱性策略"在日本水俣病事件中似乎更是一种理性选择的结果，而在中国的环境抗争事件中恰恰是因为制度内途径失效之后在情感的驱动下出现的；第四，阿尔梅达和斯蒂恩斯没有涉及抗争者对政治机会的感知问题。事实上，许多政治机会要素，如日本政府1967年颁布《环境污染控制基本法》、1971年日本政府设置环境省等，一个极为重要的作用是向污染受害者传递了政府开始重视污染防治与环境保护的信号，这一信号一旦被感知，会影响受害者的心态，改变他们的行动预期和行动策略。因此，除了结构层面上的政治机会之外，符号层面上的政治机会同样会对污染受害者的环境抗争产生影响。

在众多关于政治机会结构的概念界定中，只有迈耶和闵考夫涉及了行动者对政治机会的感知问题。他们区分了两种不同类型的政治机会，即

"一般性政治机会"以及"与特定事务相关的政治机会"，而且两者都被进一步划分为结构层面和符号层面（Meyer & Minkoff, 2004）。本文循着迈耶和闵考夫的思路，将目前中国农民环境抗争的"政治机会"归纳如下。其中，"结构性机会"指政体为农民环境抗争所提供的制度空间和行动路径；"象征性机会"指中央在"三农"和环境问题上表现出来的姿态，这种姿态通过影响农民的主观感知和心态而对他们的策略选择产生间接影响。详见表 1。

表 1 中国农民环境抗争的"政治机会"归纳情况

| 结构性机会 | 象征性机会 |
| --- | --- |
| Ⅰ. 开放的政治通道<br>选举与"乡政村治"<br>环境信访<br>环境诉讼<br>环境公众参与<br>Ⅱ. 外部联盟<br>专家、学者<br>民间环境组织<br>相对开放的媒体 | Ⅰ. 中央政府对"三农"问题的强调及其与基层政府之间的张力<br>Ⅱ. 被镇压危险的明显减少<br>Ⅲ. 中央政府对环保的重视 |

## 三 分析框架的初步检验：以苏北 N 村铅中毒事件为例

### （一）N 村铅中毒事件概况

2008 年下半年至 2009 年年初，苏北 YH 镇的 N 村①发生了严重的铅中毒事件。全村因企业污染而导致铅中毒或患高铅血症的有 106 人，其中 14 岁以下儿童有 44 人，最小的不到 1 岁，还有多人血铅含量超标。造成铅污染的企业是距离村民住宅不到百米的 CX 公司。该公司成立于 1988 年，当时一次性买断 N 村 30 亩土地，构成企业的最初地界。2005 年年底，CX 企业与新加坡某环境管理公司寻求合作，并于次年成立合资集团。从 2006 年开始，企业靠以租代征的方式占用原属一、三组村民的 50 亩土地，由此形成事发前占地 100 多亩的厂区。

---

① 按照学术惯例，本文对所有涉及的人名均作了技术处理，所涉及的地名按照行政级别分别使用 O 市（地级市），P 市（县级市），YH 镇，N 村。

2008 年 5 月，村民张思明携患重感冒的次子在医院求诊时偶然发现自己孩子体内的铅含量超标。他开始怀疑离自己的住处不远的 CX 公司是污染源，因为该企业主营废旧电瓶回收利用。从 6 月到 8 月，张思明拿着发检和血检报告单多次找企业负责人"讨个说法"，每次都遭到企业的拒绝。在此期间，闻知张思明遭遇的其他村民也开始为孩子做血铅检测，结果，原先发铅检测全部超标的孩子血检全部正常，这使村民不得不怀疑负责血检的 O 市职业病医院与企业串通涉嫌造假。于是，在 O 市检查全部合格的 4 个孩子在家长陪同下来到南京市儿童医院检查，结果，血铅含量全部超标，其中的 1 名儿童属于严重铅中毒。

握有了证据之后，少数村民也开始效仿张思明找企业理论，但没有取得任何结果。于是，村民只好到 O 市卫生局和江苏省卫生厅上访，结果一无所获。懊恼的村民在"中国环保"网站的投诉栏里用实名进行了网络投诉。

2008 年 10 月，在网上看到了村民投诉的《市场信息报》记者来到了 P 市。经深入采访之后，很快出了《CX 企业遭污染门》的专题报道。媒体的报道引起了企业的紧张。在收买维权精英失败之后，企业继而采取欺骗与隐瞒策略。为了澄清自己没有造成污染，企业在离得最近的居民家中抽取了 8 名儿童送至 O 市职业病医院检查，结果所有孩子的血铅都是正常。这种做法导致了村民对企业进一步的不信任以及村民们自行求证过程。在 O 市检查正常的儿童家长带着孩子相继奔赴南京市儿童医院和西安市第四军医大学医院检测。11 月 8 日，去西安市求医的儿童家长带回了一张张令人触目惊心的血检报告单。这些报告单引发了村民的集体性恐慌和自费赶往西安市求证的热潮。11 月 10 日，当血检报告出来之后，村民们纷纷前往村民委员会、镇政府，以及市政府信访办公室信访群体中毒事情。

村民的上访迫使政府部门介入中毒事件，但迟至 2008 年 11 月 13 日，P 市政府才派出代表来到 N 村了解情况并出席村民代表会议。这种滞后的回应恶化了村民与企业的关系。在问题没有得到解决的情况下，企业的继续生产惹怒了村民。在愤怒情感的驱动下，村民们涌向企业，责令其停产，并过激地推倒了企业部分围墙。冲突发生后，21 名中毒严重的儿童被安排到 O 市儿童医院免费住院排铅治疗，村民的激愤情绪才得到缓解。

由于 O 市儿童医院没有治疗群体性铅中毒的经验，2008 年 12 月 1 日，首度有 7 位儿童的家长放弃了对公费医疗的依赖，决定自费去北京医院为孩子看病。在北京求医遇到了 P 市政府的阻挠，村民们被强行带回。12 月 9 日晚，村民们二度踏上赴京的列车。这一次的求医更加不顺。政府不仅直接恐吓、阻挠医院治疗，而且派人在深夜闯入村民居住的旅馆地下室殴打、劫持维权代表，并以威逼手段将其余人员遣送回家。求医遭到殴打，这使 P 市政府与村民的关系恶化到了最顶点，并直接导致村民与企业的二度暴力冲突。北京所发生的事情通过手机很快便传到了村里，12 月 13 日，企业生产时所冒出的黑烟成了召唤村民行动的标志。当天上午 8 时许，100 多名村民聚集在企业门前找公司负责人理论。由于一直不见厂方领导出来说话，愤怒的群众砸了办公楼的部分窗户玻璃和灯具等，场面一片混乱。

**（二）结构性政治机会与 N 村村民的环境抗争**

1. 选举与"乡政村治"、环境诉讼、专家学者、民间环保组织等功能的缺失

选举手段在 N 村农民环境抗争中没有发挥任何作用。自始至终，村民根本没想到要去找人大代表和政协委员帮忙，认为找他们帮忙不会有什么作用。维权代表张思明说："在整个事件过程中，我们不相信地方上的任何机构，更谈不上民主。民主在这里只是一个传说而已。"与此相似，村民没有想到要去法院对企业的环境污染和健康伤害提起诉讼，在健康问题凸显时，他们也没有时间和精力去进行诉讼。

"乡政村治"为农民维权带来的政治机遇主要体现在它为村民提供了一个自我运作与日常交流的平台，由村民自己选出来的村干部在维权过程中更可能站在村民一边，甚至直接充当维权领袖。"乡政村治"的另一个作用是它突出了村委会在基层社会管理中的不可或缺性。由于是不可或缺的，所以在某种程度上增强了自治社区与上级政府讨价还价的能力。在迫不得已的情况下，只要打出这张王牌，必定造成轰动性的效果，其典型例证是"锰三角"地区的村干部集体辞职事件①。几十名村干部集体辞职在"乡政村治"的背景下一定会导致农村基层社会管理的瘫痪。由于"锰三角"地区的清水江污染所涉及的地理范围较广，因此，跨地区多名村干部团结一致的大规模联合行动目前只是特例。在 N 村事件中，污染仅涉及单个村庄，再加上基层干部并非完全由村民选举产生，这使得村民自治在村民维权中

① 详细报道见中央电视台《经济与法》"环境保护系列节目"（四）：《"锰三角"启示录》，2009 年 6 月 11 日。

的作用不大。

与日本水俣病事件（Minamata Case）相比，N 村村民没有获得大学生、企业工人、科学家和文化工作者，以及全国其他地区的环境抗争者的支持；与美国伍本事件（Woburn case）相比，N 村村民没有获得大学教授及其他外来专家学者的帮助。在事件的整个过程中，没有一个专家、学者去过 N 村，村民们也没有见到任何民间环保组织人员的身影。造成这种特殊的外援格局的原因与中国当前的政体特征有很大关联。在中央密切关注环保、农村和民生的大背景下，一旦媒体对铅中毒事件作了集中报道并引起社会反响，权力高层必定迅速介入平息事端，不会给其他社会力量的介入留下宽裕的时间和机会；国家对于成立各种类型的社会组织严格限制，这使得村民无法建立类似于美国基层社区大量出现的"草根环境组织"；整个社会层面上民间环境组织的不发达使得村民能够得到的外援相当缺乏。

2. 信访的作用不明显

企业的拒绝合作和买通医院在血检问题上弄虚作假迫使村民走上了信访的道路。2008 年 9 月，几位家长将 O 市医院出假的事情首先上访到 O 市卫生局，因迟迟得不到回应，村民又委托代表上访到江苏省卫生厅。一个月之后，维权代表之一张思明打电话到江苏省医政处，得到的答复是：上访材料已经转到 O 市卫生局处理。这样的结果令村民们非常懊恼。气愤之余，他们委托张思明在"中国环保"网站的投诉栏里用实名进行了网络投诉。网络投诉仍然应该被看成是村民信访的组成部分，因为这时候的村民仍然是寄希望于行政力量解决问题，而不是通过媒体来造势。张思明亲口承认了这一点。

> "我投诉的时候，没有想到通过媒体来解决。我认为应该由环保部门派人来调查。原先我在省人民网、省党政两个政府机构的网站上投诉过。网上有回复，说：你们这事我们不能管，我们管贪污腐败之类的事情。你们这种事要到环保网站上去投诉。"（2010 年 8 月 24 日，张思明访谈）

另有两个事实可以证明张思明所言非虚。第一，作为投诉代表，张思明一直认为"中国环保网"是国家环保总局设的。直到后来北京记者纷纷来访之后，他才从《有色金属报》记者口中得知是媒体设的；第二，村民在投诉信的末尾写道："望有关政府能够给以重视，能够派出有关管理人员给以展开社会调查"。

在网上看到了投诉的《市场信息报》记者来到 N 村采访的同时，村民们又将企业的旧账，即多次非法征用村民土地的事情上告到 P 市国土资源局和江苏省国土资源厅。

2008 年 11 月上旬，N 村 91 名儿童分 3 批前往西安西京医院求医并且带回一张张令他们非常恐慌的血检报告单。村民们确认了铅中毒的事实之后，他们的行动策略是三级上访，即分别向村委会、镇政府和市政府反映情况，请求政府解决问题。后因政府不恰当的事故处理方式，导致村民与企业的暴力冲突和部分村民自费赶赴北京替孩子看病。看病受到 P 市政府阻挠之后，求医不成的村民被逼上访至国家卫生部。

村民们的上访过程历经坎坷。如前所述，在 O 市卫生局的信访石沉大海，在省卫生厅的上访转了一圈又回到了原点；在 P 市国土资源局，他们受到该局负责人的嘲讽；到 P 市政府上访的结果如下所述。

> 半个多月来，政府领导人特派了许多基层干部，挨家挨户看住村民，怕村民上访，软禁出来维权的村民代表。派出公安干警强行镇压，把去上访的人都抓了回来。（摘自维权代表的日志：《N 村遭企业污染导致儿童群体性铅中毒》）

### 3. 媒体的关键性作用

第一，媒体出乎村民的意料之外成了村民维权的强大外部联盟。2008 年 10 月，村民们在"中国环保网"网站上进行投诉是多次与企业交涉没有任何结果之后的无奈之举，对投诉能起到多大作用根本没有抱太大希望。村民们没有盼到他们所希望的国家环保总局的官员的到来，相反，恰恰是这个无奈之举引起了媒体记者的注意，并最终造成了"无心插柳柳成荫"的局面。《市场信息报》记者秦坤在网上看到投诉信之后来到了 N 村。这个被村民们称为"一个有正义感的记者"经过调查之后很快报道了企业污染导致儿童群体铅中毒的事件，其他媒体记者的陆续跟进采访与报道终于引发了企业的紧张和政府的重视。媒体的报道成了促成 N 村铅中毒事件得以解决的转折点。

第二，记者的主动联系和来访建构了媒体与村民之间的双向互惠关系。

由于基层政府不希望自己所辖地区的环境污染丑闻被诉诸报端，因此对媒体的采访总是重重设限，拒绝谈论、封锁与隐瞒信息，中途拦截或驱赶记者还算是客气的做法，严重者甚至侵犯记者的人身自由，或者威胁记者的身体与生命安全。在这种情况下，媒体记者只能从污染受害者一方了解事情的原委。在 N 村个案中，媒体记者甚至与维权精英建立了单线联系，直接要求后者提供自己想要的材料。张思明在维权过程中曾经将各种材料（包括政府召开村民会议时的录音等）存储并复制在 4 个 U 盘中，这几个 U 盘后来都被记者拿走。2010 年年初，P 市另一村庄发生"征地血案"，政府在通往该村的交通要道上派人拦截外来车辆，这使前来采访的记者们进入现场非常困难。张思明骑着摩托车将曾经采访过铅中毒事件的某位记者送到了目的地。在张思明的手机里存储着众多媒体记者的电话号码，包括《市场信息报》《中国产经新闻》《瞭望东方周刊》《新华日报》等，甚至一些普通村民也曾向笔者炫耀过他们能与某某记者直接联系。这样一来，双方便形成了一种互惠关系，村民希望媒体报道他们的不平，而记者则希望村民给他们提供报道的素材。一旦他们的报道产生了轰动性的影响，对提高所属媒体的阅听率必定大有帮助。调查对象的"可接近性"和通力合作无疑会使记者在情感上偏向于村民，并把质疑与批判的矛头指向阻碍他们调查的污染企业和基层政府。

第三，媒体的广泛报道使原本仅局限于地方上的事件被迅速放大和延伸，特别是中央媒体的介入使铅中毒事件产生了全国性影响，从而给地方政府造成了强大的舆论压力。2008 年 12 月 13 日可以作为媒体对 N 村事件报道的分界线。在此之前，虽然也有一些媒体前来调查，但产生影响的也只有《市场信息报》的报道。13 日之所以成为转折点，是因为村民们自费赴京看病但被 P 市政府派人阻挠、殴打与强行带回，由此引发了村民的道德愤怒和村民与企业间的第二次暴力冲突。这种极具戏剧性特点和情感渲染力的事件成为媒体争相报道的对象。《瞭望东方周刊》的记者首开先河，其《P 市儿童铅中毒风波调查》不仅引起了江苏省委、省政府以及国家环保部等相关部门的高度重视，而且引发了更多媒体的跟进报道。继《瞭望东方周刊》之后，中国人民广播电台"中国之声"、"焦点访谈"栏目、中央电视台财经频道、新华社南京分社、《江南快报》、《江南时报》，以及很多村民们"说不出来、不认识"的媒体纷纷派记者前来采访，而《瞭望东方周刊》也对事件作了跟踪报道，名为《P 市儿童铅中毒事件再起波澜》。

当然，并非所有媒体都有采访成果的出炉，村民们抱怨说，北京一家媒体的记者守在 N 村的时间最长，采访的东西也最多，但却不见他们的节目播出。尽管如此，多家媒体的集中轰炸式报道对于促使 P 市政府做出企业搬迁的决策起到了决定性的作用。

**（三）象征性政治机会与 N 村村民的环境抗争**

1. 中央政府对"三农"问题的强调及其与基层政府之间的张力

从 2004 年开始，中央连续八年发布以"三农"为主题的"一号文件"，强调"三农"问题在党的工作和社会主义现代化建设中的"重中之重"的地位。近年来，中央多项重大涉农政策高强度密集出台，其中包括完全取消农业税、粮食直补、新型农村合作医疗、农村免费义务教育、农村最低生活保障、新型农村社会养老保险等。中央对"三农"问题的重视强化了农民所怀有的"中央是恩人"的思想，同时也向农民发出了这样一个强烈的信号：既然"恩人"如此关心农村发展，就一定不会对农民所蒙受的不平和委屈，甚至健康与生命安全坐视不理。在这样的一种心态下，一旦农民的利益诉求在地方上无法获得满足，他们便会历经重重困难到北京寻找恩人帮助。当地方利益集团逼迫太甚时，走投无路的农民会采取极端措施直接向权力中枢求救。张思明对他们进京求医的过程有以下这样一段描述。

> "到北京几天来，由于政府作梗威胁 D 医院，孩子得不到治疗，家长们心急如焚，每天都去向医院恳求。……家长们开始寻找更多的医院，希望孩子们能早日得到治疗，他们找到了 A 医院、B 医院和 C 医院，各个医院都没有能力治疗严重的群体性铅中毒，纷纷建议回 D 医院，愤怒的家长上访到 C 医院对面的国家卫生部，告 D 医院的所作所为。家长们当时商量，要是直闯卫生部还是没有效果的话，就打算抱着中毒的孩子在中南海前面跪求。"（摘自张思明的日志：《P 市铅中毒维权的村民们》）

中央政府与地方政府之间的张力主要体现在地方政府的自利性倾向上。随着分税制的推行，地方政府利益独立化日趋增强。中央政府大力推进节能减排、环境保护，地方政府则拼命进行招商引资、发展经济，把环境保护搁置一边；中央政府反复强调"和谐社会"，地方政府我行我素，遇到不满则畸形求稳，对老百姓不是化解矛盾、解决纠纷，而是愚弄、哄骗、收买和打压。中央政府与地方政府之间的张力是各地维权精英纷纷涌现，并且实施挟中央以制衡地方策略的重要原因。

2. 被镇压危险的明显减少

被镇压的危险减少主要由以下两种因素推动：

第一，国家对待农民维权行为态度的根本性变化。维权不再被认为是"闹事"，而被认为是因为权益受到侵犯而引发的反应，因此，中央政府严厉禁止粗暴对待维权农民。这一姿态深刻影响了地方政府和农民的心态。对于地方政府而言，"镇压"明显违背了中央的规定以及"和谐社会"建设，只能用其他方式摆平农民的抗争；对于农民而言，中央的姿态极大地舒缓了他们对于维权合法性的担忧，使他们行动起来没有太多的后顾之忧。这也是很多维权专业户产生的重要根源。

第二，"容易偏离体制轨道"（赵鼎新，2006）的新闻媒体监督力度的加大，尤其是网络论坛、微博等新兴信息传播方式的广泛应用，使得基层政府违法行为被曝光的风险大大提高，而一旦被曝光，随之而来的可能是地方官员遭受严厉的惩处。在这种情况下，多数基层政府倾向于采用花钱买平安的办法，即通过有选择性地满足农民部分要求的办法进行处置，或者采用"拖"或"骗"的手段，即许诺未来给予好处或满足需要的办法平息事端；即使对于基层政府很重视的"京访"，基层政府也只能采用"盯"和"截"的战术，即对重点对象采用人盯人的战术，万一盯漏而出现越级上访，则争取提前拦截和劝回的办法进行处置（祝天智，2011）。

3. 中央政府对环境保护的重视及颁布了多项环保法律

20 世纪 80 年代末，特别是 2005 年以来，中央政府在环保方面的动作力度加大，主要体现为以下几个方面。

第一，发展观念的两次重大更新，一是 1994 年国务院通过《中国 21 世纪人口、环境与发展》白皮书（即《中国 21 世纪议程》），开启了中国"可持续发展"之路；二是 2003 年党的十六届三中全会上，胡锦涛同志提出了"科学发展观"。

第二，环保体制上的重大调整。1988 年，国家在环保体制上有两个重要设置，一是在中央设置了副部级的国家环保局；二是在地方上成立了"淮河流域水资源保护领导小组"，作为未来治理淮河污染的领导机构。1998 年，国家环保局升格为正部级的国家环保总局，2008 年又进一步升格为国家环境部，从原先的国务院直属单位变成国务院组成部门。

第三，污染治理上的重大举措，典型例证是对淮河的治理。1994年5月，全国人大环境与资源委员会、国家环保局，以及中央新闻单位组织了"中华环保世纪行"活动，披露淮河水污染的严重现状。不久，国务院环境保护委员会蚌埠会议首次提出"一定要在本世纪（20世纪）内让淮河水变清"的口号。随后有《关于淮河流域防止河道突发性污染事故的决定（试行）》以及我国历史上第一部流域性法规——《淮河流域水污染防治暂行条例》的出台。1996年，国家主席（时任）江泽民出席了第四次全国环保大会，国务院总理（时任）李鹏代表中央政府讲话，这是历次环保会议中规格最高的一次，显示了中央对环保问题的重视。

第四，2005年起"环保风暴"的频繁刮起。2005年1月18日，国家环保总局对外宣布三峡地下电站等30个大型建设项目因环境影响评价不合格被责令立即停建。年底，国家环保总局局长因松花江水污染事件而辞职，由此开了中国环保官员问责制的先例，同时表明了政府对待环境问题的某种姿态。2006年2月，国家环保总局再出重拳，宣布即日起将对9省11家布设在江河水边的环境问题突出企业实施挂牌督办；对127个投资共约4500亿元的化工石化类项目进行环境风险排查；对10个投资共约290亿元的违法建设项目进行查处。时任国家环保总局副局长的潘岳在接受《南方周末》记者采访时表示，要将此类执法行动长期不懈地坚持下去。国家环保总局强硬姿态的更深层背景是中央在"十一五"规划纲要（2006～2010年）中要"加大环境保护力度"（刘鉴强，2006）。

经过媒体多年的宣传，中央政府对于环保的强调已在民众心中扎根并且对民众环境抗争的心态产生了深远影响。2005年浙江新昌县环境冲突事件中，黄尼村的村民希望"事情越大越好，因为只有这样才能真正引起政府重视"（朗友兴，2005）。既然环境保护现在已经成了政治正确的标签，老百姓就可以运用环境作为保护自己利益的理由和借口。农民不怕把事情闹大，与中央政府大力支持环境保护的姿态密切相关。

与血铅事件直接相关的法律主要有四类，一是有关环境保护的基本法——《中华人民共和国环境保护法》。该法规定了许多有关环境保护的基本制度，如环境影响评价制度、企业环境保护责任制度、三同时制度、公众环境参与制度等；二是对上述一些制度的细化法规，如《环境影响评价法》《环境影响评价公众参与暂行办法》《环境信息公开办法（试行）》等；三是与铅锌生产有关的规定和标准，如1998年颁布的《铅冶炼防尘防毒技术规程》、2007 年国家发改委颁布施行的《铅锌行业准入条件》、2001 年颁布的《危险废物贮存污染控制标准》等。四是与土地资源保护相关的中央或地方法规，如 1986 年颁布的《土地管理法》、1996 年修订的《土地违法案件处理暂行办法》、2002 年颁布的《农村土地承包法》、2005 年江苏省政府颁布的《江苏省征地补偿和被征地农民基本生活保障办法》等。这些在网络上唾手可得的法律法规一方面为村民维权提供了行动的依据，更重要的是，它们改变了村民的观念。如果说"维权"即"维护正当、合法的权利"，那么，正是这些法律规定赋予了村民关于"权利"的观念。

# 四　结论与讨论

241

政治机会结构理论的关注点是那些没有多少政治权力的群体在缺乏传统的政治资源（如资金、社会资本、政体内部的游说渠道等）时，为何却能获得一定的博弈能力并产生具体的政治影响。就 N 村铅中毒事件而言，从事件的发生到最终解决，村民们所能调集的财力、物力、人力资源并没有发生变化，因此，与资源动员理论相比，政治机会结构理论更能说明村民在与政府、企业的周旋中为什么能够获胜。基于上文对 N 村村民环境抗争的政治背景的描述，我们可以作以下几点总结与讨论。

第一，政治机会结构理论的核心是强调制度安排对于抗争者行动策略的影响，因此，如果透过这一理论视角来分析农民的环境抗争，首先需要考察政体为农民的抗争行动预设了哪些制度或结构空间。就 N 村事件而言，选举制度、"乡政村治"、环境诉讼、寻求专家学者和民间环境组织帮助等结构性空间对村民维权的帮助不大，而中国人最偏好的信访制度所发挥的作用也不明显。相比而言，媒体的介入对于问题的解决起了关键性的作用。这种状况反映了当前中国农民环境维权的政治机会结构存在严重缺陷。

第二，在 N 村铅中毒事件中起了关键性作用的媒体在其他情境中并非总能起到相同的作用。有时候，媒体无法曝光某个问题，因为节目没有通过宣传部门的审批因而无法播出，或者材料直接被地方政府拿走，即使有高层媒体的介入也并不一定能够带来污染受害者所期望的结果。媒体作用的弱化通常是由地方政府的有效应对所导致的。这里的问题是：P 市政府也拿出了一套应对媒体的策略，甚至涉嫌收买个别高层媒体进行反向事实建构，但这些应对策略为何没有奏效？萧克（Schock）在考察 20 世纪 80 年代菲律宾和缅甸爆发的人民权力运动时提出了"政治机会格局"的概念。他认为，某个政治机会对社会运动的影响是由各种政治机会的不同配置所决定的。比如，镇压有时能激发社会动员，有时却又压制动员，这是因为受到了其他政治机会（如重要同盟、精英分裂等）的影响。当其他政治机会具备的时候，一味地血腥镇压能将大批民众吸纳到社会运动中来，而当这些机会消失时，血腥镇压反而对社会运动的卷入起到恫吓与遏制作用（Schock，1999）。本文认为，媒体对某个环境抗争事件的实际影响也是由不同的"政治机会格局"所决定的。如果信访制度能够很快解决问题，或者环境诉讼制度比较完善，环境纠纷处理机制比较高效，村民们也就无须通过媒体来解决问题；如果民间环境组织比较发达、各地污染受害村民可以建立草根环境组织并相互支援，地方政府就不会将应对媒体看得过于重要；如果国家对环境保护和三农问题不够重视，就算媒体作了报道，地方政府也不会面临解决问题的巨大压力。如果介入的外来媒体较少，则不会出现由于众多媒体的交相报道而放大事件的社会效应，孤立的媒体也很容易落入地方政府的应对陷阱中。近年来频繁出现的铅中毒事件之所以成为媒体关注的焦点，除了因为这些事件大多发生在中央重点关注的乡村地区，并且引发了较大规模的社会冲突，危及了社会稳定之外，更重要的是，它使得众多人员，特别是未成年儿童的健康与生命安全问题在短时间内凸显。

第三，如果将政治机会结构仅仅局限在制度和结构层面，在分析特定的抗争事件时就会遇到这样一个问题，即相同的制度性机会为何在不同的情境中会导致不同的抗争图景。本文认为，如果人们对客观层面上的制度性机会感知不足或者在主观上倾向于缩小这些机会空间，那么，起来抗争并获得成功的可能性会大大降低。一些"象征性政治机会"对农民的主观感知和维权心态产生了影响，比如，国家对"三农"问题的高度重视强化了农民对中央的"恩人"心态和解决农村问题的期待；中央政府对农民维权态度的改变及其与地方政府之间的张力极大地舒缓了农民对于维权合法性的担忧，使他们行动起来没有太多后顾之忧；国家对环保的重视以及颁布的多项环保法律法规使村民感知到环境抗争的政治正确性等。在这种情况下，能否接收到足够的信息以领悟国家意志从而改变村民对客观机会的主观感知是影响他们抗争行动的重要因素。

## 参考文献

陈阿江、程鹏立，2011，《"癌症—污染"的认知与风险应对——基于若干"癌症村"的经验研究》，《学海》第 3 期。

高恩新，2010，《社会关系网络与集体维权行动——以 Z 省 H 镇的环境维权行动为例》，《中共浙江省委党校学报》第 1 期。

黄家亮，2008，《通过集团诉讼的环境维权：多重困境与行动逻辑——基于华南 P 县一起环境诉讼案件的分析》，载黄宗智主编《中国乡村研究》第 6 辑，福建教育出版社。

景军，2009，《认知与自觉：一个西北乡村的环境抗争》，《中国农业大学学报：社会科学版》第 4 期。

郎友兴，2005，《商议性民主与公众参与环境治理：以浙江农民抗议环境污染事件为例》，"转型社会中的公共政策与治理"国际学术研讨会论文，广州。

刘鉴强，2006，《"弱势部门"再掀环保风暴，潘岳誓言决不虎头蛇尾》，《南方周末》2 月 9 日，第 A1 版。

罗亚娟，2011，《乡村工业污染中的环境抗争——东井村个案研究》，《学海》第 2 期。

童志锋，2011，《认同建构与农民集体行动——以环境抗争事件为例》，《中共杭州市委党校学报》第 1 期。

赵鼎新，2006，《社会与政治运动讲义》，社会科学文献出版社。

祝天智，2011，《政治机会结构视野中的农民维权行为及其优化》，《理论与改革》第 6 期。

Almeida, P., and L. B. Stearns. 1998. "Political Opportunities and Local Grassroots Environmental Movements：The Case of Minamata". *Social Problems* 45：37 – 60.

Eisinger, P. K.. 1973. "The Conditions of Protest Behavior in American Cities". *The American Political Science Review* 67：11 – 28.

McAdam, D.. 1996. Conceptual Origins, Current Problems, Future Directions. In D. McAdam, J. D. McCarthy and M. N. Zald (eds), *Comparative Perspectives on Social Movements*. Cambridge：Cambridge University Press.

Meyer, D. S., and D. C. Minkoff. 2004. "Conceptualizing Political Opportunity". *Social Forces* 82：1457 – 1492.

Schock, K.. 1999. "People Power and Political Opportunities：Social Movement Mobilization and Outcomes in the Philippines and Burma". *Social Problems* 46：355 – 375.

# 政治机会结构变迁与农村集体行动的生成
## ——基于环境抗争的研究

童志锋[*]

**摘　要：** 政治机会结构作为西方集体行动与社会运动的重要理论，对研究中国农民的环境集体行动具有借鉴意义。但是，对于这一概念的基本内涵，需要进行系统梳理。基于中国经验，我们认为，"依法治国"话语的强化、媒体的逐渐开放、行政体系的分化是诱发中国农村的集体抗争行动的重要因素。"法治"话语的不断强化为农民的"依法抗争"提供了维护自身权益的机会；媒体的逐步开放，促发了信息的自由流通，为抗争者提供了更多的可动员资源以及机会；由于分化的行政体系会降低农民抗争的风险性，有助于促发农民的持续抗争，并为抗争精英的关系运作提供可能的机会，也会为农民集体抗争创造了一定的机会空间。

**关键词：** 政治机会结构，农民，集体行动，环境抗争

在梯利和麦克亚当的政治过程理论中，政治机会仅仅是若干影响社会运动产生和发展的因素之一。但是到了 20 世纪 80 年代后期，特别是在泰罗（Tarrow）的倡导下，政治机会结构已经发展成为专门的理论（赵鼎新，2006）。有关西方抗争政治的研究大多认为政治机会结构的出现是导致集体抗争发生或兴起的主要原因，因为这样的结构变迁有助于集体抗争的成功（石发勇，2005）。但是对于什么是政治机会结构，学术界却是争论不休。

---

[*]　童志锋，浙江财经学院社会工作系副教授。原文发表于《理论月刊》2013 年第 3 期。本文为国家社会科学基金青年项目"社会转型中的农民集体行动"（项目编号：09CSH015）阶段性成果。

一些学者主张"政治机会结构的发现是与国家自主性的概念息息相关,事实上从一开始,这个研究途径所构想的政治即是狭义性的指涉,只涉及了制度化的政治部门,亦即国家组织。一直到九十年代之前,无论是在Lipsky, Eisinger, Wilson 的都市抗议研究、Tilly 的欧洲抗争史研究、Kitschelt, Tarrow 的欧洲新社会运动研究,都是遵循这个未明言的设定"(何明修,2005)。在 1996 年的一篇文章中,泰罗才正式将这种观点称为国家中心论。他把政治机会结构的组成要素归纳为如下四个方面:第一,政治管道的存在。既有的政治局势越是提供人民参与决定的空间,机会则是越开放。第二,不稳定的政治联盟。政治局势越是动荡,越能够提供挑战者运作的空间。第三,有影响力的盟友。社会运动需要外来资源的汇入,政治盟友的出现有助于运动的动员。第四,精英的分裂。如果执政党无法采取一致的行动来回应外在要求,即是为挑战者开启了一扇机会之窗(Tar-row,1996)。

另一些学者主张,国家中心论是一种结构主义偏见,无法分析社会运动实际面临的过程。从文化研究的角度出发,甘姆森和迈耶指出,政治机会除了制度的面向,还有文化的面向。因此,神话和叙事、价值、文化主题、信念系统、世界观、媒体的组织形态及其他的政治和经济性质等都可被视为政治机会(Gamson & Meyer,1996)。

在研究中国农民的集体抗争行动时,不能仅仅局限于狭义的国家中心论的政治机会结构意义,而应该把文化意义上的政治机会结构纳入到实践研究中。其基本理由是:在一个威权主义国家中,由于国家与社会的高度相关性,社会文化领域的重要变化同样能够成为维权者可利用的机会,这与政治与社会高度分离的西方国家是不同的。

目前,一些研究中国集体抗争的学者也已经意识到了政治机会对于中国集体抗争的重要性。有学者指出,"政治机遇结构是解释中国都市地区集体行动之发生的最有力的一个自变量,因为它代表了促进或阻碍社会运动或集体行动的动员努力的几乎所有外部政治环境因素"(刘能,2004)。

在有关农民与工人的维权抗争中,李连江、于建嵘等学者指出新形势下的国家法律和政策为维权群众提供了对抗强权的武器。有学者以一个假象中的中国乡村地区的集体行动个案,即某个中西部村庄到了一年一度征收村提留款的时候,部分村民准备交、部分村民准备不交为研究主题,指出村庄当局的政治强势或脆弱性、精英竞争和精英分裂的程度、村庄当局和上级社会控制机关采取镇压手段的可能性（最有可能采取何种社会控制手段）构成了农民抗争的重要的政治机会（刘能，2007）。

陈映若（2006）在研究中产阶层都市运动时指出，"国家与城市间利益的分化和立场的差异，对于都市运动的行动者而言，有时意味着某种政治机会。"同时，她又指出要注意城市与城市之间政治机会的不同，"相对而言，广州、深圳地处边陲又紧邻香港的特殊的边缘性，北京内部中央—城市的多重权力结构等，都可能为中产阶层的维权运动提供相应的可能条件，也可能构成社会运动特殊的政治机会结构"。

总体而言，这些研究强调法律、精英分裂、城市的社会政治结构等因素影响了集体行动的产生与发展。从中国环境抗争维权运动的实践出发，结合国内外学者对于政治机会结构的讨论，我们认为，"依法治国"话语的强化、媒体的逐渐开放、分化的行政体系是诱发中国农村的集体抗争行动的重要因素。

## 一　"依法治国"与农民的"依法抗争"

### 1. "依法治国"话语的强化：环境法律的视角

1999 年，"依法治国"被正式写入宪法修正案第五篇，并成为政府部门、立法机构和政党报告广泛使用的术语，这意味着法治已经成为国家权力的首要来源。实际上，自改革开放以来，"依法治国"就拉开了新的序幕，并取得了卓越的成就，并发展成一种强势的话语。以环境法律的发展为例，1978 年，邓小平同志首先提出中国应制订环境保护法，1979 年 9 月，全国人大常委会原则通过《中华人民共和国环境保护法（试行）》，使我国环境保护工作走上了法制化的轨道，奠定了我国环境立法工作的基础。三十多年来，我国先后制定了《环境保护法》《水污染防治法》《大气污染防治法》《环境噪声污染防治法》《固体废物污染环境防治法》《环境影响评价法》等一系列环境保护法律，国务院制定了《自然保护区管理条例》《排污费征收使用管理条例》《建设项目环境保护管理条例》《危险废物经营许可证管理办法》等一批环境保护行政法规。此外，国家环境保护行政主管部门和国家有关部门发布环境保护的行政规章 100 多个，环境标准 400 多个，地方发布的环境法规和规章有 900 多个（陈战军、陈勇，2010）。在惩治环境危害方面，1982 年，我国将"国家保护和改善生活环境和生态环境，防治污染和其它公害"写入了《宪法》，1997 年，《刑法》增加了"破坏环境资源保护罪"。

恰如有学者指出的，"目前已经形成了以《中华人民共和国宪法》为基础，以《中华人民共和国环境保护法》为主体，以环境保护专门法、与环境保护相关的资源法、环境保护行政法规、环境保护行政规章、环境保护地方性法规为主要内容的环境法律体系以及相关的环境标准体系"（洪大用，2008）。

2. 农民的"依法抗争"

当法治作为"一个新的支配性社会工程"（李静君，2006）出现的时候，一方面引导社会控制方式的全面转型，另一方面也为社会群体提供了维护自身权益的机会。李连江和欧博文（1997）基于中国农民的反抗行动中提出的"依法抗争"的概念。所谓依法抗争是农民积极运用国家法律和中央政策维护其政治权利和经济利益不受地方政府和地方官员侵害的政治活动。依法抗争所依的法是中央政府制定的法律和政策，抗争的对象则是地方政府制定的不符合中央法律、政策或中央精神的种种"土政策"和其他侵害农民合法权益行为。

第一，利用环境法律法规"依法抗争"。法律法规在对社会进行制度化控制的同时，也为底层群体提供了维护自身权益的新的法律诉求维度。大量的资料可以表明，在社会实践中，农民逐渐学会了利用法律作为动员的资源，并以此证明抗争维权的合法性。特别是《中华人民共和国环境保护法》等相关规定经常在农民的上访信、倡议书、横幅标语等抗争维权材料中充分得到了体现。比如，在福建 PN 县抗争事件中，村民的倡议书中直接引用了《中华人民共和国环境保护法》第六条规定，即一切单位和个人都有保护环境的义务，并有权对污染和破坏环境的单位和个人进行检举和控告。

第二，利用环境公平话语"依法抗争"。改革开放以来，"可持续发展""生态文明建设"等国家战略日益受到各级政府重视。在党和政府的有力推动下，在强大的舆论宣传下，这些理念已经深入人心，并且已经演化为强势的国家话语。直接后果是，无论是地方政府还是企业法人，凡是有悖于"可持续发展""社会和谐"等理念的行为，就可能会受到社会舆论与上级部门的强大的压力。在这样的情况下，当地方出现消极对待环境污染、重经济轻环保、滥用警力等行为时，就会把自己置于不利的地位。相反，农民会利用"生态文明"等政策话语进行"依法抗争"。

## 二　媒体的逐渐开放与农民对媒介的利用

大众传媒在集体行动与社会运动中发挥着重要的作用，这已经成为学术界共识。如果说，在西方一些国家中，媒体更多是作为动员的资源被重视的话，在一个威权主义国家与地区中，媒体的开放性则为农民的集体抗争提供了政治机会。有学者指出，在台湾地区，"报禁的开放，新闻自由的扩大化，促成台湾有关抗议运动资讯的更大流通，意识形态更难操纵垄断，也提供运动人更多的可动员资源以及保护"（张茂桂，1990）。

1. 媒体报道中的环境抗争：走向开放

在20世纪80年代，中国政府对大众传媒进行较为严格的控制，新闻媒体基本上是完全政治化的。"公众被告知领导希望他们知道的东西；竞争的或矛盾的信息不可能从有组织的媒体中得到反映。因此中国媒体中的几乎每一条新闻都具有准官方的性质"（汤森，2003）。一般而言，发生了农民抗争事件，大众媒体基本不会报道，即使偶尔报道，也是寥寥数语，强调农民行为的负面性质与官方行动的正当性。同样，对于农民的环境抗争，也鲜见于新闻媒体。甚至，在1980年代，关于环境污染的报道都很少见。有学者指出，由于对新闻媒介的严格控制，早期媒介对于环境保护的监督作用也没有充分发挥，媒介的环境报道主要以正面报道为主（洪大用，2001）。

20世纪90年代中后期，关于环境污染与农民抗争的报道开始逐渐增多。例如，在《南方周末》《民主与法制》《半月谈》等媒体上，逐渐出现了一些农民抗争的报道。当然，这些报道在有关处理具体的抗争过程上都相当隐晦，大多不涉及对具体抗争事件过程的详细描述，而是以分析问题产生的原因为主。与此同时，这一时期关于环境污染的新闻报道也有所增加。如有学者明确指出：在20世纪80年代，省级和国家媒体很少报道污染的新闻；20世纪90年代，开始加大污染新闻的报道；进入21世纪后，关于环境事件的新闻报道增多（Brettell，2003）。诸如此类的报道对于污染的企业产生了一定的压力，也客观上促成了污染问题的解决，继而化解了农民的抗争。

2003年非典事件之后，政府逐渐放开了对突发事件报道的权限，媒体对于突发事件的报道也开始增多。以环境抗争的报道为例，2007年的厦门

PX 事件堪称是媒体与集体行动互动的经典案例，在新媒体与传统媒体的"配合"下，这次环境集体抗争事件的前后过程被全方面地报道出来，而媒体本身也成了影响这次事件发展的重要力量。

2. 农民对媒介的利用

有学者指出，在 20 世纪 80 年代的中国，任何社会不满都是针对国家的，因而对政权具有很大的颠覆性（Zhao，2001）。自 20 世纪 90 年代以来，由于市场机制的作用，地方政府的表现与当地群众的经济和社会生活状况更为紧密地联系在一起。与此同时，地方政府也成了矛盾的焦点。由此，反而出现了集体抗争事件的地方化和多元化。中央政府更多时候成了调停人而非靶子，这也使得中央政府对社会冲突报道的容忍度有所增大。整体而言，媒体的开放促进了抗争信息的流通，增加了抗争行动者的资源。具体到某个污染或冲突性事件，当媒体曝光后，地方政府部门就会受到上级部门和社会舆论的极大关注。为维持社会安定团结的局面，政府一般会尽快地解决问题，以平息民愤。

20 世纪 90 年代中期以来，越来越多的农民开始意识到了媒体的重要性，开始主动地与媒体进行沟通，向媒体投诉，希望引起媒体的关注，以增大抗争成功的可能性。

比如，在 2007 年 6 月 1 日至 9 月 26 日，共有 22 人次登录非政府组织中国政法大学污染受害者法律帮助中心的网站进行环境投诉，除去重复投诉外，总计 19 起投诉。其中在"期望得到何种帮助"一项中，13 人都直接提到了"联系新闻媒体曝光"，占到总数的 68.4%。这表明，环境受害者对于媒体已经非常重视。

而媒体的报道为农民的维权提供了资源。以福建 PN 县事件为例，2002 年 3 月，《方圆》杂志以"还我们青山绿水"为题曝光了 PN 县的环境污染问题，之后不断有新闻媒体进行追踪报道，这令地方政府很"头痛"。尤其是 2003 年 4 月 12 日，中央电视台《新闻调查》曝光 PN 县的污染之后，ZCJ 等人参与的环境诉讼与维权获得了空前的关注。第二天，省环保局就专程来 PN 县调查污染真相，对于该县农民的环境抗争客观上起到支持作用。据不完全统计，自从《方圆》杂志报道之后，《人民日报》《法制日报》《中国环境报》《中国青年报》，以及新华社等全国各大新闻媒体共刊发了独立报道近 50 余篇，网上的转载、摘要等不计其数。而且，几乎所有的报道都是揭露污染、报道农民的维权，这对 PN 县的村民环境抗争是一个很大的支持。这样一种持续的关注，给污染企业与地方政府造成了巨大的压力。

## 三 分化的行政体系与农民的机会空间

### 1. 并非铁板一块的行政体系

第一，中央与地方的利益差异。回顾我国环境保护的历程，由于环境保护政策的贯彻落实主要依靠各级地方政府，而中央政府与地方政府由于各自所代表的公共利益范围的不同，在根本利益一致的基础上，还是存在巨大的利益差异。各级环保部门都隶属于各级政府，在人、财、物等方面也都高度依靠各级政府的保障，而不是依赖中央环保部门。因此，中央政府的环保主张和相关政策并不一定能够完全贯彻下去。地方政府出于自身的利益考虑，往往是"口头上贯彻，实际上不贯彻"；或者"对我有利就贯彻，对我不利就不贯彻"；或者"上有政策，下有对策"，想尽办法"钻空子""打擦边球"，乃至明目张胆地违反政策（洪大用，2006）。

正如研究者发现，虽然中国仍旧是个威权主义的国家，但是其行政体系并非浑然一体的。地方有能力变通执行中央政策，使之对自己有利。例如，Barry Naughton 便认为，地方总是以对己有利的方式在执行政策时变通执行中央决策，因此中国政治体制的一大特点是存在很强的"执行差距"。Lieberthal 和 Lampton 提出了"分割的权威主义"——尽管中国的政治体制分属权威主义，正式的权力流向自上而下，但是，在最高和最基层之间的"空白地带"上，这种权威却是极其割裂的（李兰芝，2004）。由于各级政府机构的权力范围和利益出发点不同，整个行政系统中存在很多相互冲突和"裂痕"。这些包括上下级矛盾、条条矛盾、块块矛盾以及条块矛盾等（石发勇，2005）。在改革开放时代，由于权力和利益的重新分配，此类矛盾越来越突出。因此，地方政府利益和关注点并不一定和高层政府职能部门一致，甚至会相互冲突，尤其在前者的发展项目违背职能部门规章时更是如此。这种相对"分裂"的行政体系则为农民利用关系网络抵制地方当局侵权提供了空间。

第二，行政系统代理人的多元化。"分化的行政体系"并不仅指层级系统的分化，也指同一级别政府职能部门之间的分化。对于政府官员（政治精英）的行政行为，一直有两种研究取向：一种是注重制度的力量，例如罗伯特·米歇尔斯提出的"寡头统治铁律"；另外还有一些学者从人的主观能动性出发，强调政府官员的具体行政行为未必完全受到制度力量的影响，他们能在自己的职责范围内进行相应的变通。由于中国的行政系统本身并不是铁板一块，各部门都有自己的利益，而执行政策的政府代理人又可能在自己的职责范围内变通，这使得行政系统代理人的行为呈现出多元化的特征。

2. 分化的行政体系与农民的机会空间

正是由于中央、省、市、县、乡、村各级政府部门的差别，导致了其在处理农民的环境抗争过程中的行为并不一致，这反而给农民的集体抗争创造了一定的政治机会。

第一，分化的行政体系降低了农民抗争的风险性。在改革开放之前，由于行政体系基本上是铁板一块的，抗争的农民面对的是一种强大的政府机构，几乎无法从其内部获得支持。如果受污染者阻止污染的发生，往往会以"反革命破坏罪"被判刑。其风险性是非常大的。到了20世纪90年代中后期之后，恰恰是由于"分化的行政体系"使得地方政府部门之间也出现了利益的分化。这反而给环境抗争者创造了机会。例如，在我们调查的福建PN县案例中，县环保局、县委县政府、福建省环保局等行政部门对于抗争农民的态度就明显不一致。相对于县委县政府、县环保局，福建省环保局由于能脱离地方利益而相对公正。2003年4月12日中央电视台《新闻调查》栏目以"XP村旁的化工厂"为题对PN县污染事件进行了全方位的报道。化工厂的厂长得知后，亲自打电话给县电力局，要求其停电，全县当天没能看到该节目，接到投诉的福建省环保局领导在得知后的第二天专门奔赴PN县处理问题并对县里某些部门的做法进行了批判，并召集村民与县里相关部门达成了一些环境保护的协议。正是由于在20世纪90年代之后，各级行政系统在利益、权力等各个方面的分化给农民创造了抗争的机会。一些政府部门的支持也减少了农民抗争的风险性。

第二，分化的行政系统有可能会促发农民的持续抗争。如果说，整个行政系统是铁板一块的话，在面对强势的国家权力机构的情况下，几乎任何的抗争都是以卵击石。因此，很多农民就未必能够坚持抗争下去，其结果是消极等待。然而，正是由于行政体系的不一致性，使得很多农民相信，恰是由于上级政府不知道基层政府的一些错误的做法才导致环境污染问题无法解决，而只要上级政府下令，基层的问题就很容易获得解决。这样一种心态促发了农民的持续抗争。在北京"上访村"，就有十几年坚持上访的村民，一些人是从县、市、省一直上访到中央。有数据表明，近些年来，信访的总量有所控制，但越级上访持续增多（Li，2004）。从某种意义上而言，正是由于行政系统的分化促发了农民的持续抗争。

第三，分化的行政体系为抗争精英的关系运作提供了可能的机会。在环境领域中，属于典型的多头管理，例如，就水体污染而言，环保、林业、渔政等部门都可以插手，因此，有"九龙治水"之说。近年来，由于环境问题的持续恶化，国家对环境问题的重视，使得国家环保局的地位有所上升，这客观上打破了现在的环保利益格局。因此，在一些具体的领域上，环保部门与其他部门的摩擦也在逐渐增多。尤其是国家环保部门与国家发改委在一些产业布局等问题上的分歧增多。这就意味着，在环境问题上，政治精英可能在具体问题上出现较大的分歧，也正是因为这样的分歧为农民、居民的集体抗争创造了政治机会。

有学者曾对怒江反坝运动等自然保育运动进行研究，他们的研究表明，近年来，国内的一些民间环保组织负责人与国家环保总局（现在的国家环保部）的官员之间已经形成了良好的互动关系，他们在一些重要的事件中相互配合、相互支持，从某种意义上，已经结成了较为稳固的联盟。在怒江事件中，国家发改委、云南省政府与国家环保局在怒江的环评上存在着较大的分歧，而民间环保组织正是利用了政治精英的分裂，推动了怒江反坝运动的发展（Sun & Zhao，2007）。

当然，一般的居民和农民很难拥有民间环保组织的关系资源。在没有组织的支撑之下，一般也很难形成与某些地方政府之间的稳定联盟。但是他们同样可以通过关系网络的运作获得部分政治精英的支持，为抗争维权赢得机会与资源。例如学者通过对发生在某社区的绿色运动的人类学研究展现了市园林部门、市环保部门等同一级别的政府职能部门在市民护绿运动中的分化，而正是这种分化使得抗争的居民能够运用市园林、市政府的其他关系网络对抗侵权的街道办事处，为抗争维权赢得了更多的机会空间（石发勇，2005）。

## 四　小结

政治机会结构作为西方集体行动与社会运动的重要理论，对研究中国农民的环境集体行动具有借鉴意义。但是，对于这一概念的基本内涵，需要进行系统梳理。基于中国经验,我们认为"依法治国"话语的强化、媒体的逐渐开放、分化的行政体系是诱发中国农村的集体抗争行动的重要因素。

当"法治"作为"一个新的支配性社会工程"出现的时候,一方面引导社会控制方式的全面转型,另一方面也为农民的"依法抗争"提供了维护自身权益的机会。而"建设社会主义生态文明"等发展战略的提出既是中国政府在社会建设理论上的巨大创新,同时也成了农民对抗有侵权行为的地方政府或污染企业的强势话语。

20世纪90年代中期以来,随着媒体的逐步开放,关于环境污染与农民集体抗争的报道逐渐增多,这促发了抗争运动信息的广泛流通,使得意识形态更难控制,也为抗争者提供了更多的可动员资源以及机会。

由于各级政府机构的权力范围和利益出发点不同,整个行政系统中存在很多相互冲突和"裂痕"。这给农民的集体抗争创造了一定的机会空间,如会降低农民抗争的风险性、促发农民的持续抗争,为抗争精英的关系运作提供可能的机会。

## 参考文献

陈映芳,2006,《行动力与制度限制:都市运动中的中产阶级》,《社会学研究》第4期。

陈战军,陈勇,2010,《我国特色的环境保护法律体系》,《湖南日报》8月23日。

洪大用,2001,《社会变迁与环境问题》,首都师范大学出版社。

洪大用,2006,《试论正确处理环境保护中的十大关系》,《中国特色社会主义研究》第5期。

洪大用,2008,《试论改进中国环境治理的新方向》,《湖南社会科学》第3期。

何明修,2005,《社会运动概论》,三民书局。

李静君,2006,《中国工人阶级的转型政治》,载李友梅,《当代中国社会分层:理论与实证(转型与发展)》第1辑,社会科学文献出版社。

李连江、欧博文,1997,《中国农民的依法抗争》,载吴国光:《九七效应》,太平洋世纪研究所。

李芝兰,2004,《跨越零和:思考当代中国的中央地方关系》,《华中师范大学学报(人文社会科学报)》第6期。

刘能,2004,《怨恨解释、动员结构和理性选择:有关中国都市地区集体行动发生可能性的分析》,《开放时代》第4期。

刘能,2007,《中国乡村社区集体行动的一个理论模型:以抗交提留款的集体行动为例》，《学海》第 5 期。

汤森，沃马克，2003，《中国政治》，顾速、董方译，江苏人民出版社。

石发勇，2005，《关系网络与当代中国基层社会运动：以一个街区环保运动个案为例》，《学海》第 3 期。

张茂桂，1990，《社会运动与政治转化》，财团法人张荣发基金会、国家政策研究资料中心。

赵鼎新，2006，《社会与政治运动讲义》，社会科学文献出版社。

Anna M. Brettell. 2003. *The Politics of Public Participation and the Emergence of Environmental Proto-Movements in China.* University of Maryland, College Park.

Gamson, William A., and David S. Meyer. 1996. "Framing Political Opportunity". In Doug McAdam, John D. McCarthy, and Mayer N. Zald (eds). *Comparative Perspectives on Social Movements*. Cambridge: Cambridge University Press.

Li, Lianjiang. 2004. "Political Trust in Rural China". *Modern China* 30.

SunYanfei, &Zhao Dingxin. 2007. Multifaceted State and Fragmented Society: The Dynamics of the Environmental Movementin China, In Dali Yang (eds). *Discontented Miracle: Growth, Conflict, and Institutional Adaptations in China.* World Scientific Publisher.

Tarrow, Sidney. 1996. "State and Opportunities: The Political Structuring of Social Movements". Doug McAdam, John. McCarthy & Mayer N. Zald (eds). *Comparative Perspectives on Social Movement.* Cambridge: Cambridge University Press.

Zhao, Dingxin. 2001. *The Power of Tiananmen: State-Society Relations and the 1989 Beijing Student Movement.* The University of Chicago Press.

254

# 依情理抗争：农民抗争行为的乡土性

## ——基于苏北若干村庄农民环境抗争的经验研究

罗亚娟[*]

**摘　要：** 基于苏北地区农民环境抗争行为的经验研究发现，苏北农民抗争行为的实践逻辑不能用现有"依法抗争""以法抗争"框架来解释。苏北农民环境抗争行为的一般性特征为"依情理抗争"。行为理据、策略选择和目标制定都在情理框架内。具体表现为：环境纠纷发生后，依据习惯性的情理采取抗争行为，对相关法律几无了解；具有寻求调解的偏好；在抗争的初始阶段，目标往往是要求污染企业与村民互不妨害、和睦相处，而不是驱赶污染企业；纠纷激化后，依情理采取破坏工厂、肢体冲突等抗争行为，没有意识规避违法行为；少数村庄的村民采取诉讼方式进行抗争，诉讼的内在依据往往是经验中的情理而不是相关法律规定。村民依情理抗争的行为在很大程度上受到源自中国传统乡村社会的行为惯性的影响。

**关键词：** 农民，环境抗争，情理，礼，法律

进入 21 世纪，中国工业污染问题日趋严重，并随着工业的梯度转移扩散到更多的欠发达地区。在江苏省内，工业发达的苏南地区在土地和环保的双重压力下逐步优化升级产业结构，淘汰了大量占地多、污染大的企业。

---

\* 罗亚娟，河海大学社会学系博士生。原文发表于《南京农业大学学报》（社会科学版）2013年第 2 期。基金项目：中央高校基本科研费项目（项目编号：2010B17314）；江苏省研究生科研创新计划项目（项目编号：CX10B－047R）。

与此同时，作为江苏省"经济洼地"的苏北地区则为"温饱"舍"环保"，引入大量被苏南等地淘汰的企业。2005年前后，苏北地区进入环境污染和环境抗争的凸显期。2006年，《省政府关于支持南北挂钩共建苏北开发区政策措施的通知》[①] 中提出通过苏南"腾笼换鸟"和苏北"筑巢引凤"实现南北双赢。这一初衷良好的政策给苏北地区带来发展契机，但在实践过程中因为苏北地区一些地方政府为求快速发展降低环境门槛，衍生出环境污染的隐患[②]。河流死亡、农作物异味、"癌症村"、环境抗争等现象成为历史叙事的主体，记叙这一时期在苏北发生的环境巨变及其社会影响。2007年我们课题组开始了对苏北地区农民环境抗争的田野研究，持续多年追踪关注苏北地区乡村工业污染问题和受害农民的应对行为。

已有学术研究为我们理解包括环境抗争在内的农民抗争积累了很好的理论资源，但与农民抗争的丰富现实相比，仍有很大的探索空间。在田野调查中，我们发现一些已有解释框架并不能帮助我们洞察农民抗争的内在机制，反而在一定程度上造成对研究对象的误读。于是，我们尝试不带预设地进入到乡村社会的独特情境和农民的经验世界，用"文化持有者内部的眼界"（吉尔兹，2000）理解苏北地区农民环境抗争行为的原型。

研究发现，苏北地区的农民环境抗争行为存在一般性模式：依情理抗争。滋贺秀三（1998）曾将中国人的"情理"定义为是中国型的"常识性的正义衡平感觉"和"习惯性的价值判断标准"。在本研究中，我们将"情理"扩展为人们日常生活中习惯性的、常识性的做人处事规范。人们对情理的遵循往往是无意识的，来自行为惯性。在苏北农民环境抗争行为的研究中，我们发现农民依情理抗争与中国传统乡村社会规范和纠纷解决机制存在显著的传承关系。基于上述发现，本文以我们在苏北地区田野调查中获得的经验材料为基础，审视已有解释范式的解释力和局限性，重构新的解释范式，为理解中国农民抗争提供一个新的范式补充。

## 一　有"法律"无"情理"：已有研究的局限

对现代中国农民抗争行为的解释框架主要有两种。一种解释框架源自

---

① 江苏省政府官网，http：//www.jiangsu.gov.cn/test/200710/t20071015_115397.htm。

② 中国新闻周刊，《腾笼换鸟　苏南污染"出走"苏北?》，http：//www.cctv.com/news/china/20060123/101930.shtml；http：//news.163.com/06/0123/10/285789IM0001124T.html。

詹姆斯·C. 斯科特（James C. Scott）提出的"弱者的武器"（Weapons of the Week），关注农民反抗的日常形式（Everyday Forms of Peasant Resistance）（斯科特，2007），比如假装顺从、偷懒、装糊涂等。这种抗争形式的特征是非正式、低姿态和非公开化的，避免了公开集体反抗的风险。20世纪80年代以来，随着中国农民的各类抗争行为日益公开化，这一解释框架的解释力减弱。到20世纪90年代以后，学术界出现了另一种以法律使用程度为准绳的解释框架。最为典型的是以欧博文、李连江为代表的"依法抗争"解释范式和以于建嵘为代表的"以法抗争"解释范式。

李连江和欧博文（2008）基于对二十世纪八九十年代中国农民抗争的观察，于1996年提出了"依法抗争"的解释性框架。他们认为中国农村出现了一种新型的农民抗争，"依法抗争"或称"以政策为依据的抗争"（Policy-based Resistance）。具体是指"农民在抵制各种各样的'土政策'和农村干部的独断专制和腐败行为时，援引有关的政策或法律条文"，通过"集体上访"等方式"经常有组织地向上级直至中央政府施加压力，促使政府官员遵守有关的中央政策或法律"。这种抗争形式有两个重要的特点：其一，农民熟悉相关法律和中央政策；其二，农民清楚地了解哪些抗争行为是违法的，哪些行动在法律允许范围内，可以熟练做到"踩线不越线"。

2004年于建嵘（2004）提出了"以法抗争"的解释框架。于建嵘认为自20世纪90年代末期开始，农民维权方式发生了新的演变，不再停留于间接以法律为抗争依据，而是直接以法律为抗争武器挑战抗争对象。他认为中国农民的抗争在不同时间段具有明显不同的特征：1992年前，多数反抗是"弱者的武器"的"日常抵抗"形式；1992年至1998年间，中国农民的反抗可归结为"依法抗争"；1998年以后，农民的抗争进入到了"以法抗争"阶段，成长为有组织的政治性的抗争。"以法抗争"的重要特点是农民熟悉相关国家法律和中央政策，并且能够熟练运用法律武器进行抗争。

"依法抗争"和"以法抗争"的解释框架提出后对国内有关农民抗争的研究产生了很大的影响。我们可以看到，"依法抗争"和"以法抗争"两种解释框架在中国农民抗争的一些特定领域确实有一定的解释力。比如"依法抗争"解释框架对农民拒缴违反中央政策的地方政府收费、抵制不符法律规定的村委会选举等抗争行为具有较强的解释力；"以法抗争"解释框架

257

对近十多年出现的农民诉讼现象具有一定程度的解释力。这是近年来"依法抗争"和"以法抗争"被广泛应用于解释农民抗争的原因。

在继承和发展以上两种解释框架的同时，也有一些研究对这两种解释框架做出了批评性的讨论。批评的焦点集中在两个方面："以法抗争"解释框架的单线进化倾向和泛政治化倾向。比如，应星认为农民群体利益表达行动的走向比于建嵘的分析要复杂得多，并不是单向且简单地由"依法抗争"发展到了"以法抗争"，而是交错或者同时使用各种表达方式。并通过对四个农民群体利益表达案例分析批判了于建嵘对农民抗争泛政治化的解读（应星，2007）。吴毅在其研究中也批判性地指出于建嵘对中国农民抗争形式发展变化的理解是一种单线进化式的想象，是否与普遍的经验相符合是令人质疑的（吴毅，2007）。

除了上述局限性，我们认为"依法抗争"和"以法抗争"还存在一个共同的根本性的局限，即笼统地将"法"作为分析农民抗争的切入点，过于强调农民抗争行为中对法律的应用。中国农村社会是复杂多元的有机社会，笼统地以"法"为切点来认识农民抗争是机械且生硬的。在中国传统社会，"天理、国法和人情三位一体"（范忠信等，1992）。而中国现行法律体系是通过外力"植入"社会的"舶来品"，与中国社会本土内生的实践规范尚未形成相互融合的关系，这种情况在农村社会更为突出。虽然中国实施"全体公民基本普及法律知识五年规划"已近30个年头，其间组织各种"送法下乡"（苏力，2001）活动，甚至有司法下乡、炕上开庭的现象，但如今我们仍然会经常发现现行法律对于村民而言只是一个概念的存在，与他们的经验世界相脱离。因此，"依法抗争"和"以法抗争"解释框架背后共同暗含的农民"知法""懂法"且会"用法"的假设是需要质疑的。

在分析农民抗争行为时，我们必须注意到农民抗争的内生机制与外显特征之间的区别。在一些案例中，抗争行为的内在依据需要研究者谨慎分辨。"依法"和"以法"往往只是外显特征，实际他们并不熟悉相关法律法规，抗争行为因不合他们经验中的情理而起。这类因情理而生的农民抗争大量存在。但是因为情理具有一定的隐秘性，不易被研究者察觉。在我们的研究中有这样的案例，农民常常说要"告"污染企业，或者已经向法院提起诉讼。表面上看，他们知法懂法并会用法，但实际上他们并不了解相关法律规定。这样的诉讼性质是在情理内核上附以法律外壳。

# 二 "礼"与"情理"：传统乡村
## 社会的纠纷解决机制

农民抗争依据的情理是什么？情理对农村社会秩序的维持以及纠纷的解决起着什么样的作用？要回答这些问题，既需梳理中国传统乡村内生的社会文化机制，也需要进入乡村社会了解农民的经验世界。我们首先梳理中国传统乡村社会文化机制，探讨礼与情理的关系及其对社会秩序和乡村纠纷的调处作用。

1. "礼""情理"与社会秩序

自秦始皇建立大一统帝国，中国社会中政治结构、经济结构和儒家意识形态结构互相耦合，形成持续两千余年稳定不变的社会结构系统。这一独特社会结构的核心特征表现为"宗法一体化"（金观涛、刘青峰，1992），即国家结构与家族结构同构，儒家国家学说与宗法家族思想同构。国家社会秩序维持和乡村社会关系处理的核心特征共同表现为"伦理本位"（梁漱溟，2005），社会与个人的关系处理以伦理关系为重，伦理纲常是构造国家政治和组织社会的本质依据。即所谓以孝治天下。

"宗法一体化"社会结构的形成，本初在于儒家国家学说的核心"礼"取自民间宗法家族的伦理纲常。宗法家族的伦理纲常由此上升为组织社会和维持国家社会秩序的根本原则。《左传·昭公二十五年》中有："夫礼，天之经也，地之义也，民之行也，天地之经而民实则之。"（冀昀主编，2007）意思是说"礼"是天理、国法和民众日常践行的宗法家族伦理关系准则。天理、国法和人情三者是相通的，统一于儒家国家学说中的"礼"。这里的人情即情理，百姓习惯性和常识性的处世规范。也因此民间有"伤天害理""无法无天"等俗语，将日常行为中不道德的行为上升为有害天理、无视国法。

因为儒家国家学说与宗法家族思想同构，乡间百姓们无须因为儒家学说的意识形态化刻意在乡村社区之外学"礼"，乡村社会本身就是自然的"礼治"（费孝通，1998）社会。人们经验框架中的情理便是符合礼义的。数千年稳定的乡村社会中，"礼"和伦理纲常稳定不变，人们不需要在道德价值领域创新，据经验框架内的情理做人处事的行为习惯由此渐成。

在中国传统社会，国法与百姓生活中的情理相合相通，国法对乡村百姓而言不是遥远而难以领会的。国法的形成是"以礼的原则和精神，附以法律的制裁，编入法典"，即所谓"以礼入法"（瞿同组，2003）。乡村百姓不需要刻意花费大量精力学习国法，依据生活情理便能推及法理。日常生活中只需要按照基于家族伦理的情理行事就不会触犯国法。民间俗语"法不外乎人情"所表达的正是中国传统社会国法与情理相通的现象。

2. "礼""情理"与纠纷解决机制

中国传统社会的伦理安排重视社会关系和谐，但民间纠纷在任何社会都是不可避免的。乡村社会纠纷的解决有两个一般性的途径。其一，乡村社区内依礼调解；其二，通过诉讼由官府调解或依法听断。中国传统社会，"皇权不下县"，村落为自治社区，乡村社区内的调解是纠纷解决的主要途径。乡村社会中如果有人做事不合情理，与他人发生纠纷，往往由年老有德的长者或乡绅依"礼"教化调解。教化性调解与诉讼不同，其目的是通过教化纠正不合礼数的行为，使双方回归和睦，使乡村社区回归和谐。与诉讼相比，教化性调解在乡村社区内部进行，程序简单、不伤财且不伤和气。事实上，绝大部分的纠纷都会由调解得到解决。因此，传统乡村社会是"无讼"（费孝通，1998）的，"讼师"和"讼棍"没有好名声。

当纠纷调解不成而上升为诉讼时，往往会因为乡间加劲的调解而解决。黄宗智对清代社会的研究为此提供了实据。在清代社会的历史资料中，纠纷解决的第一步是亲邻调解，调解不成才会有打官司。但是进入官府并不意味亲邻调解就此停止，相反亲邻会因此更积极地调解。诉讼当事人也会因为自己闹得严重了，影响了村社和睦，撤回诉讼。因此纠纷往往在正式堂审之前就解决了（黄宗智，2001）。

地方官吏也常常倾向于通过乡间或官府调解以息讼，不伤乡间和气。清乾嘉时期的官吏汪辉祖在其吏治笔记中便有此类记录，"可息，便息宁人之道。断不可执持成见，必使终讼，伤闾党之和，以饱差房之欲"（汪辉祖，赵子光释，1998）；"勤于听讼，善已。然有不必过分皂白可归和睦者，则莫如亲友之调处。盖听断以法，而调处以情。法则泾渭不可不分，情则是非不妨稍借"（汪辉祖，赵子光释，1998）。

调解未能解决的少数纠纷由州县衙门依法听断。因为中国传统社会的国法是"以礼入法"而成，断讼表面上依法听断，实则与乡间百姓生活中的情理相通。但需要注意的是，与教化性调解相比，断讼必然要分出"泾渭""皂白"，更为生硬、不留颜面。纠纷因衙门审判暂时解决，但是纠纷双方的矛盾常常因此僵化、激化，有伤和气。

最后，极少数的纠纷通过调解和地方司法不能解决，上诉人可能选择历尽千辛进京告御状，引起皇帝的注意来申雪冤抑（欧中坦、高道蕴等编，2004），即所谓京控。京控的解决与地方司法相同都是依据国法，但是会进行更为严密的调查。最终平反冤屈，解决纠纷。

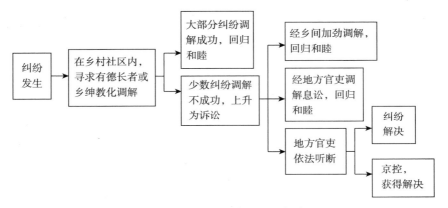

**图 1　中国传统乡村社会的纠纷解决机制**

概言之，中国自秦始皇建立大一统帝国之后的两千余年中，虽每三百年左右出现朝代更替，宗法一体化的社会结构始终保持不变。儒家学说取自民间宗法家族思想，天理、国法与民间情理相通，在不同层面维持社会秩序。乡村自治社会中，宗法家族规范内化为常识性的行为规范，百姓具有依据情理做人处事的行为习惯。社会关系的安排重视和谐。在社会纠纷的解决上偏好于社区内的长者或乡绅教化调解，规避诉讼。教化性调解旨在以情理化解矛盾，使矛盾解决得合情合理、不伤双方和气。地方官吏也往往倾向于通过乡间、官府调解息讼。听讼、断讼依据国法，但因"以礼入法"，国法与百姓生活中的情理相近。总之，社会行为、关系处理以及纠纷在各个层面的解决尽在人们的情理之中，人们具有依情理行事的行为习惯。

## 三　"情理"与苏北农民环境抗争的实践逻辑

在苏北农民环境抗争的田野研究中，我们接触到多个遭遇工业污染的村庄。通过对这些村庄里农民环境抗争的观察，我们发现他们的行为特征在很大程度上继承了中国传统乡村社会中农民的行为习惯，他们期许的纠纷解决方式也在很大程度上继承了中国传统社会纠纷解决的机制。具体而言，表现为以下4个方面的特征：其一，农民采取抗争行为的理据来自习惯性和常识性的情理上的判断，对有关环境侵权的法律规定几无了解；其二，农民抗争行为具有寻求调解的偏好，包括在乡村社区内寻求调解和通过信访①各级政府寻求调解两种情形，鲜有诉讼发生；其三，在抗争的初始阶段，抗争行为指向的调解目标不是驱赶污染企业，而是要求污染企业与他们互不妨害、和睦相处，在经历企业不守信义持续排污后才将目标指向赶走污染企业；其四，少数村庄的村民采取诉讼方式进行抗争，诉讼的内在依据往往是情理而不是相关法律规定。我们将具有以上特征的抗争行为称为依情理抗争。我们选取两个案例村庄作具体的分析。其中沙岗村②没有诉讼发生，东井村中有诉讼发生。

1. 沙岗村案例

沙岗村隶属于苏北 Y 市大台镇。大台镇先后被评为"中国乡镇综合实力 500 强""江苏省文明镇""苏北五十优乡镇"，是 Y 市的工业强镇。2009年之前，大台镇化工产业的年税收为 3000 万 ~ 5000 万元③，是全镇整个工业年税收的 1/3。立义化工厂是一家小型化工企业，于 2001 年进入沙岗村，年税收 200 万左右。该厂生产氯代醚酮等工业原料，曾被评为"Y 市十大标兵企业"。

2002 年开春，立义化工厂发生氯气泄漏，将工厂周边农田中的麦苗烧黄。村民们经过商量，到村部要求村委会主任处理此次污染事件。村主任召集几名村民代表和化工厂负责人调解此事，最后达成协议：化工厂可继续生产，但不可再排污；如再有污染情况发生，必须停产。我们可以看到，污染事故发生后，村民们依据日常生活中的情理解决纠纷，而不是诉诸国

---

① 信访制度是中国共产党政权建立经验中总结出的走群众路线的产路，与中国传统社会文化有传承关系。中国民众在意愿表达和纠纷解决上具有较强的信访偏好，不仅与信访曾在计划经济时期的政治运动和改革开放初期的拨乱反正中起过重要作用有关，还与以下两个原因有关：其一，信访制度源于本土社会文化，更为贴近民众的表达习惯。其二，信访制度对纠纷的化解方式与传统社会中的教化性调解相似。因此，农民抗争行为中的信访偏好特征是一种文化惯性，是对传统社会文化的传承。

② 依学术规范，本文中涉及的地名和人名均经过技术处理。

③ 数据资料由大台镇政府相关工作人员提供。

家法律。寻求在乡村社区内调解纠纷，指向的目标是互不妨害、和睦共处。

2002年立夏后，村民们发现秧苗生长迟缓，追肥和施药防病都无济于事。他们买来pH试纸测试河水结果呈酸性，发现立义化工厂仍在悄悄排污。他们对化工厂不守承诺感到气愤，填平了化工厂的排水沟，并要求村干部找来地方环保、植保部门，责令化工厂停产。8月初，村干部要求村民签字同意化工厂恢复生产，村民们一致拒绝，并将通往立义化工厂的道路挖出一条大缺口阻止化工厂的车辆出入，砸坏了化工厂的门窗，阻止化工厂恢复生产。8月27日化工厂恢复生产当晚，村民与厂方及派出所人员发生严重的肢体冲突。十多名村民因此被拘留。这是村民的第二次集体抗争，因为立义化工厂不守信义而起，依然据习惯性的情理行事，没有规避挖道路、砸门窗、肢体冲突等违法行为的意识。

2002年8月28日村民们来到市政府上访，结果被镇干部和村干部带回镇派出所接受思想教育。回村后村民们先后组织两批村民到省信访局上访2次。随后几年间，面对立义化工厂的持续污染，村民们到市信访局上访2次，到省信访局上访1次。通过上访政府部门寻求纠纷的解决，而不是通过司法诉讼方式维护环境权益，同样是中国农民习惯性的行为方式，依据经验中的情理而不是法律处事。

几年上访无果，无奈之下，村民们筑土坝拦水截污，将化工厂后方的小河与村内其他河流隔开。厂方则通过地方水利部门将土坝挖开。村民前后4次筑坝，水利部门则4次强行开坝。2009年2月中旬，立义化工厂排污导致十公里外的Y市区停水长达66小时，造成特大水污染事件。立义化工厂被责令关闭。

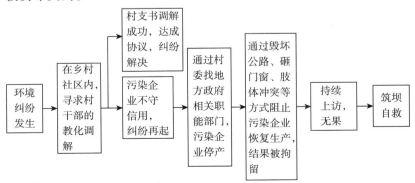

**图2 沙岗村村民的环境抗争行为机制及纠纷解决机制**

通过以上分析我们可以发现，沙岗村村民的环境抗争行为的理据来自他们经验中的情理而不是国家相关法律规定。对照图1和图2我们可以发现，村民在依情理处事和寻求用调解方式解决纠纷两方面是相近的。所不同的是，在传统社会里当少数一些纠纷通过调解难以解决时，村民会采用诉讼方式寻求解决，而在沙岗村村民持续7年的环境抗争中一直规避法律诉讼途径。究其主要缘由，有两个方面：其一，村民的习惯性认识中，调解优于诉讼；其二，与传统社会"以礼入法"的国法性质不同，当前中国法律在一般村民的经验框架之外。村民依然习惯于在其经验框架内依情理行事。

### 2. 东井村案例

东井村①隶属于苏北Y市柳集镇。2000年3月，聚龙化工厂由镇政府招商引资到东井村，生产对氯苯酚等产品，年税收300万左右。空气刺鼻、鱼虾死亡和农作物异味等现象引起了村民的担忧。2001年春夏之交，村民们聚集到聚龙化工厂要求停产。因为化工厂负责人不承认污染问题，一些村民气愤之下采取破坏工厂的行为：拆烟筒、砸门窗、堵水道。结果地方政府以破坏社会治安罪拘留11名村民。

2002～2004年间，面对日益严重的污染，村民精英段其荣老人组织其他村民多次联名信访市环保局、省环保厅、省农林厅等多个政府部门，均无果。2005年3月中旬，化工厂排污导致村民的鱼塘遭受污染。段其荣老人抓住机会向地方媒体借力营造社会舆论压力，但因地方政府对地方媒体的阻拦未能成功。同年11月《中国经济时报》记者经过调查后报道东井村污染和受害情况②。县政府将此报道定性为"失实"报道。污染纠纷进一步激化。

数年上访无果，媒体报道没有想象中奏效，段其荣组织起村民们打官司。首先是一场行政官司。2006年3月段其荣等四位村民向县人民法院提

---

① 有关东井村民环境抗争的详细过程，笔者曾在发表于《学海》2010年第2期的论文《乡村工业污染中的环境抗争》中详细阐释。因为本文研究问题的侧重点不同，本文简要叙述村民抗争过程，着重分析村民依情理抗争的实践逻辑。

② 《中国经济时报》上的原话是"2005年10月23日，一封几经周折的联名信转到了中国经济时报社"，具体的"周折"过程，记者没有给予说明。在《中国经济时报》网页上已经搜索不到这篇文章，当时较多网站对这篇文章进行了转载，能够说明这篇文章的来源是《中国经济时报》。转载网址：腾讯网，http://news.qq.com/a/20051102/001720.htm。

交了行政诉讼状，告县环保局不作为。最终因村民未能提供有效证据而县环保局提供了具有法律效力的证据，村民们败诉。2006 年 5 月，县政府做出了整体搬迁化工厂的决定。段其荣收到消息后觉得就此搬迁化工厂对村民们不公平，2006 年 9 月组织动员起 369 名村民打赔偿官司。但市中院一审和省高院二审均认定村民未能完成初步的举证义务，未能举证证明污染损害事实的存在，判决村民们败诉。2009 年污染企业整体搬迁。

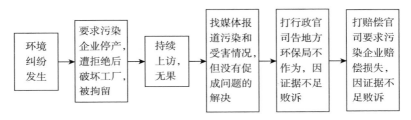

图 3　东井村村民的环境抗争行为机制及纠纷解决机制

东井村村民的环境抗争行为经历了破坏工厂、上访、找媒体和打官司四个阶段。对照图 2 和图 3 可以看到，与沙岗村相同的是，村民在抗争初期都没有规避破坏工厂等违法行为，并在纠纷发生后持续上访多年。与沙岗村农民环境抗争不同的是，东井村村民在上访无果后做出了找媒体和打官司两种抗争行为。找媒体在本质上是制造社会舆论压力，这在中国传统社会是常见的。村民们在媒体上表达依然是情理性的，指责污染企业排污施害的不道德行为导致他们的农副业生产、日常生活和健康受影响。

打官司这一环境抗争行为在苏北乡村中是极其少见的。表面上看，农民是"依法抗争"或"以法抗争"。但深究村民们为自己辩护的依据，我们发现他们对现行法律所要求和认可的证据尚不清楚，他们内在真实的判断依据仍然是情理性的。另一方面，现行法律对环境侵权案件中原告的举证要求远远超过了普通村民的能力范围。实际上，在行为是否"依法""以法"的问题上，不仅村民的行为受到社会文化惯性的影响，法官也因为人情、关系、权力等非法律因素的影响，不能做到完全依法或以法判案（罗亚娟，2010）。东井村的案件审理中存在这样的情况。

## 四　结论与讨论

本研究尝试从乡村社会内部的眼界观察农民环境抗争行为的原型。在对苏北农民环境抗争行为的研究中，我们发现源自中国传统社会文化的行为惯性依然在很大程度上影响着农民的行为选择。依情理抗争是苏北农民环境抗争行为的一般性特征。在苏北乡村社会，当环境纠纷发生，村民们没有像西方民众或者中国一些城市居民那样直接找律师打官司，而是依据经验中情理处事，在乡村社区内寻求通过教化性的调解解决纠纷。目标往往是污染企业与村民互不妨害、和睦共处。当污染企业不守信义坚持排污时，村民们并没有意识要规避违法行为，而是情理性地破坏工厂设施、阻止工厂生产甚至发生肢体冲突。在以上方式不能阻止企业排污的情况下，村民们往往持续多年到各级政府及相关部门上访而不是寻求司法解决。少数村庄中村民尝试通过司法途径解决环境纠纷，但是他们在打官司的过程中常常依据习惯性的情理判断正义，不理解现行法律规定。所请的辩护人也往往是农民出身的初高中文化水平的法律爱好者，缺乏法律知识和辩护经验，并同样具有依情理处事的特点。可见，村民的行为理据、策略选择和目标制订都在情理框架内。

当然，对苏北农民依情理抗争的研究发现并不表明当前中国社会中农民的抗争行为都是情理性的。在当前中国乡村社会中亦有"依法抗争"和"以法抗争"的案例存在。因此，我们在关于农民抗争行为的研究中，需要注意农民观念和行为的地方性差异。比如，在相对发达地区的乡村社会，法律信息通过媒体广泛传播，法律援助中心和环保NGO对民间百姓的法律援助，经济社会生活的复杂化，这些因素都促成一些农民能够熟练运用现代法律解决纠纷。在当前苏北乡村社会中，农民的社会生活相对简单，日常生活中需要超出情理框架使用现代法律规范解决的纠纷相对较少。随着经济社会活动的复杂化，未来苏北农民的规范价值体系可能会发生一定程度的变化。但是这一变化是单线进化式地从依情理规范发展到依法律规范办事，还是"因事制宜"、在情理和法律规范间做出选择，需要我们在研究中谨慎地探究和考量。

对苏北农民抗争行为的观察和分析涉及如何在转型社会中观察社会行为特征的方法论问题。在社会转型期，研究者们往往会更为关注已经或者正在发生的变化，忽视没有发生变化的基底部分。尤其是在当前中国把现代法律定于一尊的社会环境之下，研究者常常带着法律现代化的目标去衡量村民的行为。事实上，正是一个国家的社会文化基底决定了人们行为是否发生变化、发生怎样的变化和什么程度的变化。如果仅关注变化而不关注不变的基底部分，会有因先入之见曲解研究对象的危险。各种社会形态中都有与其独特的社会行为和社会互动的一般形式，不会在短时段内因为外力的强制、理性的安排设计发生彻底变化。因此，在方法论上研究者需要以研究对象内部的眼界去理解其社会行为的真实意义。

## 参考文献

范忠信、郑定、詹学农，1992，《情理法与中国人——中国传统法律文化探微》，中国人民大学出版社。

费孝通，1998，《乡土中国生育制度》，北京大学出版社。

黄宗智，2001，《清代的法律、社会与文化》，上海书店出版社。

吉尔兹，2000，《地方性知识》，王海龙、张家瑄译，中央编译出版社。

冀昀主编，2007，《左传》，线装书局，2007。

金观涛、刘青峰，1992，《兴盛与危机——论中国社会超稳定结构》，中文大学出版社。

李连江、欧博文，2008，《当代中国农民的依法抗争》，载吴毅编《乡村中国评论》，山东人民出版社。

梁漱溟，2005，《中国文化要义》，上海人民出版社。

罗亚娟，2010，《乡村工业污染中的环境抗争》，《学海》第 2 期。

欧中坦，2004，《千方百计上京城：清朝的京控》，载高道蕴等编《美国学者论中国法律传统》，清华大学出版社。

瞿同组，2003，《中国法律与中国社会》，中华书局。

苏力，2001，《送法下乡——中国基层司法制度研究》，北京大学出版社。

（清）汪辉祖，1998，《佐治药言》，载赵子光释《一个师爷的官场经》，九州图书出版社。

（清）汪辉祖，1998，《学治臆说》，载赵子光释《一个师爷的官场经》，九州图书出版社。

吴毅，2007，《"权力—利益的结构之网"与农民群体利益的表达困境——对一起石场纠纷案例的分析》，《社会学研究》第 5 期。

应星，2007，《草根动员与农民群体利益的表达机制——四个个案的比较研究》，《社会学研究》，第 2 期。

于建嵘，2004，《当前农民维权活动的一个解释框架》，《社会学研究》第 2 期。

詹姆斯·C. 斯科特，2007，《弱者的武器》，郑广怀等译，译林出版社。

滋贺秀三，1998，《中国法文化的考察——以诉讼的形态为素材》，载滋贺秀三等，《明清时期的民事审判与民间契约》，法律出版社。

# 网络赋权与环境抗争

王全权　陈相雨<sup>*</sup>

**摘　要**：近年来，草根民众的环境抗争行动日益增多，特别是网络媒体的崛起，使环境抗争呈现"网络化"的趋向。但是，网络媒体有着自身的运作规律，随着抗争客体在网络空间中的霸权再造，以及网络媒体自身局限性的不断显现，草根民众的网络优势将会逐渐丧失。尤其在"网络幻象"破灭之后，草根民众的环境抗争将会产生诸多负效应。各级政府除了加强网络舆情监控，提高网络舆论引导能力，还更应看到表象背后的利益表达及草根民众的无奈选择。合理有效的治理之道，在于推进经济增长方式转变，吸引公众参与环境政策生产，以环境正义为基本准则，构建正规有效的利益表达机制。

**关键词**：网络赋权，环境非正义，环境抗争

自改革开放以来，我国经济建设取得了举世瞩目的成就，在 2010 年超过日本成为世界第二大经济实体。但与之相伴随的是环境污染问题日益严重，环境抗争事件与日俱增，尤其是近年来，以环境抗争为基本特征的群体事件迅速增多，成为各级政府难以回避的社会管理困境之一。令人忧虑的是此类群体事件的社会损害程度远超过其他类型的群体事件，已经成为影响发展大局、威胁社会稳定的重要难题（洪大用，2012）。

---

\* 王全权，南京林业大学人文社会科学学院院长、教授；陈相雨，南京林业大学人文社会科学学院讲师。原文发表于《江海学刊》2013 年第 4 期。本文为江苏省社会科学基金项目"'两型社会'人地关系伦理研究"（项目编号：11ZXD012）和教育部人文社会科学规划项目"抗争性网络集群行为研究"（项目编号：12YJC860006）的阶段性成果。

# 一　环境非正义与环境抗争

对于环境问题的研究，西方生态伦理学流派众多，大致形成了"人类中心主义"和"自然中心主义"两大范式，但由于它们执拗于"解释世界"，而对"改造世界"少有作为，以致偏重思辨的生态伦理学面临危机。20 世纪末，美国爆发环境正义运动，理论界开始探讨"环境正义"问题，由此形成的"环境正义"理论，成为超越生态伦理学实践困境的有力尝试。"环境正义"在一般意义上是指所有人无论其世代国别、民族种族、性别年龄、地区及贫富差异等，均享有利用自然资源的权利，均享有安全健康的环境权利，均承担保护环境的责任与义务（朱力、尤永红，2012）。以社会正义为基本原则，强调民众在环境权益和责任方面的对等，是环境正义的基本追求。按照约翰·罗尔斯（John Rawls）对社会正义的理解，有两条核心的原则不可回避，即："第一个原则：每个人对与其他人所拥有的最广泛的平等基本自由体系相容的类似自由体系都应有一种平等的权利。第二个原则：社会和经济的不平等应这样安排，使它们被合理地期望适合于每一个人的利益；并且依系于地位和职务向所有人开放"（罗尔斯，2010）。在罗尔斯看来，对处于不利地位的民众给予最有利的保护，应是合理社会正义制度必备的品质。这一思想，在环境正义理论中可以直接表述为：对环境弱势群体给予最大的尊重和保护。依据上述分析，凡与此相悖的，都可称为"环境非正义"。在当代中国社会，环境非正义集中表现在：强势阶层通过环境资源消费，攫取了巨大的经济利润，由此带来的环境风险和生态灾难则由弱势阶层承担。最为典型的例子就是，矿难发生较多的山西省，至 2006 年因采矿造成山西 1/7 地面悬空，地质灾害面积达 6000 平方公里，1900 多个自然村近 220 万人成为"生态难民"，而煤老板们有足够的能力异地购房而举家外迁（谌彦辉，2006）。

环境非正义现象在生成原因上大致分为两大方面：（1）强政府—弱社会的权力分配，导致公众环境政治参与不足。在政府与社会的关系中，政府长期居于主导地位，在较长一段时间内发挥着"集中力量办大事"的优势，再加上几千年来传统中国社会的"偏正结构"以及由之产生的"主从文化"又根深蒂固，以致引入社会公众参与环境决策和政策生产不易实现。它直接的后果就是草根民众的环境权益得不到应有的尊重和保护，甚至在某些地区他们成了环境代价的承受者；而那些与权力精英保持密切关系的既得利益群体，则成了环境资源的掠夺者和环境代价的转出者。（2）经济优先主义导致地方政府的环境施政出现错位。推动 GDP 的高速增长，一直是各级地方政府及其主政者的重要任务，同时也是考核地方官员升迁的重要指标。但由于我国经济增长在很大程度上是以牺牲环境为代价，促进 GDP 快速增长的企业有不少都是高能耗、高污染的企业，不少地方政府及其主政者，为了经济发展指标，在招商引资上降低对环保要求，面对污染企业造成的环境损害，选择默认、纵容及合谋，从而导致了环境问题恶化以及草根民众的制度外环境抗争。环境社会学者张玉林就认为，政经一体化的开发机制不但导致了环境的恶化，而且带来了草根民众环境抗争事件的频发（张玉林，2006）。当经济优先主义成为当代中国社会最大的意识形态，那么地方政府在环境施政方面偏离"环境正义"原则是必然发生的事情。正如社会生态学理论家布钦克（Bookchin，1989）所言："所有生态问题均根植于社会问题，即人类不平等的政治结构"。

在上述两种因素的合力之下，环境非正义现象愈加明显，草根民众的环境抗争行动自然也就越来越多。这是因为强势阶层造成的环境风险和生态灾难严重威胁草根民众的生存、发展及健康权益，鉴于身处弱势的草根民众缺乏必要的迁徙能力，抗争成为他们唯一的选择。对此近年来日益增多的环境抗争事件足以证明。有数据显示：自 2013 年过去 10 年间，全国因环境问题引发的群体事件上升 11.6 倍，年均递增 28.8%；2005 年是历年环境污染群体事件发生最多的一年，当年 1～7 月间因环境污染引发的群体事件中，有围堵、冲击党政机关及其要害部门，聚众阻塞交通和聚众滋事、打砸抢烧等过激行为的占 30% 以上（汝信，2005）；2007 年 1～9 月份，全国 12369 环保热线共接到投诉 28 万件（汝信，2007）。特别是 2012 年，在短短 4 个月内，全国接连爆发了三起环境群体事件。目前为止，虽然各级政府加大了对环境冲突的化解力度，但由于社会结构以及经济发展模式转型尚需时日，环境非正义现象仍然很突出，草根民众的环境抗争，不管是爆发数量，还是社会破坏力等方面都不容忽视。

然而，需要注意的是，由于互联网的迅猛崛起，使得近年来的草根民众在环境抗争方面出现了新的特点。在互联网的作用之下，以往一些微不足道的环境冲突或者事端，可以迅速演变成具有广泛社会影响的环境群体事件。以往各级政府化解环境群体事件的手段和措施，也因为互联网的介入，而失去往日的威力。从这个意义上讲，考察当代中国的环境抗争，不能回避作为结构性助燃因素的互联网。

## 二 环境抗争困境与网络技术赋权

在前文中，我们知道权力分配不当和地方政府环境施政偏差，导致"环境非正义"现象越发突出，草根民众的环境抗争行动和事件也日渐增多。但是，这并不意味着草根阶层可以轻而易举地发动环境抗争行动，相反，由于环境抗争作为一种制度外的利益诉求形式，还会遭受既得利益群体更大的限制与打压。由于各级地方政府除了发展经济、推动 GDP 迅速增长之外，还有一项重要任务，就是维护社会稳定，而且这对于地方官员的考核是"一票否决制"，没有任何商量余地，凡是制度外的抗争行动都会遭到限制和打压。综合考察当代中国的环境抗争事件，几乎在爆发之前都有一个理性表达的阶段（任丙强，2011），但由于地方政府的角色错位，很难对草根民众环境利益诉求给予合理的回应和处置。地方政府及其主政者的不作为和胡乱作为，逼迫草根民众向更高级别政府部门上访，而上级政府大都层层下压，最后还得由地方政府处置，这进而加剧了当地政府与草根民众之间的矛盾。无奈之下，草根民众只能通过非正常的制度外集群抗争形式，将躲在背后的上级政府"逼"出来。但地方政府由于受制于僵化的"维稳"指标要求，又必须以各种正常和非正常手段，对草根民众的环境集群抗争进行限制和打压。这些因素最终导致环境抗争事件的升级以及破坏力的增加，当地政府及抗争民众在此过程中都损失惨重，但对于草根民众而言除此之外别无选择。

事实上，除了地方政府及既得利益群体的限制和打压，草根民众的环境抗争困境远不于此，还表现在如下三个方面：（1）草根民众的组织性以及有关的动员能力；（2）意识形态以及相关法律政策的庇护；（3）包含记者、学者专家、医生、律师以及其他社会精英的支持。在第一个方面，草根民众由于生存环境和健康权益受到威胁和损害，具有共同的利益诉求，具有团结起来的理由和基础。但是，这些初步团结起来的民众的组织性并不是很强，甚至在很多情况下处于"碎片化"的状态。由于缺乏组织性，在一定程度上就限制了草根民众的动员能力。尤其在组织动员过程中，草根民众来之不易的"松散的组织"，在很多情况下面临"内奸"的瓦解和破坏。在第二个方面，草根民众的环境抗争行动，往往缺乏实际意义上的意识形态和法律政策庇护。当代中国社会，对草根民众影响最为直接的意识形态就是"发展是硬道理""稳定压倒一切"。而草根民众的集会、游行、结社等抗争形式，虽在《宪法》层面存在，但在具体层面却缺乏与之配套的法律政策，甚至在这一层面存在诸多予以限制的法律和政策。在第三个方面，似乎情况稍好一些，尤其是公共知识分子群体的崛起为草根民众的环境抗争提供了支持。但事实上，这些社会精英群体也时常面临巨大的压力。另外，需要说明的就是，社会精英的支持并不是一种正常机制，而只是在环境抗争规模和影响足以引起社会强烈反响的情况下，草根民众的环境抗争才能走进他们的议程设置。在这个意义上讲，草根民众在环境抗争初期，或在力量比较弱小的情况下，往往孤立无援。有鉴于上述的情况，虽然当今中国的环境抗争行动和事件越来越多，但它们的生成过程却充满艰辛和困境。

以平等、开放、自由著称的互联网，给处于环境抗争困境的草根民众以希望。因为，互联网作为当代媒介化社会最重要的产物之一，不仅给草根民众带来了新的社会体验，而且赋予了草根民众利益表达和权益诉求的能力和机会。正如约翰·布洛克曼（John Brockman）所言："因特网让个人更有机会就公共事务发言"（布洛克曼，1998），而这在相当程度上改变了当下中国不当的话语权力分配格局，此为"网络技术赋权"。"网络技术赋权"理论上来源于西方的赋权理论，该理论在本质上追求：给无权或弱势群体创造参与的机会，激发他们潜能，让他们通过掌握更多的社会资源，成为自己命运的主人，以此实现社会变革、推动社会进步，其的终极目标是社会正义和社会平等（陈树强，2003）。福柯（Michel Foucault）的"权力"理论诞生之后（福柯，1999），"赋权"被视为一种社会互动的过程，研究者开始从社会关系视角分析"赋权"的生成及其运作。著名传播学家罗杰斯（Everett Rogers）就认为"赋权"是一种传播互动过程，尤其在小团体中，民众彼此很容易产生认同感，从而形成可以变革社会的力量（Rogers & Singhal）。鉴于此，本文的"网络技术赋权"，就是草根民众通过网络技术的使用，将分散的力量聚合在一起，形成某种变革社会权力关系的力量的过程，其主要形式就是草根民众与其他主体之间的传播互动。虽然此判断具有"技术乌托邦"的嫌疑，但互联网对环境抗争的巨大影响，已成为不争的事实。

请看下面两则案例。

案例一：国家发改委批准总投资额达 108 亿元的 PX 项目落户厦门海沧，但由于该项目靠近居民区、学校等人口稠密区，其安全问题广遭质疑。2007 年全国两会期间，全国政协委员、中科院院士赵玉芬和 105 名政协委员联名签署《关于厦门海沧 PX 项目迁址的建议》，提出厦门海沧 PX 项目在选址方面存在严重环保安全问题，应暂缓该项目建设。此后，在网络空间，引发众多网民参与讨论。面对潜在的环境风险，网民表达了自己对该项目环境和安全风险的忧虑，并纷纷抗议和反对。市民利用网络等新媒体，组织具有集群抗争性质的"散步"，以此表达民意。厦门市政府紧急反应，市政府召开新闻发布会，宣布缓建"海沧 PX 项目"，并启动"公众参与"程序，通过网络等新媒体充分倾听市民意见。最终福建省政府和厦门市政府决定顺从民意，停止在厦门海沧区兴建 PX 工厂，将该项目迁往漳州。

案例二：2011 年 3 月，因建设地铁南京砍迁梧桐的消息被披露之后，引起了南京市民的广泛关注和忧思。包括黄健翔、孟非在内的南京市民，以及在南京生活过的外地名人，利用微博发起了一场声势颇为浩大的"拯救南京梧桐树"运动。在舆情高涨期间，南京市民众走上街头，为树木系上了绿丝带以表达市民对梧桐树的不舍。针对此舆情，南京市政府审时度势，从先提出"少砍"到最后由南京市副市长陆冰亲自承诺不再砍伐梧桐树，并对台湾"立委"、国民党中常委邱毅在微博上的意见进行了反馈，用实际行动表明了政府对网络舆情的重视。2011 年 3 月 17 日，南京市制定了《关于进一步加强城市古树名木及行道大树保护的意见》，承诺市政建设"原则上工程让树，不得砍树"，网民对此处理结果普遍表示满意。此举得到了南京市民和媒体的充分肯定。

在厦门 PX 个案中，草根民众取得环境抗争的胜利，虽说原因是多方面的，但网络媒体在其中的巨大作用已经显露无遗。厦门市民借助网络等新媒体参与到整个事件中，不但通过网络讨论对 PX 项目的危害达成了共识，而且利用网络信息的分享和组织功能，发动了具有集群行为性质的"散步"。线上和线下相互配合，声势浩大、影响广泛，最终促成了该项目的搬迁。但是，退一步说，如果没有汹涌的网络民意，如果没有强大的网络动员，事情的结果可能是另一番景象。在南京"梧桐让路"个案中，微博的社会动员能力可谓强大，它在短时间内将此事件上升成公众焦点话题。特别是此种方式，吸引了众多名人的参与，使此事件的关注热度瞬间升温，

273

并使其成为有可能影响两岸关系、国共两党关系的大事。当地政府及其主政者没有理由对此不重视。

不得不承认，由于互联网的介入，草根民众的环境抗争能力得到了巨大的凸显和提升，不少地方政府在处理环境抗争等问题时也开始选择对话和协商的方式。更为重要的是，以往依靠发动具有极强破坏力的环境抗争行动才可得到上级政府回应或处置的恶性循环模式，在一定程度上得到了抑制。可以这样认为，草根民众由于网络技术赋权，可以用较小的成本，将躲在背后的上级政府"逼出来"，不管从哪个方面讲都是一种进步。

## 三　环境抗争的"网络幻象"

在前文中，我们知道网络媒体之于环境抗争的重要性。那么，接下来的问题：网络媒体如何提高草根民众的环境抗争能力？笔者认为，对问题的分析大致分为三个方面。

其一，环境风险和损害程度的评估演练以及相关的知识支持。环境风险和损害程度的评估，需要有较为专业的知识支撑和帮助，而作为抗争客体的污染企业和当地政府，由于利益关系密切，指定的评估和鉴定单位很难以"第三方"立场，对草根民众的环境权益损害以及潜在的环境风险给予正确的评估。甚至在很多时候，这些指定的评估和鉴定单位，以种种借口帮助当地政府和污染企业打压草根民众。最为典型的案例，就是"张海超'开胸验肺'事件"。而在网络空间，由于网民大都处于匿名状态，具有专业背景和知识的网民，出于道义上的同情，对环境风险和草根民众的环境权益受损程度予以评估，同时给予法律诉讼、维权赔偿等知识方面的支持。尽管此种评估不具有法律效力，但打破了抗争客体对环境风险和权益损害评估和鉴定的知识垄断，为草根民众寻求进一步抗争作了知识储备。

其二，通过网络互动增强了草根民众的集体认同感，提升草根民众的组织能力。草根民众的环境抗争行动，是由具体的权益受损和环境风险所引发，具有极强的功利性。不管是草根民众的团结程度，还是抗击打能力都不是很高，尤其在地方政府和既得利益群体的打压之下，时常面临被瓦解的风险。然而，草根民众通过网络互动，提升了环境抗争的意义和价值，进一步加深了对草根民众的集体认同感，提高了草根民众的组织自律性和战斗力，促进草根民众环境抗争效能的提升。此外，由于互联网对草根民众的拾取和重新聚集，使环境抗争队伍越发壮大，加之集体认同感的逐步增强，可以有效避免处于陌生人社会中草根民众环境抗争的"碎片化"。

其三，互联网扩大草根民众发动环境抗争的社会资本。互联网不但有助于已有社会资本的维持，还能促进新的社会资本的形成，此观点不仅得到了越来越多研究者的赞同，而且已经有经验数据予以验证和支持（DiM-aggio et al.，2001）。具体言之，就是草根民众由于信息沟通和传播的便利，不但巩固了既有的社会资本，而且随着关系网的扩大，得到了广大网民的支持，尤其是媒体记者、学者专家、律师、医生等社会精英的支持，这就意味着由于互联网的介入，草根民众创造了新的社会资本，从而提高环境抗争的能力。特别是网络舆论领袖的参与，将原本可能被淹没的环境抗争议题，推演成社会广泛关注的公众议题，这对客体形成舆论压力具有关键性作用。在这个意义上，通过社会资本的巩固和创新，草根民众的环境抗争能力得到了有效提高。

有鉴于上述分析，网络技术赋权确实提高了草根民众的环境抗争能力，相对削弱了地方政府及污染企业对草根民众的打压和限制能力，而且在不少情况下，都显示出关键性作用。然而，事实并非如此简单，在我们对网络媒体寄予厚望之时，又要有所警惕。因为任何技术都带有某种文化承诺，它们从来都不是中立的。网络媒体作为一种媒介技术创新自然也不例外。至少，从目前而言，网络媒体并非正规的利益表达通道，它本身有内在的特殊规定和发展逻辑，并非所有的环境抗争，都会因为网络技术赋权而得到上级政府的回应和妥善处置。那种"有求必应"的粗浅判断，对于大部分草根民众而言，还只能算作一种"网络幻象"。归结而言，大致有以下三大方面原因。

第一，环境抗争客体的网络封锁能力逐步提高。在媒体语境中，作为抗争客体的地方政府及污染企业，在政治、经济、知识等诸多方面都拥有优势地位。作为弱势群体的草根民众，他们的环境抗争面临强势机构和群体的围堵和封杀，获取成功异常艰难，无奈之下只能以发动具有破坏力的群体事件，以吸引上级政府及主政者的回应和处置。进入互联网时代，草根民众似乎掌握了消解抗争客体强权的能力（此在很多实践案例中有所证明），但当抗争客体开始对互联网进行渗透，并凭借他们在政治、经济和文化资源方面的优势对网络管理部门和互联网企业施加影响，这时网络媒体留给草根民众的机会就会越来越少。例如，他们可以凭借政治和经济优势，影响网络传播平台的管控，可以组建庞大的网络评论员和公关队伍，给草根民众的环境抗争制造麻烦，甚至导致抗争议题被垃圾信息淹没。如果说，在网络兴起之初，草根民众的环境抗争确实起到了削弱抗争客体强权的作用，但随着抗争客体对网络的不断适应，加之对既有资源的充分复制，他们实现了在网络空间中的"霸权再造"。

第二，网络媒体的"剧场效应"。草根民众通过互联网所进行的环境抗争，要想突破抗争客体的层层封锁，并对执政当局产生重要影响，必须获得两个基本条件：（1）议题的竞争能力足以引起网民群集和大量围观，因为网络空间基本奉行视觉逻辑；（2）网络舆论领袖的大力支持，为草根民众的环境抗争赢得机会。而在第二个条件中那些对草根民众抱有同情的网络舆论领袖，在现实社会中也大都为社会精英。他们面对数量繁杂的抗争议题也并非来者不拒，而是根据议题的竞争禀赋，进行议程排序，那些不具有围观性的议题，很难得到他们的青睐。直言之，只有具备竞争潜力的环境抗争议题，才可得到网络舆论领袖的推荐和力挺。因此，只有两个条件同时具备，环境抗争才会在网络空间得到大量网民的围观和参与，才能对抗争客体产生强大的舆论压力。但是，并不是每一个环境抗争议题都可以取得这样的"剧场效应"，大部分只能面对下沉和被淹没的命运。

第三，网民的"围观疲惫"。草根民众的环境抗争，不管在数量上还是影响烈度上，近年来都越来越严峻。我们知道，当代中国的环境抗争是由社会结构性因素所引起的，这就意味着尽管这些环境抗争事件数量众多，但性质、形式、特征可谓大同小异。对于习惯"视觉逻辑"的广大网民而言，对此类事件已"司空见惯"，甚至由于此类事件屡见不鲜，不少网民已产生"围观疲惫"。在此情形下，草根民众为避免诉求议题下沉，提高环境抗争效能，往往采取非常规手段，以吸引更多的网民围观。而这在总体上将会进一步加重网民的"围观疲惫"，抬高后续抗争者议题胜出的门槛。

有鉴于上述，网络技术赋权带来了草根民众环境抗争能力的提高，甚至在不少情况下，网络媒体起到了至关重要的作用。但是，网络对于草根民众的技术赋权是有限的。随着抗争客体在网络空间的强权再造，草根民众的网络优势将会逐渐丧失。加之，网络空间基本奉行视觉逻辑，对大多数草根民众而言，环境抗争依赖网络媒体只能算为一种抗争的"网络幻象"。

## 四　环境抗争"网络化"的负效应及其治理

应当承认，网络技术赋权提高了草根民众的环境抗争能力，相对改变了当今中国不当的权力结构，促进了政府妥协性政治的生成，具有推动政府执政方式转变的重要意义。也因为此，越来越多的草根民众开始趋于向网络媒体求助，环境抗争"网络化"的现象越加明显和突出。但是，在网络空间中，只有少数环境抗争行动可以取得成功，大部分抗争议题都无法摆脱被淹没的命运。值得注意的是，网络媒体毕竟是一种制度外的利益诉求形式，它的效果也会随着抗争客体的霸权再造，以及网络媒体自身局限性的显现而逐渐下降。草根民众的"网络抗争幻象"必然破灭，这也会造成诸多负面效应。总结起来，大致有如下方面的影响出现。

其一，影响我党执政合法性的深入巩固。作为执政党的中国共产党，建立了新中国，造就了中国经济的腾飞，具有无与伦比的执政合法性。但是，在一些地方，由于当地政府的角色错位，其置普通民众环境权益于不顾，以致我党执政合法性有所削弱。尽管如此，草根民众并未对党和政府丧失信心，而是通过网络媒体，吸引上级党政领导的注意和回应。然而，当"网络抗争幻象"破灭之后，也就意味着仅有的"希望"变成了"绝望"，这势必影响我党执政合法性在新时期的深入巩固。

其二，导致草根民众利用网络媒体进行环境抗争的被"污名化"。草根民众为避免抗争议题被淹没，往往采用情感动员、话语出位等方式以引起上级执政当局的注意和回应，而这必然导致环境抗争的非理性化，同时给既得利益群体提供"污名化"的把柄。需要注意的是，既得利益群体通过贴标签的方式，放大草根民众网络符号生产中的非理性成分，抹杀他们的正当诉求，遮蔽草根民众争议行为背后的结构性因素。这样不利于问题的解决，相反还会造成阶层之间更大的分裂，极可能导致本来属于理性的行为变得非理性，本来非理性的行为变得更加的极端。

其三，导致草根民众环境抗争行动的极端化。由于网络空间奉行"视觉逻辑"，而且越来越多的网民对同题材抗争议题出现了"围观疲惫"。在此情况之下，草根民众为避免议题下沉和被其他信息所淹没，不断调整线下环境抗争的行动策略，以求抗争议题在网络空间具备极强的变异性，从而提升议题的围观效应。而这样做的结果，就是抗争行动的极端化。例如

277

长江大学教授和学生为求污染钢厂搬迁，不得已采用集体下跪的方式，这才引起网民和社会各界的关注。

有鉴于上述，各级政府及其相关部门不能仅限于从互联网管理层面探求环境抗争的化解良策，而应变"被动"为"主动"，从更为开阔的视野，治理草根民众的环境抗争。

第一，以经济增长方式转变为依据考核官员政绩。随着我国经济社会的深入发展，以环境污染为代价的现有经济增长方式逐渐显露不足和弊病，中央和地方政府对此都有明确的认识，而且也有一系列配套的政策加以推行。可以说在某些地区取得了很好的成效，但在总体上，我国经济增长方式并未发生根本转变，甚至在个别地区出现了恶化的迹象。究其原因，问题解决之道不单在观念的转变、政策的落实上，更在对地方官员的政绩考核上。因此，上级政府应更加重视地方主政者在推进经济增长方式转变过程中所做的贡献，而不是单纯看经济总量的增加和社会稳定程度等其他内容。只有经济增长方式得到了转变，草根民众的环境抗争才会得到根本治理。

第二，以环境正义为准则强力治理污染企业。各级政府及其相关部门不能因为污染企业是利润大户就对其污染行为"视而不见"，更不能在环境冲突处理中偏袒涉事企业，而应该以环境正义为准则，强力治理污染企业。这就要求：政府及相关部门必须真正履行职责，严格执行环评准入制度，从源头上控制企业环境污染对当地民众造成的危害；必须强化日常监管力度，及时杜绝环境污染隐患；以"生态补偿"方式提高企业的污染成本，建设正规有效的环境利益诉求机制，提升草根民众的环境权益表达能力。

第三，环境政策生产引入公众力量。如果说粗放型经济增长方式，是环境抗争爆发的根本原因，那么环境权益和负担分配的不公平，则是环境抗争爆发的直接原因。因此，各级政府在环境政策的生产上，应合理、有效地引入公众力量，发挥他们在环境问题上的建设作用。回看当今中国的众多环境抗争行动和事件，如果当地政府起初都能坚持信息公开透明，充分听取草根民众的环境权益诉求，特别是让他们参与到环境政策的酝酿和生产中来，那些看似棘手的环境抗争不会迅速生成，即便生成都可以得到有力的化解和治理。在这个意义上说，公众参与环境事务管理对于解决我国社会内部的环境不正义问题有着特殊的价值与作用（胡中华，2011）。

第四，提高政府应对网络抗争动员负面效应的能力。草根民众在环境抗争中运用互联网，的确给各级政府及主政者带来了不小的压力和挑战。在此情况下，各级政府及主政者越加重视在网络空间中对环境抗争进行限制，但是这并不能带来问题的彻底解决。相反，还会加剧和放大草根民众环境抗争网络动员的负面效应。各级政府及主政者应转变观念，在看到环境抗争网络动员非理性的同时，更应看到草根民众在其中的利益诉求和无奈选择。在方法上，各级政府及主政者可以将线上引导和线下处置相结合，努力避免或减少草根民众对网络媒体的依赖。

总之，各级政府及其主政者不应过分放大网络技术赋权对环境抗争的负效应，而应看到草根民众在此过程中的诉求无奈；更不能以"非理性"和"负效应"为由，实施更高强度的封杀和打压。各级政府应大力推进经济增长方式的转变，以"环境正义"为基本准则，吸引公众参与环境政策生产，构建正规有效的现实社会利益表达机制，以此降低或减少草根民众对网络媒体的依赖和幻想，这样才是环境抗争治理的标本兼治之道。

## 参考文献

陈树强，2003，《增权：社会工作理论与实践的新视角》，《社会学研究》第 5 期。

谌彦辉，2006，《山西富人的生态移民》，《乡镇论坛》第 8 期。

洪大用，2012，《如何减轻环境突发事件的社会损害》，《世界环境》第 2 期。

胡中华，2011，《环境正义视域下的公众参与》，《华中科技大学学报（社会科学版）》第 4 期。

米歇尔·福柯，1999，《必须保卫社会》，上海人民出版社。

任丙强，2011，《农村环境抗争事件与地方政府治理危机》，《国家行政学院学报》第 5 期。

汝信等，2005，《2006 年：中国社会形势分析与预测》，社会科学文献出版社。

汝信等，2007，《2008 年：中国社会形势分析与预测》，社会科学文献出版社。

约翰·布洛克曼，1998，《未来英雄—33 位网络时代精英预言未来文明的特质》，海南出版社。

约翰·罗尔斯，2010，《正义论》，何怀宏等译，中国社会科学出版社。

张玉林，2006，《政经一体化开发机制与中国农村的环境冲突》，《探索与争鸣》第 5 期。

朱力、尤永红，2012，《中国环境正义问题的凸显与调控》，《南京大学学报（哲学人文社科版）》第 1 期。

Paul DiMaggio, Eszter Hargittai, W. Russell Neuman and John P. Robinson. 2001. "Social Implications of The Internet". *Annual Review of Sociology* 27 (1): 307 – 336.

E. M. Rogers, and A. Singhal. 2003. "Empowerment and Communication: Lessons Learned From Organizing for Social Change". *Communication Yearbook* 27 (5): 67 – 85.

Murray Bookchin. 1989. *Remaking Society*. Montreal Quebec: Black Rose Books.

# 制度变迁、利益分化与农民环境抗争

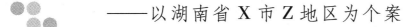

## ——以湖南省 X 市 Z 地区为个案

陈占江　　包智明[*]

**摘　要：** 面对环境侵害，湖南省 X 市 Z 地区农民环境抗争经历了计划经济时期的集体沉默、经济转轨时期的私力救济，以及市场经济时期的依法抗争。该地农民的行动选择主要受制于政治机会结构以及国家、企业和农民之间所形成的利益结构的双重约束。我国的制度变迁将封闭的政治机会结构予以有限度的开放，又导致国家、企业和农民之间所形成的利益结构从一体转向分殊，两者的结构转型促发受环境侵害的农民从沉默走上抗争之路。然而，以发展主义为取向的经济制度与威权性格的政治制度之间的高度同构性决定了地方政府无法正确对待农民利益诉求，农民亦无力突破制度的桎梏。改革现行经济政治制度是化解农村环境危机、缓和国家与农民关系紧张的根本之途。

**关键词：** 农村环境问题，农民环境抗争，政治机会结构，利益结构

## 一　引言

由工业化进程而导致环境问题，似乎已成为世界各国难以避免的规律。

---

　* 陈占江，浙江师范大学法政学院讲师；包智明，中央民族大学世界民族学人类学研究中心主任，中央民族大学民族学与社会学学院社会学系主任、教授。本文为中央民族大学"985 工程"民族社会问题研究中心资助课题"工业下乡的实践逻辑及其后果"（项目编号：MUC98507－0105）研究成果。

作为后发展国家，中国快速的工业化进程也造成了人口、资源与环境之间的矛盾，引发了严峻的环境危机。严峻的环境危机对居民的生产生活和生命健康造成巨大的威胁和侵害，引起受害者自觉或不自觉的抗争。据统计，环境信访数量自20世纪90年代以来迅速增加，全国环保系统受理的"人民来信"数量在"八五"期间累计为28.3万封，2001年有36.7万多封，为1995年（5.8万多封）的6倍多，2006年增加到61.6万封；环境上访数量也从1995年的5万余批次增加到2005年的7万余批次；2001~2005年全国发生的污染纠纷分别为5.6万、7.1万、6.2万、5.1万和12.8万件。1995年以来，全国因环境污染引起的群体性事件急剧增加，其中，环境信访和群体性环境事件多数发生在农村（张玉林，2006）。近年来，因遭受环境侵害而向污染企业、国家机构、新闻媒体或民间组织等通过信访、申诉、投诉、诉讼、游行、示威等方式表达不满、阻止侵害以及索求赔偿的农民环境抗争事件急剧增加。

农民环境抗争急剧增加的现实引起了学术界的关注。景军通过对甘肃大川和重庆高阳两起个案资料的分析，指出传统宗族组织和地域文化在组织抗争中的影响，环境抗争的持续性与地方文化有着密切关系（Jun Jing，2004）。刘春燕的研究发现，农民环境抗争的发生既与人们所实际体认到的物理性的客观环境遭到污染、破坏乃至生态危机的事实直接相关，也与民众对资源利益与环境后果的分配与承担的制度安排与操作是否公平的感受及认识密切相关（刘春燕，2012）。在现实生活中，农民的环境抗争常常面临失败的命运。张玉林以浙江的三起"环境群体性事件"为中心，指出我国的政经一体化格局是农民环境抗争陷入困境的制度根源（张玉林，2007）。黄家亮以华南P县的一起大规模环境诉讼案件为分析对象，指出通过集团诉讼这种方式进行环境维权面临着集体行动的"搭便车困境"、农民维权的"合法性困境"、司法诉讼的"体制性困境"和法律逻辑下的"环境权困境"（黄家亮，2009）。罗亚娟通过对江苏某村农民的环境抗争事件的研究发现，农民环境抗争之所以失败与当前中国的政绩考核机制、职能部门缺乏独立性及滞后的法律制度等因素有关（罗亚娟，2010）。司开玲通过对江苏某村农民环境诉讼的观察，发现农民在举证自身受害及其程度时受到知识与权力的限制，从而导致农民通过司法手段进行维权陷入困局（司开玲，2011）。

上述研究以"改革开放以来"为历史背景，以一起或几起农民环境抗争事件为个案，对农民环境抗争的影响因素和现实困境进行了分析。问题在于，农村环境问题并非改革开放以来出现的新问题，改革开放之前农民面对环境侵害是否进行了抗争以及农民环境抗争经历了怎样的历史演变乃是学术界尚未触及的问题。如果从当前的政策话语和学术话语来审视农民环境抗争或农村环境问题，我们发现，将改革开放前后对立、割裂开来一直是其主导思维模式。这种思维模式由于阉割了历史而掩盖了问题的真相或实质（包智有、陈占江，2011）。以此观之，既有研究并不能从根本上揭示影响农民环境抗争及其陷入困境的根源。基于上述判断，本文试图通过新中国成立以来农村环境问题和农民环境抗争发生和演变的历史叙事来重新省思如下问题：影响和制约农民环境抗争的因素是什么，以及在不同的历史情境中农民环境抗争面临着怎样的结构性约束。

本文的资料主要来自于笔者 2011 年 3～10 月在湖南省 X 市 Z 地区所做的实地调查。Z 地区临靠湘江、距 X 市城区约 15 公里，是一个由工业园区、易村、工人社区和一条小型商业街构成的社会生态系统①。工业园区现有企业 36 家，基本为中小型化工企业，有万名职工；环绕工业园区半侧的易村现有人口 1980 余人，田地不足 1000 亩；商业街现有小型商铺 37 家，是周边农民进行商品交易的集市。新中国成立前，Z 地区无一家现代工业，呈现出一派青山绿水的样貌。新中国成立后，Z 地区逐渐演变为 X 市乃至湖南省重要的工业基地。在此过程中，环境污染日趋严重。1997 年，Z 地区被湖南省政府确定为全省三大污染重点区域之一。近年来，经过媒体的广泛报道，Z 地区俨然成为湖南省乃至全国著名的污染重灾区。

同时，为叙事分析之便，本文将新中国成立以来的历史分为三个时期，即计划经济时期（1949～1977 年）、经济转轨时期（1978～1992 年）和市场经济时期（1993 年至今）。在历史叙事中，本文以工业下乡为"经"、以厂民关系变迁为"纬"，在经纬交织中呈现农民环境抗争的演变历程。

## 二　计划经济时期：环境问题初现与农民的集体沉默

晚清以来至新中国成立，外敌入侵，内战频仍，灾荒连绵，我国的经

---

① 文中相关地名等已依学术规范进行了化名处理。

济社会发展遭到严重创伤，死于战乱灾荒者难以计数。在新中国成立前夕的中共七届二中全会上，毛泽东向全党发出号召："在革命胜利之后，迅速地恢复和发展生产，对付国外的帝国主义，使中国稳步地由农业国转变为工业国，把中国建设成为一个伟大的社会主义国家。"[毛泽东选集（第4卷），1966]新中国成立伊始，为了尽快恢复经济、发展生产，中央选择了高度集中的计划经济体制，制定了一系列战略措施，确立了优先发展重工业的方针。在"一五""二五"时期，X市被列为全国23个重点发展的工业城市之一。

**（一）革命与建设：工业下乡的双重变奏**

1950年，湖南省工业厅为适应株洲、长沙和X三市基本建设的需要，决定在X市Z地区建立湖南砖瓦厂，计划于1951年11月建成投产。该厂主要生产机制红平瓦，兼产少量青平瓦和机制砖。1953年，湖南砖瓦厂移交给省建筑工程局建筑器材制造公司管理，更名为湖南省第一机制砖瓦厂。1957年，中央开始逐步、有计划地下放工业企业、商业和财政的管理权限给地方，湖南省第一机制砖瓦厂也于1958年下放给X市管辖，改名为X市机瓦厂。1958年5月，中共八大二次会议正式通过"鼓足干劲、力争上游、多快好省地建设社会主义"的总路线，提出"赶英超美"的战略。会后，在毛泽东的号召和动员下，全国掀起了"大跃进"的高潮。为了响应毛泽东的号召，X市发起了"全民大炼钢铁"的运动，并将X市炼铁厂迁至Z地区，市机瓦厂主动减产砖瓦、加入了大炼钢铁的行列。"大跃进"运动结束后，机瓦厂和炼铁厂恢复了正常生产。1961年1月中共召开八届九中全会，会议对1958年至1960年间的"大跃进"运动进行反思并制定出"调整、巩固、充实、提高"的方针，对失调的国民经济进行全面整顿。国民经济自此开始有所好转。

随着国民经济的恢复和好转，X市对硫酸的需求量不断增加。但全市的商品硫酸几乎全部由南京、衡阳、株洲等地调入，不仅运杂费用高，而且运输很不安全。由衡阳用船运来的稀硫酸，途中耗损率达20%，且不能保障供应，此情况十分影响生产。1965年下半年，当时的X市轻化局在市计委、市经委的支持下，着手在Z地区建硫酸厂。市财政拨款48万元投建一套年生产能力5000吨的硫酸生产装置，该装置建设于1967年6月竣工，7月投产。在快出产品时，由于"文化大革命"的影响，硫酸厂被迫暂时停产。在1966年全省"小氮肥热"中，中共X市委向湖南省委提出申请，不要上级投资，不要成套设备，不要三材（钢材、木材和水泥），自己动手兴建一个年产 3000 吨合成氮生产能力的氮肥厂。申请得到批准后选址 Z 地区建厂，当年开始施工，采取大会战的方式，自行设计，所需材料和设备由全市协作解决，由市修建四队负责土建，由广东佛山安装队、湖南益阳安装队先后完成安装任务。历时五年时间，该厂于 1970 年 5 月 1 日建成投产，总耗资 320 万元，被命名为 X 市氮肥厂。其间，X 市第三化工厂于 1969 年进驻 Z 地区，占地 9 万平方米。1966 年 5 月，"文化大革命"开始爆发，中国社会陷入失序状态。X 市的工业下乡计划受到极大的影响，几近停滞。然而，Z 地区的工业生产非但没有停顿，反而出现了大幅增产的现象。以硫酸厂为例，可见一斑。硫酸厂经历暂时停产后在 1970～1973 年间生产基本稳定，1974 年生产装置因腐蚀、泄露严重，产量下降，消耗上升，于 1974 年 4 月 21 日被迫停产。1974 年 8 月恢复生产，1975 年硫酸厂的产量为 1265.61 吨，1976 年则增至 8570 吨。

Z 地区在短短的 20 多年间建成了一个由机瓦厂、炼铁厂、氮肥厂、硫酸厂、第三化工厂等 5 家工厂组成的小型工业区。这些工厂完全是在中央的计划和动员下地方政府"自力更生"建立的，革命和建设成为工业下乡过程中的双重变奏。自上而下的工业下乡将厂房、机器、技术、工人以及科层管理体制"输送"到乡村，在乡村建立起"大规模现代化机器生产"的工业。工业下乡不仅改变了 Z 地区的经济格局，对当地的农业生产、农民生活以及工农关系的调整等也产生了深刻影响。

**（二）工厂与农民：共生关系的形成**

传统的乡村工业分为两种：一种是在农闲基础上用来解决生计困难的工业，一种是作坊工业。无论是前者还是后者都深深植根于农民生活，嵌入于乡村社会，具有较强的内生性和自发性（费孝通，2005）。与传统乡村工业的内生性、自发性相比，下乡工业是通过政治的力量从中央到地方、从城市到农村下放或转移的，很容易与乡村造成对立。为了避免工农关系走向紧张，毛泽东强调下乡工业应用当地的资源满足当地的需要以及发展工业要兼顾农民的利益。因之，该时期的乡村工业在一定程度上嵌入于当地社会，重视惠及农民的生产生活。

一方面，基础设施的兴建和就业机会的增加为农业生产和农民生活提供了便利。Z 地区距 X 市城区 15 公里，长期以来农民出行都是乘船渡江，没有直接通往城区的道路。因工厂建设之需，X 市政府先行修筑了一条连接

285

Z 地区与 X 城区的公路。为了解决工人的通讯和出行问题，1965 年 7 月 8 日在 Z 地区设立了邮电所，1973 年 9 月开辟了一条从 Z 地区通往市区的公共汽车营运路线。同时，机瓦厂等工厂的兴建和生产需要大量的劳动力，这为易村农民提供了改变身份或增加收入的机会。据村民回忆，当时虽然没有名额的硬性指标，但每个小队均有 3～4 个村民可以进入工厂端"铁饭碗"。同时由于"农民比较容易管理，听上面的指挥，也能吃苦做事，市里的人不好管"，工厂在易村招了很多临时工。此外，20 世纪 50 年代之前易村农民的住房基本为茅屋，御寒防雨功能较差且不够坚固。机瓦厂将砖瓦以较低的价格卖给当地农民，大部分易村农民得以较早地住上砖瓦房。由于实行计划经济，工厂无须自负盈亏，氮肥厂向易村提供免费的化学肥料供村民使用，易村的农业生产得到极大改善。

另一方面，"移民"的到来扩大了农民的社会关系网络。在乡土社会中，农民的社会关系网络相对封闭、狭小，主要局限于村落之内和亲属关系之中。随着 Z 地区工厂的增多，从城市或外地"移"来的工人相应增加，农民的社会关系网络也发生了变化。在以城市—乡村、工人—农民、干部—群众等所形成的身份二元区隔的计划经济时期，工人之于农民显然有着耀眼的光环和较高的地位。当时，在相当一部分农民心目中，能够成为一名"国家工人"是其毕生追求的梦想。对于男性而言，招工制度提供了这样的机会，但对女性而言则只有通过婚姻才能实现。这一时期，易村大约有 26 个姑娘嫁给了工人。通过工人的牵线搭桥，易村的婚姻圈明显扩大，给适婚男女青年提供了更大的选择空间。另外，一个隐性的变化就是农民与工人相处机会的增多，扩展了农民的视野和社会关系网络。

从上述可以看出，工业与农业、工厂与农民之间形成了一种互惠共生的关系。工厂之于农民的意义不仅在于改善了农民生存的外部条件，为农民提供了身份转变和增加收入的机会，而且给农民的生活世界开拓了更为广阔的社会空间。相应地，农村为工业发展提供了无偿的土地、足量的劳动力等必要的资源，为工业化的快速推进做出了巨大的贡献。在一定意义上，这一时期的工业是嵌入于乡村社会的，并未造成西方国家和苏联在现代化过程中城乡对立、工农紧张的局面。

### （三）集体沉默：农民的无奈抉择

经过国家的宣传和动员，Z 地区的工业建设得到了当地农民的支持。大队的广播在每个工厂兴建之前连续几天发布消息，鼓励和动员社员积极参与国家经济建设，公社书记亦提前到村里讲话，动员农民支持工厂建设。易村的一些老人至今仍清晰地记得机瓦厂破土动工的第一天几乎全村男女老少都去观看并有很多村民主动地帮助工人挖土、担泥的情景。在机瓦厂的整个建设过程中，易村青壮年劳动力在农闲期间都积极投入建设中，农忙期间亦有部分劳动力被抽调参与其中。一位老人回忆起当时参与机瓦厂建设的心情，"感觉是建自家的工厂，干得特别有劲儿"。硫酸厂、氮肥厂、化工厂等先后在 Z 地区建成，同样得到了当地农民的积极支持和热情欢迎。随着工厂的到来，各种基础设施逐步开始建设，农民的生产生活比过去有明显改善。尤其在"三年困难时期"（1959～1961 年），全国死于饥饿等原因的人口数量达 3250 万，其中湖南 248.6 万（曹树基，2005），易村无一人死于饥饿。在易村农民看来，工厂建设为其免于饥饿提供了必要条件。饱经战乱、灾荒之苦的易村农民在为"好日子"的到来而欢欣鼓舞的同时也渐为工业污染所困扰。

287

由于客观条件的限制，当时的机瓦厂、硫酸厂、氮肥厂、化工厂等生产设备落后，环保措施缺乏，废水、废气未经处理任意排放，废渣等工业废弃物在工厂周边到处堆积。工业"三废"造成的环境污染并未立即引起易村农民的重视。据老人们回忆，机瓦厂、硫酸厂、化工厂等到来之初，人们曾一度为工厂冒出的滚滚黑烟激动不已，为国家经济建设取得的成绩感到由衷的高兴，并未意识到"黑烟"将会给他们的生活蒙上阴影。然而，随着硫酸厂等工厂的建成投产，农民们很快发觉滚滚黑烟裹挟的一种刺鼻难闻的怪味正弥散在整个村庄及其周围。人们闻之，大多感到头晕、胸闷甚至呼吸困难，严重的时候需用湿毛巾捂住鼻子、嘴巴方能忍受。起初，村民以为仅仅是闻了一点怪味，对身体不会产生多大影响。但这种"怪味"不久便引起身体羸弱的老人和儿童的强烈反应，村民们开始感到一种恐慌，私下议论一时间纷涌而出。然而，当时我国在政治上并不承认存在污染，认为社会主义制度不可能产生污染，谁要是说有污染，谁就是给社会主义抹黑（曲格平，1997）。在政治教化下，村民们对工厂污染虽有抱怨和不满，却无人敢于公开表达。"因为这是国家的工厂，提工厂的意见就是提国家的意见，自己不就成了人民的敌人了吗？没人敢提！"有村民这样说道

在村民的记忆中，硫酸厂制造的污染最为严重。1971 年，硫酸厂的吸收塔严重腐蚀，无法继续使用，当时市燃料化工局划拨改造投资款 7 万元，暂用泡沫塔代替吸收塔，并同意硫酸厂将年产 5000 吨的装置配套改造为年

产 10000 吨。由于生产装置落后和生产规模扩大，工业污染迅速增加并造成了一定的后果。1972 年 5 月，村民刘红军家院落池塘中的鱼几乎在一夜之间全部死亡，翻出白肚皮，漂在水面。刘红军家离硫酸厂最近，硫酸厂的污水直接从水道里往外排，很多污水流入鱼塘。刘红军认为是污水把鱼毒死并将情况向大队干部反映。大队干部劝诫刘红军不要向上反映，更不能要求赔偿，要他自己在灵魂深处"狠斗私字一闪念"。迫于压力，刘没有向上反映，而是选择了沉默。1974 年 4 月的某夜，硫酸厂的生产设备因长期腐蚀、失修，突发严重泄漏事件。硫酸厂泄漏造成的污染已到了令人无法忍受的程度，易村农民尤其是小孩和老人的身体受到强烈的刺激，甚至出现老人昏厥的现象。大队干部要求愤怒的村民保持克制并随即向工厂反映，亦有几位老人向工厂领导诉苦，工厂停产整修不久即恢复生产。污染继续影响农民的日常生活。面对污染侵害，易村农民并未采取激烈的方式进行抗争，甚至不敢公开表达不满。在有形无形的政治高压下，为了避免严酷的惩罚，易村农民普遍选择了沉默。

## 三　经济转轨时期：环境问题加剧与农民的私力救济

1978 年 12 月，十一届三中全会决定将党和国家的工作重心从"以阶级斗争为纲"转向"以经济建设为中心"，并制定了对内改革、对外开放的基本国策。1984 年 10 月召开的十二届三中全会通过了《中共中央关于经济体制改革的决定》，初步确立了商品经济在社会主义经济结构中的地位，提出了有计划的商品经济的理论。1992 年，中共十四大明确提出建立社会主义市场经济体制的目标。在新中国历史中，1978～1992 年间是计划经济体制向市场经济体制过渡和转轨的时期。

### （一）停滞与危机：下乡工业的结构性困境

经济转轨时期，国有企业在经历短暂的辉煌后逐渐陷入了生存困境，Z 地区的国有企业亦莫能外。以该地区最早的一家企业——X 市机瓦厂为例，或许在一定程度上反映出经济转轨时期下乡工业的困顿、彷徨和危机。

作为湖南省第一家机制砖瓦厂，X 市机瓦厂曾经拥有雄厚的技术力量和较强的生产能力。1953 年，该厂创造的平瓦独脚满装烧摆法、稀码快烧法和内燃快烧法受到当时建工部的嘉奖并向内蒙古等地推广，是全国砖瓦行业的一次技术革命。在"文化大革命"期间，X市机瓦厂仍保持年生产300万片的规模。然而，随着原材料的枯竭，该厂自1976开始面临生产困难。1978年12月19日，湖南省建材局鉴于该厂生产红平瓦原料枯竭且业已破坏大量农田，经与原国家建材部商定，由建材部投资872万元，拆除原有晾瓦房，兴建100万平方米单板、复合板、石膏板生产线；旋即发现无论是单板还是复合板均不适用于南方雨水多、湿度大的环境，在872万元投资已经使用612万元、主要设备已安装调试合格的情况下，X市政府责令该生产线停建。1981年开始谋求转产建筑陶瓷并上报政府备案，于1982年建成两座倒焰圆窑，一座13米多孔推板窑，两台压机，两台球磨，一台小釉磨，开始试生产。1983年兴建一座长60米隔焰隧道窑、利用余热烘干窑，增添压机磨机，基本形成年产10万平方米的设备能力，并引进技术人员11名，任命管理人员进行正规的工厂运营。1985年该厂与意大利谋求合作，引进先进技术、设备，于1986年7月15日双方正式签订合同。这次合作的尝试最终由于X市政府部分领导的阻止而彻底告吹，机瓦厂再次失去走出困境的机会，于1987年12月4日被X市燃料化工总厂兼并。曾经名噪一时的X市机瓦厂从此走进了档案馆。

氮肥厂、硫酸厂等工厂亦陷入与机瓦厂相似的命运。十一届三中全会以来，我国的经济建设步入正轨，国民经济逐渐复苏，农业对氮肥、工业对硫酸的需求在短时间内急速增加，氮肥厂和硫酸厂的生产规模和经济效益在1978—1986年间总体呈平稳增长态势。随着市场的逐步开放，氮肥厂和硫酸厂由于规模小、设备差、技术落后、经营管理不善等原因难以在激烈的市场竞争中生存，最终先后于1988年和1991年被兼并或破产。在此期间，两厂家试图通过更换领导、内部承包等措施走出困境，结果仍走向失败。化工厂等其他国有企业面临着同样的困境。根本而言，在经济转轨时期，以权力为逻辑的计划机制与以资本为逻辑的市场机制的并存及其竞争最终导致Z地区的国有企业陷入一种难以走出的结构性困境，面临着生存危机。这一时期，Z地区仅新增一家国有企业，工业下乡的步伐几乎完全停顿。

**（二）工厂与农民：从共生到紧张**

在易村农民的记忆中，经济转轨时期的厂民关系开始出现裂痕，工厂与村民之间的摩擦渐趋增多。厂民关系从共生走向紧张的直接原因在于工业造成的污染除20世纪80年代末至90年代初之外，整体呈日益严峻之势。

日益严峻的工业污染不仅对农民赖以生存的自然资源造成侵害，对农民的身体健康所造成的危害也日益明显。

一是资源性受害范围扩大。由于硫酸厂等工厂设备简陋，环保设施不达标，加之政府缺乏相应的环境监管，废气、废水几乎都是直接排放，造成大气、土壤和水体污染。易村的农作物种植和动植物养殖遭到较大的环境侵害。据村民回忆，凡工厂附近和废水流经之地，水稻产量明显减少，蔬菜、树叶严重枯萎。20世纪80年代担任易村支部书记的蒋爱民估算，在整个20世纪80年代受到污染的土地约60亩，每亩产量平均减少130斤左右。易村农民有养鱼和打鱼的传统，但随着污染的加剧，这种生计来源被迫中断。

二是身体性受害表征显性化。一般而言，除因污染物浓度较高对人体产生急性危害外，工业污染对人体产生的危害大多具有一定的潜伏期。在计划经济时期，工业污染并未对易村农民的身体产生显性的影响。随着时间的推移，空气和水体污染对农民身体的侵害越来越明显。据村民回忆，大约自1988年开始易村患皮肤病、呼吸道疾病的农民越来越多。村民的说法得到Z地区几位老医生的证实。

在资源性受害范围扩大和身体性受害表征显性化的过程中，国企在市场竞争中日渐处于弱势，濒临生存危机，曾经给农民带来的好处逐渐减少甚至中断。如工厂在村民中招工的人数开始减少，转为吸纳城市"待业青年"和退伍军人，曾经免费提供的氮肥不再继续等。上述原因直接导致了工厂与农民之间的关系从共生走向紧张，而家庭联产承包责任制的推行则是厂民关系变迁的深层动因。计划经济时期的土地集体化和人民公社化运动使农民几乎完全丧失了土地的所有权、使用权和经营权，农民的个体利益完全被整合于集体、国家利益之中。1982年1月1日，中共中央批转《全国农村工作会议纪要》（1982年中央1号文件），在全国范围内推行家庭联产承包责任制，农民借此获得了土地的使用权、经营权和收益权，个体利益与集体利益或国家利益发生了分离。无疑，土地、农作物等遭到损害直接影响到农民个体的利益。随着污染的加剧，工厂与村民之间的关系日益变得疏离和紧张，农民对污染的态度及行动取向亦发生了变化。

**（三）私力救济：农民的自我保护**

1979年《中华人民共和国环境保护法（试行）》颁布，其中规定，"公民对污染破坏环境的单位和个人，有权监督、检举和控告""对违反本法和其他环境保护的条例、规定，污染和破坏环境，危害人民健康的单位，各级环境保护机构要分别情况，报同级人民政府批准，予以批评、警告、罚款，或者责令赔偿损失、停产治理"。1981 年《湖南省环境保护暂行条例》颁布实施。1982 年，环境保护被写入新修改的宪法。1983 年，X 市先后制定了《关于进一步加强环保工作的决议》《X 市乡镇、街道企业环境管理实施办法》等地方性环保法规。上述法律法规的制定为易村农民的环境维权提供了法律和政治基础。然而，由于法律意识的淡薄以及"厌讼"文化的遗影，易村农民起初并未想起用法律武器保护自己的权利，而是试图以自身力量阻止环境侵害，进行私力救济①。在易村农民的抗争实践中，私力救济主要包括两种方式：一是农民与工厂之间通过"讲理"以争取污染赔偿；二是农民自行阻止工厂生产或与厂方发生肢体冲突以求污染问题的解决。

据村民回忆，20 世纪 80 年代初期工厂与村民之间的关系相对和谐。当时工厂很重视厂民团结：一是每年春节搞联欢活动，邀请村干部和村民代表参加；二是中秋和春节等重要节日，厂领导到受害家庭慰问，安抚老百姓；三是只要受害村民提出要求，工厂一般会给每户安排一个临时工的工作机会。此时，当村民发现自己的田地、禾苗、池塘等受到污染侵害时采取的做法，一般是先向村集体反映，然后由村干部出面找工厂协商，或者直接找工厂要求赔偿。无论是村干部还是村民几乎都是通过"摆事实，讲道理"的方式向工厂索求赔偿。"在那个时候，基本上都是心平气和的，以理服人。我们农民种国家的田，向国家交粮纳税。工厂也是国家的，国家出资，为国家生产。事实上工农都是一家人，都为国家服务嘛。我们去找工厂领导，他们一般都很客气，听了我们的反映，然后派人核实、量地，最后协商予以赔偿。很少出现扯皮的情况"。在易村农民的记忆中，20 世纪 80 年代中期之前的工厂与农民"还是讲理"。"理"作为在漫长的生活实践中所形成的具有一定模糊性和地方性的规则或规范成为乡村社会调解纠纷的依据。受到污染侵害的农民出于规则惯习，首先想到的一般是"找厂子讲理"。

20 世纪 80 年代中期之后，易村农民发现"道理越来越难讲，工厂开始拿法律压我们，问我们要证据，态度很蛮横。我们拿着干瘪的稻穗、熏死

---

① 所谓私力救济，是指当事人认定权利遭受侵害，在没有第三者以中立名义介入纠纷解决的情形下，不通过国家机关和法定程序，而依靠自身或私人力量，实现权利，解决纠纷（徐昕，2003）。

的禾苗去找工厂，工厂根本不承认是他们造成的"。受到侵害的农民无法通过讲理的方式获得相应的赔偿甚至受到工厂的粗暴对待。"理"作为农民抗争的道德资源和主要武器已然失去了效力，农民的"常识性的正义平衡感觉"（滋贺秀三，1998）亦遭破坏，由此激起农民产生强烈的不满和怨恨。农民的抗争方式随之发生了某种变化，村民与工厂之间的肢体冲突开始增多。村民的逻辑是"既然不讲理，那就只有靠闹了。自古以来，杀人偿命，欠债还钱，厂子把我们的田搞坏了，身体搞垮了，应该给我们赔。再说，厂子是国家的，又不是哪一个人的。为什么不赔我们"？在以理抗争失去效力之后，农民选择了非理性的暴力或准暴力抗争。20 世纪 80 年代中后期，易村农民数次围攻工厂或通过拉闸、堵路、堵管道等形式进行抗议，肢体冲突多有发生，甚至酿成严重的暴力事件。农民的私力救济常常游走在法律的边缘，甚至超越法律的边界，当地政府也常以维护治安、维护企业安全生产的名义进行打压。

## 四　市场经济时期：环境问题恶化与农民的依法抗争

1992 年 1 月 18 日至 2 月 21 日，邓小平视察武昌、深圳、珠海、上海等地，发表了一系列重要讲话。邓小平南方谈话标志着中国改革开放跨入一个新的阶段，开启了深化改革的方向：以一体化的市场体制代替计划与市场并行的双轨制，以更为明晰的产权制度改革国有和集体企业。1994 年中央进行了税收和财政体制的改革，取消了财政包干制，开始实行分税制。市场化和分税制改革重构了中央与地方、政府与企业之间的关系，确立了资本逻辑在经济社会领域中的主导地位（渠敬东等，2009）。

### （一）改制与转型：市场经济条件下的工业下乡

1993 年，X 市被列为湖南省股份制改造试点城市。至 1995 年末，全市新增改组或改制的企业 153 家，其中，实行股份制和股份合作制的企业达 128 家，兼并或破产企业 25 家。1995 年，X 市 3 家企业被列为全省现代企业制度试点单位，5 家企业被列为市级现代企业制度试点单位。1996 年，X 市有 10 家大中型企业实施建立现代企业制度试点，76 家国有中小型工业企业完成改制 37 家。1998～1999 年，X 市工业企业改革改组与结构调整取得进展，109 家市、县属国有企业中，41 家先后变更产权；39 家中大型企业中，14 家陆续予以改制；18 家中央、省属企业中，6 家建立起现代企业制度；5 家企业相继破产重组；一批厂矿成为实施债转股的企业。X 市采取转让、收购、兼并、破产重组等多种形式掀起了企业改革改制的高潮。Z 地区的国有企业因长期处于困境亏损严重，X 市政府于 1998 年采取租赁、破产、重组、转让等方式对其进行了改革，将 6 家国有企业切割为 27 家从事以化工、染料、颜料、冶炼、制药为主的企业。

　　X 市在进行国有企业改制的过程中，不断加大投资规模、大办乡镇企业、积极招商引资、寻找经济增长点。由此引发了 Z 地区自 20 世纪 50 年代以来的第二轮工业下乡的热潮。作为一个老工业基地，Z 地区在历经经济转轨时期的困顿与危机后，于市场经济时代重新焕发了生机，其规格和规模不断升级。1993 年，Z 地区被列为全国 14 个精细化工基地之一；2000 年，经国家科技部批准为国家新材料成果转化及产业化基地示范区之一；2003 年发展成为国家级高新区新兴材料工业园。Z 地区由新中国成立前的工业不毛之地发展成为一个具有近 40 家企业的现代工业园，至今仍在政府的推动下招商引资并力图建成世界上最大的电解二氧化锰生产基地、国内最大的球型氢氧化镍等先进电池材料生产基地。

　　与计划经济时期工业下乡几乎完全由政治动员驱动不同的是，20 世纪 90 年代以来的工业下乡主要由制度驱动。在市场经济时期，中央的政治集权和财政的分税制将地方官员纳入到"晋升锦标赛"的考核体制中，地方政府不仅具有明确的经济利益，经济利益本身在该体制中又能转化为政府官员升迁的政治利益（周黎安，2007）。因此，地方政府发展经济的热情在有形无形的利益驱动下得到极大的激发。为了能在晋升锦标赛中胜出，地方政府运用一切可能的方式吸引投资者，保护投资者的利益，为经济增长"保驾护航"。但由于缺乏有效的制度约束，地方政府在招商引资的过程中往往有意无意地忽略了对引进企业资质的严格审查，对企业自身所可能产生的环境污染或社会危害缺乏严格的环境影响评价。工业园作为一个化工基地，主要生产无机盐、无机颜料、农药、化肥、有机化工原料、颜料及中间体、化学助剂、橡胶制品等产品。这些产品的原料、成品或生产过程基本附有或隐含着对空气、土壤、水以及动物和植物有害的因子，具有较高的环境风险。进驻 Z 地区的化工企业事实上大多环保设备不达标或即使设备达标但在生产过程中由于成本高而很少使用，导致 Z 地区很快成为一个工业污染的重灾区。用易村农民的话说："Z 地区越来越像一个毒气制造基地了。"

### （二）工厂与农民：从紧张到对立

工业园区与当地农民的关系，经历了从计划经济时期的互惠共生到经济转轨时期的疏离紧张，其间的转换逻辑是计划经济时期所形成的厂民利益一体化机制在经济体制转轨过程中开始走向崩解。1993 年以来，市场逐渐从社会关系中脱嵌出来，市场的力量跨越了经济的疆界，迅疾蔓延至整个社会的机体，资本的逻辑从此取代了社会的逻辑，我国开始进入了一个市场社会（王绍光，2008）。在这一过程中，工业园区与当地农民的关系从紧张转为对立，工业污染对当地农民造成全面的、直接或间接的侵害，具体体现为以下四个方面。

一是资源性受害更趋严重。20 世纪 90 年代以来，Z 地区的化工企业猛增至 30 多家，环境问题日趋恶化。严重的污染导致易村的农田绝收或歉收，绝收面积达 147 亩，歉收面积 34.6 亩，早稻歉收 280 公斤／亩，晚稻歉收350 公斤／亩[①]。蔬菜如辣椒、丝瓜、苦瓜、豆角、白薯、韭菜、葱等受污染影响最大，尤其是夏季蔬菜被熏死的数量较大。工厂周边的树木枯萎或枯死的现象较为普遍。

二是身体性受害更趋严峻。身体性受害可分为生命受害和健康受害。近十年来，易村死于癌症的农民人数达 50 人之多且呈逐年上升趋势，死者之中年龄最大的为 75 岁，最小的为 28 岁，38 人在 40～60 岁之间，低龄化趋向明显；被确诊癌症尚在世的为 6 人；患结石病的较为普遍，皮肤病患者较多，不孕不育或频繁流产的现象开始出现。

三是社会性受害日益突出。Z 地区自 20 世纪 90 年代中期开始成为 X 市乃至湖南省有名的污染重灾区，曾数度在中央和地方媒体中曝光。1997 年，湖南省政府认定 Z 地区为全省三大污染重点区域之一。Z 地区的"污名"随之远播。尤其是近年来随着易村癌症、皮肤病等患者的增多，该村农民的社会关系变得日益脆弱。主要表现在亲朋之间的交往相对减少以及青年婚姻问题出现危机。这一变化，在易村农民看来与污染有关。

四是精神性受害开始凸显。随着污染加剧和死亡、患病人数的增加以及婚姻障碍等问题的出现，易村农民开始背负沉重的心理负担，心理焦虑日渐明显。村民不仅对自己的生命健康极为担忧，对子女的生命健康、生

---

① 引自 X 市环保局，《关于高新区新材料工业园企业与易村污染纠纷问题的行政调处意见（2010 年）》。

活学习、前途命运、婚姻生育更是感到焦虑和悲观。

在工业污染不断加剧的同时，工业园区与农民的互惠关系彻底断裂。计划经济时期，工厂与农民存在互惠、共生的关系，工厂的兴建、生产惠及农民生活和农业生产；在经济转轨时期，尽管企业陷入困境，但企业与农民之间的互惠关系并未完全破裂，企业的存在至少可以为农民提供"离土不离乡"的打工机会，这对于当时流动机会较少的农民仍不啻为一大实惠；市场经济时期尤其是 2000 年以后，企业基本不招收当地工人而转招外地工人，农民在饱受侵害的同时几乎完全得不到任何补偿。污染侵害的加剧和互惠关系的破裂导致企业与农民之间的关系完全走向对立。

**（三）依法抗争：农民的生存策略**

自进入市场经济时期，Z 地区的农民环境抗争进入了一个前所未有的高峰期，抗争次数更加频繁，形式更加多样。农民环境抗争急剧增加的直接原因在于日益恶化的工业污染对农民造成全面危害，将农民置于总体性生存危机之中。为了生存，抗争成为农民的必然选择。农民环境抗争急剧增加的间接原因在于环境保护法律体系的逐渐完善、民主法治话语的大量增加和国家发展理念的转变为农民抗争提供了更多的政治机会。截至 2010 年底，我国已经颁布 61 项国家环境保护法规性文件，近 400 项地方性环境保护法规，以及 1000 余项地方性环境保护行政规章。"可持续发展""科学发展观""循环经济""和谐社会""两型社会""生态文明建设"等政策话语的提出标志着我国发展理念的调整和重塑，环境治理愈加得到重视。可以说，农民面临的生存危机和政治机会的扩展为环境抗争提供了内部动力和外部条件。

近 20 年来，易村农民的抗争几乎从未完全停止过。20 世纪 90 年代早期，工厂大量排放废水、废气等污染物，导致易村农田受到不同程度的侵害。受损农民的以理抗争遭受挫败后，数次围攻工厂或通过拉闸、堵路、堵管道等形式进行抗议。农民的私力救济常常遭到企业或当地政府的打压，甚至有少数"带头闹事者"遭到刑拘。20 世纪 90 年代中后期以来，在政治教化和法律规训下，易村农民逐渐学会以法律、政策或中央精神为武器对企业的污染行为进行投诉、信访或其他形式的抗争。易村农民曾多次向环保局、媒体和市环保协会投诉，亦先后赴乡、区、市、省等各级政府上访，有策略的集体抗争如在交通要道上或区、市政府门前静坐发生过 7 次。调查发现，从受害农民的个体抗争到规模不等的集体抗争，从单纯依靠农民自身力量的抗争到积极借助外部力量的抗争，易村农民的环境抗争大多是在法律政策的边界内进行的，具有较高的合法性。之所以选择依法抗争，并不仅仅是易村农民法律意识增强的结果，在很大程度上是其寻求自我保护的生存策略。然而，村民的依法抗争并没有取得理想的效果。地方政府应对农民的依法抗争一般采取阴阳策略，即表面上表示高度重视，实际上却不作为甚至对之打压。尤其是对农民的越级上访，当地政府采取了围追堵截以及"胡萝卜加大棒"的对策，力求做到"小事不出村、大事不出乡、难事不出县"。在环境诉讼中，由于权力和资本的介入，农民不仅举证困难，司法公正亦受到严重侵蚀。权力与资本的联姻提高了农民抗争的成本，降低了农民抗争成功的可能性。农民的环境抗争陷入了前所未有的困境：农民试图通过上访实现"来自高层的正义"（Justice From Above）（O'Brien & Li，2006），却被地方政府日益缜密的权力网络压制；农民意欲通过自身的力量如暴力抗争实现"来自底层的正义"（Justice From Below）（Michelson，2008），则显然超越了法律边界，遭受来自法律制度的惩罚则不可避免；受到权力、资本侵蚀的司法亦难以给农民提供公正的法律救济。

从历史实践来看，易村农民的环境抗争给企业和政府制造了一定的压力：企业排污不再像以前那样明目张胆而是改为偷排和夜间排放，当地政府对于环境治理的重视较之以前有所增强。经过抗争，易村农民争取到每人每天0.3元的蔬菜补偿，距工业园区最近的十几家农户装上了自来水，工业园区承诺对受污农田进行赔偿并签订了协议，X市政府针对Z地区的发展提出"退二进三"的计划，即退掉第二产业、发展第三产业。然而，农民环境抗争并未从根本上改善自身的生存环境。近年来，不断有村民死于癌症、农田赔偿迟迟不到位、政府承诺依然未兑现、黑恶势力和村庄精英不断从环境抗争中牟利，这些都严重挫伤了易村农民继续抗争的积极性。面对污染，是继续抗争还是静默受难抑或选择逃离，在农民内部已发生很大的分化，集体抗争也难以动员、组织起来。

## 五　结论与讨论

Z地区的案例为我们呈现了这样一幅历史图景：新中国成立以来农村环境问题的发生和演变是一个现代工业从远离乡村到"植入"乡村、继而从乡村社会脱嵌并不断对之侵蚀的过程；在农村环境问题生成和演变的过程中，农民从静默受难到私力救济再到依法抗争，其心态和行动在不同的历史情境中表现出不同的面向；进而，农民的环境抗争虽然可以在一定程度上有效保护家园及其生存环境，但同时也存在一些难以摆脱的困境。本文关心的问题是，在具体的历史情境中，是什么因素影响和制约着农民环境抗争的行动选择？农民环境抗争缘何存在一些难以摆脱的困境？

回到个案，我们能够从中发现，在不同的历史时期，身受环境侵害的农民有着不同的行动选择，其背后有着复杂的政治和社会原因。在计划经济时期，面对污染侵害，易村农民并未采取激烈或公开的方式进行抗争，而是选择了静默受难。农民之所以沉默，其原因约略如下：一是因为污染所造成的危害尚未直接影响到农民的个体利益。国家通过土地改革、人民公社化等运动将国家利益与农民利益、个体利益与集体利益纳入到统一的整体中，农民失去了独立的经济利益，"私"的财产权具有非正当性（张佩国，2007）。二是农民的身体虽然受到一定程度的侵害，但这种侵害并未造成严重的后果，而工厂与农民之间形成的互惠共生的关系又在很大程度上弱化了农民身体受到侵害所产生的不满。第三，也是最为重要的，这一时期国家推行的是全能主义政治①，国家紧紧控制每个人的生存资源、思想观念和社会行动。经过革命规训和政治教化的农民即便意识到自己的利益受到侵害，也几乎无人敢在有形无形的政治高压下公开表达不满。

改革开放以来，受到环境侵害的农民逐渐从沉默走上反抗，其原因主要在于农民与工厂之间的互惠关系难以为继，以及两者之间的受益圈和受害圈②的分离导致农民在乡村工业发展过程中逐渐沦为完全的受害者且面临着总体性生存危机。农民环境抗争之所以得以发生，更深层的动因在于：第一，全能主义政治逐渐崩解，国家与农民的关系从一体向分殊转型，农民在很大程度上摆脱了国家的全面控制，获得了一定的利益独立性和行动自主性；第二，农民的生存机制从集体化生存向个体化生存转型，此一变化为农民滋生权利意识提供了的社会基础且"获得权利"与"捍卫权利"成为后集体化时代农民生存的必要保障；第三，由于内外部压力，国家

① 全能主义是指政治机构的权力可以随时地无限制地侵入和控制社会每一个阶层和每一个领域的指导思想，全能主义政治指的是以这个指导思想为基础的政治社会（邹谠，1994）。
② 受益圈是指从环境问题中受益的人群或组织，受害圈则是由此受害的人群（包智明，2010）。

（主要是中央）对环境问题的态度逐渐从否认到承认，从漠视到重视，环保法律体系的不断完善和经济发展理念的不断重塑为农民环境抗争开启了一定的政治机会。政治机会的开启为农民环境抗争提供了必要条件。农民从经济转轨时期的私力救济转向市场经济时期的依法抗争，其转变的动因在于国家的"送法下乡"运动以及农民在抗争实践中受到的政治法律规训，不仅增强了农民"敬畏法律"的意识，而且极大地提高了农民私力救济的法律风险。通过上述分析，可以得出一个简短的结论：农民的环境抗争从表面上是其自身权益遭到外部侵害所做出的自然反应，受到生存伦理、权利意识、风险认知等因素的影响。但从根本上来说，农民的行动选择受制于其在不同历史时期所面临的结构性约束。这种结构性约束既包括政治机会结构（Political Opportunity Structure）①，也包括国家、企业和农民之间所形成的利益结构。

进一步分析，我们将会发现，农民环境抗争从根本上是乡村工业化过程中国家与农民之间的利益冲突，而我国的经济政治制度则决定了农民环境抗争的何以可能与何以可为。一如本文个案所呈现的那样，从计划经济时期到经济转轨时期再到市场经济时期，各个历史时期的农村环境问题在很大程度上是下乡工业制造的"副产品"。然而，工业下乡即使在市场经济时期也不单纯是一个自发自为的资本追逐利润的经济行为，在根本上它是国家为实现或实施其目标、战略、制度、政策以及利益的路径选择之一。在某种意义上，我国的经济政治制度是催生农村环境问题的渊薮。计划经济时期，为了避免"落后就要挨打"的命运和解决四亿人挨饿的问题，国家采取了重工业优先发展的赶超战略并以政治动员的方式推进该战略的实施。中央通过大规模的放权并动员地方政府展开经济竞赛，极大地刺激了工业的发展。自上而下的工业下乡运动尤其是"大跃进"运动迅速地将现代工业"输送"和"移植"到乡村地区。这一时期，环境问题几乎完全未获政治上或法律上的承认，环境抗争的政治机会结构性通道被封闭。改革开放以来，我国进入了经济体制改革和社会结构调整的历史时期。中央政府在保持政治集权的同时，将工作任务从"以阶级斗争为纲"转向"以经

---

① 所谓政治机会机构，指的是各种促进或阻止某一政治行动者之集体行动的政权和制度的特征以及这些特征之种种变化。政治机会结构不仅包括机会也包括威胁（蒂利、塔罗，2010）。

济建设为中心""发展是硬道理"成为中央和地方政府行为的逻辑起点。循此逻辑，在"经济增长"与"环境保护"之间，无论是中央政府还是地方政府都在实践上选择了前者。中央政府实行的 GDP 考核机制和财政分权制度在赋予地方政府及官员明确的政治经济利益的同时也对其制造了某种程度上的压力。当"经济增长"与"环境保护"发生冲突时，地方政府往往牺牲后者，将环保法律和政策悬置或采用变通的方式执行（林海，2003）。显然，农民的环境抗争无论是私力救济抑或依法抗争都在不同程度上与国家的"发展"和"稳定"的目标相冲突，危及政府尤其是地方政府的利益，迫使具有"代理型政权经营者"与"谋利型政权经营者"双重角色的地方政府（荀丽丽、包智明，2007）对其消极对待或积极打压。

简而言之，自新中国成立以来，我国的经济政治制度几经变革，但变革之中却保持了一定的"不变"，即经济制度一直深受发展主义的影响，而政治制度的权威性格亦得到了延续。经济制度与政治制度之间的高度同构性不仅成为农村环境问题不断恶化的动力机制也决定了农民环境抗争常常沦为"无效的表达"。在强国家弱社会的总体格局和上下分治的治理体制下，作为弱者的小农显然无力突破制度的桎梏。

作为制度变迁中的行动者，农民的社会行动不仅始终被制度所塑造且与制度一直存有不同程度的紧张。在某种意义上，我国的经济政治制度既是农村环境问题的制造者也是农民环境抗争有效表达的根本障碍。可以想象，如果现行的经济政治制度不进行深入改革，我国农民的环境抗争将依然是"重复昨天的故事"，农村环境问题的解决亦遥不可及。

## 参考文献

包智明，2010，《环境问题研究的社会学理论——日本学者的研究》，《学海》第 2 期。

包智明、陈占江，2011，《中国经验的环境之维：向度及其限度》，《社会学研究》第 6 期。

曹树基，2005，《大饥荒：1959—1961 年的中国人口》，时代国际出版有限公司。

查尔斯·蒂利、西德尼·塔罗，2010，《抗争政治》，李义中译，译林出版社。

费孝通，2005，《费孝通集》，中国社会科学出版社。

黄家亮，2009，《通过集团诉讼的环境维权：多重困境与行动逻辑》，《中国乡村研究》第 6 期。

林梅，2003，《环境政策实施机制研究——一个制度分析框架》，《社会学研究》第 1 期。

刘春燕，2012，《中国农民的环境公正意识与行动取向——以小溪村为例》，《社会》第1期。

罗亚娟，2010，《乡村工业污染中的环境抗争——东井村个案研究》，《学海》第2期。

毛泽东，1966，《毛泽东选集（第4卷）》，人民出版社。

曲格平，1997，《我们需要一场变革》，吉林人民出版社。

渠敬东、周飞舟、应星，2009，《从总体支配到技术治理——基于中国30年改革经验的社会学分析》，《中国社会科学》第6期。

司开玲，2011，《农民环境抗争中的"审判性真理"与证据展示——基于东村农民环境诉讼的人类学研究》，《开放时代》第8期。

王绍光，2008，《大转型：1980年代以来中国的双向运动》，《中国社会科学》第1期。

徐昕，2003，《论私力救济》，博士学位论文，清华大学。

荀丽丽、包智明，2007，《政府动员型环境政策及其地方实践——关于内蒙古S旗生态移民的社会学分析》，《中国社会科学》第5期。

张佩国，2007，《反抗与惩罚——20世纪50年代嘉定县乡村的犯罪与财产法秩序》，《社会》第4期。

张玉林，2006，《政经一体化开发机制与中国农村的环境冲突——以浙江省的三起"群体性事件"为中心》，《探索与争鸣》第5期。

张玉林，2007，《中国农村环境恶化与冲突加剧的动力机制》，《洪范评论》第9期。

邹谠，1994，《二十世纪中国政治：从宏观历史与微观行动的角度看》，香港：牛津大学出版社。

周黎安，2007，《中国地方官员的晋升锦标赛模式研究》，《经济研究》第7期。

滋贺秀三，1998，《清代诉讼制度之民事法源的概括性考察》，载王亚新、梁治平编《明清时期的民事审判与民间契约》，法律出版社。

E. Michelson. 2008. "Justice from Above or Justice from Below? Popular Strategies for Resolving Grievances in Rural China". *The China Quarterly* 3.

Kevin J. O'Brien, and Lianjiang Li. 2006. *Rightful Resistance in Rural China*. Cambridge University Press.

Jun Jing. 2004. "Environmental Protests in Rural China". in Elizabeth Perry and Mark Selden edited. *Society*: *Change*, *Conflict and Resistance*. London: Routledge/Curzon.

# 环境纠纷、解决机制及居民行动策略的法社会学分析

陆益龙[*]

**摘　要：** 在工业化、现代化发展过程中，居民遭遇污染随之增多，由此引起了较多环境纠纷。水、空气和噪音污染，以及空气、水和垃圾分别是农村和城镇居民所感知的突出环境问题。经验调查发现，更多的农村居民选择诉诸第三方权威来解决环境纠纷，显现出"上层化"而非"金字塔"形态；而应对公域环境问题，居民的行动则趋向于"消极化"。个人和家庭的社会经济力量以及因区域而异的纠纷性质对遭遇环境纠纷者的行动策略选择产生影响。个人和家庭社会经济力量的增强会降低对污染的容忍度，同时也提高对第三方权威解决问题的信心。在不同地区，环境纠纷性质从偶发事件向较普遍社会问题的转变，人们的行动策略也会从自行解决走向"上层化"。

**关键词：** 环境纠纷，行动策略，法社会学

在快速工业化、城市化的过程中，中国社会也正经历着生态环境问题的巨大挑战。改革开放后，中国的廉价劳动力吸引着世界制造业向中国的转移，这既带动了经济的快速增长，同时也不可避免地带来了环境污染问题的增多，由此而引起的环境纠纷也就自然而然地随之增多。

环境纠纷是指因环境污染而引发受害人提出各种权益主张并由此形成

---

　* 陆益龙，中国人民大学社会学理论与方法研究中心教授。原文发表于《学海》2013 年第 5 期。本文为国家社科基金项目"基层社会矛盾的化解经验与秩序建构研究"（项目编号：10BSH008）的阶段性成果。

的矛盾关系或冲突行为。环境纠纷虽是纠纷的一种形式，但事实上它与一般的民间纠纷有着很大的差别。这种差别主要体现在三个方面：一是纠纷主体的不确定性。普通的民间或民事纠纷，主体或双方当事人都是确定的，而在环境纠纷中，由于对谁实施了污染行为或侵害行为，往往并不容易确认，因而就出现侵害主体的不确定现象。二是纠纷双方的不对称性。在环境纠纷中，双方的力量通常是不对称的，因为环境污染的实施者一般为企业组织，属于组织起来的力量，而污染的受害者一般为群体，属于没有组织或部分组织起来的力量，双方力量具有明显的不对称性。三是纠纷参与的群体性。由于环境污染影响的范围通常不是个体，而是群体，因而参与纠纷的往往是群体，这也就是环境纠纷为何是造成群体性事件的重要原因之一。

那么，现实社会生活中，对于个体而言，他们是如何感知环境纠纷？如何处理环境纠纷的呢？哪些因素与人们所选择的解决环境纠纷的行动策略相关呢？本文试图从经验调查数据中，揭示当下人们所遭遇或感知的环境污染问题的基本情形及他们所采取的行动策略，分析环境纠纷经历者的个人、家庭及所在区域三个不同层面的因素与其选择纠纷解决策略之间的关系。

## 一 环境问题及社会学的理论解释

关于环境问题的社会学研究，已有研究更多地集中在两个领域：一是环境关心（Environmental Concern）；二是环境行为（Environmental Behavior）。

环境关心研究实际是环境意识研究，主要关注的问题涉及人们对环境问题的社会认知或主观观念、对环境问题的态度、对环境保护的意识倾向等。当代"新环境范式"（NEP）创立了一种将这一抽象意识问题加以标准化测量的方法，即环境关心量表或 NEP 量表（Dunlap & Van Liere，1978）。此后，随着学界关于"环境关心"定义的共识逐步达成，即认为环境关心主要指人们对环境问题的认知程度、对解决环境问题的支持程度以及参与环境保护的意愿（Dunlap & Jones，2002）。由此出现了一些更新的或改进的综合性量表，用来对环境关心加以测量（Dunlap et al.，2000；Stern & Dietz，1994；La Trobe & Acott，2000；Jackson，2002；Cordano，Welcomer & Scherer，2003）。

环境关心量表也已经在中国得以运用。洪大用在 2003 年的中国综合社会调查（CGSS）中，就运用了 NEP 量表测量了中国居民的环境关心状况，并对这一量表在中国的适应性进行了评估（洪大用，2006；肖晨阳、洪大用，2007；龚文娟，2008）。环境关心量表的运用在一定意义上解决了环境意识研究的操作化问题，而目前关于环境关心的研究仍主要停留在影响因素的分析之上，尽管有些研究分析了多层次的因素，即个人的、社区的和城市的因素（洪大用、卢春天，2011），这种研究对理解公众环境关心的现状有一定推进意义，但这些研究都还没有探讨环境关心究竟有何社会意义。所以，我们需要探讨公众环境关心的程度究竟对其环境保护行动以及整体社会的环境保护状况是否有影响？有什么样的影响？以及如何发挥影响的？关于环境观念的或意识的问题虽然也很重要，但探讨观念问题的目的是为了解决行为上的问题，因为环境问题是由人类的行动引起的。

此外，关于环境行为的研究，也是环境社会学的一个重要领域。目前这一领域的研究实际上探讨两个方面的问题：一是个人参与环境保护行为的状况如何，以及哪些因素会影响公众参与环保行为？二是个人的环境保护行为究竟呈现出何种特征？为什么会产生这种特征？

在对环境保护行为的公众参与研究中，公众的环保参与行为被分为"从未""讨论""参与宣传""参与活动"和"投诉上访"五个层次，由此考察不同层次的环保参与行为受哪些因素的影响（任莉颖，2000）。对环保参与行为的考察，带有明显的西方公民社会的公众参与色彩，用这些问题来测量中国社会的环保参与行为，其效度存在较大的局限。

环境负责行为（Responsible Environmental Behavior）理论将环境行为的考察视野进一步拓展，他们所关注的行为不仅包括个人参与环保的情况，而且还包括个体的具体环保行为事实，即与环境保护相一致的生活方式所包括的主要行为（Hines et al.，1987）。此外，环保行为或环境友好行为（Proenvironmental Behavior）的研究也主要从个体行为选择及影响因素的视角来探讨环境行为问题（龚文娟，2008）。在对环保行为的分析方面，有多种行为分类法，其中按照空间将环保行为分为"私人领域的环保行为"和"公共领域的环保行为"。

对环境行为的研究，主要探讨的是哪些因素影响着个人是否选择环保行为。一些经验实证研究通常运用各种环保行为模型来分析个体环保行为选择的决定因素（Ester & Van Der Meer，1982）。在环保行为分析模型中，态度因素、个体因素、认知因素、情境因素通常会作为主要的自变量，用来解释个体环保行为差异的原因（武春友、孙岩，2006；2007）。在对个体因素分析方面，有较多研究关注环保行为的性别差异，尤为关注女性在环保行为方面的差异性特征（洪大用、肖晨阳，2007；胡玉坤，1997）。此外，关于态度变量和认知变量与环保行为之间关系的实证研究也比较多，因为这些研究隐含着一些基本理论假设，那就是通过环境保护价值观或"环境素养"的养成，以及通过环境保护知识教育，可能会对促进个人选择环保行为有利。实证研究的目的就是要从经验调查中去验证这些基本理论假设。

某种意义上说，环境纠纷研究既涉及环境意识也涉及环境行为。环境纠纷的出现虽与环境污染和侵害行为这一客观状况密切相连，但对于环境污染受害者来说，只有当他们意识到自己的权益，并具有了维权意识，这样才会与环境污染侵害者发生争执和纠纷。当环境污染的受害者采取行动来反抗污染，并要求维护自己的权益的时候，他们的行动实际上也属于环境保护行为。

目前，关于环境纠纷的研究，较多集中在法学领域。环境纠纷及其解决机制研究，通常把纠纷解决方式分为自力解决、民间调解、行政调处、仲裁、当事人协商、民事诉讼等主要机制。至于环境纠纷解决机制的选择问题，一些研究倾向于认为要根据环境纠纷的复杂程度和不同纠纷解决方式的特点和优势，灵活地选择和运用不同的纠纷解决机制（杨朝霞，2011）。此外，一些研究从法学的角度重点探讨了环境纠纷救济的诉讼救济和非诉讼救济两种途径，强调要针对环境纠纷建立整体式的新型诉讼制度，即专门环境诉讼制度，同时还需要建立环境公益诉讼制度，以更好地协调对"环境"和对"人"的损害的确认（"环境友好型社会中的环境侵权救济机制研究"课题组，2008）。还有较多关于环境纠纷的法学研究专门探讨了诸如仲裁、行政调处、民事诉讼以及非诉讼（ADR）途径解决环境纠纷的功能、运用及策略（王灿发，2002；吴卫星，2008）。

环境纠纷的法学研究所关注的主要是立法、司法层面的技术问题，某种意义上说，这些研究对于完善环境纠纷解决的制度或规则具有重要价值，但是环境纠纷问题显然不光是法律问题，而且也是社会问题，涉及个人、群体、企业和政府等相互之间的关系。既然环境纠纷也属社会问题范畴，那么也就需要从社会学的角度去加以考察。然而，目前专门针对环境纠纷的社会学研究却很少。本文试图从诸多民间纠纷中将环境纠纷抽离出来进行专门的考察，以了解居民在现实社会生活中究竟遭遇了哪些环境问题，采取了什么样的行动去应对？遭遇环境纠纷者在选择其行动策略时，个人、家庭和区域层面的相关因素起到了怎样的作用？基于此，本文根据法社会学关于民间纠纷及其解决机制研究的范式（陆益龙，2009），将居民解决环境纠纷的行动策略分为三大类：忍忍算了、双方自行解决和诉诸第三方，并由此提出以下三个研究假设。

**假设1**：个人遭遇环境纠纷后，是否选择忍忍算了的策略，取决于他们是否能、是否愿意容忍污染问题，因而这将因人和因家庭而异，而无区域差异。

**假设2**：个人遭遇环境纠纷后，是否选择自行解决的策略，关键在于他们是否能解决好纠纷，因而其选择受个人及家庭因素影响较大，不会因地区而不同。

**假设3**：个人遭遇环境纠纷后，是否选择诉诸第三方，一是要看他们认为纠纷是否能容忍或自行解决；二要看他们是否认为第三方介入有必要且有效。因而这一选择既因人和因家庭而异，而且也因地区而异。五个不同的地区，由于其工业化开发程度不同，居民遭遇污染的情况也有所不同，遇到的环境纠纷可能不同，因而会采取不同的行动策略。

本文分析所运用的数据主要来自两个调查：一是2010年农村纠纷调查，该调查是在河南、湖南、江苏、陕西和重庆市各抽选一个县而进行的入户问卷调查，共获得2987个有效样本。二是2010年中国综合社会调查（CGSS）的环境问题模块，CGSS采用分层随机抽样法，在全国选取了3491个有效样本回答环境问题模块。

## 二 居民在生活中遭遇的环境纠纷

对环境问题的探讨，如果总停留在宏观的、抽象的理念层面，那么研究只能给人们提供某些理想主义的幻象。如果要想对改善我们的环境有所助益，那么关于环境问题的研究就需要回归到生活之中。从居民现实生活的视角，去考察如今人们究竟遭遇了哪些环境问题。因此，对居民环境纠纷的调查和了解，是我们认识当今社会环境问题的一个重要视角。因为环境纠纷的产生，不仅意味着人们实实在在感受到、意识到环境问题给自己生活和利益带来了具体的侵害，而且也标志着环境问题已转变为实实在在的社会问题，因为它们已造成了社会关系的不一致、矛盾和冲突。

305

从对农村的环境污染纠纷的调查情况来看，2987 个被访者中有 461 人，即有 15.4% 的被访者报告他们家在过去 5 年中经历了环境污染纠纷。这一比例并不算太高，但从数据结果中可以看出，农村环境纠纷的发生率存在极为显著的地区差异。总体看来，江苏省太仓市和陕西省横山县的农民所反映的环境纠纷数占据了总数的 90% 以上（分别为 49.2% 和 41.2%），而在湖南省沅江县、河南省汝南县和重庆市忠县环境纠纷发生相对较少，分别占总发生数的 5.9%、2.4% 和 1.3%。江苏省太仓市 574 名被访者中有 227 名，即 65.4% 的被访农民反映了他们遭遇了环境问题，在陕西省横山县 734 个被访者中有 190 人，即 25.9% 的被访农民遭遇环境纠纷。

**表 1　在过去五年中，您家有没有遇到过环境污染方面的问题（2010 农村纠纷）**

|  |  | 有 | 没有 | 总计 |
|---|---|---|---|---|
| 河南省 | 频数 | 11 | 526 | 537 |
|  | % | 2.4% | 20.8% | 18.0% |
| 湖南省 | 频数 | 27 | 545 | 572 |
|  | % | 5.9% | 21.6% | 19.1% |
| 江苏省 | 频数 | 227 | 347 | 574 |
|  | % | 49.2% | 13.7% | 19.2% |
| 陕西省 | 频数 | 190 | 544 | 734 |
|  | % | 41.2% | 21.6% | 24.6% |
| 重庆市 | 频数 | 6 | 564 | 570 |
|  | % | 1.3% | 22.3% | 19.1% |
| 总样本 | 频数 | 461 | 2526 | 2987 |
|  | % | 15.4% | 84.6% | 100.0% |

在江苏省太仓市所调查的地区是沙溪镇，该镇距离上海市非常近，这里曾经是鱼米之乡。随着该市工业化、城市化的迅速发展，环境问题自然也就成为一个突出的社会问题。陕西省横山县以前是陕北的一个贫困县，如今在中国经济快速增长的大背景下，能源需求和能源开发的飞速增长，推动了在该县煤矿和天然气的大量开采，给矿山周边农村的土地、水和空气造成极大污染，从而引发较多农民的环境纠纷。

调查结果似乎显示出了一种"发展悖论"现象，农村发展与环境保护好像是"鱼"与"熊掌"的关系，两者不可兼得。只要农村发展起来了，就要遭遇环境污染问题。从这个意义上看，农村居民所遭遇的环境纠纷，实际上是现代性问题的一种体现。农村社会在追求现代化发展的过程中，这样的问题和纠纷或许是不可避免的，人们的能动性只能在有限的范围内尽可能地去控制或去弥补这些问题所造成的社会代价。

农村发展或开发中出现的环境纠纷问题，一部分原因来自现代工业发展给环境和人造成的客观损害，还有一部分原因则是社会性的，这部分原因就是不平等的发展。纠纷的本质是利益或权益主张的不一致，农村开发和发展之所以引发环境纠纷，是因为一部分农民在开发与发展中并没有得到相应的收益，而环境的破坏却还使他们受到一定的损失，这种不均等发展自然会引发纠纷。

为进一步了解农民是因何环境问题而产生纠纷，我们在问卷调查设计了开放问题。通过对开放问题的归类，排在前几位的环境问题主要是水（河道）污染、空气污染、噪音（高速公路）污染、工厂排放物污染等（见表2）。其中因水污染而引发的环境纠纷最为突出，在有过环境纠纷经历的农民中，35.6%的人声称是因为遭遇了水污染问题。当然，由于农民在5年中所经历的环境纠纷可能不止一次，因而在他们的回答中可能报告了多种环境问题，这里所统计的是他们所提到的首个问题。

**表2　农民报告遭遇环境污染问题的类型（2010 农村纠纷）**

| | | 人数（人） | 频率（%） |
|---|---|---|---|
| 1 | 水（河道）污染 | 159 | 35.6 |
| 2 | 空气污染 | 134 | 30.0 |
| 3 | 噪音（高速公路）污染 | 53 | 11.9 |
| 4 | 工厂排放物污染 | 49 | 10.9 |
| 5 | 垃圾污染 | 28 | 6.3 |
| 6 | 土地污染 | 17 | 3.8 |
| 7 | 其他污染 | 7 | 1.5 |
| | 总计 | 447 * | 100.0 |

注：* 剔除无效问卷后所得。

调查结果在很大程度上反映了农民与环境、农民与现代化之间的微妙关系。首先，对于广大农民来说，水、河道犹如农村的血和血脉，水及河

307

道的污染对其生活和生产的损害是最直接的，也是最致命的。而且对于农民和农村来说，水和河道最易于受到污染。由此表明，农民的生活对生态环境的依赖程度更高，他们是环境脆弱群体。也就是说，当他们所赖以生存和生活的环境受到破坏时，他们更易于受到伤害而且受损更为严重。此外，农村的环境也更容易受到侵害，因为农村和农民还没有组织起来的力量来对抗污染侵害者。

尽管农民自身的行为也可能造成一些环境问题，但从他们所反映的环境问题来看，这种影响是非常有限的。而更多的问题则与现代化发展过程密切相关，如水污染、空气污染、噪音污染，基本都是现代产业发展给农村和农民带来的一种影响。所以，从这个角度看，农民所遭遇的环境纠纷问题之所以复杂，之所以难解，一个重要原因就是这些问题关涉到农民、农村与现代化的微妙关系。某种意义上说，这也是当代中国农民及农村发展所面临的一大困境（陆益龙，2010）。

表3的数据反映的是农村居民遭遇环境纠纷的频率。从调查结果来看，在有过环境纠纷经历的人中，5年内家庭只遭遇一次纠纷的占34.8%，这也就意味着近三分之二的纠纷经历者5年内遭遇两次以上的环境纠纷。经历5次以上（含5次）纠纷的达到29%，即平均每年遭遇一次环境纠纷。

表3　在过去五年中遭遇环境污染问题的次数（2010年农村纠纷）

| 次数 | 人数（人） | 有效频率% | 累积频率% |
| --- | --- | --- | --- |
| 1 | 151 | 34.8 | 34.8 |
| 2 | 107 | 24.6 | 59.4 |
| 3 | 47 | 10.8 | 70.2 |
| 4 | 3 | .7 | 70.9 |
| 5 | 12 | 2.8 | 73.7 |
| 6 | 4 | .9 | 74.6 |
| 9 | 1 | .2 | 74.8 |
| 10 | 98 | 22.6 | 97.4 |
| 11 | 3 | .7 | 98.1 |
| 15 | 2 | .5 | 98.6 |
| 19 | 3 | .7 | 99.3 |

| 次数 | 人数（人） | 有效频率% | 累积频率% |
|---|---|---|---|
| 20 | 2 | .5 | 99.8 |
| 35 | 1 | .2 | 100.0 |
| 总计 | 434* | 100.0 | |

注：* 剔除无效问卷后所得。

对农村环境纠纷发生频率的考察，在一定程度上反映出，环境问题一旦出现，纠纷就可能不再是偶然事件了，而可能成为复杂的关系和冲突过程。由此看来，环境纠纷主要不是某个偶发的环境事件引发的，而是农村生态环境在开发和发展过程中的改变而引起的矛盾与冲突关系。普通的民间纠纷往往起因于某个事件，随着事件的解决而逐渐可以化解，而环境纠纷的复发则是因为环境改变过程的不可逆性。随着环境改变过程的延续和推进，也就可能不断产生各种新的纠纷。

如果从全国综合社会调查的结果来看，城乡居民在对环境问题的感知方面，有着一定差异。对于城市居民来说，空气污染是头号问题，而对农村居民来说，首要的环境问题是水问题，包括缺水和水污染问题，其次是生活垃圾处理问题。29%的城市居民认为空气污染对其家庭及生活影响最大，而在农村，只有11.9%的人认为空气污染对其影响最大。不过，城市和农村居民对环境问题的意识也具有较大相近性，他们所认为对其生活影响最大的环境问题排在前三位的，具有较高的一致性，这些问题是：空气污染、水问题和生活垃圾处理问题（见表4）。有较多的农村居民（14.4%）认为化肥农药污染对其生活影响最大，排在第3位。

**表4　城乡居民认为对其生活影响最大的前3位环境问题（2010 CGSS）**

| | 空气污染 | 水问题 | 生活垃圾处理 |
|---|---|---|---|
| 城市（排位、%） | 1（29.0%） | 2（20.2%） | 3（19.1%） |
| 农村（排位、%） | 4（11.9%） | 1（24.6%） | 2（20.5%） |

居民从个人生活角度所反映的环境问题与纠纷，虽有主观建构的成分，但依然是更加真实地反映了现实中的环境问题及其社会影响。从经验调查

结果中，我们发现了诸如水污染、空气污染、噪音污染、垃圾处理等环境问题给民众的生活和社会关系带来的消极影响，同时我们由此认识到环境污染与开发、发展之间的悖论关系，这些发现或许对我们今后如何应对、如何处理环境问题以及由此而引起的矛盾纠纷提供了重要的线索和思路。

## 三　环境纠纷解决机制及行动策略

既然环境纠纷主要不是因偶发事件引起的，那么对于个体行动者来说，解决或应对环境纠纷就可能是一个漫长的过程。现实的经验究竟是怎样的呢？人们在遭遇环境问题之后，究竟选择了什么样的方式来解决问题呢？是忍忍算了还是直接抗争，是诉诸法律还是寻求行政处理？图 1 显示的是农村居民在遭遇环境问题所选择的纠纷解决机制。

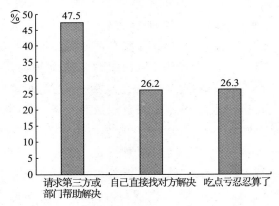

**图 1　农村居民解决环境纠纷的方式（2010 农村纠纷，N = 432）**

从调查结果可以看到，近一半的遭遇环境纠纷者（47.5%）选择通过诉诸第三方的策略来解决纠纷，诉诸第三方也就是请求行政权威、法律机构帮助解决；选择吃点亏容忍污染问题的有 26.3%；直接找对方解决的占 26.2%。

这一结果在较大程度上揭示了中国农村经验与法律社会学中的"纠纷金字塔"理论或"纠纷宝塔"理论假设存在差异（Felstiner，Abel & Sarat，1981；Michelson，2007）。纠纷金字塔理论和纠纷宝塔理论提出了一个基本假设：人们在社会生活中总会遇到很多冤屈或纠纷，但只有极少数纠纷会进入到司法或行政正义解决程序之中，即金字塔或宝塔的顶部，因为很多纠纷都是通过基层或其他方式得以解决的。而中国农民在解决环境纠纷过程中，似乎并不像纠纷金字塔理论所认为的那样，而是较多的纠纷进入了纠纷解决机制的顶端，选择请求第三方介入来解决环境纠纷的占多数。这表明中国农民大量的环境纠纷最后都进入到解决机制的上层，即需要行政的和司法的正义程序来正式解决。

农村居民在环境纠纷解决机制选择上的"上层化"特征及趋势，一方面可能反映了环境纠纷的特殊性。也就是说，环境纠纷与其他普通民间纠纷有着一些差别，环境纠纷可能更为复杂、影响更大、更难解决，因而农民既无法容忍，自己也无法解决，只能通过寻求行政机构和司法系统的帮助才可能得以解决。

另一种可能是，农民在环境纠纷解决机制选择的"上层化"趋势，并不完全因为环境纠纷的特殊性，而是他们选择纠纷解决机制特征的一种体现。在中国社会转型过程中，居民的纠纷解决机制选择也在发生转变，纠纷解决机制的"上层化"是这种转变的重要构成①。从全国范围的调查情况来看（2005CGSS），居民在遇到与个人有关的纠纷后，选择行政途径和法律诉讼两种方式来解决的占多数，两者达到 37.8%，而选择自行解决的为 35.8%（杨敏、陆益龙 2011）。由此可见，中国民众在解决普通纠纷时，并不只是少数人才会选择行政和法律正义途径，而是多数人选择这种"上层路线"策略。

为了进一步考察遭遇环境纠纷的农村居民为何选择不同的解决方式，以下将运用二元 Logistic 回归模型对农村遭遇环境纠纷者选择相应纠纷解决方式的影响因素加以分析。三个回归模型将对个人因素、家庭因素和区域因素三个层次的变量进行多层分析，旨在考察不同层面的因素对环境纠纷者行动策略选择的影响。

从表 5 的分析结果来看，模型 1 主要反映个人方面的因素对是否选择"忍忍算了"的影响，结果发现个人健康状况和职务两个变量的影响具有统计显著性，个人的身体健康和干部身份因素的影响具有显著性，且发生比率比都低于 1，表明身体健康和干部群体选择忍忍算了这一方式的发生比率

---

① "上层化"是相对于法社会学关于纠纷解决机制结构而言的，即居民遭遇纠纷时不是采取容忍和自己解决方式，而要引入第三方力量。通过第三方解决纠纷的方式虽不等同于"上访"，但较多的还是诉诸行政的和司法的正义系统。

较之其他相应群体要低。模型 2 引入家庭层面的变量后，解释力由 6.1% 提高到 16.3%，说明家庭方面因素对选择忍忍算了的方式的影响较大且显著。家庭承包地越多、收入越高，选择忍忍算了的可能性越低，家庭与外部有关系比没有关系，选择忍了的可能性更大。模型 3 引入了区域变量，区域因素对是否选择忍忍算了的方式影响不大且不显著。

**表 5　农村居民遭遇环境纠纷时选择忍忍算了的发生比率比（OR）**
**（2010 农村纠纷）**

| 自变量 | 模型 1 | 模型 2 | 模型 3 |
|---|---|---|---|
| 常数项 | .646 | 6367.596**** | 809.145** |
| 个人层次的变量 | | | |
| 婚姻状况（已婚＝1） | .940 | .618 | .728 |
| 健康状况（健康＝1） | .447*** | .626 | .629 |
| 受教育水平（大专以上＝3） | 1.341 | 1.549 | 1.519 |
| 职务（干部＝1） | .407** | .221***** | .230***** |
| 职业（非农业＝1） | 1.339 | 1.287 | 1.581 |
| 年龄（老年＝3） | .864 | .820 | .825 |
| 家庭层面的变量 | | | |
| 家庭承包地（ln） | | .648* | .610** |
| 家庭收入（ln） | | .028**** | .050** |
| 家庭与外部关系（有＝1） | | 1.769* | 1.900** |
| 家庭有无打工（有＝1） | | 1.193 | .978 |
| 户口（城镇＝1） | | 1.101 | 1.159 |
| 家庭有无实业（有＝1） | | .574 | .520 |
| 区域层面的变量① | | | |
| 调查县 | | | 1.361 |
| （太仓＝1，横山＝2，汝南＝3，沅江＝4，忠县＝5） | | | |
| | $x^2 = 18.24$*** $R^2 = .061$ | $x^2 = 39.26$***** $R^2 = .163$ | $x^2 = 41.89$***** $R^2 = .173$ |

注：*p＜.1　**p＜.05　***p＜.01　****p＜.005。

---

① 区域变量的定序赋值主要参考 5 个县市的环境纠纷的发生比例而设定。

实证分析结果验证了假设 1，即遭遇纠纷者是否选择容忍策略主要因人和因家庭而异。个人的社会力量如身体条件和权力地位以及家庭的经济力量，明显降低了人们对纠纷的容忍度，这表明遭遇环境纠纷者如果个人和家庭的力量越强，越不会选择容忍；同时，家庭的关系资本则能提高选择容忍策略的发生比率，纠纷者家庭与外部联系越多，对农村的依赖程度就越低，他们选择容忍的可能性会大大提高。

表 6 是对农村居民选择自己找对方解决所遭遇环境纠纷的 Logistic 回归分析结果。从其中我们可以看到，遭遇纠纷者是否选择自行解决这一策略的发生比率，主要受个人的年龄、家庭承包地多少、收入高低、家里有无实业以及区域因素的影响。个人年龄段的提高、家庭承包地越多，会降低村民选择自行解决的发生比率；相反，家庭收入水平越高、家里有实业以及越是环境问题发生较少，工业化开发程度不高仍以农业为主的地区，人们选择自行解决的发生比率会提高。家庭收入增加一单位，选择自行解决的发生比率是原来的 42.2 倍，有实业选择这种应对方式的发生率是没有实业的家庭 1.73 倍。在选择自行解决策略方面区域的差异较为显著，相对于环境纠纷发生较多的江苏省太仓市和陕西省横山县而言，河南、湖南和重庆的三个县的农村居民，选择自行解决这一策略的发生比率更高。

从模型参数来看，模型 1 的解释力最低，表明个人层面的因素对农村居民选择解决环境纠纷行动策略的影响并不大。模型 2 引入了家庭层面的变量，解释力提高了一倍，但除了家庭是否有实业这一变量外，其他变量的影响都不显著。模型 3 引入了区域层面的变量后，解释力得以提高，区域变量的影响非常显著，而且两个家庭变量的影响也显示出显著的解释力。

**表 6　农村居民遭遇环境纠纷时选择自己找对方解决的发生比率比 （OR）**
**（2010 农村纠纷）**

| 自变量 | 模型 1 | 模型 2 | 模型 3 |
|---|---|---|---|
| 常数项 | 1.906 | .046** | .000** |
| 个人层次的变量 | | | |
| 婚姻状况 （已婚 = 1） | .661 | .597 | .766 |
| 健康状况 （健康 = 1） | 1.043 | .723 | .734 |
| 受教育水平 （大专以上 = 3） | .905 | 1.069 | 1.044 |
| 职务 （干部 = 1） | .574 | .521 | .536 |

续表

| 自变量 | 模型1 | 模型2 | 模型3 |
|---|---|---|---|
| 职业（非农业＝1） | .765 | .644 | .855 |
| 年龄（老年＝3） | .610** | .638* | .636* |
| 家庭层面的变量 | | | |
| 家庭承包地（ln） | | .760 | .673* |
| 家庭收入（ln） | | 6.178 | 42.228** |
| 家庭与外部关系（有＝1） | | .788 | .887 |
| 家庭有无打工（有＝1） | | 1.031 | .703 |
| 户口（城镇＝1） | | .445 | .479 |
| 家庭有无实业（有＝1） | | 1.739* | 1.397 |
| 区域层面的变量 | | | |
| 调查县 | | | 1.780**** |
| （太仓＝1，横山＝2，汝南＝3，沅江＝4，忠县＝5） | | | |
| | $\chi^2 = 11.89^*$ $R^2 = .040$ | $\chi^2 = 20.15^*$ $R^2 = .084$ | $\chi^2 = 29.14^{***}$ $R^2 = .120$ |

注：$^*p < .1$    $^{**}p < .05$    $^{***}p < .01$    $^{****}p < .005$。

回归分析结果表明假设2并不完全成立，虽然个人年龄和家庭经济实力影响其选择自行解决策略，但引入区域变量后，区域因素的影响更为显著，表明纠纷者是否选择自行解决策略，主要因地区而异。

那么，为何区域因素会影响到个人是否选择自行解决的策略呢？关于这一问题，我们需要了解在不同区域之间，由于开发和发展状况的差别，人们所遭遇的环境纠纷其性质也存在着差别。像江苏太仓市和陕西横山县，农民之所以遭遇更多纠纷且不愿自行解决，是因为这些地区因工业发展和煤矿开采给他们带来了环境问题；而在像河南汝南、湖南沅江及重庆忠县等地，仍以农业为主，发展和开发程度较低，农民遭遇的环境纠纷可能是偶然事件引起的，所以选择自行解决的策略或许更为有效。

由此看来，区域因素的影响实际反映的是环境纠纷的性质对纠纷者选择行动策略的影响：区域工业化开发程度越高，环境纠纷发生就越多，环境纠纷就不再是个别偶然事件而成为社会问题，人们也就不再靠个人和家庭的力量去解决纠纷。

表 7 是对农村遭遇环境纠纷者选择寻求第三方介入来解决纠纷的回归分析结果。从表中数据来看,个人的健康状况、职务和年龄等因素对提高选择这一行动策略的发生比率有显著影响;家庭的承包地规模、家庭收入水平等家庭因素的影响具有显著性,而且引入家庭变量后,模型的解释力提高了 9.1%;区域因素在其中的作用也非常显著,而且影响较大,区域变量发生比率比为 0.365,低于 1,表明从江苏太仓到重庆忠县,农民选择通过第三方解决环境纠纷这一策略的发生比率依次降低,江苏太仓最高。

**表 7　农村居民遭遇环境纠纷时选择诉诸第三方解决的发生比率比 (OR)**
**(2010 农村纠纷)**

| 自变量 | 模型 1 | 模型 2 | 模型 3 |
|---|---|---|---|
| 常数项 | .133***** | .000*** | .058 |
| 个人层次的变量 | | | |
| 婚姻状况 (已婚 = 1) | 1.432 | 2.149** | 1.399 |
| 健康状况 (健康 = 1) | 1.993** | 1.996** | 2.016* |
| 受教育水平 (大专以上 = 3) | .850 | .682 | .665 |
| 职务 (干部 = 1) | 2.887***** | 4.772***** | 5.243***** |
| 职业 (非农业 = 1) | .986 | 1.120 | .601 |
| 年龄 (老年 = 3) | 1.672**** | 1.719** | 1.652** |
| 家庭层面的变量 | | | |
| 家庭承包地 (ln) | | 1.763** | 2.211***** |
| 家庭收入 (ln) | | 7.343* | 2.088 |
| 家庭与外部关系 (有 = 1) | | .766 | .668 |
| 家庭有无打工 (有 = 1) | | .859 | 1.436 |
| 户口 (城镇 = 1) | | 1.524 | 1.431 |
| 家庭有无实业 (有 = 1) | | .807 | 1.009 |
| 区域层面的变量 | | | |
| 调查县 | | | .365***** |
| (太仓 = 1,横山 = 2,汝南 = 3,沅江 = 4,忠县 = 5) | | | |
| | $\chi^2 = 24.86$***** $R^2 = .075$ | $\chi^2 = 44.87$***** $R^2 = .166$ | $\chi^2 = 66.13$***** $R^2 = .238$ |

注: *$p < .1$　**$p < .05$　***$p < .01$　****$p < .005$　*****$p < .001$。

316

统计分析结果基本验证了假设 3，居民在环境纠纷解决策略上呈现出的"上层化"趋势和特征，是由多层次因素共同作用、共同影响的结果。个人的职务、身体和年龄变量以及家庭承包地规模和收入水平显现出显著性，反映出个人和家庭的社会经济力量会增强个人寻求第三方帮助的信心，即遭遇纠纷者的个人及家庭社会经济力量越强，他们就相信通过第三方来解决纠纷。由此可见，人们选择诉诸第三方或走"上层化"路线，并不是因为自己和家庭力量薄弱而要向第三方求助，恰恰相反，正是其社会经济力量的提升促进其将纠纷诉诸到权威系统。但是，在经验分析中，并不能看到家庭的关系资本对纠纷解决"上层化"趋势产生影响。这一结果与"纠纷宝塔论"有着一定差别，该研究认为那些登上纠纷宝塔上层的农村居民，较多的是与行政或司法系统中的人有熟人关系，即家庭拥有关系资本者更倾向于爬上"纠纷宝塔"的顶部（Michelson，2007）。不同区域之间，人们在选择诉诸第三方的行动策略上存在差异，地区经济开发程度越高，选择寻求第三方解决纠纷的人越多。这一现象说明，当环境纠纷在开发较快的地区已经不是偶然事件时，那也就成为一种社会问题。这样就会有更多的人无法忍受且自行解决不了，人们就会寻求行政的和司法的途径进行抗争以达到问题的解决。在这一意义上，环境纠纷的性质或特殊性与遭遇纠纷者的行动策略选择也是相关的，如果农民遭遇的纠纷是偶发事件，他们更倾向于自行解决；如果遭遇污染成为较普遍的社会问题，他们就想通过权威第三方来解决问题。

从更广范围的调查即综合社会调查（2010CGSS）中，我们发现（见图2），尽管只有 13.1% 的居民明确表示没有遭遇过对其家庭生活造成影响的环境问题，但只有 18.7% 的人反映他们采取了行动，没有采取行动的达到43.8%。由此看来，在应对一般性环境污染问题时，人们采取行动的积极性相对较低。这也表明人们的公域环境行动策略与私域环境行动策略有着一定差别（Hines et al.，1987）。也就是说，人们对公共环境问题较多以沉默或容忍的方式来应对。

此外，调查还显示，只有 1.7% 的人在 5 年当中针对具体环境问题采取过写请愿书和抗议示威等抗争性行动，这与解决私域环境纠纷的"上层化"趋势呈现鲜明对照。这一经验事实表明，当人们遭遇环境污染时，如果污染直接且明显影响到私人的权益，那么就会有较多的人积极行动起来，部分人直接找对方解决，更多的是通过找上级部门或司法途径来寻求解决。

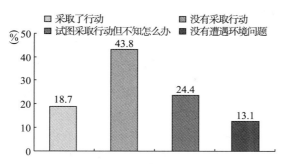

图2　为了解决遭遇的环境问题，您和家人采取任何行动了吗（2010CGSS，N = 3485）

而面对一般性公共环境问题，即便这些问题也在一定程度上影响到自己生活和利益，但由于对私人利益影响并不太直接或影响不太显著，较多的人还是以沉默和容忍的方式对待环境问题。

## 四　结论与讨论

在现代化发展过程中，居民遭遇环境污染的增多似乎在所难免。这种要发展就必须受污染的"发展悖论"在农村地区表现得尤为突出。在农村纠纷调查中占受访总数15.4%的报告过去5年遭遇环境纠纷的农村居民中，绝大多数是来自于发达的或开发较快的地区，如工业化程度很高的江苏太仓市以及煤矿飞速开发的陕西横山县农村，那里的农民遇到的环境纠纷大大超过以农业为主或开发程度较低的湖南沅江、河南汝南及重庆忠县等农村地区。

农村居民在遭遇环境纠纷后，有近一半的人选择诉诸第三方权威来解决，显现出环境纠纷解决机制的"上层化"趋势，这一经验发现让我们需要重新检视"纠纷金字塔"理论和"纠纷宝塔"理论在中国的适应性（Felstiner，Abel & Sarat，1981；Michelson，2007），由此我们从中可理解近些年来为何民众上访现象增多。

实证分析显示出农村纠纷者选择忍忍算了的解决方式主要因人和因家庭条件而异，个人和家庭社会经济力量的增强会降低人们对纠纷的容忍度；遭遇纠纷者为何选择自行解决纠纷的策略，主要因区域而不同。区域因素所反映的是环境纠纷与纠纷者行动策略之间的关系。纠纷者选择"上层"行动策略则主要因为其个人和家庭社会经济力量的增强，以及由环境纠纷性质所致。

居民解决环境纠纷行动策略的"上层化"趋势并不意味着人们在应对环境问题方面行动趋于积极。面对公域环境问题或一般环境问题，即便居民认为这些问题影响其家庭生活，但他们在行动方面仍具有消极化倾向，与解决私域环境纠纷的行动策略"上层化"呈鲜明对照。

对环境纠纷的经验研究可发现人们在遇到具体、实在的环境问题时究竟是如何行动的，以及为何这样行动。此类研究既有助于把握居民应对具体环境问题的行动选择机制，同时也有助于对行动选择背后的环境意识有更具体的理解，从而在一定程度上弥补了"环境关心"理论运用假设问题来笼统、抽象地讨论民众的环境意识时所存在的严重局限。此外，本研究提出的"为何有更多的环境纠纷者进入行政和司法系统"和"为何居民在公域环境问题上的行为趋于消极化"等问题，对于法社会学及环境社会学的下一步深入研究，也具有重要启示。

## 参考文献

龚文娟，2008，《当代城市居民环境友好行为之性别差异分析》，《中国地质大学学报》第6期。

洪大用、肖晨阳，2007，《环境关心的性别差异分析》，《社会学研究》第2期。

洪大用，2011，《建构环境关心的测量模型基于2003中国综合社会调查数据》，《社会》第1期。

洪大用、卢春天，2011，《公众环境关心的多层分析——基于中国CGSS2003的数据应用》，《社会学研究》第6期。

"环境友好型社会中的环境侵权救济机制研究"课题组，2008，《建立和完善环境纠纷解决机制》，《求是》第12期。

陆益龙，2009，《民间纠纷解决的法社会学研究：问题和范式》，《湖南社会科学》第5期。

孙岩、武春友，2007，《环境行为理论研究评述》，《科研管理》第3期。

王灿发，2002，《环境纠纷处理的理论与实践》，中国政法大学出版社。

武春友、孙岩，2006，《环境态度与环境行为及其关系研究的进展》，《预测》第4期。

吴卫星，2008，《中国环境纠纷行政处理的立法问题与建议》，《环境保护》第10期。

杨敏、陆益龙，2011，《法治意识、纠纷及其解决机制的选择—基于2005 CGSS的法社会学分析》，《江苏社会科学》第3期。

杨朝霞，2011，《环境纠纷解决机制的选择与运用》，《环境经济》第1期。

Cordano, M., S. A. Welcomer and R. F. Scherer. 2003. "An Analysis of the Predictive Validity of theNew Ecological Paradigm Scale". *The Journal of Environmental Education* 34: 22 – 28.

Dunlap, R. E., et al. 2000. "Measuring Endorsement of the New Ecological Paradigm: A Revised NEP Scale". *Journal of Social Issues* 56: 425 – 442.

Dunlap, R. E. and K. Van Liere. 1978. "The 'New Environmental Paradigm': A Proposed Measuring Instrument and Preliminary Results". *The Journal of Environmental Education* 9: 10 – 19.

Dunlap, R. E. and R. E. Jones. 2002. "Environmental Concern: Conceptual and Measurement Issues". in R. E. Dunlap and W. Michelson eds. *Handbook of Environmental Sociology*. Westport, CT: Greenwood Press.

Ester, P. and F. Van Der Meer. 1982. "Determinants of Individual Environmental Behavior: An Outline of a Behavioral Model and Some Research Findings". *The Netherland's Journal of Sociology* 18: 57 – 94.

Felstiner, W., R. Abel, and A. Sarat. 1981. "The Emergence and Transformation of Disputes: Naming, Blaming, Claiming …". Law and Society Review 15: 631 – 54.

Hines, J., Hungerford, H. and A. Tomera. 1987. "Analysis and Synthesis of Research on Responsible Environmental Behavior". *The Journal of Environmental Education* 18: 1 – 8.

Jackson, E. L. 2002. "The Environmental Paradigm Scale: Has It Outlived Its Usefulness?". *The Journal of Environmental Education* 33: 28 – 36.

Jones, R. E. and R. E. Dunlap. 1992. "The Social Bases of Environmental Concern: Have They Changed over Time?". *Rural Sociology* 57: 28 – 47.

La Trobe, H. L. and T. G. Acott. 2000. "A Modified NEP/DSP Environmental Attitudes Scale". *The Journal of Environmental Education* 32: 12 – 20.

Michelson, E. 2007. "Climbing the Dispute Pagoda: Grievance and Appeals to the Official Justice System in Rural China". *American Sociological Review* 72: 459 – 485.

Stern, P. C. and T. Dietz. 1994. "The Value Basis of Environmental Concern". Journal of Social Issues 50: 65 – 84.

319

# 第四单元
## 环境治理/生态建设

# 人水关系变迁与可持续发展

## ——云南大盈江畔一个傣族村的人类学考察

郑晓云　皮泓漪[*]

**摘　要：**人水关系是人类在利用当地的水环境获取生存资源、与水环境互动过程中形成的一种文化关系，是一种重要的水文化。人水关系的变化对人类发展的可持续性将产生重要影响。本文通过对云南大盈江畔一个傣族村寨项棒寨的考察，分析、研究当地近年来人水关系的变化。田野研究显示，这一村寨早期的人与河流为主体的水环境呈现着一种良性和谐状态，然而随着生产关系的变化，河流权属关系也发生了相应变化，人与河流的关系开始朝着非良性化的方向发展。尤其是近50年来，当地水文化逐渐丧失，人类对河流过度开发，水环境恶化，严重影响着当地的可持续发展。水文化的重建和人水关系的良性建构，已成为刻不容缓的事情。

**关键词：**人水关系，水文化，可持续发展，生态人类学

在当代的发展过程中，水问题已成为一个影响到发展可持续性的关键问题，并且越来越多的新问题不断凸显出来，然而水的相关问题恰恰也是在发展过程中被忽略的问题，尤其是在农村发展中。自2009年中国西南遭遇到百年大旱以来，中国西南这些传统的丰水区域也受到了缺水的巨大困扰，云南省作为一个拥有四条国际河流的边境省份，在河流水资源问题上和周边国家也产生了相关的争执。那么当代水问题的出现除了气候变化的原因以外，人类活动是否也产生着相关的影响，人类和水之间互动关系的

---

　＊　郑晓云，云南省社会科学院研究员；皮泓漪，云南大学民族研究所。原文发表于《中南民族大学学报》（人文社会科学版）2012年第4期。

变化对未来水的可持续利用将产生什么样的影响，这些都是有价值的科学话题，并有必要进行微观的验证。本文以云南省大盈江流域的一个傣族村作为研究的实例，来探讨人类和水之间互动关系的变化对当地农村发展以及区域性水环境的影响。

# 一　研究点概况

大盈江古称太平江，其上游主支槟榔江发源于腾冲境内高黎贡山南麓，流入盈江坝子后在旧城区的下拉寨与南底河汇合后始称为大盈江。因此在《腾越厅志》中有这样的记载："众流萦合名曰盈江"。大盈江是一条中缅国际河流，流经盈江坝子后在八茂附近出国境流入缅甸，在八莫注入伊洛瓦底江。盈江县位于云南省西南部，其西、西北、西南三面与缅甸为邻。大盈江是盈江县境内最大的河流，县境内河道长 145.5 公里，径流面积 2726.6 平方公里，占全县土地总面积的 63.25%。大盈江支流众多，其流域内的居民占盈江县总人口的 80% 以上[①]。丰富的水资源滋润着流域内的万顷良田，深深地影响着境内居民生产生活。

本项研究的田野调查地点项棒寨是一个傣族村寨，是位于大盈江水系中的众多自然村之一，属平原镇兴和村。兴和村下辖 14 个自然村，16 个村民小组，项棒寨即是其中的自然村之一，距兴和村村委会约 1 公里，距县城约 6 公里。据 2011 年 7 月的统计，当时全寨有 89 户，共 400 人，其中傣族占 97.5%，全村寨村民信仰南传上座部佛教，五十岁以上、儿女已成家的老人在农历每月初八、十五、二十三、三十均要上奘房虔心侍佛。当地生计以水稻、甘蔗及旱冬蔬果的种植为主，辅以牛羊养殖。全寨共有水田 650 亩，其中稻谷 500 亩，甘蔗 150 亩，虽然二者的种植比例每年会有些许变化，但水稻的种植面积远远大于甘蔗，大面积的水田对灌溉的需求是巨大的。

项棒为傣语音译，在傣语中是"坝子尾"的意思。项棒寨外有盏达河、木乃河、勐勇河三条河流，将寨子环绕于其中，项棒即位于盏达河与木乃河所形成的坝子中。盏达河［傣语，意为有眼（即脸面）的地方河］，源于勐弄乡风吹坡，由北而南流经项棒寨东边，过县城西侧，在太平区的磨洪

---

① 以上资料来源于《云南省志·水利志》和 1994 年版的《德宏州志·综合卷》。

寨前注入大盈江，其河道全长 24.5 千米，径流面积 198.6 平方公里，是大盈江主要的支流之一；木乃河（傣语，意为弯曲的河），源于簿刀岭岗，由西北向东南流经寨子，将寨子分成主体的大寨和另一只有十多户的小寨，在寨子东南角注入盏达河，河道长约 20 千米；勐勇河（傣语，意为幸福的河流）源于小尖峰，由西北向东南流经寨子北边，在寨子东北角注入盏达河，全长约 14 公里。[①] 木乃河和勐勇河都是盏达河主要的支流，在项棒寨的东边汇入盏达河，两汇流处相距约一百多米。木乃河是村民日常生活用水的主要来源，平原镇的部分生活用水也来自于木乃河上游，而寨子的灌溉用水主要来源于勐勇河和盏达河。

## 二　河流与生计

作为一个三面环水的寨子，项棒有着丰富的水资源及良好的水环境；而作为一个沿江河而居的傣族寨子，在世代的居住过程中项棒寨形成了寨民自己对河流的利用和管理方式，构建起了特殊的人水关系。人们的生产、生活乃至精神生活都与河流有着直接的关系，以河流为中心展开。人们利用河流获得生存资料，与此同时河流的变迁也改变着的人们的生活。河流与寨子村民生计的关系及对河流利用与管理可以从以下几方面来进行考察。

1. 日常生活中对河流的利用

木乃河流经寨子的河段多位于开阔地段，较勐勇河宽阔，水流较大，而且两岸多有沙滩，距寨子最近，因此日常生活中它与人们的关系最为密切。在二十世纪六七十年代，河水未被污染前，临河的村民都是直接从河里打水饮用，在河中淘米洗菜。现在水质虽然不如以前，但人们依然充分利用河流延续着传统的生活方式。制作水腌菜是其中一个典型例子。坝子的傣族有吃水腌菜的习惯，但水腌菜的制作过程需要消耗大量的水，没有足够清洁水的地方是很难做出可口的水腌菜来的。水腌菜的制作过程复杂而又耗水：先将原材料大青菜的粗大的茎剖细，用水洗净；然后将青菜切细，用大量的盐腌渍。寨中一年常年在户勐街上卖菜的妇女，每天下午都会制作近三十公斤的水腌菜，这些水腌菜则会耗用一百多斤的新鲜青菜及

---

① 有关这三条河流的资料部分来源于 1994 年版的《德宏州志·综合卷》和 1997 年版的《盈江县志》。

大量的水。除了水腌菜的制作外，平时人们对水的需求也很大，女人做饭洗菜需要大量的水，从地里归来的男人在水龙头前捧水洗脸擦身子，炎热的午后小孩在院子里直接拿水管往身上冲水洗澡，所以在院子的外面、寨子内水泥路的两边都会有排水沟。午后，女人们在河边寻一处平坦而有树荫的地方边洗衣服边聊天，拉着家长里短，说着最近的新鲜事。天气炎热的时候，孩子们光着身子在河中嬉戏玩水。傍晚夜色降临的时候，男人和老人去河里洗澡，这不仅洗去了身上的污垢，也洗去了一天的劳累。河流在不同的时候不同的人群当中扮演着相同的角色：清洁、放松与交流。

河流也为当地村民提供了食物来源。在二十世纪七十年代以前，木乃河河水清澈，小花鱼、小飞鱼、挑手鱼、马刀鱼、小鲫鱼等各种鱼儿成群在水中流动。据村里老人描述："干季里，每当天气变化，或是太阳正烈时，站在河上的竹桥上可以看见河中鱼成群游动，还不时有小飞鱼跃出水面。"这些鱼类不仅体现出了当时自然环境的美，而且更为那时的人们提供了生活上的帮助。二十世纪六十年代，村民的生活水平比较差，肉类的限量供应使村民饭桌上肉类缺乏。村里的老人说那时他们经常在木乃河上撒网捕鱼，一小时即可捕三四斤鱼。除了在河流中捕鱼外，村民还会在稻田边的沟渠中捕鱼。每年七八月份稻谷开花时，小花鱼便会从河中经灌溉沟渠进入稻田产卵，孵化小鱼，也只有在稻谷开花的这段时间内可以捕到小花鱼。挑选一个涨水过后的傍晚，将沟渠的上段用石头、泥沙等堵住，使水不再往下流，然后在下段用石头等把沟渠堵成一个小缺口，并将自家编织的竹雨篓埋在缺口处，等这段沟渠中的水快流尽时，小花鱼便会顺着水进入鱼篓中，一晚上即可以捕到两三斤。这些鱼在那个物质相对匮乏的年代不仅丰富了人们的餐桌，而且使人们的生活多了乐趣，即便在今天，那些美好的回忆依然是人们自豪的谈资。

2. 水与人生礼仪及节庆

在傣族，水不仅仅是一种生产生活中不可或缺的自然资源，更是一种神圣的媒介物质。它在傣族人生命中的重要时刻扮演着重要的角色，最典型的就是人的出生与死亡之时。在当地，当小孩出生后，家中的老人都会从山上或水边采来一些草药，熬成水后给婴儿和母亲擦洗身体、进行洗礼，洗去污晦，以保佑母子平安、迎接新生命的到来。在人去世后（小孩夭折除外），也会用藿香叶等熬水给老人擦洗身体，意在将人在世间的一切烦恼与罪恶都洗净，干干净净地去西方极乐世界。出生与死亡时对水的利用，显示了水的圣洁性。新生的婴儿经过水的洗礼，不仅去除了身体上的污晦，更是获得了进入这个世界的认可；而死亡时的清洗不仅清洁了肉体，更是洗去了人这一生在人世间所有艰辛与罪恶，带着干净的灵魂进入另一个世界。水的圣洁性带给人们平安健康与纯洁，人来源于水最终也将回归于水。

作为一个全民信仰南传上座部佛教的寨子，泼水节也是当地人们的一个重要节日。每年四月中旬的傣历新年时，项棒寨的村民都会聚集在木乃河边举行盛大的泼水节。之所以会选择在河边，是因为河边取水方便。节日的头一天，寨子里的青年男女会到山上去采摘树枝鲜花，采回来后由中老年男子制作成"水树"，竖立在河边。第二天早上，寨子的老人要在"水树"边念经、举行佛事，当佛事活动完后，由佛爷用树枝向念经的老人身上洒清水。然后泼水活动开始，人们（尤其是年轻人和小孩）开始互相泼水。第三天活动结束。泼水节不仅是侍佛的老人们举行佛事活动的重要时候，也是寨子成年劳动力在农忙时的放松和孩子们相互嬉戏增进相互间感情的时候。

除了傣历新年外，在农历新年的第一天，当地的傣族人民都有抢新年第一桶水的习俗。在大年初一早上五六点钟天还没亮时，家里的男人都会早早起床，来到河边打第一桶新水。在打新水之前先得向土地公公及水神祭献，当地称为"买水"，其过程是：先将糯米粑粑及饵丝放在河边，点燃一对香、一支蜡烛及冥币，然后将一枚硬币扔入水中，在这个过程中人们会念一些祈祷平安与保佑的话语。当买水仪式结束后，便可以打水回家了。这一天，女人休息，而男人则取代了平日女人的角色。新水打回家后，男人便开始忙活着用新水为全家人准备美味的新年第一顿饭，以及家中猪、牛、鸡等牲口的喂养。人们认为吃过一家之主的男人用新水做的饭后，全家人一年四季都会平安幸福，家庭兴旺，而家中的牲畜喝过新水后在这一年中也会有很好的长势。今天人们虽然不再去河里打水吃，但打新年第一桶新水的习俗依然延续着，只是"买水"的地点从河边转移到了自家院子的井边或自来水龙头旁。

3. 农田灌溉

作为一个稻作民族，水稻种植对农田水利灌溉的要求很高，"有水无肥一半谷，有肥无水望天哭"形容了水对于水稻种植的重要性。在河床高时，人们开挖沟渠，沿河用竹石笼打坝截流，直接引河水灌溉农田。现在项棒

327

寨的灌溉用水主要来源于勐勇河，极少部分间接取自于盏达河。坝区田地平坦，田间地头灌溉沟渠交织无数，只要有水稻的地方就会有灌溉沟渠，不论大小。项棒寨现共有灌溉沟渠主干道15条，其支流具体数目不详。这些沟渠中有的是有着几百年的老灌溉沟，有的是近几年国家出资新建，也有自然形成或村民自己开挖的。除了国家修建的外，其他的村民都很难分清楚哪些是谁修建的，是什么时候修建的。

虽然项棒寨及其所属农田有充足的灌溉水源，但在项棒所属的整个盈江坝子，河流分布不均，有些远离河流的农田灌溉困难。而盈江坝是重要的产粮区，为了解决灌溉问题，兴建了盏达河西沟引水灌溉工程。因其位于盏达河之西，而命名为西大沟。西大沟工程于1978年开始勘测，1979年破土动工，历时八年，于1987年底落成。1990年寨民又对西大沟进行了部分重建和维修，给山脚下的沟体部分建立了沟盖，以防止山上泥石滑入沟中堵塞沟渠。西大沟渠首位于莲花山乡高里户蕨坝寨脚，沟线沿盏达河右岸山脚环绕至莲花二村，沿途有木乃河、勐勇河补给，全长11.5公里，灌溉稻田蔗地面积达13100亩。除了西大沟外，近几年国家对当地的农田灌溉也给予了大力支持。从1997年开始，国家在当地推行农田水利改造项目，投资修建主灌溉沟渠。2010年，兴和村就利用国家专项资金修建了三条主要的灌溉沟渠，每条花费40万元。

项棒寨所处地理位置的特殊性，因此寨子的水资源特别丰富，外加上各种灌溉沟渠的作用，在这里没有过干旱的困扰。即使在2010年西南大旱时，项棒寨的农作物也没用受到什么影响，反而早冬蔬果都获得了大丰收，只有种植在山地的甘蔗受到了些许影响。

4. 水能利用

傣族以稻米为主食，在电力出现以前，谷子都是用水碾、水碓、水磨来加工。20世纪60年代以前，河床水位高，人们直接在河边开挖沟渠，用竹石笼堵水，将水引进寨子，作为碾房动力能源。寨子以前有两座以水为动力的水碾碾米坊，一座为土司后代思家独家经营，一座在村外由村里的龚家人合资，引勐勇河与盏达河河水作动力。位于寨内的思家辗房直接用石笼堵水将木乃河水引入寨内作石碾子的动力。据《盈江县志》记载："水碾分为上、下两部分，下面为木质水伞，置于石制的龙窝中。水伞中轴伸出上部碾台，以轴为中心砌有圆圈形石碾槽。轴头穿横木，横木一端或两端装石轮，急流冲转水伞，中轴旋转，带动沿石槽转动以加工槽中谷物。"

现在在村民家中依然可以看到遗留下来的部分石头碾子。据相关统计，在20 世纪 50 年代时，整个盈江县仅水碾就有一百五十多个。因为水碾加工粮食的效率高，一昼夜可加工 400—500 公斤，在 20 世纪 60 年以前，粮管所、粮店的大部分粮食都是委托农户加工的。当时都是粮食加工好后，再由村民用肩挑或用马匹驮运到粮店。20 世纪 60 年代末期，由于河床的下降，引水困难，加之农村电力的发展，新动力能源的出现，寨民开始使用水电加工稻米，碾坊逐渐退出了历史的舞台。

# 三　河流的管理

## 1. 河段管理

在河流的管理方面，人们一直沿用历史上"河流流经哪个寨子，该河段就由哪个寨子管理"的不成文的规定。但在 20 世纪 80 年代以前，河流是由寨子统一管理，本寨子的人只能在所属河段中捡自家用的石头，多拿则会被罚，其他寨子的人则不能在该河段采石，即使要采也必须经得所属寨同意。若是盗采一经发现后，河流所属寨可以将盗者家中的猪和鸡等捉走，供全寨人一起吃，而盗采者不能有任何反抗。据当年的老村长说：合作社时期，若人们从河里捡石头卖，则每年需向寨子缴纳 20 元钱。随着 80 年代的包产到户，河流的管理也发生了变化，管理者由寨子转向了个人，即：河流流经谁家的田地，该河段就由谁管理；若是河流两边均有农田，则该段一分为二，各家一半。针对这种分法，在盏达河的一段十多米的河道中就有一起因为河道权属问题而产生的纠纷，至今未解：河西岸一直是龚家的稻田，而去年另一村民则在相对的河东岸新开了一块稻田，由此新开地者认为他也有权享有该河段的一半，但龚家因为对方是新垦地，拒不承认。各家对自家所属河段的沙石享有处决权，在别人的河段采石须经由所属人同意。

## 2. 灌溉管理

傣族是一个稻作民族，水稻这种需要精耕细作的种植作物对灌溉有着极高的要求。云南各地的傣族都形成了各具特色的灌溉方式，并由此而形成了一套严密的灌溉管理方式。项棒寨也不例外，世代居民在水稻的种植过程中形成自己的一套实用的灌溉管理方法。

在 20 世纪 50 年代以前的民国时期，盈江地区大多采取的是"谁修建谁管理"的灌溉管理制度。由沟渠的修建者共同推举出一位"沟头"来负责灌溉管理。"沟头"主要负责每年沟渠岁修的组织，通水日期、分水口水平的设置；汛期沟渠的巡视和小事故的排除维修，重大险情时通知用户抢修；出工清算以及水费的交纳等等。"沟头"的报酬是由受益农户筹集稻谷或者是分部分田地给其种植，而"沟头"不需承担任何义务工。灌溉用水户每年集会一次，确定来年的管理人员，及处罚偷放水或拒不出工的农户。处罚的办法是："沟头"及受益农民一起到违约者家中抓鸡、捉猪、拉牛马折款，请所有人吃一顿饭，严重违约者还会被加倍地处罚。这些沟渠管理多为民间自发组织，也有部分为封建把头所操纵。

从20世纪50年代农业合作社开始，直到1982年分田到户前，项棒寨的灌溉沟渠由合作社指定专门的人员管理。当时项棒寨有5人，一般选年龄较长者（其原因有二：一是因为这活相对较轻松，所以照顾年长者；二是因为年长者更了解各田地的情况），但这些人并不完全脱离劳动，只是在插秧到割谷这段时间内负责全寨的稻田灌溉管理，决定哪块地该什么时候放水，放多少水，以及沟渠的清理维护等。每人每天记11~11.5个工分，当时成年男劳动力每天最高可得12个工分。并根据管理成效决定继任或更换。若是哪块土地需要新建沟渠，则由寨子全体一起去修建。

20世纪80年代田地分到各户后，灌溉沟渠的管理按照"谁受益，谁管理"的原则，由村民共同引水，共同灌溉，共同管理。即此条沟渠灌溉了哪些农田，就由这些农田所属的村民共同管理，沟渠的维护以及放水的具体情况都由村民自己协商。在每年插秧的前后几天，受益户会一起相约去清理灌溉沟渠，主要是将沟中杂草清除，以保证水流的畅通。在稻田需要放水灌溉时，人们在田间地头碰见了打一下招呼即可，若没有碰见则不用特意去说，只需按照自己稻田的需水量来自行决定放水口的大小，谁都不会多放或不会不顾及其他农户的稻田情况。在谈及这种对每家放多少水并没有成文规定的情况下，那么用水过程中村民会不会因为放水不均而发生矛盾冲突时，老村长说"人们都是按良心来做事的"。所以在灌溉上村民间不会有什么大的冲突，即使有也只是小矛盾，村民自己就协商解决了。村里老人也说，至今还没有人因为灌溉用水而闹大矛盾打架的。

1987年西大沟建成后，也成立了相应的管理组织。据《盈江县水利志》记载："1987年西沟设专业管理人员4人，实行分段管理，其报酬由受益区按面积交纳水费解决，水费标准为每亩交原粮5千克（稻谷）。"针对西大沟的管理，兴和村也成立了"平原镇西大沟兴和村灌区用水户协会"，并制定了相关章程。现在西大沟的管理由平原镇水管所指定的“沟站长”实行分段管理。“沟站长”要负责任，并有一定的威信，多由灌区的社干成员担任。其主要职责是询视沟渠，检查是否有塌方堵塞渠道，以及闸门放水量的控制等。“沟站长”的报酬为 300 元/月，其来源于受益户所交纳的水费，水费按照每亩灌溉面积 10 千克粮的标准来收取。而现在“沟站长”的报酬主要由镇水管所来支付。

3. 汛期治理

大盈江水系水患自古即存在，一直危害着流域内各族人民的生产生活。江河洪泛年年发生而且都发生在 5 月至 10 的雨季，其原因主要有两方面：一是气候原因，该地常年受西南季风的控制和印度洋暖湿气流的影响，夏秋季节常见暴雨，冬春季节则少雨干旱。而县境内的河流主要靠降雨补给，上游降雨，下游涨水，雨停则水位降落，洪峰历时短就成了当地河流的主要特征。二是地质原因，江河上游峡谷河段都属岩石河槽，而在下游的盆地河段则都是砂卵石沉积河床。上游水流湍急，挟沙能力强，大量的沙石被带至下游盆地河段沉积下来，汛期河流更易泛滥。



在河流洪泛面前，人们采取了各种积极有效的措施来治理河流，防范洪灾。据史料记载，大盈江干流及主要支流盏达河、南底河等的防洪治理，始于清朝后期。清末民初在防洪治理上采取的是农户自防、以田围埂、水来土掩、岸垮打坝的方式。据《盈江县水利志》及《云南省志 · 水利志》的相关记载，在 20 世纪 30 年代到 1952 年盈江解放前，当地的防洪一直采取以土司下设的衙门或村寨与几户寨民筑堤联防，责任到江河岸边田的方式；冬春起土培堤，雨季防洪堵决口都由耕种江边农田的农户包干，堤决罚款。虽然采取的是责任到村或户的严厉的防洪措施，但由于当时的技术原因及农户经济原因，所修建的防洪设施都不牢固，而且都是临时的治标工程，因此“十年防洪九成灾”在当时就成了常事。小灾基本年年有，十多年则可能有一次大灾。

新中国成立后，当地政府对大盈江的水患开始了有规划的治理。1952 年提出了“以治标为主，坚持防（洪）重于抢（险）”的治理方针；1966 年提出了“上堵、中筑、下排”的全面治理办法，但是这些治理都只是针对大盈江干流及主要支流南底河及盏达河，而对于项棒寨外围的木乃河、勐勇河这样的次级支流，依然采取的是村寨或几户联防的方式，以“水来方堵”的治标方法为主。年近七旬的老村长形容项棒寨雨季的防洪是“年年冲，年年堵"，"插完秧后，男人们就都去堵水"。在20世纪50年代到70年代末的农业合作社时期，每逢雨季河流涨水危及两岸时，全寨的男人都要去堵决口，以防止洪水冲毁堤岸，淹没农田。堵水时采用的都是竹石笼竹梢工程与竹桩竹梢工程相结合的技术，其主要方法是：等洪峰过后，人们先在决口处打下竹桩，然后竹梢垫于竹桩后的底部（将竹梢垫于底部既可以保护其上的竹笼，又可在一定程度上在削减水能，稳固竹石笼），再在竹梢上放置编织好的竹笼，最后往竹笼中装入大的河石，以堵住缺口。竹石笼分为两种，小的长约2~3米，称为鸡嘴笼或短石笼；大的可达5米多，称为长条石笼，用途较短石笼广。平均每个竹笼可装河石5~6立方米。这种就地取材的方法很好地适应了当地的实际情况，在20世纪70年代以前，整个坝子地广人稀，劳动力相对不足，每逢雨季便集合大量的人力去防洪堵水；加之当时物质缺乏，没有足够的财力物力投入其中，而寨子的家家户户都种有大量的竹子，因此在财力物力缺乏的情况下，这种传统的治水方式便得到了很好的应用。

在1982年包户后，河流的属权关系随着农村农业合作社的解体而发生了变化，由村寨管理变成了个人管理。坚持"谁受益谁负担"的原则，即河流流经谁家的农田处就由谁负责治理，若是几户的共有农田则由那几户共同承担防洪任务。这种方式一直持续到今天，采用的依然是传统的竹石笼竹梢工程。竹石笼不仅可以起到堵决口护堤岸的作用，而且可以起到顺水导流的作用。制作工艺简单，就地取材，方便而且经济实用是竹石笼一直沿用至今的原因，但由于竹制石笼底部浸泡于水中，常年受水流的冲击及沙石的磨损，露出水面的部分又常年受风吹日晒雨淋，很容易腐蚀损坏，这不仅影响的防洪的成效，而且损坏的竹石笼每年都得重置，加重了防洪的工作量。后来在当地县政府"自力更生，勤俭防洪"政策的指导下，采取群众自筹为主，国家补助为辅的办法在解决资金不足的前提下提高防洪成效。由政府提供一定数量的铁丝或钢筋，村民自己编织铁丝笼，以取代传统竹笼易损坏的缺点，延长其使用寿命，节省劳力的同时提高防洪成效。改良后的钢筋石笼工程取代了传统的竹石笼竹梢工程。今天在项棒寨外围的河流中还可以看一个个与河岸成100°~120°角顺流而置的石笼，静静地守护着两岸的农田。

除了汛期的水利工程治理外，人们越来越注重生物治理，重视从源头上去解决问题。河头水源林大多被规划为国有林而保护起来。已被开垦为甘蔗地的山地近几年也有部分被种上了各种经济林木，在一定程度上对水土起到了保持作用。寨子周围开始栽种大叶柳、凤尾竹、黑竹等，这些对于水土保持都有很好的作用。大叶柳为嗜水性乔木，其枝条易于自行繁殖，易成活，生长快，生长于江河岸边可以很好地固定水土。而凤尾竹和黑竹等竹子，根系发达，易于栽种，7年即可成林，这些竹子能够固结土壤，保护河岸，防止雨水的剥蚀，对于堤岸的维护起到很好的作用。生物工程与水利工程相结合不仅提高了防洪管理的效率，而且提高了植被覆盖率，改善了寨子的环境。

## 四　人水关系的变化

本文所考察的人水关系的变化重点在二十世纪八十年代以来。因为这一时期随着农村生产责任制的推行，农村生产关系发生了较大的变化，家庭为生产主体的出现同时也影响到了人水关系的变化。下面我们从几个典型的方面来加以考察。

1. 河流的污染与资源退化

清澈的河水，成群的小鱼，与当时傣族人民的生活习惯有着直接的关系。20世纪60年代以前，傣族人民依靠自然，过着一种很环保的生活。日常生活中的很多用品都是取之于自然，如用芭蕉叶以及其他的树叶来包装东西、拿竹篾当绳子拴东西，这些天然的枝叶，使用完后不管被弃于何处，都可以很快的腐烂化解。那时河中漂过的大多只是树叶水草，田地里使用的肥料都是农家肥或者庄稼收获后的枯枝，加之人口较少，这样的生活方式对当时环境的污染很小。因此那时河水很清澈干净，人们直接从河里打水饮用，在河边淘米洗菜，沐浴洗衣。

20世纪60年代末期，随着化肥农药及各种塑料包装袋的出现，河流逐渐受到了污染。人们将使用完后的包装袋扔进河里，有的顺水流至下游，有的被冲置于两岸，或沉于河底，这些东西都不能分解，加之人口不断增多，各种生活垃圾也随之增多。岸边的居民随手将垃圾倒进河里，河水被污染，人们再也不可能直接从河里打水饮用了。之后每家都在院子里挖井，取井水引用。现在各种塑料袋的使用非常频繁，一个家庭每天使用的数量也是很惊人的，而且用后就丢掉。项棒寨的桥头堆满了垃圾，各种颜色的塑料袋混杂其中，河中也不时会漂来各种塑料包装物。人们甚至将病死的猪直接丢进河里，天热腐烂后臭气难闻。

河流污染严重破坏了传统的人与自然和谐的局面。河流水环境的变化使鱼失去了生存环境，加之各种不合理的捕鱼方式，使鱼的数量急剧减少，目前河流中的野生鱼群已趋于没有。以前人们用渔网或鱼篓捕鱼，但后来人们采用土炮炸鱼，甚至将生石灰撒入沟中，这样一次的捕鱼量很大，但是对鱼及其它生物的伤害却是巨大的。再后来，电捕鱼器盛行，虽然这些方法较之于传统的渔网和鱼篓对鱼的捕捞量变大了，但是破坏性极大。因此河中的鱼越来越少，以前一两小时所捕到鱼的数量，现在一两天也很难再达到，从河中捕鱼来烹饪菜肴已经成了大多数村民的回忆。村里早几年时也有关于"不准炸鱼"的乡规民约，但无人遵守。如今"河中鱼儿成群"美景早已不复存在。不仅仅是鱼类，其它的生物也遭受同样的命运，本在沟渠中生长的田螺，黄鳝都已只停留在人们的记忆当中。傣族人们喜食水中的野生植物，如水芹、水香菜、藓类植物等，但这些在今天项棒人的餐桌上已经很难见到，不仅是因为数量的减少，更是因为河流水质的污染，让人们无法再放心地食用。

2. 河道资源的过度利用与河道的破坏

随着社会经济的发展和河流权属关系的变化，人们开始积极地发掘河流的各种附加价值，使河流能最大限度地满足人们的经济需求。20世纪80年代以前，人们并没有发现河石河沙的经济价值，只是按需取用。后来当意识到河石河沙所带来的利润时，人们便开始向河流无止境的索取。

八十年代后期，河中挖沙采石现象逐渐增多，并随着拖拉机等运输工具的出现，挖沙现象越来越严重。挖沙的河段主要集中于木乃河与盏达河的交汇处以及勐勇河与盏达河的交汇处，以盏达河的情况最为严重。下游的挖沙不仅使所挖河段河床下降，而且由于流水的冲刷作用，河中上游的河床也会随之下降。据目测，木乃河的河床在2000年以来的近20年中下降了3~4米。寨子原来的老石桥就是由于河床下降，使桥墩失去坚硬的基底而坍塌。由于前车之鉴，现在河流上每一座桥，不论石桥还是水泥桥也不论大小，在距离桥10~20米的下游，人们会用石笼在河中筑起一道坝，防止该段沙石被冲走，维持坝以上的河床高度以保护桥。

现在在河流的两汇流处，每天河中都会有两到三台挖掘机挖沙作业，其挖沙量也是惊人的。按照河中挖沙村民的估计，每天他们至少会从河中挖走1000多吨沙石，多数是运往县城附近销售。盈江"3·10地震"的灾后重建工作更是加大了对沙石的需求。除了河中挖沙外，附近还有不少砂石厂，这些石厂的原料也是来自河流中的河石。按照石场每天工作 1～2 小时即可生产碎石 10 多立方米，每年正常工作 250 天来计算，其耗石量是巨大的，尤其是在对建筑材料需求量大的时候，这个数据只会有增无减。

面对河道挖沙采石日益加剧，河道遭破坏的现象，项棒人民开始关注与保护河流。尤其是在对勐勇河的管理上，不仅寨民不再从河中挖沙，还在中游和上游筑坝，以保护桥和水头。在项棒寨所属山地的山脚下勐勇河上游的位置，有这样一块小石碑："告示：项棒寨，拉屯散（河边项棒寨的一块水田的名字）田头，第一水头严禁采石拉沙，如造成水头塌方，由采石拉沙者负有全部责任。由此界碑上二百米，下三百米，如有违者罚款 500～1000 元，望予合作。2011 年 7 月"虽然这石碑所立时间不长，但却清楚地反映出了村民对河流的保护意识。这种在河流上游筑坝的环境工程，当地人称为"打水头"，即在上游的河中用石笼筑起一道小坝，在雨季可以防止中下游河水太大，而在旱季时又可以决坝用于灌溉，其作用类似一个小水库，可以起到一定的蓄水防洪抗旱的作用。项棒寨"打"的这个水头不仅起到了保护水头的作用，而且对勐勇河流经地区的稻田起到很好的灌溉作用。

兴和村村委会从 2000 年开始就对河流挖沙现象进行了治理，制定了"不准在河中大量采石挖沙"等规定，但由于河流一直由所属自然村各自管辖，因此执行效果很差。由于坝子的这些河流都是沙夹石结构，且雨季河水冲刷力大，易在河中形成冲积堆。大的冲积堆会将河水分流至两旁，影响河道，雨季涨水时也可能危及两岸农田。这种位于河中的冲积堆应该被清理，但是河两岸的沙石则是禁止挖取的。但这种规定并没有得到很好的遵守，河两岸依然有人在挖取沙石。针对这种有乡规民约但现在却无人遵守的情况，老人们的解释是：包产到户后，河流也分属个人，人们都忙于自家生产，以小家的利益为重，集体性减弱，不服从管理，也无人敢管。

虽然河流的挖沙采石现象已得到了改善，但对河道所造成的严重破坏却是一个不可逆转的事实。据盏达河边一位三十多岁的村民描述：在他小时候，也就是 1990 年代，盏达河河床高，河面很宽。雨季涨水时，河面宽度可达 10 米，两岸的稻田经常会被淹没，河水最深处可达到 2 米，湍急的河水经常会在河中形成漩涡，使人畜不敢靠近。而今天的盏达河则是另一景象：大多河面宽度不超过 3 米，河中更无大的河石，水流平缓，河两岸则是大片干枯的沙石，高低不等，河床高度下降了至少 1 米多。河面的下降，使原本是河道的很多地方现在被开垦成了新的农田。在 20 世纪 80 年代以前，项棒寨所属的稻田直接引用盏达河灌溉的有 60 多亩，而今由于水位下降，这些稻田全是从其他寨子的稻田引水灌溉。

河床下降，导致水位下降，无形中对人们的生活产生了影响，其中最明显的是井水的变化。传统的项棒人有在院中打井取水的习惯，以前的井只需一米多深就会有清水溢出，后来深至两米多才有水溢出，现在两米多的井已干枯弃用，而三米多深的井在旱季时也经常干枯。水位的下降还对当地植物产生了一定影响。傣族喜竹，每个寨子周围都会有许多竹子，人们用它来围田围地。据老人说以前这些竹子一年四季都是绿色葱葱，但由于河水降低，两岸养分减少，现在每到旱季，部分竹叶会枯黄。水位的下降对当地人产生的最直接也是最重要影响就是农田的灌溉问题，在旱季，水源不好的田地由于土地底部水缺乏，只能靠天吃饭。传统的灌溉方式也深受影响，河床高时，人们直接从河岸挖缺口，用石笼堵水，挖沟将水引进农田。当河床下降得越来越深时，这种简单的堵水挖沟也不能将河水引出，因此以前用这种方式从盏达河引水灌溉的农田，现在也都改用其他灌溉水源了。据老人说，木乃河南边的壮丁寨有一块地为沼泽地，水量丰富，淤泥深，人畜均不敢进入，但随着木乃河河水的降低，这块天然湿地现在已经变成水田了。

3. 引水工程发展与用水方式的变化

河流环境与村民最为密切的关系体现在日常生活用水中，而发生变迁最显著的也是这方面。在河流未污染前，人们直接从河中打水作为日常生活所用，后又改用井水，但洗衣洗澡依然在河中，但由于河水水位的下降，旱季时部分水井会出现干枯现象，村民的饮水不方便。为了解决村民的饮水问题，兴和村在 2007 年建立了人畜饮用水工程，在距村委会约三公里的木乃河上游，采取村民集资与国家补助、县财政补贴相结合的办法，筹集资金 180 万元，兴建了饮水工程，将木乃河上游未污染的河水用管道引入各村寨。项棒寨从 2008 年起，全寨都用上了自来水，水井已成了后备品，以应不时之需，一些村民家的井甚至都已弃用。饮水工程建好后，采取有偿使用的原则，按用量收取水费，专项专支，项棒寨于 2009 年成立了"人饮工程用水户协会"，并制定了相关管理章程，协会由用水村民共同管理，聘请维护人员对引水管道进行维护。维护人员要求是懂相关技术、有责任心的当地村民，以不定期的检查和维护供水管道，负责雨季取水口及储水池的清理，各寨管道的重铺与修检等。

自来水管进村后，不仅方便了人们的生活，更是在一定程度上影响了人们的传统生活方式。以前很多需要在河边进行的日常活动，现在大多都在院子里进行，妇女在家中淘米洗菜，小孩在院子里用水管冲凉。太阳能热水器的使用，使更多的人在家中沐浴。河流作为一个曾承载了寨民沟通与交流作用的场所，正在慢慢丧失它以往的功能。

## 五 结论

通过以上的分析我们可以看到，在过去的 50 年中当地的人水关系发生了较大的变化，尤其是在 20 世纪 80 年代以来。这个村子由于地处三条河流之间，拥有较好的水环境，为当地人们提供了生活的便利和生存的资源，包括农业灌溉和日常生活所需的水资源，同时人们也可以从河流中获取鱼类等食物资源。当人类和水环境的关系处于一种良好平衡的状态时，河流为当地人们的生计提供了有力的支撑。

然而由于生产关系的变化，人类和水之间的关系也发生了较大的变化，直接导致了河流状态的变化。在 20 世纪 60 年代到 80 年代间，由于生产的需要而过度砍伐了对河流生态环境有重要平衡作用的河岸森林，导致了河流生态平衡被破坏。与此同时，在这一个时期由于生产关系的变化，河流相关的资源，包括农业灌溉的水资源的管理由民众的传统管理方式过渡到了政府管理，农民对水管理的参与权也逐步丧失。而更为严重的是 20 世纪 80 年代以来，随着农村生产责任制的推行，家庭联产承包制代替了过去的集体化生产方式，在这个过程中也使得当地民众对水资源管理的责任和权力模糊化，取而代之的是对河流资源的过度开发和对河流的非友好行为的扩大，包括大量的开采河沙、污染河流。同时现代水利工程的建设，包括供水设施的建设，也使得人们从观念到行为上与河流的关系逐渐疏远，导致了人水关系的巨大变化。因此我们可以说，当地民众的思想观念、生产关系、经济利益、行为的变化是河流生态安全最大的影响力，人水关系的天平已经偏向于人类活动。但人类活动的结果直接对河流产生了不良影响，今天的人水关系趋向于非良性的方向。

在历史上，人们利用河流相关的资源，包括水资源、食物资源、森林资源等的过程中，已经形成的相应的文化关系。人们治理河流的同时也利用河流资源获取生计、提升生活的品质，两者平衡的时候，人类和河流之间保持一种平稳的关系，在这种关系上形成的相应的文化，这就是水文化。水文化包括了人们对水的观念、水和人们的日常生活，宗教生活、农业生产、节庆活动相关的社会习俗、社会规范、管理制度和治理水的技术等文化现象。这些水文化的内容在我们研究的地区也非常丰富，同时对于平衡人水关系起到了积极的作用。然而令人遗憾的是今天这种文化资源正在逐渐丧失，导致水关系的失衡。

在研究过程中的又一个现象是随着现代水利工程的发展，很多当地的民众往往会认为河流和自己生计之间的关系在疏远，甚至河流的状态和自己的生计并没有关系。尤其是青年一代对于河流和当地人生计生活的关系的理解变得越来越淡漠，在人水关系之间更注重从经济利益的角度向河流无度索取。这种现象导致了人水关系的进一步失衡，将不利于当地的可持续发展。事实上人水关系的失衡已经带来了一系列不良的后果，那就是频繁的洪水灾害、河流资源的退化、水资源短缺等现象。如果河道受到进一步破坏，那么将导致更严重的洪涝及对农业灌溉的影响，将直接影响到当地民众的生计与生存，这都是可预见的直观后果。因此今天我们有必要继承传统的水文化、维持平衡友好的人水关系，才能实现当地的可持续发展。本项研究虽然只是大盈江这条国际河流流域上的一个局部，但是它也具有普遍性，如何构建良好的人水关系，是涉及当地民族群众的可持续生计乃至于这条大江河未来命运的关键环节。

**参考文献**

德宏傣族景颇族自治州志编纂委员会，1994，《德宏州志·综合卷》，德宏民族出版社。

盈江县水利电力局，1997，《盈江县水利志》，盈江县水利电力局。

云南省水利厅，1997，《云南省志·水利志》，云南人民出版社。

盈江县志编纂委员会编，1997，《盈江县志》，云南人民出版社。

# 环境保护语境下的草原生态治理

## ——一项人类学的反思

张 雯[*]

**摘 要：** 本文在关于环境保护主义的人类学讨论基础上，提出环境保护主义作为一种话语或表征，不仅反映人们对客观环境状况的关注，也赋予了新世纪以来中央政府自上而下的草原生态治理政策以极大的合法性，从而推动了基层牧民的牧业生产从"定居放牧"到"舍饲圈养"的剧烈转变。然而通过内蒙古中西部 S 苏木 B 嘎查的民族志，我们发现政府主导的禁牧舍饲的生态治理政策并不符合基层牧民生产生活的实际和对环境的理解，因此也受到了他们的普遍不满和抵抗。这种上下的矛盾反映了后工业社会和环境保护语境下"自然脱嵌"的新形式。

**关键词：** 环境保护主义，人类学，禁牧舍饲，抵抗，脱嵌

## 一 人类学对环境保护主义的讨论

从蕾切尔·卡森的《寂静的春天》到罗马俱乐部的《增长的极限》，从1972 年斯德哥尔摩联合国人类环境会议到 2009 年底的哥本哈根全球气候大会，从民间自发的环境权利抗争到政府层面自上而下的环境关注和生态治理，我们发现了近半个世纪以来世界环境保护运动的推进轨迹。如今在全

---

\* 张雯，上海海洋大学人文学院讲师。原文发表于《中国农业大学学报》（社会科学版）2013年第 1 期。本文为 2010 年上海海洋大学博士科研启动基金资助项目（项目编号：A – 2400 – 10 – 0123）成果之一。

球范围内，环境保护已成为一种普遍流行的行为模式，而环境保护主义也日益成为一种占据主导的话语类型，获得了空前的权威。

无论其内部流派如何划分，环境保护主义都立足于当今世界能源短缺、环境污染、气候变化的基本事实，反思传统工业文明的无限制发展、人类中心主义以及物质消费至上的观念，提醒人们资源是有限的，提倡重新构建一种新的生态文明，实现可持续发展以及人与人、人与自然的和谐统一。环境保护主义的本质是一种认识论转换，在人与自然的关系方面，后工业时代的环保主义者认为他们与工业时代的人们发生了彻底的决裂：后者认为"人是自然界的主人"，将自然仅仅看作是工业生产的原材料和生产条件，是资本驾驭和利用的客体；而环保主义者通过展示地球的卫星照片，使人们注意到自然是如此美丽而脆弱，是应该被保护的对象，人类并非自然界的主人，而是生态系统的一部分，人与自然应和谐共处。人类学将环境保护主义视为是后工业社会出现的关于自然的一种新型"文化"（Milton，1996），而这种文化经过最近 50 年的渲染和渗透，已被今天的大多数人接受，被视为不言而喻、理所当然的"真理"。

笔者拟将普遍流行的环境保护主义作为一种"话语"或"表征"进行检视，依照后现代人类学家的观点，表征（如民族志）只反映"部分的真理"，它建立于基本事实之上，"保证不说谎，但绝不保证会说出全部的真理"（克利福德·马库斯，2006）。通过本文的努力，我们力图在环境保护主义早已为人熟知和接受的说法之外，洞悉更多一点的事实，了解所谓"真理"的形成机制及其切实的社会效用。首先，回顾近年来某些西方人类学家关于环境保护主义的理论讨论为我们提供的启示。综合而言，这些讨论主要集中在两个主题上：一是有关环境保护主义认识论的质疑和讨论，二是反思环境保护主义与权力的关系。通过这两个主题的讨论，一些人类学家认为，虽然环境保护主义宣称自己与现代性发生了巨大的决裂，但是这种决裂只是表面的，环境保护主义本质上仍然是一项彻彻底底的现代性工程，它再生了现代性的文化逻辑。

阿基罗（Vassos Argyrou）认为环境保护主义对自然的看法仍然是客体化的，力求抹平不同对象之间的差异，寻求完整统一的意义（如"拯救自然"）。这与现代认识论将不同自然空间抽象化和均质化的看法在本质上并无不同（Argyrou，2005）。英戈尔德（Tim Ingold）引入"球体印象"（the Image of Globe）的概念，认为无论是现代认识论，还是环境保护主义认识论，都倾向于将世界看作是一种与人类存在一定距离的球体。人类好像并不生存于其中，而是生存于"其上"。世界对人而言遥远地构成一种"他"关注的目标、感兴趣的景观，"他可以观察它、重构它、保护它、干预它甚至破坏它，但是他就是不居住于其中"（Ingold，2008）。阿基罗和英戈尔德的分析让我们意识到，虽然环境保护主义常常宣称人类是自然一部分，人类与自然密不可分，但是其认识论实际上并没有摆脱现代认识论的自然—文化二分法。埃斯科巴（Arturo Escobar）的研究则更进一步揭示出"可持续发展"（与环境保护主义密切相连的另一概念）话语中自然与文化关系的实质。他认为当资本主义发展到后现代阶段时，再也不存在不受文化干预的"纯自然"了，文化的干预已经深入至自然的最核心部分，并发展出新的运作模式。此时自然的"符号性""象征性"开始超越了原来的"物质性"占据优先地位，被用于维持资本主义经济的发展（Escobar，1999）。

討论"话语"或"表征"无可避免地要与权力控制和社会实践发生联系，因为没有超脱于历史条件和权力控制的话语。格拉夫·怀特（Grove-White）的研究考察了20世纪60年代以来英国环境保护话语的产生和发展过程。他将环保主义作为对象进行分析，不仅关注这套新传统的内涵，而且关注围绕着这套新传统的真实的社会权力过程。从中我们会发现，环保主义不仅反映环境的客观状况以及人们对环境的关注，而且其本身可以作为一种名义或象征力量，被不同的主体（如绿党、环境压力集团或官方体系）利用以起到增强其的政治和社会能量的作用。因此，必须将环境保护话语与这些社会操弄和权力过程联系起来进行理解（Grove-White，1993）。

阿基罗的研究在讨论环境保护主义的认识论之外，还发现环保主义可以被看作是一种新近发明的"文化霸权"，也就是社会中的一些人为其他人定义世界意义的权力。以环境保护主义为新的游戏规则，西方国家精心设置好新一轮世界力量博弈的格局，在格局中再次确认了"西方"作为新的合法性意义（如"环保的""低碳的"）来源的地位。因此这样的格局有助于同样的全球权力关系的再生产，即"西方"对于"东方"的管理和宰制，具有浓烈的"后殖民"意味。从这一点来说，环保主义与之前"西方"的殖民项目和文明化工程也并无太大差别（Argyrou，2005）。

在埃斯科巴看来，"可持续发展"的话语可被视作是与资本主义有关的知识创造的一部分，它所生产出来的概念能把自然重新纳入价值规则中。如果说以前资本主义是采取一种掠夺和破坏自然的形式，现在它则发展出这种保守主义的、可持续利用自然的形式，但是其实质没变，仍然是以维持经济增长为目的。简而言之，"可持续发展"标志着后现代社会中资本对自然的权力和实践过程（Escobar，1996）。

以上讨论在理论上又回到了福柯（Michael Foucault）有关"真理、权力和实践关系"的经典论题，或保罗·拉比诺（Paul Rabinow）所说的表征不仅仅反映社会事实，"表征就是社会事实"（拉比诺，2006）。那些握有经济或政治资本的人群有权力为其余的人来定义世界的意义并建构新的世界秩序——他们描述社会现象，分析问题症结所在，指出未来的变迁路径，并积极实施改造。用布罗西斯的话来说，切勿将环境保护仅仅作为一场社会运动来看，要注意到环境保护话语建构现实的能量（Brosious，1999）。当人们开始接受"环境保护主义"这一套新的世界观时，也就意味着新的生态空间的生产和社会变迁的发生已经离他们不远了。

西方人类学家关于环境保护主义的理论反思对于我们深入研究中国内蒙古草原的生态治理现象是有帮助的。尽管我国较早就建立了环境保护的组织机构和制定了相关政策，但是"环境保护"作为一种公共话题获得包括政府、媒体、公众在内的全社会的高度关注则是近十几年来的事。2000年春内蒙古地区爆发的大面积的沙尘暴，严重影响到北京等华北地区甚至东南沿海，大风所到之处，皆是沙尘弥漫、乌烟瘴气。这一事件引起了政府对草原沙漠化问题的关注，在公共话语中，草原不再只是作为"牲畜的粮食"出现，草原的"生态"功能①和"绿色屏障"的地位得到了史无前例的强调。"生态安全"的概念开始渐渐流行，这一概念从广义上指出了生态危机对一个国家生态系统、经济社会发展乃至军事国防存在的严重威胁。在21世纪，生态恶化可能会成为导致多种国内和国际问题的根源之一。

但如果将世纪之交的沙尘暴作为我国草原环境保护浮出水面的唯一原因，显然是短视的。20世纪70年代、80年代北京等地也曾多次遭受沙尘暴的侵袭，但是环境问题并未受到像今天这样的高度关注。因此除了客观环境状况之外，环境保护问题被发现、被确定仍需多方面条件的共同作用，就我国的情况而言，首先是"经济发展"的条件。经过新中国成立60多年以来的发展和积累，我国已经成功解决了人口的温饱问题，有一定的余力

---

① 草原的"生态功能"一般是指草原系统具有调节气候、涵养水源、防风固沙、保持水土、净化空气等重要功能。

投入到生态环境的治理中去。从 2000 年以来，国家已经投入了几百亿元的资金用于草原的保护建设，这在"以粮为纲"的年代几乎是不可想象的事；与此同时，草原环境的退化和其他产业的发展也使原来那种掠夺型的发展畜牧业的方式变得不那么有利可图，资本对草原的"符号价值"产生了相比"物质价值"更为浓厚的兴趣，发展"生态经济""文化经济""旅游经济"的呼声也不绝于耳。

另外的条件还包括"国家形象"，由于环境保护在国际社会的普遍流行，是否积极投身环保已成为一个国家树立良好国际形象的重要因素。某国生态的恶化不仅是环境的污染，而且是一种文化的污染，会留下一个愚昧、贪婪、落后、对人类前途不负责任的形象。我国本来就受国际社会"中国威胁论"的压力，因此政府更是精心树立一个环境保护方面负责任的大国形象，这其中就包括积极参加国际环境会议和谈判、签署环境保护国际条约、加强对外宣传（如提出"绿色奥运""低碳世博"的口号），当然最重要的还是，在生态治理和污染控制上身体力行。从这方面看来，环境保护也可以被视为是我国政府用以维护政治形象、增加自身国际竞争力的手段。

无论是关注"生态"实在的"物质价值"，还是绚丽的"符号价值"（从"绿色""有机""原生态"等标签中体现出来），无论是出于生态安全，还是经济发展、政治形象方面的考虑，新世纪以来，我国已经决意走上一条政府主导的、自上而下的、颇具特色的环境保护道路（周宏春、季曦，2009）。推动这个进程的力量是国际社会、国家、企业、主流人群（如旅游者、消费者）等多方主体，而受此进程直接影响的则是身处草原的牧民。

## 二 草原生态治理的话语实践

西方人类学家关于环境保护主义的讨论给予我们的启示也许在于环境保护主义不仅反映人们对客观环境状况的关注，而且可以作为一种话语权威，赋予政府自上而下的生态治理政策以极大的合法性。因此我们不难理解国内有关草原生态治理的文章的论证逻辑大多是这样的：开篇列举草原退化面积、沙化面积、沙漠扩展速度的各类数据，以客观事实证明草原生态恶化的严重性，从而引出环境保护的"势在必行"和"至高无上"，接下来便宣传介绍政府出台的各种生态治理政策，最后分析政策实施过程中的成效与不足等。

环境保护主义对于世界的"形塑"首先来自其分析和定义世界的能力。面对沙漠化的扩展和沙尘暴的肆虐，政府的环境保护话语首先寻找环境问题的原因，全球气候变暖、过去的草原开垦固然也被列入其中，但一个太遥远一个是过去时，身处草原的牧民的"超载过牧"因此成为罪魁祸首，是目前急需被控制的目标（时彦民，2007）。政府判断这一问题化的过程也许并不意外，查蒂（Dawn Chatty）的研究指出无论是在非洲地区还是在中东阿拉伯地区，环境保护项目一般都倾向将当地游牧民当作是环境和生物多样性保护需要克服的"障碍"，而非可持续发展中的参与者（Chatty，2003）。

因此，官方环境保护话语开始将草原看成一个"独立的、纯自然的系统"，最好能不受牧民和牲畜的"破坏"和"打扰"，在政府官员的讲话中我们也有趣地发现：现在草原上似乎只有"草"，而不见了"牲畜与人"。

> 禁牧休牧制度是草原保护建设的重要制度。春季是牧草萌发和生长发育最关键的时期，如果在春季牧草返青时期放牧，会导致牧草再生能力减弱，质量下降，优质牧草减少甚至消失。开展春季禁牧休牧有利于牧草发育生长，增加产草量，提高草原生产力；有利于恢复草原植被，保护草原资源；有利于改善生态环境，促进人与自然和谐，实现经济社会全面协调可持续发展。（唐国策，2006）

草原的"生态价值"一跃而成为最重要的价值，无论是在电视、广播、报纸上，还是在草原城市的街道、公路、广场等处，"改善生态环境，共建美好家园""实施生态工程，造福子孙后代""保护和建设好生态环境，实现可持续发展""抓住机遇再造水草丰美大草原"等宣传口号屡见不鲜，已成为我们这个时代的新标志。

那么如何避免草原受到牧民和牲畜的破坏，从而实现生态恢复的目标呢？环境保护话语又为我们进一步指出明确的解决措施或变迁方向，即实施禁牧休牧、退牧还草、生态移民等等，而这些措施的基本原理不外乎是：将草原短期或长期"封存"起来，将牧民、牲畜暂时或永久地转移出草原，从事舍饲圈养或其他产业。

当然，这些话语并不停留在"观念"或"设想"的阶段，而是与国家权力的社会实践紧密地结合起来，从而达到广泛而深入的社会效果。21世纪之后，国家全面启动了退耕还林（草）、封山禁牧、京津风沙源治理、天然林资源保护和移民等一系列生态治理政策和项目，这些项目投入资金大，影响范围广。以内蒙古地区推行的春季3个月禁休牧舍饲为例，根据内蒙古农牧业厅的数据，2007年春季，内蒙古13亿亩草原禁休牧面积达到了6.24亿亩，其中禁牧面积2.06亿亩，休牧面积4.18亿亩，一半草原进入假期。内蒙古禁牧、休牧、划区轮牧共涉及农牧民1000多万人，涉及牲畜4767多万头（只）（高平，2007）。

国家权力的社会实践是一个全面、系统的工程，包含一系列相互联系的权力技术，通过这些权力技术作用形成一张细密的权力网络，自上而下地将新的生态空间和社会秩序生产出来。下面我们就以内蒙古地区实施的春季舍饲禁牧①为例，并结合笔者在S苏木②的调查材料来说明这些草原生态治理的权力技术和实践过程。

首先宣传教育的手段必不可少。政府通过培训班、现场会、电视、报纸、短信、张贴等形式向基层牧民宣传环境保护的理念和禁牧政策和法律，以求在思想观念上尽量统一，使牧民愿意配合和支持禁牧工作的开展。2007年3月份，S苏木政府召开全苏木禁牧动员大会，传达上级有关禁牧的政策措施，并安排部署禁牧工作。会后苏木65名领导干部深入10个嘎查、1388户宣传，发放了2500多份蒙汉宣传材料，督促每个牧户按时禁牧③。

其次是规划管理。对于禁牧休牧的时间、顺序和区域，内蒙古一些地区结合当地情况作了全面规划，以便于所谓"规范化管理"。用水泥杆和网围栏"封存"起来的、静悄悄的禁牧区构成草原上的新景观，这也是环境

345

① 在笔者从事田野调查的地区，春季舍饲禁牧基本从每年4月1日开始，6月30日结束，不同年份根据气候有所调整。在这3个月中，为了保障春季牧草返青，禁止牧民将牲畜放牧到草场上，要求他们必须实施舍饲圈养。

② S苏木位于内蒙古自治区中西部，属于典型的毛乌素沙地地貌，根据2008年的统计资料，全苏木面积为2822平方公里，人口5641人，其中蒙古族占85.2%。B嘎查是S苏木东部的一个牧业嘎查。笔者曾于2004、2005、2008年三次赴该地进行了总计8个月的田野调查。还需交代的是，在内蒙古自治区的行政体制里，旗相当于县，苏木相当于乡，嘎查相当于"村民委员会"。在本文的民族志部分，依照人类学写作的惯例，人名均使用化名，地点名称一般使用英文字母指代。

③ 来自S苏木政府2007年的《S苏木2007年休牧工作总结》（内部资料）。

保护主义时代话语、权力和科技共同建构出来的新型生态空间。

> "以户或以地块为单元，用 GPS 进行定位，标明四至经纬度，绘制施工图，并标明图纸编号、牧户名称、GPS 坐标、禁牧休牧划区轮牧类别，以及围栏设计标准、工程量等，内蒙古还做到了全区统一上图，并建立了项目数据库。"（时彦民，2007）

再次是组织领导。现代国家拥有强大的科层组织能力，这为禁牧工作的顺利开展提供了重要的保障。以 S 苏木的情况为例，苏木成立了由党委书记任组长的禁牧领导小组和分管农牧业的苏木达（乡长）任组长的禁牧督查组。实行苏木领导干部的包户分工负责制，即，苏木副科级以上领导和中心主任包片领导一个嘎查，每个乡苏木干部包片领导 10 多户牧户，全年负责。一个嘎查这样就牵连着 1 个苏木领导和 3 至 4 个苏木干部。如果被查到负责的嘎查存在偷牧现象，包片领导要被罚 200 元，下乡干部被罚 100 元，嘎查经费被扣200 元；如出现 3 户以上偷牧，要加倍处罚；情节严重者，要上报上级，采取辞退等措施，相应处理包片领导和干部[①]。由于 S 苏木的干部和群众大部分都是互相认识或者彼此知道的，这种"连带责任"的设立也许会使牧民们有所顾忌，不敢在禁牧期间随便将牲畜放牧到草场上。

再有就是监督巡查。为了使春季禁牧落到实处，政府的监督巡查工作可谓不遗余力。S 苏木设立举报制度，苏木农牧业综合执法大队 8 名工作人员分为 2 个小组，无假日地在全苏木 10 个嘎查范围内"巡查"，并根据举报线索随时"出击"，逮住偷牧的羊每只罚款 5 ~ 10 元。所有包户干部禁牧期间都会下乡到他所包的十几户人家，通知、警告、做宣传工作。据统计 2007 年禁牧期间，S 苏木累积出动巡查人员 1536 人次、出动车辆192 辆次，查处违规偷牧案件 123 起，罚款金额 12850 元[②]。除了苏木一级的督查外，牧民们还要接受旗一级和市一级的督查，旗委督查组、旗农牧业执法大队巡查组以及组织部每 10 天会下乡检查一次。市禁牧督查组和市农牧业执法大队也会不定期地下来转一转。因此，在整个春季禁牧期间，苏木、旗、市各级政府派出人员下到牧区督查可以说相当频繁。

---

① 来自 S 苏木政府 2007 年的《S 苏木 2007 年休牧工作总结》（内部）资料。
② 同上。

笔者 2008 年在当地调查时，也曾跟随 S 苏木农牧业综合执法大队的 3 名工作人员下牧区进行督查，亲身体验。5 月的一天，我们开着一辆白色的皮卡车，根据举报线索有目的地来到 B 嘎查西部滩地草场。先在草原上巡查一下，搜索放牧在草场上的羊只，发现目标时，驱车靠近，接着拍照取证，然后再到牧民家交涉。情节轻微的给予警告，情节比较严重的给予每只羊 5 ~ 10 元的处罚，一般现场开罚单和交罚款。笔者的田野笔记中简单记录了我们当天到过的 8 户人家，以及给予各家的警告和处罚情况。

1. 吉日嘎啦家（原苏木纪检委书记），羊羔放出，给予警告。

2. 达林太家，羊放出的面积不大，给予警告。

3. 宝音家，查到放出 40 只羊，罚款 100 元（宝音解释说那只是有病的几只母羊，而且大家都在放）。

4. 苏和家，放出的羊只数不多，面积不大，给予警告。

5. 孟和家，放出 200 只羊在西面沙巴拉草场里，且态度不好与执法人员争吵。开了 1500 元罚单，要求其事后到银行交。

6. 胡吉和图家，放出 140 只羊，态度较好，罚款 700 元（到苏和家借钱交清）。

7. （附近嘎查）图格莫乐家，放出 40 只羊，罚款 200 元。

8. 达来巴雅尔家，我们赶去时羊刚圈起，但是地上的羊踪很明显，证据确凿，罚款 200 元。

正如福柯所言，权力和知识是直接相互连带的：不相应地建构一种知识领域就不可能有权力关系，不同时预设和建构权力关系就不会有任何知识（福柯，2003）。在上述草原生态治理的话语实践中，我们也发现了权力和话语之间的这种连带关系：一方面，权力的效果由话语引发并扩展话语，环境保护主义通过提出问题（沙漠化的严峻形势，环境保护的重要性）、分析问题（牧民超载过牧是罪魁祸首）和解决问题（舍饲禁牧、退牧还草、生态移民）的论辩过程，为人们定义这个世界，为权力的再生产找到了一个"生态的名义"；另一方面，权力系统也在时刻生产和维护着话语，无论是草原生态治理的宣传教育、规划管理、领导组织还是监督巡查的权力技术，无不在生产、贯彻和维护这套环境保护理念。权力与话语就是这样互相联系，合二为一，共同建构起现代世界的新秩序。

在这个世界的新秩序中，牧民和牲畜在设想中是应该转移出草原的。对于牧民而言，这意味着他们的牧业生产在国家实施生态治理之后又会发生巨大的变迁，即从原来的"定居放牧"转为"舍饲圈养"（甚至"移民"到城市，从事其他产业）。从"以牲畜就饲料"的"放牧"到"以饲料就牲畜"的"舍饲"的发展被政府认为是"内蒙古草原放牧制度的一次重大变革"，是从"靠天养畜"向"生态放牧"的转变。从此，（用常见的官方语言来说）"风吹草低不见羊"，"原野牧歌"走进了历史档案。

笔者曾撰文论述过 20 世纪 80 年代草畜承包制度和市场机制的引入给草原环境和牧民生产生活带来的变迁（张雯，2008；2010），那么新世纪国家实施生态治理后畜牧业从"定居放牧"到"舍饲圈养"的转变则是在上述制度框架内发生的进一步变迁，可谓一脉相承。我们不妨从两个层面来理解这种变迁：第一是舍饲圈养继续加强畜牧业的"人为性"和"集约性"。新中国成立以来草原牧民经历了从嘎查范围放牧，到个人草场放牧，到家庭棚圈饲养，放牧和饲养范围不断缩小，"人为性"不断提高，如"舍饲圈养"通过运用青贮饲料制作、品种改良等技术加强了对牲畜和饲养环境的控制；第二是舍饲圈养或将加快畜牧业的市场化进程。由于"舍饲圈养"可以不依赖于草原牧场的环境，因此原来分散经营的模式可能会改变为专业化和规模化的养殖饲料区，牲畜成为整个畜产品工厂机器系统的一个组成部分，从而加深畜产品的商品化、市场化程度。

## 三　春季禁牧期间的舍饲圈养

若想了解草原牧区春季禁牧期间舍饲圈养的实际状况，与其停留在官方文本，还不如深入牧民生产生活中去亲自观察和体验。我们这一部分以 S 苏木 B 嘎查的达古拉家为例，了解一下禁牧期间一户普通牧民家庭的日常劳作，及其与草原放牧时的区别。达古拉家一共 4 口人，父亲、母亲、达古拉（出生于 1980 年），还有妹妹塔娜。达古拉高中毕业后开始出外打工，到邻旗的一家酒店当保安，月收入 1200 元。塔娜在内蒙古师范大学念本科，2008 年夏天毕业。2008 年 4 月底，因为家里农牧业劳动繁重，不仅要禁牧喂羊，还要耕地播种和抓绒，父母忙不过来，于是达古拉从单位请假回家干活，妹妹塔娜也从学校回来帮忙 10 天。

达古拉家连同羊羔在内一共近 300 只羊，其中母绵羊 100 只，绵羊羔

80 多只，母山羊连羊羔 80 多只，羯山羊 30 只。达古拉家的草场一共 2500 亩，滩地、梁地、沙地各种地形都有，共划分了 5 个小库略①。不过春季 3 个月禁牧舍饲期间，全家的牧业劳动基本集中在几百平方米羊圈的狭小范围之内。笔者注意到他家羊圈的划分还是比较复杂的（如图 1 所示）：东面两个较小的羊圈晚上分别圈着 30 只待售的羯山羊和 80 多只母山羊和羊羔。山羊圈西面沿着暖棚和老房子朝南搭起来的是一个大羊圈，内部又作了更为复杂的分隔，最外一层是喂羊的地方，放着几个铁制的食槽和食盆。往内的一个较大的羊圈晚上圈着的是 180 多只母绵羊和绵羊羔，再靠东的几个小羊圈关着 10 多只不肯给羊羔喂奶的母绵羊和她们不要的"孩子"，需要对这些母绵羊另外照顾，想办法让她们喂养自己的羊羔。另外，西面一个空置的羊圈中贮存着上一年秋天砍下的旱柳枝，废弃的老房子现在作为贮存干草的库房。几只奶山羊、羯绵羊和种绵羊（有时还包括一些不肯吃饲料的母绵羊）就放牧在家周围的小库略里，就算是被上面检查人员被发现了，由于放牧面积不大，羊只数量也不多，问题并不会太严重。

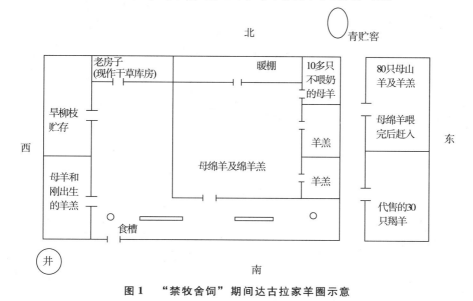

**图 1　"禁牧舍饲"期间达古拉家羊圈示意**

---

① 20 世纪 80 年代初草场承包制度实施后，B 嘎查的牧民不仅会用网围栏将自家承包的几千亩草场圈起来，形成"库略"，还会进一步将"库略"划分为若干个"小库略"，以便根据季节、牲畜和牧草的情况来调节草场的使用。

禁牧期间全家每天清晨的工作从喂羊开始。大羊一天需要喂 2 次，而刚出生的羊羔需要更为仔细周到的照顾，一天需要喂 3 ~ 4 次。首先要喂的是大羊，达古拉的父母先把玉米粒倒在食槽和食盆里，将母绵羊从里面的大羊圈中赶出，但是并不把羊羔放出（随"妈妈"一起逃出的羊羔还要一只只再抱回里面的羊圈），这样白天就把大羊和羊羔隔开，为的是对羊羔进行专门照顾。母绵羊吃完，赶入东面的羊圈里，再将母山羊和绵羊羔赶过来喂，然后再关回羊圈。一早把这些事情忙完，全家才回家喝早茶，休息一下。照顾母羊方面，除了上午喂给她们玉米粒外，傍晚时分还要给她们喂玉米干草（秸秆）和青贮，母羊下羔以后要给它补充体力，所以要多喂一点。傍晚喂完母绵羊后，再将母绵羊和她们的羊羔关在一起过夜。一天山羊、绵羊各喂 2 次就是总共要喂 4 次大羊，达古拉年近六旬的父亲不得不一次次弯着腰用麻袋从库房和青贮窖背上沉重的玉米粒、干草和青贮到羊圈喂羊，一次次将羊从羊圈中赶出赶进。在草原上自由放牧几十年的他很不习惯禁牧期间的背草喂羊，常抱怨道："禁牧最麻烦就是要天天背草！"

　　对于达古拉的母亲来说，上午是专门护理羊羔的时间，这项工作相当烦琐。因为当年春季雨水不好且实施舍饲圈养的关系，母羊奶水普遍不足，羊羔长得都不太好，有的很瘦弱，需要由人来精心喂养。达古拉母亲给羊羔喂的食物包括：1. 山羊奶。这是从家里的几只奶山羊那里挤下来的新鲜羊奶，用奶瓶专门喂养那 10 多只母羊不肯喂奶的羊羔；2. 玉米面和饲料。达古拉母亲用一个个缝制的小食袋分装食料，挂在每只羊羔的脖子上让它们自己吃，或是非常辛苦地将羊羔一只只抱起搭在人的大腿上用手来喂；3. 玉米糊和牛奶。牛奶是家里几头奶牛挤下的奶，或者直接用"蒙牛"的袋装奶。将 2 斤酸奶和 1 斤牛奶调和玉米糊，装满两只水壶。达古拉母亲把羊羔抱在腿上，再将水壶里的牛奶玉米糊倒在牛角里，一只只喂羊羔，全部喂完就要 1 个多小时，这时往往玉米糊已溅满全身；4. 上一年贮存的新鲜旱柳树枝，羊羔很爱吃，也比较有营养。笔者问达古拉母亲为什么要那么费劲地一只只喂羊羔，让它们一起吃不是更省事吗？她说不能让它们敞开了吃，否则他们今天吃饱了，明天就不吃了。因此，喂它们，也不能喂得过饱。即使是人费心费力调配出的好几种草料和饲料，相比起草原上品种繁多的新鲜牧草来说，还是显得枯燥单调，营养程度不够，味道不好，不受羊群的青睐。

　　达古拉的父母和妹妹主要负责照看羊群，一天之中会花很长时间在羊圈劳动，一会抱这只羊，一会赶那只羊，有太多细小的事情需要操心和忙活。比如有几只羊羔上火了，眼睛流泪；有几只拉肚子，肚子疼，必须给他们喂药；有10多只不认羊羔不肯喂奶的母羊，这些母羊被关在小羊圈里特别护理；最近羊群中还分出20多只已经不肯吃饲料的母羊，没有办法，只好偷偷将它们赶到外面草场上放牧。达古拉的爸爸抱怨说，将羊圈起来活动不够就毛病多，吃药打针，把人忙坏了，一放出去就什么问题也没有！舍饲圈养期间一天在羊圈中喂羊、护理羊就要花掉大部分时间，稍有空闲，达古拉的父母还要抓紧时间给山羊抓绒。达古拉在家则是负责农活，春季忙着撒粪、犁地和播种。由于草原畜牧业对于饲草料的依赖程度越来越深，他的劳动对于整个家庭来说也是举足轻重的。禁牧舍饲的几个月，达古拉全家基本上都是从早忙到晚，直到天完全黑了才回家吃饭，没有一点喘息的余地。一天劳动下来，达古拉的父亲常常累得脸色暗沉，默默无言地在房间角落里抽烟休息。

351

从上述的民族志材料中我们不难发现，环境退化和舍饲圈养导致的现在半放牧、半舍饲的日常劳作方式与以前纯粹放牧的方式显然有巨大差别，种植饲草料、收割饲料、打草、制作青贮、背草、一天几次喂羊、精心照顾羊羔这些以前不存在或并不重要的事情，现在却在牧民日常生活中占据了相当重要的地位。"舍饲圈养实现了对牲畜和饲养环境的全面控制，增加了畜牧业的'人为性'和'集约性'"这些话语常常见于政府文本，似乎为了说明舍饲圈养是畜牧业更为"科学"的体现。但在牧民日常生活中，舍饲圈养却使原本简单的牧业劳动变得烦琐不堪，为他们带来了沉重的负担。80多岁的老牧民萨拉瓦泽尔对现在和以前两种牧业方式的差别深有体会，有感而发道："以前是哪只羊不好才喂，羊多但喂的少。现在下羔的母羊都得喂着。以前草场好，阴历二三月就有新草，冬天还有上一年的好草，喂的时间短，主要是放牧。现在草长不起来，雨水缺，风沙大，从二月开始喂到七月，喂的时间长。"草原畜牧业正在从放牧向饲养转变，这是一个本质的变化。

除了增加日常生产劳动的压力，舍饲圈养带给牧民的经济压力也是不容小觑的。春季3个月舍饲禁牧是一项普遍的政策，政府不提供任何经济补助，但是在牧民这一方，他们的开支却是大大增加了。在地方政府与牧民们签订的《备草备料和牲畜出栏责任书》上，政府要求牧民们为了3个月的禁牧必须按每只羊为单位贮备好360斤干草、90斤青贮草、45斤颗粒饲料。在实际生活中这个标准由于经济支出太高基本上没有人能达到，一般牧民们都会少喂一些，即使这样，禁牧期间饲草料的成本也是相当高的。2008 年买草的价格是 0.33 元 1 斤，1 斤玉米 0.7 元，1 只羊 1 天喂 2 斤草，半斤玉米，另外还有青贮，一天的费用差不多是 1 元，100 只羊 3 个月下来就是将近 10000 元。牧民们一般都倾向于自己种植饲草料来降低成本，但在地势太高没有条件开发饲草料基地的家庭，所有喂羊的饲草料只好全部靠购买，一年光禁牧一项就增加好几万的开支。除了饲草料之外，为了更好地进行舍饲圈养，还需进行舍饲养殖棚圈的建设、购买饲草料加工机具、挖水井等，这些都需要牧民们的资金投入。另外，由于舍饲圈养造成牲畜活动范围不够，内热过大，营养成分不足，抵抗力下降，所以禁牧期间也出现了牲畜膘情不好和死亡率上升的情况。根据 S 苏木的统计，2008 年 4 月 1 日至 5 月 16 日实行禁牧以来，全苏木牲畜死亡数达 3287 头只，其中绵羊 1289 头只、山羊 1073 头只、山羊羔子 356 头只、绵羊羔子 569 头只。预计到 6 月 30 日禁牧结束时，牲畜死亡数将超过 5000 头只[1]。这个数字相当于全苏木牲畜总头数的 4%，相当于平均 1 户死 4～5 只羊。牲畜的死亡无疑会对牧民造成财产上的重大损失，最近几年羊绒价格大幅下跌，禁牧养殖成本增加，遇到天气恶劣牲畜死亡时，牧民因灾返贫的现象常常出现。

## 四 牧民们的行动和话语抵抗

政府实施的春季禁牧舍饲政策给 B 嘎查牧民的生产生活和经济收入带来了沉重的负担，因此遭到他们的普遍抵抗。正如斯科特描述的"弱者的武器"那样，这种抵抗形式大多不是正式的、积极的、冲突激烈的对抗，而是通过不合作、开小差、话语等形式表现出来的一种消极的抵抗（斯科特，2007）。对于禁牧，牧民们心照不宣的一种抵抗方式就是"白天禁牧，晚上放牧"。由于草原辽阔无边、地形复杂、没有路灯，旗里和苏木的干部不可能晚上也出来检查。因此牧民天黑了就将羊群放牧到草场上，一到天亮，他们起个大早，再将羊群早早收回"圈养"，应付检查。比如达古拉家会视情况（羊群状况、家里饲草料贮备，以及最近风声紧不紧等）晚上将羊偷偷放出去吃草。达古拉父亲打趣道："以前大集体时代是让我们白天

---

① 来自于 S 苏木政府 2008 年的《关于禁牧期间牲畜死亡情况的反映》（内部资料）。

放，傍晚 7、8 点钟回来，早回来还不行，受批评。现在则是晚上放，一到天亮就赶紧收回来，完全颠倒过来了！"①

夜晚偷牧往往不是一家或一个人的事情，关系不错的几户邻居（有的是亲戚）通常会互通消息、协同作战、共同对付检查。2008 年 5 月下旬，牧民各家贮存的饲草料已所剩不多，而草场上的青草已经长得不错，羊群经过长时间舍饲后，已经不爱吃干草了，急着出圈吃新草。B 嘎查西面滩地的几户人家基本夜夜将羊群放出去吃草，晚上就能吃饱，白天都不用再喂。就在这时，旗里召开了经济工作会议，会后旗农牧业综合执法大队出动了 5 部汽车，总共 15 个人下乡来检查禁牧和罚款。牧民达林太的小儿子正好在旗农牧业执法大队实习，这次也跟随检查队伍下乡。他早早就告诉了父亲这个消息，让家里提高警惕，同时由于检查的路线当天正好要经过他家，他也以尽地主之谊为由邀请单位同事当晚到家里做客，并叮嘱父亲好好准备。达林太一上午骑摩托车到周围几户人家，一边通知各家检查的人要来了，让他们注意晚上不要把羊放出来，一边也收集招待用品。招待用品包括：一只绵羊，32 斤，每斤 14 元，450 元；奶酪近 2 斤，50 元；"红沙棘"白酒，6 瓶一箱，拿了 3 箱，每瓶 15 元，270 元；还有一条"苁蓉"烟，120 元；再加上一些凉菜热菜。这一顿饭总共大概花了 1000 多元。

达林太家在招待下乡检查的干部时，周围几户邻居宝音、苏和以及胡日戈正在家焦灼不安、举棋不定。他们平时晚上都要将羊群放出去的，但此时这批干部就在附近喝酒，也不知道这些人晚上到底走不走。如果将羊放出去，当天晚上月亮亮度很亮（阴历十五），生怕这些人在回程路上会看到。如果不将羊放出去，家里又没有草了，羊群就要饿肚子。于是他们急得不断给达林太打电话，随时了解这些干部的动态。到了晚上 8 点钟，达林太压低声音告诉大家："哦，他们正喝着酒呢，准备住下了，明天一早走。"离达林太家只有几百米远的宝音一听到这个消息，立马就把羊放了出去，并在第二天一早 5 点钟将羊赶回。周围几户人家说他真是胆大！而苏和两口子则是犹豫、斗争了半天，晚上 9 点多的时候才将羊放出，并在第二天早上 4 点钟起床，出门将所有的羊找回。之后再给达林太打电话问："他们怎么

_____

① 集体化时代的牧区政策是追求牲畜的数量增长，大队要求牧民天亮前将羊放出，天黑以后才能收回，为的是让羊群吃饱长膘。如果有牧民偷懒大白天将羊群圈在羊圈中，大队干部就会批评他的行为是让羊"受罪掉膘"，造成集体财产的损失。

样呢？"达林太回答："还都睡着呢。"两户的羊群在清晨时分就已经赶回，平安无事，大家可以放心了。而距离达林太家得最远的胡日戈家却因为担心被发现而一个晚上没将羊放出。后来检查的干部上午 11 点钟才走的，胡日戈和达林太在他们走后公然在白天把羊放出去吃草了。因为他们已经没草料喂羊，不放不行。

关系好的几户邻居会通报消息、互相帮助，但是关系糟糕的邻居之间也会出现"拆台"的局面，苏木里设立的"举报电话"也许正是利用牧民之间的这种间隙来收集情报。听说 B 嘎查有个老汉不知何故非常喜欢举报别人的偷牧行为，于是遭到其他牧民的共同反感，有人捉弄他，故意给他打电话说："因为你举报有功，苏木政府让我通知你去领 500 元的奖金呢！"

除了通过偷牧行为，牧民们在话语上也表现出了他们的种种不满和抵抗。与政府将草场退化归罪于牧民的超载过牧不同的是，牧民在向笔者解释草场退化和沙化的原因时，常常强调不是因为羊放多了，而主要是由于天旱不下雨："6、7、8 月连续 3 个月不下雨，就是一只羊都不放出来，草场上也照样不长草！"也有人强调天旱不下雨是因为附近草场上煤炭、硅铁、石油等地下资源开发造成的工业污染，以及开发天然气的地质队点火试气时燃起的巨大火焰"烧得天旱不下雨"①，"天气预报上看到周围的地方都在下雨，就偏偏我们这里不下，就是因为我们这里的工业污染太严重了"。

对于禁牧的效果，牧民们也是充满了质疑的。他们说，羊不是猪，不可能完全圈养起来，适当活动对羊群是有好处的。羊喜欢吃"碰头草"，青贮、饲料配方再好也比不过草场上的新鲜牧草，过度圈养会造成牲畜的瘦弱乃至死亡，这已被事实证明。就牧草生长而言，有牧民告诉笔者，即便是在完全实现禁牧的草场上，牧草生长效果也不会很好，因为春天羊群在草场上走动采食有助于踏死各种虫子，完全没有羊的草场容易生虫，劣质牧草也会疯长。何况现在所谓的禁牧也只不过是徒有其名，大家都在"白天禁牧，晚上放牧"，谈什么禁牧效果呢？如果说禁牧是要保护环境，但是为了实现禁牧时期的饲草料自给自足，大家都在拼命挖井取水浇地，造成

① B 嘎查牧民们坚持这并非无稽之谈，他们举例说，大集体时代收割糜子时，眼见一大片乌云过来马上要下雨，由于担心下雨把刚收割的糜子浇坏了，他们便找来一堆柴火点燃，柴火燃烧产生的烟雾很快就将乌云赶走了。短短燃烧一阵子的柴火尚且起到避雨作用，何况天然气试气时连烧几日几夜的巨大火焰呢？

当地地下水水位持续走低、许多水井陆续干枯的现象，可能会带来更严重的环境问题，这岂不是自相矛盾吗？

有的话语还表现了牧民们对下乡检查干部的反感和对政策的质疑，苏和讽刺地说："我们这里冬天冷得很，快要冻死了也没见上面有什么人来慰问，送钱送物。到了春夏天，来罚款的车子隔几天就跑一次，有钱罚的时候就跑来了！"蒙都说："按理说，分草场以后放羊，怎么放应该我说了算。但是现在好像这种权力也没有。每天干部就过来问：'圈住了么？'真烦人！谁家违反禁牧，干部们就罚款或拉羊走，像国民党一样的剥削压迫，激化党群矛盾。"还有的牧民到苏木政府办事，看到政府办公室里新布置的隔间，挖苦道："你们自己也舍饲圈养了呀！"

由于牧民们对春季禁牧舍饲政策的普遍不满和抵抗，禁牧工作的执行因此遭遇很大的困难。作为"上传下达"中间环节的地方政府干部尤其感到此项工作的棘手。笔者听说一位苏木干部下乡宣传禁牧时口气非常"硬"，罚款也非常"狠"，遭到不少牧民的愤恨，有人诅咒他"去死"，甚至有的准备动手揍他。34 岁的伊拉图是 S 苏木农牧业执法大队的干部，皮肤黝黑、朴实爽朗，与牧民们建立了不错的人际关系。每每在冲突发生之际他会站出来平息矛盾、协调关系，跟牧民"好说好商量"，争取他们的配合。在工作中他说自己非常注意方法和"艺术性"，是因为他深谙禁牧工作的敏感，搞不好冲突会一触即发。

> 禁牧工作是旗里工作三根高压线的一根主线。做这个工作虽然权力大（可以罚款），但是苦重（天天下乡），上下为难，处于矛盾的焦点上。牧民放牧不容易，但是我们不抓上面要找我们麻烦，同时处理不公平牧民反映上去也要找我们麻烦。所以做这个工作比较有压力，怕人骂，常常要跟人吵架。[①]

其他学者的研究发现别的地区也存在对牧民的偷牧睁一只眼闭一只眼的现象，有的地方政府甚至发展出一种新的交易方式——牧民们支付一定的"罚金"，监管者便允许牧民在禁牧季节放牧（王晓毅，2005）。

有一次笔者和伊拉图一起看电视，正好赶上鄂尔多斯台的一档关于

---

① 此段材料来自 2008 年 6 月笔者在内蒙古自治区 S 苏木的田野调查笔记。

"沙漠治理"的节目，谈道"禁牧舍饲转变了传统的生产生活方式，是人们面对环境变化做出的新选择"并介绍道，"今年全市的禁牧工作圆满完成，生态植被得到了很好的恢复。"作为千万个落实禁牧政策、了解基层情况的地方干部之一，伊拉图看完节目后坦言心中有很多想法，滋味杂然、感慨万千。就工作来讲是完成了，他在禁牧3个月期间天天下乡之后，现在总算可以稍微歇一口气，但是这个工作到底是怎么完成的？结果究竟是不是圆满？这个过程中生态植被得到多大的恢复？农牧民又承受了多大的经济损失和劳动负担？这期间又有多少抵抗、争吵、谈判、妥协的故事？恐怕就不是"圆满完成"这几个字能够简单概括得了的。

## 五　结论："自然脱嵌"的新形式

在以前的研究中，笔者曾分析过，传统时代的自然"嵌入"当地政治、经济、宗教、社会的有机文化整体，与当地人的生活和生命意义血脉相连。而20世纪80年代以来，随着草畜承包制度和市场机制引入内蒙古草原，从当地人的社会生活中自然被"切割"和"抽离"出来，被赋予了标准化的市场价值，成为有利可图的经济生产要素，却失去了其鲜活的生命力和原有的丰富内涵。笔者把这一现象称为"自然的资本化"（张雯，2008；2010）。

20世纪80年代的草原因其放牧牛羊的价值受到了资本的青睐，而这种情况在21世纪之后发生了重要的转变。从国家层面来看，草原不再只是作为喂养牲畜的原料出现，草原的生态价值和符号价值获得了权力与资本前所未有的注意。保障生态安全、塑造国家形象和发展文化经济方面的考虑被放到了优先的位置，我们开始进入一个"生态"的时代。我们发现在这个时代，国家环境保护话语获得了巨大的权威，并以其特殊的提出、分析和解决问题的论辩方式与权力的社会运作相结合，共同建构着世界的秩序，推动着社会的变迁①。一辈子生活在草原上的基层牧民对当前时代的变迁深有体会，笔者访谈的一位老牧民说："国家在牧区的政策不同年代重点不同，有时是以牧为主，有时是以粮为纲，又有几年是以林业为主，现在则

---

①　需要说明的是，笔者并不反对环境科学和环境保护主义本身，也不是一概地反对环境保护政策，而是通过分析草原生态治理中环境保护话语为权力正名的现象，批评反思当前国家环境保护政策实行过程中对弱者的排除和伤害。

是生态保护第一位，不许把羊放出来！其他的又都不谈了。"

如果将之前的"自然的资本化"视为是"自然脱嵌"的第一步的话，"生态"的时代则展现了"自然脱嵌"的新形式。尽管从表面上看，自然似乎摆脱了市场化初期的空洞和抽象性，一定程度上又被赋予了"魅力"和崇高性，但这种"虚幻的魅力"更多是对国家、企业和消费者而言的，而非围绕着当地牧民和本土社会，并且其本质和目的仍是为了维护权力统治和经济增长。我们可以说，自然正以其崭新的生态价值和符号价值进一步被"国家化"和"资本化"，早已从当地的社会文化事实中"脱嵌"出来。

因此不难理解，在国家主导的草原生态治理中，牧民始终被定义为实现环境保护目标必须克服的"障碍"和"麻烦"，包括禁牧舍饲在内的种种草原生态治理项目都旨在排除牲畜和牧民"干扰"，塑造一片片"寂静的"草原。与国家将牧民视为"环境破坏者"的观点相反的是，许多社会和文化学者又往往一厢情愿地将牧民视为"天然的环境保护者"。牧民的角色究竟如何定义是一个说来话长的题目，但至少在当前实施生态治理的草原，我们发现的是"自然的脱嵌"，即这是一个有些多少荒谬的现象，每日与草原相伴的牧民变得似乎与草原无关了。

"禁牧舍饲"对政府而言体现了"环境保护"的"大义"，而到了牧民这里，却指的只是"舍饲圈养"（"不许把羊放出来"）。对他们而言，"环境保护"不过意味着牧业生产方式的又一次改变，从昔日的"定居放牧"转为而今的"舍饲圈养"，意味着生产劳动更加繁重艰苦，经济负担沉重。针对禁牧所发生的种种抵抗，也就成为情理之中的事。至于上面所说的环保的大道理与他们又有多大的关联呢？反正解释世界的权力始终掌握在别人的手里。在内蒙古草原生态治理中，我们看到的是，空荡荡的草原又一次被精心规划和设计，地方政府严密组织，监督巡查的车辆每日在草原上往来频繁，相形之下，牧民们的日常劳作却被排除出了草原的广阔天地，局限在了羊圈的狭小范围之内，本应成为生态保护主体和草原主人的他们陷入了一种左右为难的无奈境地。B 嘎查的牧民有时对禁牧舍饲政策发出直白的抱怨："不知道是哪个该死的制订了这个政策，这个人肯定没放过羊！"可能这样说更确切，也许不是放羊的人制定了这个政策，但这个政策的制定肯定不是为了放羊。

最后的故事可能有助于我们注意到国家环境保护的矛盾之处，从一个侧面洞悉其"以生态为名的社会改造"的本质。近些年在 B 嘎查与"禁牧舍饲"同样显目的另一现象是，石油公司的无数辆重型卡车为了开发石油、天然气在草场上横走竖窜、东掘西挖，牧民们对此发出质疑："一只羊一天能吃多少草？一个地质队①的大车开过多少草都毁灭了？车的印子压下来跟吃草的羊不是一样的吗？为什么可以让车走而不让我们放羊？"

### 参考文献

高平，2007，《禁牧、休牧、轮牧："新三牧"休养内蒙古草原》，中央政府门户网站。

米歇尔·福柯，2003，《规训与惩罚：监狱的诞生》，刘北成译，生活·读书·新知三联书店。

时彦民，2007，《我国为何要推行草原禁牧休牧轮牧》，《中国牧业通讯》第 9 期。

S 苏木政府，2007，S 苏木 2007 年休牧工作总结（内部资料）。

S 苏木政府，2008，关于禁牧期间牲畜死亡情况的反映（内部资料）。

S 苏木政府，2008，备草备料和牲畜出栏责任书（内部资料）。

唐国策，2006，《禁牧休牧总动员》，《中国牧业通讯》第 9 期。

王晓毅，2005，《政策下的管理缺失——一个半农半牧区草场管理的案例研究》，《华中师范大学学报（人文社科版）》第 6 期。

詹姆斯·C. 斯科特，2007，《弱者的武器》，郑广怀等译，译林出版社。

詹姆斯·克利福德、乔治·E·马库斯，2006，《写文化——民族志的诗学与政治学》，高丙中等译，商务印书馆。

张雯，2008，《草原沙漠化问题的一项环境人类学研究——以毛乌素沙地北部的 B 嘎查为例》，《社会》第 4 期。

张雯，2010，《剧变的草原与牧民的栖居——一项来自内蒙古的环境人类学研究》，《开放时代》第 11 期。

周宏春、季曦，2009，《改革开放三十年中国环境保护政策演变》，《南京大学学报（人文社会科学版）》第 1 期。

Argyrou, Vassos. 2005. *The Logic of Environmentalism: Anthropology, Ecology and Postcoloniality.* New York & Oxford: Berghahn Books.

Brosius, J. Peter. 1999. "Analyses and Interventions: Anthropological Engagements with Environmentalism". *Current Anthropology* 40.

Chatty, Dawn. 2003. "Mobile peoples and conversation: An introduction", *Nomadic Peoples* 7, Issue I.

---

① 当地牧民将"长庆""辽河"等石油公司派出的在草原上勘探开发石油、天然气的队伍为"地质队"。

Escobar, Arturo. 1996. "Constructing Nature: Elements for a Poststructural Political Ecology". In Michael Watts (ed.). *Liberation Ecologies: Environment, Development, Social Movements*. London: Routledge.

Escobar, Arturo. 1999. "After Nature: Steps to an Anti-essentialist Political Ecology". *Current Anthropology* 40 (1).

Grove-White, Robin. 1993. "Environmentalism: A New Moral Discourse for Technological Society?". In Key Milton (ed.), *Environmentalism: The View from Anthropology*. London and New York: Routledge.

Ingold, Tim. 2008. "Globes and Spheres: The Topology of Environmentalism", In Michael R. Dove and Carol Carpenter (ed.). *Environmental Anthropology: A Historical Reader*. Malden: Blackwell Publishing.

Milton, Kay. 1996. *Environmentalism and Cultural Theory: Exploring the Role of Anthropology in Environmental Discourse*. London & New York: Routledge.

359

# 从"生态自发"到"生态利益自觉"

## ——农村精英的生态实践及其社会效应

陈　涛[*]

**摘　要**：农村精英在生态农业发展中具有至关重要的作用。当涂河蟹生态产业发展表明，农村精英的生态实践经历了从"生态自发"到"生态利益自觉"的形成过程：通过对既有粗放型养殖模式的反思和不同养殖模式的比较，他们最初具有了生态自发意识，而后在一定的"环境—社会"系统内形成了生态利益自觉理念。当生态利益自觉成为普遍性的社会行为时，从自下而上的抵制污染产业到自上而下的预防污染都形成了一定的社会机制。在当前生态系统遭遇严重破坏的背景下，农村精英的生态实践及其社会效应具有重要的理论和实践意义。

**关键词**：农村精英；生态自发；生态利益自觉；生态实践；社会效应

在当前生态系统遭到严重破坏的背景下，如何破解经济发展与环境退化的二元悖论是亟待解决的现实课题。作为环境社会学的重要理论范式，生活环境主义强调从生活者的生活实际出发，根据各个地区的实际情况以及当地人的生活现状和生活智慧，进而寻找解决环境问题的答案（鸟越皓之，2009）。生活者也即既定区域的特定人群，其生产实践以及生态智慧对解决环境问题具有重要的现实意义。笔者在太湖流域和淮河流域的田野调查中发现，生活者的环境意识及其环境保护实践是在一定的"环境—社会"

---

\* 陈涛，中国海洋大学法政学院讲师。原文发表于《社会科学辑刊》2012年第2期。基金项目：国家社科基金"人—水"和谐机制研究（项目编号：07BSH036），同时受国家留学基金委公派项目（学号：2009671034）资助。

系统内形成的。本文以"中国生态养蟹第一县"安徽当涂县的河蟹生态养殖产业发展为案例对此进行研究。

# 一 研究区域与研究问题

当涂位于长江中下游南岸，区位优势明显，紧靠长三角，毗邻南京，距离上海320公里。当涂"一山四水五分田"，水网密布且相互贯通。境内盛产水产品，其中当涂河蟹作为一项产业的发展，则始于20世纪70年代，并经历了从粗放型"大养蟹"到生态型"养大蟹"的转型。其中，"大养蟹"是以蟹苗高密度投入、生态资源零投入为特征，最终导致了20世纪90年代中后期水域严重污染（水质由Ⅱ类、Ⅲ类恶化为Ⅳ类、Ⅴ类），水草和螺蛳等水生资源被破坏殆尽。水域生态系统的破坏加剧了河蟹产业的衰败，河蟹产业跌入低谷。2002年以来，经过水产专家的技术指导，河蟹产业走上了以"种草、投螺、稀放、配养、调水"为主要特征的生态养殖之路。生态养殖不仅促使水产经济重新崛起，也促使水生资源和水域生态系统得到修复。目前，实施生态养殖区域的水质已经由Ⅳ类、Ⅴ类恢复到Ⅱ类、Ⅲ类，水域生物多样性指数明显上升。同时，随着河蟹养殖产业的发展，村集体经济得到壮大，医疗、养老、年终福利分配等社会事业均得到快速发展，初步走上了生态现代化道路（陈涛，2008）。当涂生态养殖模式被称为水产"当涂模式"，农业部已在全国内陆区域推广这一生态模式。2007年，当涂生态养殖技术作为商务部的援外技术项目走进非洲科特迪瓦共和国。2009年，首批河蟹通过国家有机论证（转换论证阶段），标志着产业发展迈入一个新阶段。目前，当涂河蟹已销售到韩国、日本和中国香港等东南亚国家和地区。

水产"当涂模式"是"自下而上"和"自上而下"两条线路交会的结果。就产业发展而言，"自上而下"的政府行为发挥了关键功能，是生态产业发展壮大的根本原因；而从历史的时间渊源来看，"自下而上"的民间探索要早于"自上而下"的官方推动。从"自下而上"的视角来看，有两个问题值得深入分析。一方面是他们是对生态技术的采用，即民间社会最初是如何采用新型技术的。对此，早期人类学家就新技术发明被采用情况进行了很多研究（Buttel et al.，1990），社会学家则以技术"传播—采用"（Diffusion-Adoption）为主题进行专门研究。另一方面是民间社会

361

对生态养殖方式的探索。本文即是对农村精英有关生态模式的探索及其社会效应的研究。随着对水产"当涂模式"的深入研究，笔者发现，农村精英在产业转型和生态养殖实践中发挥着非常独特的功能。在特定的"环境—社会"系统内，他们自觉的生态养殖理念的树立不但具有环境意义，也具有更广泛的社会意义。本研究中的农村精英具有如下特征：（1）他们是社区中的少数人；（2）文化水平较高并具有一定的创新和技术革新能力；（3）所拥有的社会资源比社区中其他人要多；（4）具有一定的生态利益自觉意识；（5）在产业转型中发挥了引领功能。在某种程度上，这样一批特定的农村精英可被称为生态精英。

从人与环境的关系看，人的不当行为是环境问题产生的根本原因。因此，从人的行为角度对环境问题进行研究，不仅有助于提高对环境问题的认知，而且有助于探索人与自然和谐相处、共存共生之路。本文的研究假设是，农村精英对生态模式的认知经历了从"生态自发"到"生态利益自觉"的转型。由此引出具体的研究问题：最初的"生态自发"是如何形成的？普遍性的"生态利益自觉"行为是何以产生的？从"独木不成林"的生态探索到"漫山遍野"的生态实践，有什么内在社会机理？当普遍性的"生态利益自觉"观念树立后，产生了什么社会效应？这对当前环境问题的解决以及污染产业的生态转型具有什么样的启示？

## 二　反思与比较中形成"生态自发"

精英人物的引领在生态转型中发挥着重要作用。没有这种精英，生态—经济双赢产业或社区就不可能出现（陈阿江，2009）。早在政府"自上而下"地推动生态养殖之前，就有一批土生土长的水产专家和农村精英在反思既有的养殖模式，并探索式地进行了生态型养殖方式试验。本文以其间的典型代表人物，兴村生态养殖第一人 Y 为例进行研究。在"大养蟹"导致河蟹产业陷入困境的时候，他率先探索以"种植水草、投放螺蛳"① 为

---

① "水草"和"螺蛳"是河蟹养殖能否走上可持续发展道路的关键。一方面，它们本身是饵料——水草是植物饵料，螺蛳是动物饵料。另一方面，二者能够分解有害物质，调节水质。河蟹养殖中，不仅"蟹大小，看水草"，而且，"要想蟹病少，赶快种水草"。

特征的新型养殖模式，取得了显著的经济效益和环境效益，为生态模式的推广和产业转型发挥了示范功能。

1. 资源与环境进入潜意识

在水系纵横的江南水乡，水就像是大自然的恩赐，俯拾皆是。利用水面进行水产养殖，几乎是所有水乡人的基本技能。20世纪80年代，当涂养殖户利用水资源养殖河蟹富了腰包，鼓了钱囊。据他们回忆，当时只要有水面，就肯定能赚钱。在这样的社会背景中，养殖户的知识结构中没有生态意识，更不会有所谓的生态养殖理念与实践。尽管他们一直生活在特定的生态系统中，但并不知道"环境"究竟是什么？又能发挥什么功能？直到粗放型的养殖方式不但造成水域严重污染和资源严重破坏，还导致经济效益严重下滑、亏损（当时，亏损率达到90%左右）的时候，他们中的精英才开始觉得仿佛是哪儿出了问题。

农村精英Y是一个善于思考和勤于总结的人。通过对比20世纪80年代以来养殖水面的差异，他有了"水脏"和"水干净"这样的感官印象，有了水草丰富和水草匮乏这样的直观感受，最终形成了他的所谓的"灭绝性养殖"这样的术语称谓。在前后对比分析中，水草和螺蛳这样的"资源"概念和"水质"这样的环境概念进入了他的潜意识。他认为："灭绝性养殖的那些年，河蟹产业遭受重创，亏损严重。当时，太深奥的东西我也搞不懂，水里面究竟有什么污染，我也不知道。我之所以想到要转变养殖方式，主要是靠感官。就是对比1980年代的养殖水面和1990年代养殖水面的差异，想想为什么那时候能赚钱；而经过10年养殖，为什么就不能赚钱甚至亏本？问题究竟出在了哪儿？其实，这种思考与分析也是被迫的。我们是水乡，靠水吃水，养蟹是主要的生计来源。当靠水吃水、靠河蟹养殖吃饭这条路遇到困境，就不得不寻找出路，看看是哪儿出了毛病。正所谓'穷则思变，变则通'，通过和经济效益好的时期比，和经济效益好的区域比，我最终发现是我们这里的水出问题了：水面不干净了，水体中本来丰富的水草和螺蛳也没有了，而且放养密度也比以前高多了。于是，我慢慢得出这样的结论：这是'灭绝性养殖'方式出问题了。"（2009年8月10日访谈资料）。

历时性的反思是新型模式产生的基础。在Y的比较框架中，因为靠水吃水，常年与水打交道使他懂得了水质保护的重要性。

### 2. 实践出真知：对比试验的开展

正如同马克思所说的，当工人以为自己的贫困是机器和厂房造成的，而并不了解其根源时，其最初的阶级斗争是以砸机器等形态为特征的自发斗争。农村精英对"生态"的认知也具有这种特质。在感到"灭绝性养殖"方式导致水体水草、螺蛳匮乏的时候，他首先想到的是将缺失的这些资源补齐。于是，他开始种植水草、投放螺蛳。但他这时并没有明确的生态意识，而只是基于经验比较后的探索性试验。笔者将这种基于生活经验初步形成的、尚不具有明确生态理念的浅层生态观称为"生态自发"。"生态自发"只是基于经验层次的认知，是一种感性认识。

1997 年前后，农村精英 Y 就已经开始比较系统地进行水草和螺蛳培育，但并没有引起共鸣。周围养殖户认为花钱承包水面，不养河蟹而养水草的行为是亏本买卖，是不划算的。关于修补水体中的水草和螺蛳究竟是否是正确之路，他自己也并不明确，因为并没有现成的经验可循。三年后的对比试验，则让他坚定了信念。2000 年，他承包了两个水面。一个是本村的 10 公顷水面，另一个是外村的 11.7 公顷水面。两个不同的水面，水体资源和生态条件差别很大，本村的水面由于长期粗放式养殖，水质已经很差；而外村的水面水质相对较好，水体资源也比较丰富。在这两块生态条件本来差异就很大的水面，他实施了两种不同的养殖方式。本村水面由于承包期即将结束，他本人也没有继续承包的意图，采取的是和其他养殖户一样的粗放型养殖方式，而在外村水面中则尝试新型养殖方式。首先，投放螺蛳 2 万斤。其次，实施水面"抛荒"措施：他圈养了 3 公顷水面不养殖任何水产品而专门用来培育水草。按照 Y 自己的表述，因为那时候没有草种，这 3 公顷是实施生态养殖的草库，而"草库"当年培育出了 120 船金鱼草。这些水草全部投放在养殖水面中，平均每公顷水面分配 10 多船。经过一年时间，这种养殖方式就获得了成功，取得了显著的经济效益。而本村水面几乎没有经济效益。这种巨大反差，在养殖户中产生了巨大反响，他还被镇政府邀请做养殖经验报告。但是第二年，由于过于"溺爱"水草，水草覆盖率过高，影响了河蟹的正常生长，导致养殖效益再次下降。这让他懂得了水草并不是越多越好的道理，于是又学会了控制水草。第三年，通过合理的水草覆盖，他再次获得丰厚的经济效益。

通过历时性和区域性的对比分析，特别是这个对比性试验，他在认识论层面豁然开朗：以前的效益之所以好，是因为水体中的水生资源丰富、水质清澈见底；现在养殖效益之所以差，是因为水生资源严重匮乏，水质受到严重污染。那么，如何才能振兴河蟹产业？这就是重视水域环境和资源的保护。具体地说，就是要改变以前的"人放天养"的、"灭绝性养殖"方式，实施以种植水草、投放螺蛳、降低放养密度、调节养殖水面水质的新型养殖方式。同时，在养殖中套养鳜鱼、黄白鲢等，进一步提高综合效益。用他的话说就是生态养殖要注意生态类的多样性及其量的合理搭配，比如，养花白鲢不仅是为了经济利润，也是因为它可以吃浮游动植物，是水体的清洁工。这种通过生物链促进生态平衡的养殖实践就是水产专家后来所总结出来的"种草、投螺、稀放、配养、调水"的生态养殖模式。

365

## 三　生态利益自觉的形成

农村精英在一定的"环境—社会"系统内逐渐由生态自发走向生态利益自觉，而当更多的养殖户形成生态利益自觉后，又促使了社会性的生态利益自觉机制的形成。生态利益自觉产生了良好的社会效应，在更大的系统内保护了水域环境。

1. 生态利益自觉的形成路径

在 Y 自己看来，他对资源以及生态的认知建立在生活经验基础上。从认知阶段上来说，经验是认知的感性认识阶段，是理性认识的初级阶段。知识结构中本来没有"资源"和"环境"这些元素，而纵向和横向的比较后，这些元素进入潜意识（1997 年前后）。随着 2000 年及后续几年的试验，"资源"和"环境"由潜意识进入意识层面。2002 年开始，当涂县和有关科研机构开展系统的产学研合作，实施"河蟹振兴工程"，全国水产系统的专家纷纷前来宣传生态养殖理念、提供技术指导和服务。在这种社会背景下，他接触了大量的信息，确信了自己的探索是正确的。更重要的是，他明白了新型养殖方式的原理，生态认知完成了从"感性"到"理性"的飞跃，进入"生态利益自觉"阶段（见图1）。"生态利益自觉"是有着明确意识、方向以及目的，能预期行动结果的理性认知。

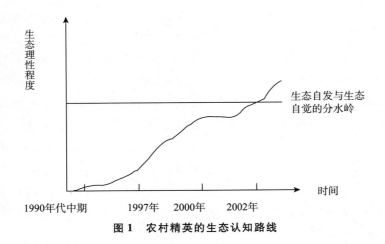

**图1　农村精英的生态认知路线**

当然，这种"生态自觉"还是人类中心主义的"生态利益自觉"：自觉意识到生态或环境的"外部性"可以给系统（企业或社区）造成经济损失（成本）或带来经济收益。但"生态利益自觉"兼顾了人类短期利益和长期利益、"我"的利益与"我"之外的环境利益（陈阿江，2009）。景军所提出的"生态文化自觉"与之有异曲同工之妙，他认为，从生态环境极度恶化转变到可持续发展的过程是一个认知革命和文化自觉均起到关键作用的过程（景军，2009）。笔者认为，生态文化自觉和生态利益自觉都是认识产业转型和生态转型的重要概念工具，它潜在地说明了地方文化和民间实践在产业的生态化转型中具有重要作用。生态利益自觉机制的形成，具有三个特征。一是源于蟹农自身的生存危机，即"靠水吃水"遭遇危机，从而引起反思性的生产实践与技术革新，环境意识也经历了从无知到自觉的转型。二是源于农村精英在生产、生活实践中逐步形成的有关人与环境关系的认识系统。不少学者强调"日常知识"（Ordinary Knowledge）的重要性，即关于环境的实际经验和知识往往来源于日常生活体验。这种知识更多依靠的是对日常生活敏锐的观察和积累出的常识，而不是专业技术。这样的"日常知识"通过当地草根阶层的呼吸，饮水，耕田，采集林作物，在河、湖、海里捕鱼，而日积月累地形成（汉尼根，2009；Hannigan，2006）。就河蟹产业转型而言，生态精英在生产生活中逐步形成了一定的环境意识和价值判断，自觉意识到粗放型养殖的危害性以及环境保护的重要性，进而调试自己的养殖模式和环境行为，采取了与水域生态系统相对和谐的生产模式。三是以经济效益为核心。对生态精英而言,其生态利益自觉的确立是因为"靠水吃水",是为了扭转养殖效益困境而不得不去反思的结果,是以追求经济效益为初衷和核心的资源环境观和行为模式。

"生态利益自觉"理念确立后,其行动的目的性和方向性就十分明确,并能理性地预期到行动的结果。不仅如此,生态精英的生态自觉行为还对周边养殖户产生了积极影响。无论是他的试验效益还是积极尝试新技术的态度,都引导着左邻右舍对新型养殖方式的选择。比如,2003年,他在承包的 $158 \times 667 \mathrm{m}^2$ 的水面中,投入了60吨螺蛳和800吨金鱼草(400船,每船2吨),投入量如此之大,当时轰动了整个塘南镇。这种敢于"投入"的行为对于引导当地养殖户转变养殖方式起到了示范带动作用。由此可见,精英人物的实践影响了周边的社会系统。

**2. 农村精英的资源环境观**

笔者曾于2008年1月、2009年8月中旬和下旬以及2010年9月前后四次对Y进行专访,每次访谈中,"资源"与"环境"这两个词都会不时地闪现,几乎是其话语体系中出现频率最高的词汇。那么,他的资源环境观是什么样的?

简单地说,就是"要想赚钱就要先养生态"。农村精英的资源环境观就是由向资源和环境索取改为保护资源和环境,增进水域生物多样性。其中,环境指的是水质,就是水不能被污染。一旦水被污染,河蟹养殖必然亏本;而水质调节好是河蟹产业取得经济效益的基础。所以,河蟹生态养殖过程是"以水养蟹,以蟹保水"的过程。资源主要是水草和螺蛳等水生物资源,它们既是河蟹生长所必需的动植物饵料,更是水体清洁工和人工培育的水下生物系统。这些资源是环环相扣的,培养和保护生物多样性是通过生物链原理促进水体自然的生态平衡。通过农村精英的生态养殖,水域环境得到修复,水域再次清澈见底,并能直接饮用。

**3. 从"独木不成林"到"漫山遍野"**

现在,虽然生态养殖已经是普遍性的行为,但在1997年以及2000年前后,很少有人会"种草、投螺",因为这是"亏本买卖"。Y当时的感受是,那时的试验是"独木不成林""曲高和寡",难以形成"气候"。

生态养殖成为普遍性行为最终还是在政府的推动下完成的。县和有关乡镇政府邀请中国科学院、中国水产科学研究院、中国农业科学研究院、中国海洋大学、上海海洋大学、南京农业大学等单位的水产专家前来进行

367

技术指导和培训，并先后实施了"河蟹振兴工程""河蟹产业提升工程""水产技术人才提升工程"等。2006年，当涂县被农业部确立为"渔业科技入户"示范工程项目的实施县。通过这些财政政策和生态技术的支持，生态养殖最终形成蔚为壮观的场面。访谈中，农村精英也认为，其关于生态养殖的经验只是局部地区的实践经验。水产专家前来调查分析后，经过理论与实践的结合，所总结出的"种草、投螺、稀放、配养、调水"这套水产"当涂模式"具有更高的和更系统的价值。

## 四　生态利益自觉的社会效应

目前，生态养殖理念已经深入人心。从"自上而下"的视角来看，各级政府对生态养殖高度重视，予以多种政策支持，同时形成了一定的产业布局和预防工业污染的机制。从"自下而上"的视角看，普通养殖户将生态利益自觉付诸生产生活实践中。而且，还内在地形成了一定的抵制污染以及污染产业的社会性机制。

1. 形成了合理的产业布局

当涂在以河蟹养殖为主要区域的农业区形成了"O"型生态农业布局（见图2），范围内的六个乡镇主要发展生态养殖、绿色食品加工以及其他轻工业。这种产业布局也推动了政绩考核机制的改革。2005年，县政府出台了《关于进一步推进全县河蟹生态养殖的意见》。其中除了明确规定生态养殖的任务和考核目标外，还将发展生态养殖列入乡镇经济发展计划和考核内容，建立了促进该项产业发展的考核指标体系。

这种产业布局规划为因势利导地将河蟹产业做大做强提供了制度空间。直接理解这一点可能并不够深刻，而通过比较研究，其深层价值更明显。比如，与之形成鲜明对照的是，苏南地区也是久负盛名的鱼米之乡，无论是水面面积，还是发展水产经济的基础和优势都远远好于当涂县。但是，改革开放以来，苏南工业经济占据绝对强势地位，而水产经济被边缘化，处于弱势地位。苏南的产业规划为给工业经济发展提供了充分空间，水产、水稻等传统的优势产业被一而再、再而三地压缩。2007年太湖蓝藻事件后，河蟹养殖、水稻种植等传统优势产业遭受新一轮的压缩。从国家或者更大的系统视角来看，工农业的合理布局意义重大。在当前工业化遍地开花的背景下，如果全国都能因地制宜地规划产业布局，宜工则工，宜农则农，就可限制乃至遏制工业经济的畸形发展，也有利于从源头上更好地保护生态环境。

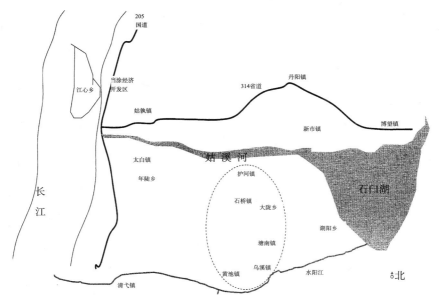

**图2　全县工农业经济布局（引自陈涛，2009）**

注：粗线 "T" 型表示的是重点工业布局，虚线 "O" 型表示的是生态农业布局。

**2. 形成了预防工业污染的机制**

在全国 "招商引资" 忙得不亦乐乎的社会背景下，当涂县也不可能规避这种发展路径。县委和县政府明确将 "招商引资" 作为所谓的 "一号工程"，并要求全力以赴地进行招商引资，引进工业项目。但是，生态养殖产业的经济和环境效益使得深入推进生态养殖产业发展在当地达成共识，并形成浓厚的社会氛围。而这又促进了政府部门在招商引资中预防工业污染。

这种社会氛围促进了乡镇政府明确发展方向，并加强了对招商项目的环境评估力度，进而否决了一批外来投资项目。比如，塘南镇确立了 "生态立镇、水产富镇、环境美镇、特色兴镇" 的发展理念，在招商引资中树立了 "既要金山银山，更要绿水青山" 的发展观，对长三角和珠三角梯度转移过来的污染产业坚决抵制，也否决了多个环保不达标投资项目。比如，2005 年，浙江一客商经过考察决定在工业集中区投资一千万元上一条服装水洗生产线。当得知该项目存在水污染情况后，镇政府拒绝了项目入园①。塘南镇的经济基础主要就来源于水产养殖，所以对生态养殖非常重视。政府在招商引资中态度明确，坚决限制污染企业的进入。这是预防工业污染的重要机制。

3. 推动了机制改革，并提高了村民的环境意识

生态养殖需要一个过程，如果承包期过短，养殖户担心"前人栽树、后人乘凉"，并很可能会因为时间短而不愿意实施生态养殖。特别是，如果竞标到的水面水质不好，那么，水环境的生物修复一般就需要一年时间，养殖户实施生态养殖的积极性就不会很高。为改变这种境况，当地政府积极推动相应的机制改革，而改革或曰创新后的机制更好地保护了水资源，促进了生态产业发展。

首先，延长水面承包期限，承包期由三年改为五年。2003 年开始，塘南等乡镇率先将承包期由过去的三年延长至五年。在五年承包期制度下，养殖户基本可做到"一年投资，四年受益"（2009 年 8 月 26 日访谈资料）。其次，水面承包采取了具有现代性的竞标方式。这些政策的出台，解决了养殖户的后顾之忧，也激发了养殖户的承包热情和投资力度，促进了生态产业的发展。而与此同时，生态养殖让村民切生体会到生态环境的重要性，进而提高了村民的环境意识，增强了其环境保护的自觉性，这有利于建构现代意义的生态公民（Dobson，2003）。

4. 形成了抵制污染的社会性力量

当涂虽然没有民间环保组织（NGO），但并不缺乏抵制污染的社会性力量。在很大程度上，这种社会性力量的产生源于生态产业的发展。

塘南镇政府由"招商引资"发展珍珠蚌产业，转而取缔该项产业就是这方面的典型案例。该镇有一块将近 19 公顷的水面，之前是镇政府通过招商引资，请浙江客商在此养殖淡水珍珠蚌。但是，珍珠蚌养殖造成了严重的水污染问题。主要原因有二：一是珍珠蚌生长过程中需要大量浮游生物，只有水越肥，浮游生物才会越多。所以，为了养殖效益，养殖户大量投放畜禽粪便等有机肥，造成水域严重富营养化。二是养殖过程中仅仅是珍珠蚌这种单一的水产品，没有其他水生物调节失衡的水环境。这不仅造成水

---

① 王春水，《生态扮靓新农村》，http：//www. tangnan. gov. cn/tangnan/showmessage. php？ a1 = 1&id = 352，2006 - 11 - 29。

域生态环境破坏，而且影响了周边居民的生活。在此背景下，河蟹养殖户纷纷向镇政府反映污染问题，请政府部门重视。最终，镇政府在"民意"的要求下采取措施，取消了珍珠蚌养殖，并规定以后不再发展这项产业。同时，将水面发包，通过生态养蟹、种植水草等生物措施修复该水域生态条件（2009 年 8 月 26 日访谈资料）。可见，关于珍珠蚌养殖，政府在民意的力量下经过了从"招商引资"到"禁止养殖"的转变。取缔珍珠蚌养殖，是镇政府基于民众意志的表达，综合考虑当地经济发展而做出的决策。另外，河蟹养殖户所组建成立的河蟹生态养殖公司、协会等组织，也有助于形成罗吉斯等人所称的农业压力集团（Farm Pressure Groups）（Rogers et al.，1988），从而和工业化的利益集团形成对抗性的组织力量，更好地抵制工业污染。

371

## 五 结论与讨论

当涂生态养殖产业的发展是集体智慧的结晶，是农村精英和政府、水产专家共同努力的结果。农村精英是一个社会群体，从"生态自发"到"生态利益自觉"的探索路径是当地一批民间精英对生态养殖模式探索路径的写照。

笔者从认识论、认识阶段、路径方向、与外力系统的关系、对结果的预期以及行为群体等六个方面对二者进行分析阐释。（1）从认识论范畴来说，生态自发阶段属于经验主义（Empiricism），而生态利益自觉则是理性主义（Rationalism）；（2）在对生态养殖的认识阶段上，前者是感性认识阶段，后者是理性认识阶段；（3）在如何实施生态养殖的路径方向方面，前者没有明确的路线，处于不断的试验和探索过程中，而后者已经懂得了基本机理，有了明确路径和方向，并懂得经济效益与环境效益的相互制约关系，具有明确的目的性和计划性；（4）与外力的关系方面，前者几乎没有受到或者很少受到外力的影响，是农村精英在一定的"环境—社会"系统内自发产生的行为，后者则受到政府和水产专家系统的引导；（5）在对新型养殖结果的预期方面，前者由于没有可供借鉴的直接经验，处于试验中，不能预期结果，而后者则能预期结果；（6）从生态养殖群体来说，前者是分散的、少数农村精英的个体行为，后者则是普遍性的群体行为（见表1）。

**表1 从生态自发到生态利益自觉的基本维度**

| | 生态自发 | 生态利益自觉 |
|---|---|---|
| 认识论范畴 | 经验主义（Empiricism） | 理性主义（Rationalism） |
| 认识阶段 | 感性认识 | 理性认识 |
| 路径方向 | 不是很明确，不断探索中 | 方向性明确，具有明确的目的性和计划性 |
| 与外力关系 | 没有受到或很少受到外力影响 | 受到政府和水产专家等外力引导 |
| 结果预期 | 不能或者难以预期结果 | 能预见到生态养殖的结果 |
| 行为群体 | 个体的、分散的 | 群体性、普遍性 |

当前，以水污染为代表的生态环境问题已经十分严重，严重制约着社会经济的可持续发展。农业是弱势产业，很多地方为了追求 GDP 不顾一切地发展工业经济，不但限制压缩了农业的发展，也带来了灾难性的生态难题。长此以往，不但会遭遇"增长的极限"，也会遭遇"寂静的春天"。当涂河蟹产业发展表明，农村精英的生态实践具有重要的借鉴价值。当然，这需要农业产业形成特色并达到一定的规模，否则弱势的农业还是难以与强势的工业相抗衡。因此，在当前生态环境遭遇严重困境的时期，这既需要基层农村精英和普通民众的生态利益自觉，也需要政府部门在合理规划工农业布局和政绩考核机制方面形成生态利益自觉。

## 参考文献

陈阿江，2009，《再论人水和谐——太湖淮河流域生态转型契机与类型研究》，《江苏社会科学》第4期。

陈涛，2008，《生态现代化视角下皖南农村发展的实证研究——兼论当代中国生态现代化的基本特征》，《现代经济探讨》第7期。

陈涛，2009，《1978年以来县域经济发展与环境变迁——以当涂县为个案》，《广西民族大学学报（哲学社会科学版）》第4期。

汉尼根，2009，《环境社会学（第二版）》，洪大用等译，中国人民大学出版社。

景军，2009，《认知与自觉：一个西北乡村的环境抗争》，《中国农业大学学报（社会科学版）》第4期。

鸟越皓之，2009，《环境社会学》，宋金文译，中国环境科学出版社。

王春水，2006，《生态扮靓新农村》，http://www.tangnan.gov.cn/tangnan/showmessage.php? a1=1&id=352，11月29日。

Buttel, F. H, Larson, O. F and Gillespie, G. W.. 1990. The Sociology of Agriculture. New

York：Greenwood Press.

Dobson，A. . 2003. *Citizenship and the Environment* . Oxford：Oxford University Press.

Hannigan，J. A. 2006. *Environmental Sociology*：*A Social Constructionist Perspective.* London and New York：Routledge.

Rogers，E. M. and Burdge，R. J. etal. . 1988. *Social Change in Rural Societies*（*3rd ed*）. New Jersey：Prentice-Hall，Inc，.

# 政府、企业和公民：中国环境
# 治理的责任困境

谢秋山　彭远春*

**摘　要**：基于 CGSS2010 数据统计分析，本文旨在展现中国居民的环境治理责任认知状况，以及检验影响中国居民环境责任认知的因素。描述性统计研究发现：①在环境责任认知方面，居民倾向于把环境保护责任归咎于政府和企业，自我避责倾向严重；②存在环境认知的"两体分离"现象，即在宏观层面关注环境问题，而在日常生活中忽视环境保护；Logistic 回归结果显示：对环境污染严重性的关切度，以及对人与环境关系和经济增长与环境保护关系的认知对居民的环保责任认知没有显著性影响；教育水平是影响居民环保责任认知的关键因素。处于"元治理"角色的政府要通过经济激励强化企业的环保责任，同时借助社会激励手段加强公民个人的环境保护责任。此外也要通过制度设计，强化政府环保责任，以预防其在环境治理中的寻租腐败。

**关键词**：公共治理，环境保护，责任，外部性，公共产品

## 一　问题的提出

可持续发展对于中国这样的人口大国，乃至整个世界文明的发展都是

* 谢秋山，武汉大学政治与公共管理学院博士研究生；彭远春，中南大学公共管理学院教师。原文发表于《天府新论》2013 年第 5 期。基金项目：国家社科基金资助项目"我国公众环境行为及其影响因素研究"（项目编号：12CSH033）、国家社科基金青年项目"行政价值理论建构及其在中国应用研究"（项目编号：08CZZ012）。

至关重要的，而可持续发展的基础则在于保护人类世世代代赖以延续和生存的自然环境。但现实不容乐观，从比利时马斯河谷烟雾事件，到美国洛杉矶光化学烟雾事件和多诺拉烟雾事件，再到伦敦烟雾事件和日本水俣病、骨痛病和米糠油事件，世界范围内的环境污染事件频发。就中国的情况来看，从新中国成立之初，到进入 21 世纪以来，随着国内工业化过程的大规模推进，环境污染所带来的负面效果呈现集中爆发趋势，重大环境污染事件不断（详见表 1）。

表 1　中国重大环境污染事件

| 时间 | 数量 | 事件陈述 |
|---|---|---|
| 2001 年 | 1 | 贵州独山矿渣水污染事件 |
| 2002 年 | 3 | 贵州都匀矿渣污染事件 |
| | | 贵州省开阳县双流镇 4·11 环境污染事故 |
| | | 云南南盘江水污染事件 |
| 2003 年 | 1 | 三门峡水库污水泄出事件 |
| 2004 年 | 5 | 四川沱江特大水污染事件 |
| | | 龙川江楚雄段水污染事件 |
| | | 农江水污染事件 |
| | | 河南濮阳水污染事件 |
| | | 四川青衣江水污染事件 |
| 2005 年 | 6 | 重庆綦江水污染事件 |
| | | 浙江嘉兴污染性缺水危机 |
| | | 黄河水污染事件 |
| | | 沱江磷污染 |
| | | 松花江重大水污染事件 |
| | | 广东北江镉污染事故 |
| 2006 年 | 6 | 河北白洋淀死鱼事件 |
| | | 吉林忙牛河水污染事件 |
| | | 湖南岳阳砷污染事件 |
| | | 甘肃徽县血铅超标事件 |
| | | 贵州遵义钛厂氯气泄漏事故 |
| | | 四川泸州电厂重大环境污染事故 |

| 时间 | 数量 | 事件陈述 |
| --- | --- | --- |
| 2007 年 | 2 | 太湖、巢湖、滇池爆发蓝藻危机 |
| | | 江苏沭阳水污染事件 |
| 2008 年 | 3 | 广州白水村"毒水"事件 |
| | | 云南阳宗海砷污染事件 |
| | | 贵州独山县重大水污染事件 |
| 2009 年 | 8 | 江苏盐城水污染事件 |
| | | 中石油渭河污染 |
| | | 吉林化纤集团千人中毒 |
| | | 山东沂南砷污染事件 |
| | | 陕西汉阴尾矿库塌陷事故 |
| | | 湖南浏阳镉污染事件 |
| | | 多地儿童血铅超标事件 |
| | | 湘江重金属污染事件 |
| 2010 年 | 7 | 紫金矿业铜酸水渗漏事故 |
| | | 大连新港原油泄漏事件 |
| | | 松花江化工桶事件 |
| | | 河南铬废料堆积成城市毒瘤 |
| | | 湖北荆州化工有毒物质泄漏 |
| | | 兰州石化液化气爆炸 |
| | | 广东普宁化工发生液体泄漏 |
| 2011 年 | 8 | 血铅超标事件频发不止 |
| | | 渤海蓬莱油田溢油事故 |
| | | 哈药总厂"污染门"事件 |
| | | 杭州水源污染事件 |
| | | 云南曲靖铬渣污染事件 |
| | | 苹果公司代工厂污染事件 |
| | | 甘肃徽县血镉超标事件 |
| | | 江西铜业排污祸及下游事件 |
| 2012 年 | 2 | 广西龙江河镉污染事件 |
| | | 江苏镇江水污染事件 |

续表

| 时间 | 数量 | 事件陈述 |
| --- | --- | --- |
| 2013 年~至今 | 1 | 中东部雾霾事件 |

注：本表格内容主要参考互联网新闻报道，主要环境污染事件的选取则参考了榆林新闻网（http：//news. yushu. gov. cn/html/20091030094227. html）"全国十大环境污染导致的群体性事件案例解析"。

不断爆发的重大环境污染事件，暴露了中国和世界范围内环境治理的低效率。毫无疑问，造成环境治理低效的原因是多样的和复杂的，但环境的公共产品特性无疑是其中最为关键的因素。作为公共产品的环境和环境保护不可避免地发生"公地悲剧"，推卸环境保护责任成为各方的"工具理性选择"。在世界范围内，发达国家往往倾向于把环境污染责任归咎于发展中国家，但忽视了三个重要的方面：一是发达国家的污染企业已经或者正在大批迁往经济欠发达国家；二是污染严重企业产品的消耗主力是发达国家；三是在人均污染物排放量指标上，发达国家仍然远高于中国这样的发展中国家，如根据世界银行 2009 年的统计数据，世界人均二氧化碳排放量为 4.7 公吨，而美、日、英等经合组织成员国则达到 10 公吨，是世界平均水平的两倍，中国所在的东亚和太平洋地区则人均只有 4.6 公吨，低于世界平均水平①。此外，就一国或一个经济体范围而言，政府、企业和公民这三类治理主体之间也存在环境保护责任的博弈，这也造就了当今世界范围内的环境治理困境。当然，世界范围内的环境保护责任还涉及更为复杂的政治经济因素，但这不在本文的关注焦点之内，本研究将集中关注中国大陆地区范围内的环境保护责任和治理低效问题。

## 二　环境治理责任的理论框架

就我国环境治理低效问题而言，学术界主要存在客观必然论和人为主观论两种完全不同的观点：前者基于环境库兹涅茨曲线（Environmental Kuznets Curve，EKC），认为在经济发展初期阶段经济增长、人均收入的提高将会导致环境质量的下降（Beckerman，1992；Bhagawati，1993；彭水军、包群，2008：3），所以转型期环境状况恶化有其必然性。后者则基于行政

① 所有数据来源于世界银行网站：http：//data. worldbank. org. cn/topic/environment。

区间环境规制竞争机制，认为为了完成 GDP 高速增长的考核目标，地方政府倾向于放松环境规制、降低企业环保成本，从而吸引更多企业入驻当地（张文彬等，2010）。虽然这两种观点对于理解和认识我国环境治理低效问题都有一定的理论意义，但要深刻的理解它还必须从环境作为公共产品的特性入手。

按照现代经济学关于公共产品的界定，"非排他性"和"非竞用性"是其两大核心特征，这与环境本身环境保护的特性是完全一致的，即从公平和人权的视角去审视，优美宜人的环境往往不能排除其他人的享用，以及某个人或群体享受优美的环境也不能影响其他人或群体的使用。与环境作为一种公共产品相对应，环境保护也应该是一种公共事业，所以环境治理应该是政府、企业、公民团体和公民个体的共同责任，这也与当今世界网络化治理、多中心治理理论的倡导趋势相一致。然而现实是绝大部分个人都想免费搭环境的便车，而不想承担保护环境的成本，甚至极力推卸自身的责任，避免承担环境保护所引致的成本。

毫无疑问，经验世界的无数事实告诉我们，这种公共产品使用和消费中的"免费搭车"现象是十分普遍的，甚至形成了大量的"公地悲剧"。但我们也不能忽视人类的社会学习能力和经过深思熟虑之后形成的制度设计所具备的约束和教育作用。奥尔森曾在他的著作《集体行动的逻辑》（*The Logic of Collective Action*）中一再提醒我们："当需要一种集体物品的集团太大（即'潜在集团'），企业家很可能不能通过议价或与集团成员拟定自愿分担费用的协议来使物品达到最优供给状态……因为如此之大的集团中的个人从因其贡献而导致的收益中所获得的份额只能是一个无穷小量"（奥尔森，1995：216），所以，让个人为公共利益提供公共产品和服务的想法是不现实的。然而在无意识中，奥尔森也为我们如何解决"免费搭车"问题提供了一个可行的路径；在《集体行动的逻辑》一书中，他认识到，"免费搭车"所致的公共物品提供困难，需要通过强制性手段和对有贡献的个人的选择性激励来予以补充。强制性的手段自然无须过多解释，而选择性激励的作用则在于通过对那些为集团做出贡献的人给予令人满意的收益回报，以激发其本人和其他想为集团做贡献的人的动力。

本着上述理论逻辑来理解中国的环境问题，我们就能在"公地悲剧"中看到人类"理性"的希望，从而为中国环境保护困境找到可行的治理路径。这也正是本文的研究主旨所在。

## 三　数据来源

本研究所涉及的调查数据来自中国人民大学调查与数据中心主持的2010年中国社会综合调查（CGSS2010），该调查是国内第一个全国性、综合性、连续性的社会调查项目，其调查范围覆盖了中国大陆所有省级行政单位。该调查采用多阶段分层概率抽样设计。第一阶段在全国随机抽取了100个县（区），加上北京、上海、天津、广州和深圳等5个城市，作为初级抽样单元；第二阶段在每个抽中的县（区）中随机抽取4个居委会或村委会；第三阶段则采用地图法从每个居委会或村委会中抽取25个家庭；第四阶段则是利用KISH表抽样方法，从每个抽取的家庭中随机抽取一人进行调查。在全国范围内总共调查了约12000个样本，在2010年的调查中，最后回收的有效问卷为11785份。

## 四　当前我国居民环境问题认知状况

当前我国居民对环境问题的关心程度如何？对环境污染严重性程度认知如何？如何认识人与环境、经济与环境之间的关系？厘清这些问题是探究我国居民环境保护责任认知的重要前提。从CGSS2010数据调查结果来看，国内居民对环境问题的认知是相对理性的，即一方面他们能感知到当前国内环境问题的重要性和环境污染的严重性，另一方面也能相对科学地看待人与环境、经济与环境之间的关系。

### （一）较关心环境问题，意识到国内环境污染问题的严重性

CGSS2010的调查问卷中有询问被调查者对中国环境问题的关心程度，在3663个有效样本中，表示完全关心和比较关心的个体占到了总数的66.6%，接近三分之二，而表示完全不关心和比较不关心的个体所占比例为13.8%（见图1）；而当询问被调查者对国内环境污染严重程度的感知时，认为非常严重的占到了22.8%，比较严重的为53%，二者合计比例高达75.8%，而认为不严重的比例只有13%（见图2）。这在一定意义上说明了国内大部分民众对于环境保护形式和环境污染程度有着相对清醒的认识，而且表示出对整体环境问题的担忧。

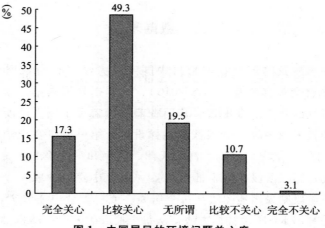

图 1 中国居民的环境问题关心度

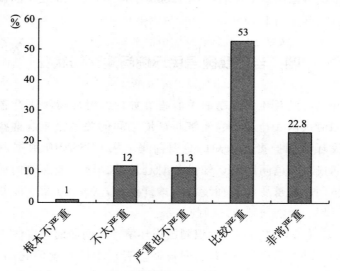

图 2 中国居民的环境污染严重程度认知

**（二）担心人口增加和人类进步造成的环境危害，但认为人类可以与环境和谐相处**

如何认识人与环境、经济与环境之间的关系，对于理解公众的环境保护意识至关重要。在 CGSS2010 中，我们选取三条相关陈述（见表2）来考察中国居民对于人与环境关系的认知状况。具体来看，在报告的 3035 个被调查者中，表示完全同意和比较同意"地球无法支撑按目前速度增长的人"

这一观点的占58.1%；而表示不同意的为19.7%，其中表示完全不同意的只占4.4%，这说明绝大部分被调查者认可或担心人口增速过快对于地球环境的负面影响。

同时，在被问到是否同意"人们过分担心人类进步给环境带来的损害"这一陈述时，3287个被调查者中，表示完全不同意和比较不同意的个体占到了总报告人数的53.1%，而表示完全同意和比较同意此条陈述的比例约为24.5%。这表明一些被调查者还是认为人类可以与环境和谐相处，人类可以善用环境。但超过半数的肯定和占一定比例的中庸态度，也暴露了国内民众对于人类进步与环境保护之间关系的不确定性。

此外，当询问被调查者对"人的需要比环境保护重要"这一观点的态度时，在3271个有效样本中，表示不同意的约占总有效样本的49.2%，接近一半的比例；而表示同意的比例为36.3%，持无所谓态度的为14.6%。总体来看，与保护环境相比，绝大部分被调查者还是更看重人类自身需要。

表2　中国居民对人与环境关系的认识

| | 地球无法支撑按目前速度增长的人 | | 人的需要比环境保护重要 | | 人们过分担心人类进步给环境带来的损害 | |
|---|---|---|---|---|---|---|
| | 频数 | 百分比（%） | 频数 | 百分比（%） | 频数 | 百分比（%） |
| 完全不同意 | 135 | 4.4 | 470 | 14.4 | 337 | 10.3 |
| 比较不同意 | 464 | 15.3 | 1138 | 34.8 | 1408 | 42.8 |
| 无所谓 | 670 | 22.1 | 477 | 14.6 | 736 | 22.4 |
| 比较同意 | 1276 | 42.0 | 898 | 27.5 | 657 | 20.0 |
| 完全同意 | 490 | 16.1 | 288 | 8.8 | 149 | 4.5 |
| 总计 | 3035 | 100 | 3271 | 100 | 3287 | 100 |

注：图表中百分比的总计数经四舍五入处理后均为100%。

### （三）经济因素的重要性优先于环境保护

经济增长和环境保护之间的关系始终是人类现代化过程中的一大关注焦点，因为它涉及民族国家工业化、现代化进程，关系到人类的未来及发展道路的选择。

在CGSS2010中我们选择了三个问题（见表3）来测量中国居民对于经济增长与环境关系的认知。第一个问题是询问被调查者对于"为了保护环境，中国需要经济增长"的态度，表示同意的占到了 71.1%，表示不同意的只有 13.9%；第二个问题则是询问被调查者对于"经济增长总是对环境有害"的态度，表示不同意的占到了 56.4%，表示同意的为 25.4%；最后一个问题则是询问被调查者对于"对环保过分担忧，对物价和就业关注不够"的认同度，表示同意的占 43.2%，不同意的为 37.9%。总体上看，多数被调查者中较为认可物价、就业、经济增长等经济因素重要性，环境保护也必须以经济发展为基础和前提。

表 3　中国居民对环境与经济增长之间关系的认知

|  | 为了保护环境，中国需要经济增长 | | 经济增长总是对环境有害 | | 对环保过分担忧，对物价和就业关注不够 | |
|---|---|---|---|---|---|---|
|  | 频数 | 百分比（%） | 频数 | 百分比（%） | 频数 | 百分比（%） |
| 完全不同意 | 82 | 2.5 | 347 | 10.5 | 246 | 7.5 |
| 比较不同意 | 380 | 11.4 | 1519 | 45.9 | 995 | 30.4 |
| 无所谓 | 497 | 15.0 | 604 | 18.2 | 620 | 18.9 |
| 比较同意 | 1655 | 49.9 | 654 | 19.8 | 1077 | 32.9 |
| 完全同意 | 705 | 21.2 | 187 | 5.6 | 338 | 10.3 |
| 总计 | 3319 | 100 | 3311 | 100 | 3276 | 100 |

　　如果从马斯洛的"需求层次理论"视角进行分析，中国居民这种经济优先于环境的个体认知态度是可以理解的，毕竟中国人均财富收入在世界范围内还相对处于较低水平[①]，满足衣食住行基本需要是中国这种发展中国家面临的最大任务。

## 五　环境保护责任认知及其影响因素

### （一）中国居民环境保护责任认知状况

　　中国居民对于环境保护责任的认知和态度是本研究所关注的核心问题。根据 CGSS2010 调查结果，中国居民过分依赖于政府的核心作用，把环境污

---

① 根据国际货币基金组织的排名，2012 年中国大陆人均国内生产总值水平排在世界的第 86 位；而根据世界银行的标准，在 2011 年中国大陆人均国内生产总值则排在第 91 位，排名相对靠后。

染和保护的责任主要归咎于政府和企业，而对自我的环保责任认识不足。

在CGSS2010中，当询问被调查者"就企业、政府、公民团体和公民个人而言，您认为哪一方最需要对缓解中国面临的环境问题负责任？"这一问题时，把主要责任归咎于政府和企业的占了绝大多数，比例为88.7%；对于公民团体的责任认知比例则只有3.8%，归咎于公民个人的比例为7.5%（见图3）。从公共治理的角度来看，中国居民未能客观、理性地看待环保责任问题，一方面过分依赖政府，把责任归咎于政府的占了大多数，所占比例为55.7%；另一方面，对于公民个人和企业的责任认识则相对不足。根据现代公共治理论，政府是作为对企业和公民这类自我治理主体的补充而存在的，一个发展良好的市场经济和充分发育的公民社会必须首先意识到自己的责任，主动且自觉地承担起保护环境、维持生态平衡的责任，而不能把收益留给自己的同时把主要责任推给政府，毕竟政府科层组织作为有目的的治理主体，其作用也是有限的，而且存在失灵的问题。此外，企业作为最主要的污染源，其理应对环境污染应该负主要责任，但在被调查者中只有33%认为主要责任在于企业。总体而言，现阶段中国居民对于环境保护责任的认知还有待加强。

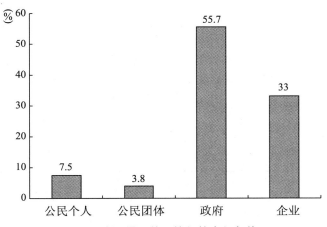

**图3 中国居民的环境保护责任归咎**

1. 强调依法治理环境问题的重要性

环境保护的选择权应该归属于公众、企业，还是归于政府的强制性力量？如果政府干预和介入公众和企业的环境保护行为，又该采用何种最优方式以能够使工商企业、公众及家庭更好地保护环境？这些问题对于进一步辨识中国居民的环境保护责任态度是至关重要的。

**表4　中国居民对于公众和企业环境保护选择权的态度**

| | 公众选择权 | | 企业选择权 | |
|---|---|---|---|---|
| | 频数 | 百分比（%） | 频数 | 百分比（%） |
| 政府不干涉 | 665 | 23.7 | 465 | 16.3 |
| 政府应通过立法强制 | 2142 | 76.3 | 2382 | 83.7 |
| 总计 | 2807 | 100 | 2847 | 100 |

就环境保护的选择权而言，在 CGSS2010 自我报告的 2807 个有效样本中，76.3% 的被调查者认为应该通过立法强制公众的环保行为，而主张通过立法强制企业环保行为的比例更是高达83.7%（见表4），也就是说绝大部分被调查者并不看好公民和企业作为自我治理主体的治理绩效。这在很大程度上也表明了国内公众和企业的环保意识不强，以及环境保护中机会主义行为比较严重等问题。

CGSS2010 中还进一步询问了被调查者对改进公民和企业环境保护意识和行为所采取的治理手段的选择，有趣的是，被调查者在企业和居民环境保护治理手段选择方面存在很大差异：就企业治理手段的选择而言，主张重罚的比例最高为39.5%，其次是主张提供环保益处的信息和培训，所占比例为23.7%，主张税收奖励的占18.3%，而其中还有18.5%的个体表示无法做出选择；就公民及家庭的治理手段选择而言，主张提供环保益处的信息和培训的比例最高，为38.3%，其次为重罚，所占比例为25.5%，主张税收手段奖励的占20.0%（见表5）。

**表5　中国居民对激励企业和公民环境保护行为的最优方式选择**

| | 企业 | | 公民及家庭 | |
|---|---|---|---|---|
| | 频数 | 百分比（%） | 频数 | 百分比（%） |
| 重罚 | 1454 | 39.5 | 941 | 25.5 |
| 税收手段奖励 | 675 | 18.3 | 737 | 20.0 |
| 提供环保益处的信息和培训 | 874 | 23.7 | 1415 | 38.3 |
| 无法选择 | 681 | 18.5 | 600 | 16.2 |
| 总计 | 3684 | 100 | 3693 | 100 |

很明显，在对企业的治理方面，居民倾向于采取惩治性强制手段，而在对公民及家庭的行为治理方面则倾向于采取自愿性的引导性方式。事实上，对于企业"法人"而言，强制性和规范性的惩罚和税收激励相对更有效。其理论逻辑至少可以追溯到两个方面：一是基于法律的经验效力深入（法人组织）人心（谢秋山、马润生，2012：3），企业法人会理性计算惩罚和奖励所带来的成本和收益；二是对于很多产业，特别是重污染行业而言，环境保护和治理污染的成本是远高于其收益的，出于追寻利润的本质取向，企业很难会根据政府提供引导性的环保信息和培训改变自己的行为。而对于作为"自然人"的普通公民来说，重罚和税收这种经济激励政策的监督和实施成本极其高昂，甚至可能会"得不偿失"，反而是公民个体因环境保护行为而在周边邻里、同事、同学群体之间建立的"高素质"声望，以及附带产生的尊敬等社会激励手段相对更有效，成本也更低。综上所述，对于企业的环境保护行为治理应主要以经济激励手段为主，而对于公民的环保治理则应该主要以社会激励手段为主，并辅之教育手段，以帮助人们树立科学、健康的环保意识和生活价值观。

2. 对政府环保行为认可度一般，并存在"央强地弱"的认可结构

作为处于"元治理"地位的政府，其在环境问题上需要承担关键责任，而且政府的公共政策选择和行动对协调市场主体和公民社会主体的环保行动都具有基础性支持作用。所以，接下来我们重点考察中国居民心目中的政府环保行为效果。

在 CGSS2010 的调查问卷中，有涉及被调查者对中央政府和地方政府近五年来在解决国内环境问题方面表现的评价。在 3109 个有效样本中，对中央政府的环境保护行为表示认可的（包括回答"虽尽了努力，但效果不佳""尽了很大努力，有一定成效""取得了很大的成绩"）比例占了 73.6%。但在自我报告的 3177 个有效样本中，对地方政府环境保护行为认可的比例则只有 53.3%，远低于对中央政府行为的认可评价，其中认为"取得了很大的成绩"的比例则只有 5.1%，而同时认为其"片面注重经济发展，忽视了环境保护工作"和"重视不够，环保投入不足"的比例则占到了 46.8%（见表6）。

很明显，中国居民在对政府环保行为表现的评价方面存在着"央强地弱"的认可结构。这种不平衡的认可结构可能与"央强地弱"的政治信任结构有关，已有研究也证实了央强地弱政治信任结构的存在（谢秋山、许

源源，2012），对地方政府的不信任可能会进一步加深对其环境保护行为的
怀疑。

表6　民众对中央和地方政府环保行为的评价

| | 中央政府 | | 地方政府 | |
|---|---|---|---|---|
| | 频数 | 百分比（%） | 频数 | 百分比（%） |
| 片面注重经济发展，忽视了环境保护工作 | 271 | 8.7 | 475 | 15.0 |
| 重视不够，环保投入不足 | 550 | 17.7 | 1010 | 31.8 |
| 虽尽了努力，但效果不佳 | 876 | 28.2 | 665 | 20.9 |
| 尽了很大努力，有一定成效 | 1094 | 35.2 | 866 | 27.3 |
| 取得了很大的成绩 | 318 | 10.2 | 161 | 5.1 |
| 总计 | 3109 | 100 | 3177 | 100 |

注：图表中百分比的总计数经四舍五入处理后均为100%。

**3. 居民个人承担环保成本意愿较弱，日常环保意识不强**

在前述部分，我们已经从总体上考察了中国居民的环境保护责任承担
意愿，在下面的部分，我们将具体的考察我国居民个人的环境保护责任承
担意愿，即考察我国公众的环境保护成本承担意愿和日常生活中的环境保
护意识。描述性统计研究发现如下。

（1）居民个人环保承担成本意愿较弱。在CGSS2010的问卷设计中，有
三个关于居民个体对环境保护成本承担意愿的问题，即询问被调查者在多
大程度上愿意为环境保护支付更高的价格、缴纳更高的税收和降低自己的
生活水平。从回答情况来看，表示"非常愿意"承担成本的比例很小，分
别只有9.4%、6.3%和5.4%，表示"比较愿意"的比例相对高些，分别占
样本总数的37.4%、31.8%和28.9%。而表示不愿意承担成本的比例则逐
渐增加，分别为33%、40.8%和46%（见表7）。

从表7中可发现：一是我国居民整体的环保成本支付意愿较弱；二是
被调查者在支付更高的价格、缴纳更高的税收和降低自己的生活水平这三
类成本承担方式选择上具有结构性特点，即随着负担环境保护成本的形式
逐渐直接化，居民个人的成本承担意愿越低。在某种意义上，这代表着最
直接的方式——"降低自己的生活水平"更能体现中国居民的环保支付
意愿，如此，其环保支付意愿更是令人担忧。

表 7　中国居民环境保护成本承担意愿

| | 支付价格 | | 缴纳税收 | | 降低生活水平 | |
|---|---|---|---|---|---|---|
| | 频数 | 百分比（%） | 频数 | 百分比（%） | 频数 | 百分比（%） |
| 非常愿意 | 313 | 9.4 | 206 | 6.3 | 183 | 5.4 |
| 比较愿意 | 1251 | 37.4 | 1047 | 31.8 | 979 | 28.9 |
| 既非愿意也非不愿意 | 675 | 20.2 | 695 | 21.1 | 665 | 19.7 |
| 不太愿意 | 846 | 25.3 | 1025 | 31.1 | 1134 | 33.5 |
| 非常不愿意 | 259 | 7.7 | 320 | 9.7 | 422 | 12.5 |
| 总计 | 3344 | 100 | 3293 | 100 | 3383 | 100 |

（2）日常环保意识和行为欠缺。CGSS2010 对居民的日常环保微观行动进行了调查，即询问被调查者是否经常会为了环保的目的而减少一些可能污染行为，包括对玻璃、铝罐、塑料或报纸等垃圾进行分类，购买有机水果和蔬菜，减少开车次数，减少居家的油、气、电等能源或燃料的消耗量，节约用水或对水进行再利用，以及为了环境保护而不去购买某些产品等。调查结果显示：总是以及经常不购买污染环境产品的占比只有24.2%；总是以及经常节约用水或对水进行再利用的占比为49%，接近一半；总是以及经常对垃圾进行分类的只占43.3%；总是以及经常购买有机水果和蔬菜的比例为30.6%；总是以及经常为了环保而减少开车次数的比例为27%；在日常家居中总是以及经常考虑减少能源消耗的占33.1%（见表8）。

表 8　中国居民的环保微观行动

| | 垃圾分类 | | 购买有机水果和蔬菜 | | 减少开车次数 | |
|---|---|---|---|---|---|---|
| | 频数 | 百分比（%） | 频数 | 百分比（%） | 频数 | 百分比（%） |
| 总是 | 441 | 16.4 | 246 | 8.9 | 73 | 9.8 |
| 经常 | 726 | 26.9 | 601 | 21.7 | 128 | 17.2 |
| 有时 | 888 | 33 | 1043 | 37.7 | 332 | 44.5 |
| 从不 | 639 | 23.7 | 880 | 31.8 | 213 | 28.6 |
| 总计 | 2694 | 100 | 2770 | 100 | 746 | 100 |

续表

|  | 减少居家能源消耗 | | 节约用水及再利用 | | 不购买污染环境产品 | |
|---|---|---|---|---|---|---|
|  | 频数 | 百分比（%） | 频数 | 百分比（%） | 频数 | 百分比（%） |
| 总是 | 366 | 10.0 | 636 | 17.2 | 271 | 7.4 |
| 经常 | 847 | 23.1 | 1175 | 31.8 | 615 | 16.8 |
| 有时 | 1471 | 40.1 | 1260 | 34.1 | 1528 | 41.8 |
| 从不 | 984 | 26.8 | 623 | 16.9 | 1242 | 34 |
| 总计 | 3668 | 100 | 3694 | 100 | 3656 | 100 |

注：图表中百分比的总计数经四舍五入处理后均为100%。

（3）中国居民的环境保护观望态度 CGSS2010 调查问卷中，有询问被调查者对于"除非大家都做，否则我保护环境的努力就没有意义"陈述的意见，其中，表示完全同意和比较同意的占了有效样本的 66.9%，表示完全不同意的只有 5%，比较不同意的为 17%（见图 4）。这充分显示了中国大陆居民在环境保护行动方面的观望态度，也暴露了国内公众的自我责任意识淡薄。理想的高素质公民应该勇于承担属于自己的责任，从自身做起，而非在责任承担中持观望态度。按照治理的观点，公民应该把眼光从自身利益扩展到更大的公共利益上（珍妮特·V·登哈特，罗伯特·B·登哈特，2010：35），但反观当前现实，可以说我们在这方面还有很长的路要走。

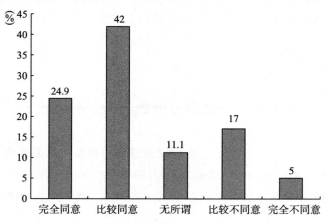

图4　中国居民的环保观望态度

综上所述，中国居民的环境保护认知和行为存在"两体分离"现象，即在宏观性的总体认识方面，已经认识到环境污染的严重性和环境保护的重要性，但在微观个体行动层面，仍然表现出忽视环境保护的行为。当然，这种环境认知和行为的"两体分离"基本上可以在公共产品理论框架下得到一个相对合理的理论解释。

### （二）环保责任承担的影响因素分析

哪些因素可能影响中国居民的环境保护责任认知？本文前述的环境保护认知因素是否对环境保护责任认知有影响？其他人口学特征是否对环境保护责任认知有影响？本着验证这些可能影响因素的目的，接下来本文将通过建立多元 Logistic 模型进行分析。

389

**表 9　环保认知因素对环保责任承担影响**

| | 模型 A | | 模型 B | |
| --- | --- | --- | --- | --- |
| | 企业/公民 | 政府/公民 | 企业/公民 | 政府/公民 |
| 截距 | 0.075（1.307） | 1.409（1.21） | 13.8（1.546）*** | 15.83***（1.32） |
| 人与环境关系 | 0.028（0.037） | −0.018（0.035） | 0.031（0.041） | −0.017（0.039） |
| 经济与环境关系 | 0.022（0.039） | 0.029（0.037） | −0.002（0.043） | −0.002（0.041） |
| 环境关切度（参照组：完全关心） | | | | |
| 完全不关心 | 0.865（0.843） | 0.940（0.801） | 0.802（0.881） | 0.896（0.835） |
| 比较不关心 | 0.078（0.282） | −0.015（0.264） | 0.094（0.303） | −0.054（0.286） |
| 无所谓 | 0.409（0.249） | 0.032（0.237） | 0.293（0.271） | −0.031（0.259） |
| 比较关心 | 0.202（0.188） | −0.085（0.176） | 0.229（0.206） | −0.037（0.159） |
| 污染严重性评价（参照组：根本不严重） | | | | |
| 非常严重 | 0.311（1.246） | 0.098（1.152） | 0.195（1.29） | 0.215（1.203） |
| 比较严重 | 0.398（1.241） | 0.124（1.147） | 0.371（1.283） | 0.328（1.197） |
| 严重也不严重 | 0.220（1.257） | 0.182（1.162） | 0.201（1.303） | 0.381（1.215） |
| 不太严重 | 0.120（1.248） | −0.242（1.154） | 0.129（1.29） | −0.079（1.203） |
| 年龄 | | | 0.009（0.006） | 0.025***（0.005） |
| 个人收入 | | | 0.000（0.000） | 0.000（0.000） |
| 性别（参照组：女性） | | | | |
| 男性 | | | 0.218（0.260） | 0.236（0.153） |
| 教育水平（参照组：研究生及以上） | | | | |
| 小学及以下 | | | −14.297***（0.688） | −15.825***（0.264） |

| | 模型 A | | 模型 B | |
|---|---|---|---|---|
| | 企业/公民 | 政府/公民 | 企业/公民 | 政府/公民 |
| 中学水平 | | | − 13.932*** (0.669) | − 15.553*** (0.218) |
| 大学本专科 | | | − 13.972*** (0.64) | − 15.36 (0.00) |
| 卡方值 | 23.2 | | 80.723 | |
| Sig. | 0.279 | | 0.000 | |
| df | 20 | | 32 | |
| − 2 对数似然值 | 2342 | | 3736 | |
| N | 2366 | | 2035 | |

注：$p^* < 0.1$；$p^{**} < 0.05$；$p^{***} < 0.001$。

在模型 A 中，因变量是居民的环境保护责任认知，其中把认为公民团体和个人最需要对缓解中国当有所面临的环境问题负责任的选项作为参照组。自变量包括：①环境关切度，即对环境问题的关心程度，定义为分类变量，根据关心程度从低到高分别赋值为 1、2、3、4 和 5，其中，"完全关心"的类别设为参照组；②环境污染严重性评价，即对国内环境污染程度的主观评价，定义为分类变量，根据严重性程度从高到低分别赋值为 1、2、3、4 和 5，其中，"根本不严重"的类别设为参照组；③人与环境关系评价，即对人的需要与环境保护之间关系的主观认识和评价，定义为连续变量，主要通过被调查者对"地球无法支撑按目前速度增长的人""人的需要比环境保护重要""人们过分担心人类进步给环境带来的损害"等三条陈述的加总来予以测量；④经济增长与环境保护关系认知，即居民对经济增长、就业等经济因素与环境保护之间关系的认知和主观评价，定义为连续变量，主要是通过"为了保护环境，中国需要经济增长""经济增长总是对环境有害""对环保过分担忧，对物价和就业关注不够"等三条陈述的加总来测量。此外，考虑到个体特征的可能影响，即在模型 A 的基础上，加入了年龄、性别、收入和教育水平等变量，所得结果如表 9 中的模型 B 所示。

模型 A 未控制人口特征变量，统计结果显示：环境关切度、环境污染严重性评价、人与环境关系认知和经济与环境关系认知对中国居民的环保责任认知没有显著性影响。这一结果可以在公共产品理论框架下得到较为合理的解释。环境和环境保护作为一种公共产品和服务，极易促发"免费搭车"行为，中国居民当然也不例外，他们即使意识到环境保护的重要性，也不愿意把环境保护的责任归咎于自己。此外，中国历来奉行"秦政治"，在中央高度集权统治下，公民自主意识向来较弱，"有事找政府"成了国民的"路径依赖"行为。

模型 B 习惯性控制了年龄、性别、收入和教育水平等变量的影响，统计发现：与模型 A 相比，模型 B 中除了经济与环境关系系数方向发生变化以外，其余自变量只是在数值大小和显著性程度上存在差别，而在符号方向上完全一致，这说明模型 A 的统计结果是稳健可靠的。同时，在新加入的个体特征变量中，教育水平对中国居民的环境保护责任认知产生了显著性影响，与具有研究生及以上学历的被调查者相比，学历相对较低的被调查者更倾向于把环保责任归咎于政府和企业。此外，令人奇怪的是，收入越高的人越倾向于把环保的责任归咎于政府，这与已有的研究结论是相悖的，如有研究者认为社会经济发展水平是国民素质提高的根本（杨兴林，2001：168），但在我们的研究中未得到证实。

## 六 研究结论

本文的主要目的在于了解中国居民的环境保护责任认知状况及其影响因素。通过上述的统计分析，我们至少可以得出如下几点结论和思考。

（1）当前中国居民的环保责任认知状况形势堪忧，虽然中国居民的环境问题意识较强，认识到了当前国内严峻的环境污染状况，但其在环境保护的认知方面还是存在诸多问题，尤其是避责心态严重，这对我国的环境治理带来了严重的挑战。同时，基于经济发展水平较低等众多可能的影响因素，公众对于人与环境的关系、经济与环境的关系认识都有待加强，就业、经济增长、人的需要等实用主义价值观和环境短视行为依然在公众的心中占有极其重要的地位，这为未来的环境治理带来了实际性的障碍。

事实上，环境保护是政府、企业和公民的共同责任，需要各个治理主体真正做到"从我做起、从小事做起"，共同协作、相互协商、相互监督，以共同承担环境保护的责任和成本。然而，环境保护的公共产品特性使其形成了"公地悲剧"式的治理难题，急需处于"元治理"角色地位的政府来破解，这也就对政府质量提出了更高的要求，环环相扣，成为一个更大的公共治理难题但我们没有必要就此悲观，西方发达国家的经验告诉我们：通过良好的激励机制，人类个体是可能为了公共物品和公共利益而采取有益行动的。事实上，"公地悲剧"理论有一个潜在的核心假设，即人类只受经济利益的驱动，但实际上"经济激励并非是唯一的激励，人们有时候还希望获得声望、尊重、友谊及其他社会和心理目标……当不存在经济激励驱使个人为集团利益做贡献时，可能有一种社会激励会驱使他这么做"（奥尔森，1995：70）。

就我国的情况来看，当前我国居民已经意识到了要通过强制性或经济激励手段来强化企业的环境保护责任，以及通过宣传引导手段促进公民的环境保护行为，但目前这种环保责任意识和治理手段认知还不够科学合理。在治理手段的选择上必须有针对性地对不同环保主体采用差异化的治理策略，即要同时强化经济激励手段对企业环保责任的约束和社会激励手段对公民个体环境保护责任的制约。此外，还可以通过代际利益的强化教育方式增加公民的环保责任意识即在教育中以公众喜闻乐见的形式，强化其对子孙后代生活环境的关注。

（2）当前中国居民更多地把环境治理的责任归咎于政府，这种责任倾向是不合理的，既不符合现代民主社会公共治理机制的建设路径，也不利于公民社会的发育。Logistic 模型统计发现，教育水平是影响中国居民环境保护责任意识的关键因素。这意味着提高公民的文化教育水平和加强面向公众的环保责任宣传将有利于形成政府、市场和社会三方良性互动的环境治理机制。

（3）中国居民对于政府的环境保护行为存在"央强地弱"的认可结构。造成这种不平衡的认可结构的主要原因可能有两个方面：第一，是政治权力结构的影响。在中国现有制度环境下，中央政府在形式上主要通过三方力量来贯彻环境保护的相关法律法规，即中央的监察、地方环保部门的规制和执行，以及由媒体、非政府组织、积极环保主义者和跨国公司所组成的国内外社区力量的推动，其中最主要实体职能的执行依赖于地方环保部门（Economy，2005：103）。但与此同时，内嵌于地方政府的环保部门不能成为一个具备独立权威的执法部门，它不得不面对来自政治和社会的阻力，执法权限和能力自然也会被大为削弱。第二，基于对地方财政利益和寻租利益的考虑，包括地方环保部门在内的地方政府"不作为""乱作为"和在环境治理中的寻租现象，已经成为制约国内环境治理低效的最主要因素。比如杭州市萧山区南阳镇五里村，魏东英（Dongying Wei）和她的丈夫邵观

同 （Guantong Shao） 已经做了几十年的环境污染调查。他们把调查报告提交给当地的政府官员，即便上面有一千多个村民的签名支持，地方政府对此依然无动于衷[①]。所以，治理中国的环境问题需要整个国家行政体制改革的配套支持。在理论上，政府是一个代表公共利益的治理主体；但现实中，政府行政人员是一个承载着强制性权利、同时兼具私人利益的个人，他们要在公共利益和私人利益之间进行权衡，而后者往往战胜前者。因此，必须通过相关政治制度的设计，特别是政治问责机制，防止政府公共行政人员在环境治理中可能出现的机会主义行为和寻租腐败行为，以强化其市场监管责任。

## 参考文献

曼瑟尔·奥尔森，1995，《集体行动的逻辑》，陈郁、郭宇峰、李崇新译，上海人民出版社，第 70、216 页.

彭水军、包群，2008，《经济增长与环境污染——环境库兹涅茨曲线假说的中国检验》，《财经问题研究》第 8 期。

谢秋山、马润生，2010，《机会主义、土地产权、合法权威与农村"界畔纠纷"》，《西部论坛》第 6 期。

谢秋山、许源源，2010，《"央强地弱"政治信任结构与抗争性利益表达方式——基于城乡二元分割结构的定量分析》，《公共管理学报》第 4 期。

杨兴林，2001，《国民素质论》，湖南教育出版社，第 168 页。

张文彬、张理芃、张可云，2010，《中国环境规制强度省际竞争形态及其演变——基于两区制空间 Durbin 固定效应模型的分析》，《管理世界》第 12 期。

珍妮特·V·登哈特、罗伯特·B·登哈特，2010，《新公共服务：服务而不是掌舵》，丁煌译，中国人民大学出版社。

Beckerman W. . 1992. "Economic Growth and The Environment：Whose Growth? Whose Environment". *World Development* 20：481 – 496.

Bhagawati J. 1993. "The Case for Free Trade". *Scientific American* 11：142 – 491.

Elizabeth Economy. 2005. "Environmental Enforcementin China". In Kristen A. Day （ed.）. *China's Environment and The Challenge of Sustainable Development.* New York：M. E. Sharpe，Inc.

---

① 详见凤凰网，http：//news. ifeng. com/photo/dashijian/detail_2013_03/26/23529056_0. shtml#p = 2。

# 第五单元
环境与社会

# 重大环境事件与当代国际社会的重塑
## ——福岛核泄漏事件的环境社会学反思

王书明*　　徐文涛

**摘　要：**福岛核事故对国际社会存在着重塑作用，这种重塑作用通过不同社会行动主体的社会行为表现出来。面对核风险，各社会行动主体纷纷建构自身，并且产生了行动主体的交互影响，最终呈现一幅以福岛核风险为中心的风险关系"万象图"。核事故的这种重塑作用，其更深层次的原因在于国际社会日益明显的"富裕社会"特征以及作为新型风险的核风险作用方式，而其所反映的社会变化则是当今现代社会具有的"自反性现代化"特征。风险总是作为人们活动的对立物而出现，未来社会将是一个风险与安全相伴生的"安全需求型社会"。

**关键词：**福岛，核事故，风险社会

　　2011 年 3 月日本福岛发生了核泄漏事故。这次核事故对国际社会造成了巨大影响，这不仅在于核电站泄漏的辐射物质所可能带来损害的不可逆性、长期性、超感知性以及污染的全球性，还在于此次核事故将人类利用核能的潜在灾难性再次展现在人们面前，也再一次引起了人们对利用核能安全性的担忧。福岛核事件激发的社会行动，无论是正面的还是负面的影响，以及深度和广度方面都远远超出了美国三哩岛和苏联切尔诺贝利核电事故。以应对核风险、寻求主体性安全为中心，整个国际社会的各行为主

---

*　王书明，中国海洋大学法政学院教授。原文发表于《南京工业大学学报》（社会科学版）2012 年第 2 期。本文为国家社会科学基金项目"生态文明的环境社会学研究"（08BSH034）阶段成果。

体，包括政府、经济组织、公民社会成员和组织等纷纷采取或利己或利他的行动，这些社会行为不仅建构了自身，而且还产生了彼此之间的交互影响。这次在世界范围内广泛传播的核事件启动了全球社会的重塑机制，虽然国际社会中不同的国家和地区有着各自具体的社会情景，其主体的社会行为也有所差异，但在面临着同一种全球性风险，人们不仅追问福岛核泄漏事故本身造成的威胁，还进一步质疑世界各国广泛存在的和平利用核能实践。这使得福岛核事件超越了具体社会情景的限制，具有了更深更广的世界意义。这次由福岛核事故引致的国际社会行动对世界社会产生了显著的形塑作用。关于社会行为主体的形塑作用，社会互构论从社会行为方面展开过专门的探讨，可以说主要强调行动主体间的交互建塑、型构过程（杨敏、郑杭生，2010）。如果借鉴这个视角来反思福岛核事故对世界的重塑性，那么这一作用具体体现在不同的行为主体应对核风险时，在外部因素和自身因素的共同作用下不断建构自身，并且行为主体间不断相互型构的过程和结果。在型构的过程中，受风险的刺激，行为主体的某些功能将会凸显，这带来了行为主体自身的变化，同时也会影响其他社会主体功能的发挥，这是一个交互塑造的过程。将会使社会行动主体的制度和观念发生变化，进而影响到新的风险实践，从风险的角度来看也会产生新的指向风险的社会关系现实。

## 一　福岛核事故重塑国际社会

相对于煤炭和石油等高污染化石燃料，核能作为一种新型清洁能源曾得到了广泛的社会接纳和支持，各国也开始纷纷发展自己的核电事业。在既要满足社会不断增长的物质需求，又要提升环境质量方面，核能利用曾经是一个成功的选择。虽然已有数次核电事故发生，但是作为化石燃料的替代选择，核电利用的规模依然在不断扩大，人们对核电的安全性也寄托了无限的希望。然而福岛核事件毁灭了这种美好愿望，无法承受的灾难性后果现实摆在人们面前，在潜在的威胁和物质财富的增长之间，威胁的影响力体现了出来——人们不得不承认主体安全性是物质财富增长的前提。福岛核事件对国际社会的形塑作用至少体现在以下六大方面。

第一，核事件增加了政府的执政风险。能否妥善应对核事故产生的社会诉求将影响政府当局的合法性问题，同时政府行动的选择也会影响新的核能利用实践。福岛核事故发生后，各国政府纷纷采取了应对核风险的行动——积极监测本国及日本进口货物的核辐射情况，限制部分产品的进口，并及时对外公布各种数据；暂缓或取消在建的核电项目，重新审查或逐步关闭本国的核电设施，重新制定核电管理制度，改变核电发展中长期规划。种种措施反映了政府在应对核风险时的职能变化，核事故的爆发使政府不得不面临一系列执政风险。核事故的爆发产生了规避危险，寻求安全的社会诉求，政府应对这种社会诉求的作为将会影响政府的合法性问题：一方面核辐射物质污染的全球性将整个国际社会置于受害者的位置，国际社会各主体产生了规避损害、寻求主体性安全的行动诉求，这其中包含对政府提供有关风险和安全职责的期望，政府必须有所作为。另一方面，核泄漏事故使得社会对其他核电设施也产生了"可能爆发核灾难"的担忧，并同时试图规避这种"想象中的灾难"，发展核电的实践主体将会遭到社会的普遍质疑，在当今社会，政府及核电企业作为这种实践的承担者就成了社会质疑的对象，他们必须对此做出反应。同时核事故的灾难性后果也使政府及核电企业自身感到恐惧，并尽力规避对自身造成的损害。政府为保障核能安全而出中的一系列政策，以及在核能利用规划上的变化都是这种担忧的集中体现。种种措施影响到了未来的核能利用实践，目前政府的核实践行为存在两种倾向，一种是以德国为代表的发达国家试图逐步弃核，发展新型的可替代的能源；另一种是以美国为代表的一系列国家则仍然坚持发展核能，主张研究更加安全的核能利用技术并且试图革新核能管理机制。政府行为和话语的目的在于建构自身，所以无论是仍然支持或是开始逐步淘汰核电的行动，其建构的目的都在于使社会相信政府是负责任的，能够保障社会的安全。

第二，专家团体的风险知识垄断地位凸显，从而在核事件中获得了更多直接影响和控制社会的机会。核风险的受害者是广大民众，然而民众无法通过个人经验对自身可能遭受的损害做出合理而有效的评估，也无法了解本地区核电设施的安全性程度，核能利用作为高科技的产物，种种问题需要专家来回答，核能专家因此获得了知识垄断性的地位。纵观对于福岛核事故的报道，到处充斥着专家话语，或是对福岛核事故做出声称科学的评估；或是对本国的核辐射水平和核设施的安全情况做出声称安全的评估。社会的核风险判断明显受核专家的影响，也因此在核风险中产生了一种新型的专家和社会成员的关系——社会成员作为危害的承受者没有任何主体性感知和规避能力，大多数的核风险"理性"认知都来源于核专家的话语。风险使得科学家获得了影响社会的机会，从某种意义上说，他们控制着风险危害的话语，任何关于风险危害性的声称都会使某些社会群体处于受害者的位置，并存在引发社会行动的可能性。但科学家的话语不总是完全客观理性的，总带有自身群体的"利益"，存在学科"偏见"或政治倾向。纵观核事故中发言的科学家，他们来自不同的组织，有国际和各国原子能机构、世界卫生组织、各原子能研究院，并且也具有不同的学科背景，有核物理学家、生物学家、气象学家等。这导致了有关核辐射的科学话语不一致性，甚至出现了彼此对立的观点，这使得人们对这些科学话语本身产生了质疑。此外这对于被迫在相互矛盾的科学话语间做出选择的个体，也会造成核风险认知混乱，并由此引发他们的非理性行动。

第三，公民社会力量在风险事件的刺激下不断展现自身，对社会的形塑力越来越强。政府及核专家在核事故中建构自身的行为并不能完全满足民众的核风险心理诉求。在核风险事件中，民众并不是一个被动接受"理性知识"的客体。民众的核风险认知，不仅是一个接受外在知识的过程，同时也是对进入主观世界的外在知识进行主观判断的过程，并且这一判断掺杂着"情感"，这种情感可理解为个体在生命历程中所培养起来的、与记忆有关的体验和想象。而在核风险判断中起主要作用的所曾经的核事故所成的恐怖印象和想象，它明显地与科学理性不同，总掺杂着道德、情感、伦理等方面的内容。受社会情绪影响的公民社会行动便带有这种不完全符合科学理性的特征，因而其行为会超出理性控制，产生意想不到的结果和影响力。福岛核事故引发了两种类型的公民风险行为：一种是在反核人士领导下的反核游行，另一种是恐慌性行为。其中反核游行意在针对政府，以限制或取消核项目为口号，以改变政府的核政策为目的，这是主动表达社会成员安全性诉求的方式。这种方式在游行文化发达的国家获得了成功，如法国、德国和日本，迫使当局政府的核政策产生了较大改变。相较而言，恐慌行为更为普遍，几乎在各个国家都出现了，具体表现为个体性规避风险、寻求安全的行动。个体规避风险的做法主要有两种：一是抢购，抢购各种主观上认为能够阻止核辐射的物品；二是排斥，减少甚至杜绝使用主观上认为存在核辐射风险的物品，其直接影响便是扰乱了经济体的正常运转。公民社会成员通过上述风险行为，展现了自身不可被忽视的力量，超越地域和组织限制的公民社会运动日益登上了社会决策的舞台，对社会运转的影响力也越来越大。

第四，风险事件催生了风险经济。政府和核电组织的政策变化将会改变世界能源结构，核电产业的发展将会受到限制，蓬勃发展的核电经济也将会受到削弱，而其他能源产业，例如火电、水电、各种清洁发电将会得到比原来更大的发展空间。在微观经济层面，社会成员的风险规避行为会使存在潜在核辐射风险的产品市场萎缩，而海产品的萎缩将会使整个海洋捕捞产业受影响，易沾染辐射物质的农产品，如菠菜、牛奶、海产品等，也会受到民众的抵制，这会使整个行业受到损失。而与此同时风险也创造了很多机会，与身体受到核辐射影响的风险所相对的是对这种风险的规避，经营者会抓住人们寻求安全的机会投放大量声称有助于抵抗核辐射的产品，并且民众很容易相信这种宣传，碘盐的脱销、防辐射香皂的出现，以及防辐射服、口罩等都是在这样一种情况下受商家炒作的影响而出现。这是一种风险经济，每一次风险事件的爆发总会产生相应的赢家和输家。

第五，媒体形塑社会的力量凸显，大众媒体既是风险事件的积极建构者，对风险事件存在放大效应，同时又有助于风险事件的解决。新媒体技术的大规模普及，尤其是互联网在全世界的普遍应用，使得信息在世界范围内的瞬时传播成为可能，距离遥远的地区发生的事件通过互联网的图片与文字技术，能够在瞬时间展现在人们眼前，信息得以在短时间内爆炸性的传播开来，这使得核风险事件一旦爆发就可能得到全世界关注。一方面互联网的传播是难以控制的，它使得每个上网者都会成为信息的终端和传播者，如要控制这个庞大无形的网络群体会是相当困难的。另一方面，网络传播也有助于风险事件的解决，互联网成了一个信息汇聚的平台，在互联网上行动参与者纷纷建构着事实性知识、谣言以及自身，科学家和政府话语也能够通过互联网被每一个试图了解核事故的个体所了解。这有利于各行动主体的及时沟通，并在此过程中达成集体意愿，从而解决风险事件。

第六，在国际关系上，核事件促进了国际新规则的制定并淡化了民族国家界限。福岛核事故反映出了这样一个事实：核事故是日本制造出来的，日本政府和核事故方在造成和解决核事故中存在不可逃避的责任，但事故产生了世界性的危害，与事故责任无关的国家和地区也同样要承受事故带来的损害。这引起了国际社会的反思：核事故不是一个国家或地区的事情，它是一个国际事件。这也因此带来了国际社会的新变化，比如国际新规则的制定，包括国际核安全标准、国际核物质处置方法等。同时它也将淡化民族国家界限，发展核电、解决核风险事故将不再是民族国家内部的事情，而是需依赖国际社会共同协商解决的事情。

## 二 对福岛核事故的深层反思

纵观人类历史上的核事故，似乎没有任何一个核事故有着福岛核事故对国际社会的这般巨大形塑能力，其深层次原因在于当今国际社会越来越带有"富裕社会"的特征和核风险的新型作用方式，而其反映的社会变化则是当今现代社会越来越具有的自反性特征，并通过风险事件的刺激展现出来。

### （一）"富裕社会"与风险分配逻辑

贝克的风险社会理论论述了两种社会类型，一种是工业社会，它是财富需求型社会，人们主要解决"饿"的问题，社会围绕着财富分配组织起来，人们按照财富的拥有和获取分为不同的阶级，这是一种财富分配逻辑。另一种是风险社会。现代性社会的继续发展、生产力的大幅度提升，使得社会物质财富大量增加的同时风险呈现指数性上升。现代性社会发展到今天的结果是在许多国家和地区人们的基本物质需要已渐渐地通过市场和工业而被满足，在解决了生存问题之后，人们的安全性需求开始凸显，主要解决"怕"的问题，社会围绕着风险分配组织起来，这就是风险分配的逻辑。两种分配逻辑在两种社会类型中是共存的，在工业社会是风险分配逻辑从属于财富分配逻辑，而在风险社会则是财富逻辑从属于风险分配逻辑。风险分配逻辑在不同发展程度的现代社会中普遍存在，生产力的大幅度提升所导致的风险指数性上升也在不同的社会中普遍存在，由于现代性较为落后的国家物质财富不充足，社会设置也不尽完善，因而存在爆发更大的社会风险的可能性。由此产生了这样一种现实：风险的指数性上升与社会的不均衡发展同时存在，现代性社会发展较为迟缓的国家和地区同样存在应对国际性风险事件的大规模行动，只是行动的展现方式不同而已。社会的日益富裕使得社会成员的生存逐渐不成为一个主要问题，安全问题开始凸显，这就是风险分配逻辑战胜财富分配逻辑成为社会生活主导的开始。而福岛核事件发挥作用的社会背景正是整个国际社会越来越具备了"富裕社会"的特征，即在整个国际社会，生存物质需求越来越弱，安全需求越来越强。这使得一旦爆发风险事件，社会就会迅速地行动起来。

**（二）新型风险的作用方式**

现代性社会使得科学技术飞速发展，生产力水平大幅度提升，世界联系日益密切，这催生出了一种新型风险类型，即具有超感知性、威胁的全球性和普遍性、损害的不可逆性等特点的风险。核辐射就是这样一种新型风险，核辐射物质在全球大气循环、海水流动的作用下，能扩散到世界各地，从而超越了地域的限制。而且它具有持续性危害，不仅会影响当前的世界，还会对未来世界产生威胁。这种全球风险有着不可规避性，即它对影响范围之内的所有人、财产、自然有着普遍的危害，但受损害的程度不能直接被感官感知，在多大程度上致病也逃脱了人们的经验，污染的程度只有通过仪器才能检测出来，核风险只有通过专业术语描述才能表现出来。核风险通过专家话语。理论论证、科学界定、科学符号才能表现自身。人们的风险感知并不是直接与核辐射相联系，而是同表述核辐射风险的知识相联系，专家赢得了界定风险的关键地位。单独成段会更好从某种程度上说知识决定了风险的认可，核风险"在知识里可以随意被改变、夸大、转化或者削减，并就此而言，它们是可以随意被社会界定和建构的，从而掌握界定风险权力的大众媒体、科学和法律等专业，拥有了关键的社会和政治地位"（贝克，2008）。在这里媒体的作用凸显了出来，新媒体技术的应用，尤其是互联网的大规模普及使得整个社会在获取信息方面越来越便捷，风险事故一旦发生就会在互联网上广泛传播，受到社会成员的广泛关注。媒体成为各种社会力量传播活动信息的平台，在这个平台上社会成员的诉求、政府行动、科学家话语、商业团体以及其他社会力量纷纷建构着自身，因而媒体获得了建构风险事件的重要地位。

科学理性并不是决定风险认知的唯一因素，风险的主观判断过程会受到其他社会文化因素的影响。风险的文化理论认为风险"不是通过程序性的规范而是通过实际价值进行传播。它的治理形式不是规则而是符号，更多地表现为水平的无序和混乱，而非垂直的秩序和等级"（亚当，2005）。拉什认为基于文化的判断是一种反思性判断，它"不仅包括精神的和思考的概念化，同时还包括对鉴赏力的、情感的、身体化的和习惯的理解。……这种判断既基于愉悦和不适的'情感'，也基于震惊、被控制、害怕、憎恶和欢喜的性感。……将日常生活经历和超逻辑的意义联系在一起"（亚当，2005）。反思性判断是主观的，没有客观规则。风险不仅是现代性社会的特征，同时也是社会文化的建构物。它遵从基于情感的审美反思性原则，是一个通过表象、表意向意想不到的方向发展和信息汇聚的过程。这使得风险表现出一种无序状态，同时具有瞬间爆炸性。这是风险事件造成恐慌的重要原因之一。但恐慌不等于无知，恐慌是风险事件爆发后一种急于寻找危险事实的反应。总的来说，基于情感的审美判断和基于科学知识的认知性判断两者并不冲突，而是一种互补的关系。因此，福岛核泄漏事件发生后，一方面人们在寻找科学话语，另一方面则依然存在恐慌。情感是人类的天性，可以说灾难之后的恐慌是不可避免的，但这种恐慌也有潜在改变政府政策的能力。人们的核风险认知确实总是依赖于外部的核风险知识，但这些知识不仅是科学知识，还包括各种谣言、谎话，这就产生了其他的社会效应。一旦重大的风险灾难发生，个体在恐惧中急于认识真相，并且积极寻找规避途径，这使得风险的社会影响具有急剧放大性，容易造成大规模的社会非理性行动，例如抢购成风。

**（三）现代性社会的自反性**

纵观福岛核事件的社会影响，现代性社会似乎越来越具有贝克等人所主张的"自反性现代化"特征。自反性现代化即是风险社会逐步取代工业社会的一种趋势，而风险社会的概念，根据贝克所述，主要是指"现代社会的一个发展阶段，在这一阶段里，社会、政治、经济和个人的风险往往会越来越多的避开工业社会中的监督和保护制度。……工业社会的危险开始支配公众、政治和私人的争论和冲突。在这个阶段，工业社会的制度成为其自身所不能控制的威胁的生产者和授权人，此时，工业社会的某些特征成为社会问题和政治问题"（贝克，2001）。因而自反性现代化就是指"导致风险社会后果的自我冲突，这些后果是工业社会体系根据其制度化的标准所不能处理和消化的"（贝克，2001）。这种格局在风险社会中成为公众的、政治的和科学的反思目标。

此次福岛核事故及其世界影响印证了这一"自反性现代化"的思想。从事故的成因上来看，这似乎是一个工业社会共同塑造的问题。在既要满足物质需求又要提升环境质量方面，核能利用工业社会的一个成功是选择，受到了包括政府、社会以及法律、政策层面的广泛支持。但由于对爆发危险的预估性不足，核能利用出现了监管上的缺位。危险的发生使这一问题暴露了出来，引发了公众、政治和私人领域的讨论，并且延伸到了对于现存工业社会制度设置的质疑上来，成了社会和政治问题。福岛核事故激发了多种社会力量，政府、科学家、媒体、公民社会、经济体等，共同以核风险为中心来形塑社会，同时也引起了人们对工业社会的质疑和反思。在型塑社会决策的舞台上，出现了多种相互竞争的力量，它们有着各自不同的行为诉求，在这一过程中它们建构着自身同时也与其他主体相互建构，这必然会带来现代性设置的被迫改变。这既是在风险的作用下对于现代性系统的侵蚀，正如贝克所说在当今现代性社会发展阶段进步可能会转化为自我毁灭，一种现代化会削弱另一种现代化，同时也是新兴的建设性现代性的生成过程，即风险的生成与再生、对于风险的规避及安全的追求都是建设性现代性生成的基本动力。

## 三　未来：走向安全需求型社会

物质财富的增加和风险的指数型上升是现代性社会的两个基本增量，也是人类社会过渡到风险社会的过程中起主要作用的影响因素。贝克从风险分配逻辑角度入手认为风险社会是围绕着风险如何分配组织起来。但风险分配的社会从另一个角度来讲就是安全需求性社会，正如工业社会是财富需求型社会一样。风险和"灾难"总是作为人类社会的对立物而出现，在可预见的未来，人们总会想方设法地来规避这种灾难发生的风险。在工业社会，规避灾难的方法是保险，保险的事后物质补偿弥补了人们的风险损失，从而使未来的风险不会影响到当前的行动。而当保险面对新型风险而无效时，为避免它未来所造成危害的无法弥补性，人们会改变现在的行为。因而，未来"灾难"作为人们想象中的恐怖情景总是存在，人们在这种恐怖情景的作用下试图寻求主体安全，并积极改变自身行为，包括科技路线的选择、社会制度的改革，这实质上就是一种安全需求型社会。但是"安全"的诉求总是难以满足的。人类的实践本身就是一个不断爆发风险的过程，面对越来越复杂的未来社会，无论使用什么手段都无法完全预知现行行为在未来可能招致所有风险。况且，伴随安全需求的凸显，安全标准也开始日益提升，以前被认为不存在危害的行为，现在可能变成是存在危害的。因而，安全性社会又可能是一个不断爆发风险的社会，这产生了安全与危险之间的循环，安全与风险永远是相伴生的。因而，未来的安全社会不是一个风险全无的社会，而是安全成本越来越高的社会。无论是个体还是社会组织为了规避风险，增加安全，都会逐步加大对安全成本的投入。

**参考文献**

芭芭拉·亚当等，2005，《风险社会及其超越》，赵延东等译，北京出版社。

乌尔里希·贝克等，《自反性现代化》，赵文书译，商务印书馆。

乌尔里希·贝克，2008，《风险社会》，何博文译，译林出版社。

杨敏、郑杭生，2010，《社会互构论：全貌概要和精义探微》，《社会科学研究》第 4 期。

# 国家、市场与牧民生计转变：
## 草原生态问题的阐释
### ——内蒙古巴图旗的案例研究

王 婧[*]

**摘 要：** 纵观近十年来牧区现代化进程，国家和市场对牧民生计影响重大。从宏观角度来看，国家推行的一整套现代化制度成为改造牧区的主要力量。从微观角度来看，牧民的放牧方式、牧业技术、生产组织等发生了很大转变。牧民生计逐渐走向另一个极端，成为追求利润的"小牧"，同时也承担着草原退化、沙化带来的环境风险。

**关键词：** 制度，牧民生计，转变，环境危机

## 一 导论

20 世纪后期以来，中国的草原生态问题持续加剧，土地荒漠化、沙化仍然是当前较为严重的生态问题之一。草原生态恶化的背后有一重要的制度背景，那就是国家与市场的协力共进改造着牧区的地方生态。在牧区的市场化时期，国家与市场之间存在互动关系，国家在设定市场运作的制度

---

\* 王婧，河海大学社会学系博士研究生。原文发表于《天府新论》2012 年第 5 期。本文的田野调查得到"中央高校基本科研业务费专项资金"资助（项目编号 2010B17514）。

性规则中起到了关键性作用①。国家对资源的控制能力并没有减弱，只是形式发生了变化，从规训的权力②转向调节的权力（福柯，2010），国家体制和制度正积极推进牧区市场的建立、完善以致走向"过度市场阶段"③。

在市场机制引入之前，国家权力已经对牧区进行了全面渗透。新中国成立后建立的这一庞大科层体系，具有强大的权威和力量。中央政府的政策牢牢地调控着地方一级政府的行政、经济管理体制和生产资料分配，直接或间接地决定或影响社会的自然资源使用方式，这些最终都会对自然资源的再生能力和环境生态系统造成影响（马戎等，1995）。新中国成立后到改革开放前这一时间段内，国家权力直接下沉至牧区基层，对牧民的生产生活产生了影响。国家的一些政策、口号开始试图改变"传统游牧生产方式"④，这一时期的权力渗透、控制可看作后期市场机制快速、有效运行的基础。

改革开放以来，国家以一整套现代化制度（草畜承包制度和市场机制）为主要手段，"改造"着牧民的生计，并由此带来负面的生态影响。自20世纪80年代国家开始实施的草畜承包制度，草场被分割成一块块独立的草场，牧民们由"逐水草而居"转成"定居轮牧"，方便了国家进一步的政治控制和市场经济渗透。草畜承包制度对于产权的明晰可以说为市场经济的发展提供了必备条件。市场机制渗透进牧区，草原资源被赋予了价格，从而刺激了牧民的经济理性，加之国家近十多年来的"技术现代化"政策的影响，牧区各种机械化水平逐渐提高，牧区资源在这一过程中被快速、过度地汲取。同时，传统牧业生产组织也逐渐原子化，牧民必须独立面对现代市场经济体系，承担越来越多的风险，不得不进入不断生产、不断消费

① 国家与市场的互动关系主要体现为：一方面，市场的扩张并不是一个自我演进的过程，而是受社会背景和历史变迁进程所制约；另一方面，国家总是积极地根据自身利益和偏好来主动地影响市场而不是被动地接受（Zhou Xueguang，2000）。

② 福柯认为，现代社会以来，国家的治理术发生了转变，从直接对个体的规训方式转向群体行为的协调。这种协调方式不再试图改变人的行为动机和方式，而是把它们当作自然现象加以研究，从中获取相关规律的知识，并且利用这些知识来发展国家力量（福柯，2010）。事实上，中国的国家治理也经历类似的过程，从直接的行政干预走向间接的协调。

③ "过度市场阶段"在本文中指的是市场与自然的关系，是一个阶段性问题。近十年来，牧区已经建立较为完备的市场体系，牧区的自然生态都已经进入市场体系。绝大多数草场都被开采殆尽，没有给予其合理的生态缓冲带和修复时间。在基层社会中牧区资源更多地是由"自由放任的市场"调节，而这种自由放任的市场本身也是国家强制推行的。

④ 以定居政策为例。早在20世纪50年代初期，国家就在牧区宣传定居的口号，内蒙古中南部地区开始受到定居政策的影响。

的循环陷阱，由此加速了草场的消耗。草场原本承担着两种功能——生态功能和生产功能，在市场经济体系中，生产功能则成为绝对主导。

政府全方位的制度政策铺垫运作，加上市场的介入，成为牧区变革的两大助推器。总体来看，两种力量在运作方向上是十分一致的，即要通过市场经济来打造一个现代化的牧区。正如1988年9月自治区召开畜牧业工作会议时指出："坚持用商品经济的观念来指导畜牧业生产，坚定不移地推动畜牧业向商品化、现代化的方面前进。"国家已很明确地要加速实现畜牧业现代化的步伐。由政府主导、借助市场运作的方式都全力围绕着牧区现代化的推进与实现。在这样的现代化制度背景下，作为牧区行为主体的牧民，其生计方式也发生了转变。

本文选取内蒙古东北部的巴图旗作为案例，考察国家、市场互动影响下牧民生计的具体转变过程，以及由此带来的生态影响。本研究将牧民生计的转变划分为三个方面："定居轮牧"、"牧业生产的市场化"以及"生产组织的原子化"。20世纪90年代中后期的草畜承包制度，使得巴图旗牧民由"逐水草而居"的四季游牧方式转变为"定居轮牧"。市场经济实施以来，牧户类似一个个追逐利润的家庭牧场（王晓毅，2009），牧业生产技术、组织方式均发生了转变。同时，这一转变也带来了诸多环境问题，调查地巴图旗已成为全国沙化土地重点沙区旗县之一。据2004年第三次荒漠化和沙化土地检测结果，巴图旗的沙化土地占全旗土地面积的18.7%，近年来，旗内草原退化、沙化速率逐年提高，呈加重的趋势。

## 二　定居轮牧：草原空间的网格化

历时性地看待草原的使用、经营权发生的几次制度性变革，其总体特征是牧民的放牧范围被固定、缩小。清朝之前，巴图旗牧民们游牧的范围和时间跨度很大。游牧民族一边作战一边从事牧业生产，游牧范围可以跨越整个蒙古草原，甚至包括东北亚草原。游牧的时间周期短则一年，长则几年甚至十几年的时间。清朝以后，游牧的范围被限制在各盟旗内，牧民不得越界放牧。牧民在旗内划分春夏秋冬四季牧场，不同的季节在不同的牧场上放牧。人民公社时期，牧民的游牧范围被限制在嘎查（生产队）的草场上，进一步缩小。牧民们在嘎查内划分冬、春两季草场，夏季则长距离游牧到30公里以外的全旗共用夏营地（两条曲水交界的河岸草原），旗

（县）范围内（约6000多万亩）游牧方式一直存在。

国家制定的草畜承包制度实行以来，草原被划分为类似网格的固定单元，平均每个牧户拥有6000多亩草场①，放牧范围大大缩小了。牧区逐渐包产到户，真正意义上的"游牧"走向了终结。传统的牧民开始转变成与"小农"相似的"小牧"了。放牧方式从历史上的"逐水草而居"逐步走向"定居轮牧"。草场划分政策，进一步限定了牧民的草场使用权，把牧民们分别固定在诸多面积不等的"私有地"中。多数牧民都在冬营地盖上了砖瓦房②，开始了定居生活。不仅如此，牧民的放牧方式也发生了转变，大规模的转场放牧有所减少。过去牧民是四季游牧，这种大规模的转场游牧，一定要长距离迁徙至30公里以外的夏营地。定居轮牧后，大约还有20%的牧民会长距离迁徙，其余的牧民都是在限定的草场范围内放牧。传统意义上的游牧生产生活方式走向终结。

定居轮牧的具体方式大致如下：大多数牧民在自己的草场内划分季节草场和打草场进行轮牧。在具体的划分形式上，或是将草场分为三个部分，即冬营地、夏营地、打草场，或是分为两个部分，即放牧草场和打草场。多数牧民一年只搬两三次家，如5~6月开始从冬营地搬到夏营地，9月以后再从夏营地前往冬营地。到此，常年游牧转变为常年定点、季节游牧，冬春游牧场也转为固定的冬营地。牧民定居以后，一年的生计活动也发生了改变，由不确定的、灵活的游牧迁徙方式变成了固定的移动。

定居轮牧对于草原的生态影响是负面的。首先，划区轮牧使牲畜被限制在牧草品种有限的环境中，而游牧则可获得大范围牧草种类丰富的草地资源。每块草地每年生长的牧草都不一样，将牲畜固定在一个草场单元内，当牧草种类减少时，牲畜就会在围栏内到处奔走找草，草地会因为践踏加重而退化；其次，定居放牧这种固定利用草原资源的方式，没有给草原休养生息的机会，造成草地的生产力不断下降。草地退化后会向周边地区扩散，容易导致草原斑块性退化；最后，定居的方式通常还需要购买饲草料、围栏和开发饲料地以提高载畜量，这样的方式和农区圈养越来越相似。大

---

① 根据2009~2011年的田野调查数据所得。

② 新中国成立前，巴图旗的牧民从未有过定居生活，一年四季游牧，居住在蒙古包内。新中国成立以后，巴图旗开始提倡定居政策，但鉴于当时牧区传统的维系，以及国家改造牧区的物力、财力有限，定居实施的面积有限，20世纪80年代中后期以后巴图旗才开始逐步实行定居、半定居政策。

面积不合理地打草，建立饲料地会耗竭地下水资源，对草原产生恶性影响。

## 三 技术变革：牧业生产的市场化

草畜承包制度以后随之而来的是牧区市场化进程的加速，目前牧区已经形成了较为完备的市场。市场机制与技术变革的结合，使得牧民生计走向另一个极端，即他们的生计活动逐渐市场化，成为追求利润的"小牧"。牧业生产的市场化主要表现在逐步提高牲畜数量、改变牲畜构成以及理性使用草场等三个方面，具体论述如下。

实行市场经济以来，巴图旗的牲畜数量大幅度增长。纵观巴图旗牲畜数量的变化，2000 年可看成一个分水岭。在此之前，巴图旗的大小牲畜头数一直控制在 60 万只以内，这一时期的牲畜头数和清朝时期巴图旗牧民的牲畜总头数相差并不大。根据当地牧民老人的回忆，整个清朝时期巴图旗的牲畜头数在 40 万～50 万只左右，而且在那个时期游牧生产方式保持着良好的草畜平衡。2000 年之后市场机制逐渐完善，加之牧业生产技术的提高，旗内大小牲畜突破 60 万只，并呈继续快速地增长的趋势以致出现超载现象①。其中以 2005 年的 115 万只为最高值（见图 1）。2006 年畜牧业生产开始大幅度下降，旗内的牧业生产已经出现了不可持续的态势。由于牲畜过快增长，草场严重超载，生产力锐减，牧民不得不大量出售当年牲畜。

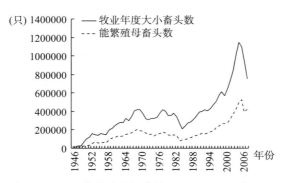

**图 1 巴图旗牲畜头数曲线（1946～2008 年）**

---

① 按照当地牧民的说法，该地区的牧区草原承载量为 60 万～70 万只大小牲畜，超过 70 万只可以看作超载。

旗内牲畜数量增长的原因主要在于制度和技术方面的转变。一是市场机制的扩张极大地激发了牧民的生产积极性，这是与人民公社时期截然不同的生产状态。在人民公社时期，牧民的生产积极性普遍不高。草畜承包制度和市场机制的结合，极大地调动了牧民的生产积极性。二是技术的变革使牧业生产能力大幅度提高。2000 年之后，巴图旗牧业技术水平大大改善，同时国家开始给牧民提供贷款，用于修棚圈和购买打草机等，这使得家畜过冬的成活率大大提高。根据牧民访谈结果，20 世纪 90 年代以前，各苏木受白灾①和旱灾的制约，牲畜数量始终保持在较低的水平，多数牧民的羊群成活率只有 50%，而现在牧区的羊群成活率为 75%～100%。

在与外界不断的接触中，牧民们慢慢学会了如何安排牲畜构成以适应市场的需求，"五畜"② 构成中绵羊的比例快速上升。历史上巴图旗的"五畜"中马排首位，成为游牧民族富庶的标志。新中国成立后，巴图旗的畜牧业生产，更多的是基于国家需求和传统放牧习惯安排牲畜种类。根据巴图旗统计年鉴，1950 年绵羊占大小牲畜的比例为 51.5%，牛占畜群的比例为 30%。改革开放以后，市场经济盛行，集体经济解体，家庭经济确立。牧区的畜群结构越来越趋于单一，并向小畜③为主的畜群结构发展。2005 年各苏木的绵羊比例占到 84%，牛占畜群的比重仅为 5.4%。在商品意识的普及下，大型牲畜如牛、马，因为不利于生产能力的增加而退出了经营范围。

牧民的生产中小牲畜绵羊的比重增长过快，这违背了草地畜牧业的畜群布局，容易使生态环境更加恶化。传统牧业中形成的五畜是和草地生态系统相互协同进化的，不同的畜种对牧草的采食不同，也直接关系到天然草地的自然演替。过去牧民根据草场类型和草场条件对家畜结构进行比例调整，这既保证了草地的充分利用同时又将草场维护至最佳状态，如各种牲畜的粪便可使草场生产力更好的恢复。而目前现实生活的场景是，牧民越来越根据市场而非自然环境来选择畜群，这种不考虑牲畜种类之间比例的行为，对畜牧业的可持续发展和草原生态均会产生不利影响。

此外，在国家的各种制度安排下，牧民们逐渐形成了"私有地"观念。

---

① 在气象上称为"暴雪"或"吹雪"所造成的灾害，被当地百姓称之为"白灾"。
② 传统的牧民家庭多数会同时饲养马、牛、骆驼、绵羊和山羊等五种牲畜以满足家庭的不同需求，这五种牲畜被称为"五畜"。
③ 大牲畜有牛（包括产奶牛）、马、驴、骆驼，小牲畜有绵羊、山羊、生猪。

多数牧民开始在自己草场内权衡投入产出比，如一些牧民对草场的使用更为理性。在调查地，不同牧场的所有者经常会因为草场的使用产生争执；毗邻的放牧者往往不会共用一口井，多数牧户都必须自己打井；一些牧民尽量省着自己的草场，多占用集体草场或是在他人的草场上偷偷放牧；过去牧民通过"借场"的方式（称作"敖特日"）抵御旱灾，现在这样的走"敖特日"的过程被取消了，"借用草场"的方式逐渐商品化。国家引入市场化机制以后，草原连续十年过度利用，已经面临着过度耗竭的危险，目前巴图旗的生态面貌已经发生了巨大的变化。草原生产力的有限性与现代市场经济的扩张存在着难以调和的矛盾。

413

## 四 传统嬗变：牧业组织的原子化

国家主导的市场机制对牧区的影响是全方位的，不仅表现在草原空间使用、生产技术方面，而且对传统牧业生产组织也有很大影响。回顾牧区的变迁历程，可以看到建立在区域生态之上的传统游牧文化分崩离析了，传统的地方社区也随之瓦解，牧业组织显现原子化特征。这对牧民生计产生了深刻的影响，牧民在生产生活中形成的一整套互惠制度逐渐消解，牧民的生产生活成本快速增加，草原资源的需求量也逐渐递增。

传统牧区是由多个灵活而松散的牧团组成的。这种牧团是多个牧户基于一定的亲属关系或是业缘关系组合而成的，他们是有共同的族群意识。如巴图旗境内的牧团，在特定时节结合在一起，夏季集体游牧，冬季分散游牧。牧户之间的交往秉持互惠原则，有着看似松散但其实较为密切的集体生活。这种集体生活对于牧户来说是十分重要的，主要用以保障生存。在具体的游牧"情景"中，牧团会调适到最合适的规模，或大或小，时而分裂时而结合，以实现最有效地利用资源、规避各种风险的目的。

新中国成立以后，从互助组再到人民公社时期，国家权力首次高度整合至牧区，并对牧区进行了改造。虽然这一时期的社区很明显地注入了国家的力量，但牧区的传统还是保留了下来。牧区推行的人民公社制度，把家庭劳动力变成公社社员，并分属于嘎查和公社，家庭的功能在一定程度上遭受削弱，而嘎查、公社的功能则被客观的加强了。嘎查、公社可以说是社区再建的一个范本，社区的功能得到了强化。在合作化时期，社员（牧户）常年都有交往，很多牧民回忆那是一段很有感情的集体化生活。

随着人民公社制度的解体，市场经济盛行以来，牧区开始实施草畜双承包制度，牧民逐渐"定居"下来，形成家庭牧业经营，这是一种原子化的牧户居住格局。嘎查、公社的社区的功能不同程度地受到削弱，最终变成象征意义的符号。牧户的原子化特征，意味着牧民的行动以户为主，牧户成了主要的行动单元。此外，市场逻辑瓦解了传统意义上的交往模式，随之而来的是社区关系的疏远以及信任感的缺失等。由此，每个牧户开始独自面对市场，同时也必须承担越来越高的生产生活成本。

在日常生产中，为了维持更高成本的生产生活，牧户更为关注现有的经济利益，将牲畜数量扩大到自然的临界限度以维持生计，所有的注意力从草原生态的维持上转移开来。在传统社区，牧民们的生产成本较低，而且拥有相对较多的社会支持，牧户之间形成了一套互助机制，依靠相互的支持度过灾年。同时国家也会给予支持，如在灾年时期政府出面调剂草场。市场化时期，牧户之间的互惠机制被市场交易、雇佣关系所替代，牧民为维持生计而需要付出更多的生产成本，被迫踏进现代社会"生产的跑步机"（Bell，2004）。随着医疗、教育、住房等费用越来越高，牧民不得不进行投入—产出经济效益思考，不断地从草原中获取资源、收益以满足现代社会的"高消费"，降低未来风险。所造成的结果就是，牧民一方面希望保护草原，另一方面又在对外部压力的感知之下不断地追赶现代化，产生社会性焦虑（陈阿江，2009），不断地增加牲畜，最大限度地利用草原资源。

牧区的原子化结构，还意味着牧民群体力量的削弱。在面对外来力量冲击时，难以抵抗破坏草场的经济行为，对草原的保护能力下降。比如巴图旗境内出现的偷挖药材的现象（陈阿江，2009），外来者深夜进入牧民的草场挖药材，单个牧户难以制止，特别是一些单独居住的年老牧民、有一些牧民的草场被非法侵占，因为单个牧户的力量小，维权不易。正如一位牧民对现在居住特征的描述："我们这里的牧民，现在团结不起来了，都是各过各的，往来也越来越少。草原被破坏被侵占的事情，我们难以抵抗。"

## 五 结语

综上所述，牧民的生计活动深深地打上了国家政治和市场经济烙印。市场化以来，国家和市场力量的结合，使基层牧区的游牧生产方式被彻底的"规训"和改造。一方面国家的角色迅速改变，越来越接近于吉登斯所说的民族国家概念，国家对草原的控制力渐趋增强。另一方面国家通过各种制度的实施，快速地推进了牧区市场化进程。国家推行的一整套现代化制度已成为改造牧区的主要力量，牧民在放牧方式、牧业技术、生产组织等方面也随之发生了很大转变。可以说，牧民的生计逐渐走向另一个极端，即成为追求利润的"小牧"，同时也承担着草原退化、沙化带来的环境风险。

国家和市场合力重塑着草原牧区，而作为承载传统游牧生态文化的牧民一直处于"失语"状态，这成为草原退化、沙化现象的重要原因之一。草畜承包制度的实行使得牧民草原空间网格化、固定化，适应草原生态的传统放牧方式遭受破坏。在巴图旗的案例中，以旗县为范围的传统四季游牧文化正在快速消解，几千年来形成"人—草—畜"生态系统被打破，维护牧区生态平衡的社会机制逐渐土崩瓦解。不仅如此，市场机制进入牧区以来，牧业技术、生产组织层面也发生了显著变化，传统牧民的生态知识与能力被新一轮的机械化所替代，渐渐失去了其原有的意义。牧区的自然资源正全方面地成为商品，呈现从"固化使用"到"过度汲取"的严重态势。牧区自然资源的有限性、脆弱性和强大的国家、市场力量之间形成张力，各种生态问题也接踵而至。

## 参考文献

陈阿江，2009，《次生焦虑》，中国社会科学出版社。

福柯，2010，《安全、领土与人口》，上海人民出版社。

马戎、李殴，1995，《草原资源的利用与牧区社会发展——从一个社区看体制改革对畜牧业、人口迁移和劳动力组合形式的影响》，载潘乃谷、周星主编《多民族地区：资源、贫困与发展》，天津人民出版社。

王晓毅，2009，《环境压力下的草原社区》，社会科学文献出版社。

詹姆斯·C. 斯科特，2004，《国家的视角》，社会科学文献出版社。

Michael MayerfeldBell. 2004. *AnInvitationtoEnvironmentSociology*. Sage Publication.

Zhou Xueguang. 2000. "Reply：Beyond the Debate and toward Substantive Institutional Analysis". *American Journal of Sociology* 105.

# 制度变迁背景下的草原干旱

## ——牧民定居、草原碎片和牧区市场化的影响

王晓毅*

**摘　要：**气候变化对人类社会产生了重大的影响，但是气候变化是如何产生影响的，气候变化与社会制度之间的关系如何，这些问题还缺少具体的讨论。本项研究通过内蒙古一个草原社区的案例说明，不适当的社会制度变迁是如何加剧了气候变化的危害。作为中国最大的陆地生态系统，中国的草原面临着严重的退化，随着牧民定居、草原分割和市场化，草原社区面对干旱呈现了严重的脆弱性，这加重了干旱的影响。在干旱和制度变迁的共同作用下，牧民生计陷入不可持续的境地。

**关键词：**气候变化，脆弱性，牧区

近 30 年来，干旱对草原牧区产生了严重的影响，人们往往将其归结为气候变化，然而气候变化是在过去 200 多年中逐渐发生的。从 20 世纪 80 年代农村集体解体以后，草原牧区的制度安排发生了根本的变化，这使我们不得不重新审视气候变化的影响，以及气候变化与制度安排之间的相互作用。在这个研究中，我们以内蒙古一个村庄的草原利用与管理制度变迁为线索，探讨定居、草原分割和市场化与气候因素的相互作用如何增加了社

---

\* 王晓毅，中国社会科学院社会学所研究员，农村环境与社会研究中心主任。原文发表于《中国农业大学学报》（社会科学版）2013 年第 1 期。本研究得到了中国社会科学院创新工程、福特基金会的资金支持。

区的脆弱性。

# 一 导言

人们在有关非洲干旱草原的研究中发现，由于降雨的时空分布变动很大，草原呈现出非平衡系统的特征，草原产草量具有很大不确定性。游牧使牧民可以远距离移动，从而适应干旱草原的气候多样性（Ellis，1994；王晓毅等，2010）。游牧并非仅仅是移动放牧，它代表了一组相关的制度安排，比如共有的土地制度和互惠的社区关系（王晓毅等，2010）。蒙古高原与非洲干旱草原类似，气候变动作为主要的影响因素，历史上对牧民有着重要的影响。有研究表明，蒙古高原的气候多变，经常处于极端干旱和相对湿润的变化中。历史上蒙古族游牧民对气候变动非常敏感，持续的干旱经常会破坏畜牧业生产，导致牧民的生计无法维持，他们不得不进行远距离的迁徙，甚至战争（费根，2008）。

近年来，气候变化使干旱半干旱草原地区的气候变动幅度更大，从而使灾害天气发生更频繁。草原不仅是中国畜牧业的重要组成部分，而且具有巨大的生态服务功能，也是中国气候变化的主要敏感带和脆弱区之一，近50年来，北方草原呈现温度升高明显，积温总体呈增加的趋势且波动幅度增大，年降雨量逐渐减少（科学技术部社会发展科技司 & 中国21世纪议程管理中心，2011）。IPCC第四次评估报告也表明，在全球中纬度的干旱半干旱地区，可能会因缺水而加剧干旱的风险（IPCC，2007）。在这种背景下草原牧区应如何适应气候变化，从而减少气候变化对当地居民生计和生态环境的影响？

有研究表明，传统的移动放牧更容易适应气候变化。在他们看来，气候变异是干旱草原普遍存在的现象，数千年来，牧民通过移动放牧适应了这种气候的变异，尽管气候变化带来了气候更大的变异，但是保持畜牧业的游动性是干旱草原牧区的安全保障（Helen de Jode，2010）。移动并非是落后的，也并不是只有生产力较低的时候才需要移动，移动放牧与许多社会制度和经济制度相容，甚至在高度技术和市场化条件下，移动放牧仍然是牧民对抗各种风险的有效手段。因此，在干旱草原的条件下，定居放牧的方法是不可持续的，而移动放牧制度则可通过达到保护生态环境与保证牧民生计的双重目的（Humphrey & Sneath，1999）。移动可更均衡地利用自然资源，避免草地资源的过度利用，并可同时躲避灾害，总而言之气候变化所带来的不确定性可以通过移动来加以克服。

然而在另外一些研究者看来，游牧仍是一种落后的生产方式，因为游牧并不能有效地利用牧草资源，由于缺少基础设施建设，在游牧经济中，牲畜在冬季会掉膘，甚至死亡，储存的能量大部分在冬季被消耗了，无法转换成人们可使用的肉食；在面对自然灾害，特别是巨大灾害时候，游牧缺少抵御能力，往往会造成牲畜大量死亡；更重要的是，随着人口压力增加和土地私有化，游牧已经很难继续进行（贾幼陵，2011a）。

气候变化加剧了干旱半干旱草原不确定性，面对这种情况，重要的策略是加大基础设施的投入，如开发地下水资源、种植高产牧草、实现草畜平衡和进行畜种改良（科学技术部社会发展科技司、中国 21 世纪议程管理中心，2011；贾幼陵，2011b）。而这些措施的实行需要改变移动的放牧方式，因此，定居、草原确权和市场化就成为适应气候变化的基础。

上述两种观点从不同方面分析了移动放牧和定居对草原环境的适应性。在前者看来，正是移动性的减弱使草原不能得到合理利用，减少了草原畜牧业可利用的自然资源，并由此导致草原环境、牧区经济和牧民生计的脆弱；后者则强调没有资本、技术的投入，简单的草原游牧无法对抗灾害。尽管这个争论的焦点表面上在于游牧的先进与落后，游牧和定居对草原环境和牧民生计的影响如何，但其背后所讨论的问题是牧民可利用的资产，包括自然资源和社会资本，与其生计脆弱性的关系，也就是说，在面对气候变化的时候，游牧和定居，哪种方式更脆弱？

有关脆弱性的定义有很多，如在 IPCC（政府间气候变化专门委员会）的 2007 年评估报告中将脆弱性定义为"某个系统容易受到但却无力应对气候变化的各种不利影响的程度，其中包括气候变率和极端事件。脆弱性随气候变化的特征、幅度和速率而发生变化，并随某个系统的暴露程度、其敏感性及其适应能力而改变"（IPCC，2007b）。而 Kelly 和 Adger 则将脆弱性看作是个人或群体回应、适应影响其生计的外来压力，以及从中恢复能力的强弱（Kelly & Adger，2000）。脆弱性实际包含了两层含义：第一，当外部条件发生变化以后，系统不能及时进行调整以避免受到损害；第二，当系统受到损害以后，系统不具有及时修复和恢复的能力。那么系统是否脆弱，也就是说是否有能力进行调整和恢复是由什么决定的呢？在 IPCC 看来，降低系统脆弱性的一个重要方面是积累人力和社会资本，以及相应的制度建设（IPCC，2007b）。在这里，社会脆弱性取决于系统所积累的资本，气候变化则是一个外来的压力。

从脆弱性的角度来考察草原牧区对气候变化的适应，我们会发现：首先，气候变化是一个外来的因素，而草原牧区本身所拥有的资产决定了草原牧区的脆弱程度，这既包括自然资源，也包括社会资本；其次，脆弱性存在一定的社会单元中，在探讨草原牧区脆弱性的时候，应将重点放在社区层面，因为社区是草原牧区采取行动的基本社会单元；最后，随着社会变化草原牧区形成了不同的制度安排，这种制度安排对其脆弱性有着很大影响。

从20世纪80年代开始，中国北方草原经历着急剧社会制度变迁，这个变迁过程主要由三个方面构成，即定居、草场承包和市场化。与这个过程相伴随的是气候变化（特别是干旱加剧）、草原退化和部分牧民的贫困化。本文将基于一个内蒙古社区的案例研究，分析定居、草场分割和市场化与干旱如何相互作用，从而增加社区脆弱性，并使社区个体陷入贫困。

研究发现，社区内部移动放牧停止的主要原因并非是人口压力，而是国家政策的推动。基础设施的建设，如打井、建设打草场、棚圈及围栏建设，对于抵御自然灾害起到了积极作用，但是伴随着定居、草原分割和市场化，不仅草地资源无法得到均衡利用，更重要的是减少了牧民可依赖的自然资源和社会资本，而牧区基础设施的增加并不足以弥补这一损失所带来的影响。可以说，通过减少牧民可利用的自然资源和社会资本，定居、草场分割和市场化加剧了牧民的脆弱性。再加上干旱的影响，牧民因此面临着严重的生计问题。

## 二　问题的发生：气候变化和干旱

我们的研究地点是内蒙古克什克腾旗的贡格尔嘎查。之所以选择这个嘎查，是因为其丰富的自然条件和急剧的社会变化可帮助我们深入地理解牧民脆弱性的形成，以及气候变化所带来的影响。

贡格尔所处地区的地理高度为海拔1100米，地处内蒙古的东部，受到大兴安岭的影响，这里的降水比较丰富，年降水量在300～350毫米。年平均气温0℃～1℃，属于温寒半干旱气候区，植被为天然草甸草原。嘎查共有草场28万亩，其中集体围封的打草场有4万亩，放牧场24万亩。草场分为冬草场（当地人叫"沙窝子"）、夏草场和春秋草场，面积大约分别占全部草场的30%、10%和60%。嘎查有100多户人家，除了不足20户已经外迁，留在嘎查的还有80多户，其中只有少数仍然居住在冬草场的牧民外，其他都分布在春秋草场的5个居住点。嘎查现有牲畜7000头左右，主要是牛和绵羊，其中牛占约30%，绵羊占约70%，此外还有骆驼200多峰和70多匹马。

近年来，对牧民生产影响最大的是干旱和气温的变化。在牧民的描述中，过去的10年是持续的干旱时期，而且越来越严重，干旱导致牧草生长量大幅度下降，直接影响牧民的畜牧业生产，并导致了牧民的贫困。

干旱的现象之一是降雨量减少，按照牧民苏日的回忆，"过去10~20天就会下一场雨，草长得可高了，现在的草（产量）不到过去的一半"。在牧民的回忆中，20世纪的80年代，气候还没有如此干旱，甚至到90年代，问题也没有如此严重，干旱最严重的是2000年以后，特别是近几年，也就是2005年以后。

尽管半干旱草原地区的气候变动很大，但在牧民的记忆中，过去发生很少旱灾。在老牧民扎拉曾的回忆中，灾害几乎都是雪灾。如20世纪的70年代和80年代都曾经发生严重的雪灾，旱灾几乎没有发生过。每年6~7月都是雨水比较多的时候，像近年来到了中伏（7月下旬）还没有下雨的情况，以前就没有发生过。

克什克腾旗气象局的资料也表明，进入2000年以后，降雨有逐年下降的趋势，特别是在2007年前后，有两年的降雨明显偏离平均线，在2008年前后又围绕均线波动。由于克什克腾旗气象站的观测点距离贡格尔有将近100公里的距离，其资料大致可反映这个地区的气候变化趋势，但考虑到草原牧区气候较大的时空差异性，气象台站的资料与调查地点的气候状况会有所相同。图1是近年来克什克腾旗的降雨变化图。

在北方半干旱地区，水热同季是很重要的，也就是说干旱不仅受全年降水量的影响，也受降雨时间分布的影响。如果降雨出现在气温较高的季节，就有利于牧草生长，如果在高温天气缺少降雨，即使在温度低的时候有了降雨，也不利于牧草生长。宫德吉的研究表明，中国气候特点之一是水热同步，即每年高温时期也是降雨量比较多的时期，而低温时期也是降雨量比较小的时期。但是近年来，这种状况正在被打破，特别是近40年，在气温升高的同时，降雨明显减少（宫德吉，1995；1997）。但也有研究表

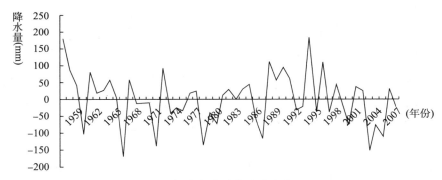

**图 1　克什克腾旗降水变化**

资料来源：克什克腾旗气象局。

明，近年来，随着气温升高，内蒙古的气候正在变得暖湿，或者说经过变动，降水正趋于稳定（李小兵等，2011；王菱等，2008）。

在贡格尔的牧民看来，现在不仅雨水少了，而且经常下的不是时候。对于贡格尔草原来说，春季和夏季的降雨是最重要的，春季降雨可以保障青草的萌生，而炎热的夏季降雨保障了一年的产草量。但是现在夏季最炎热的 7～8 月很少降雨，往往会推迟到 8 月下旬甚至 9 月，这时候已经过了牧草的生长季节，由于气温已经降低，降雨并不能增加牧草的产量。

牧民对干旱的最直接感受不是降雨量的变化，而是牧草产量的降低。他们觉得现在的牧草产量至少下降了一半，不能达到原来草产量大的 50%。最明显的是打草场，从 2005 年以后，打草场的草长不起来，基本上无草可打。

在 2010 年和 2011 年的牧区调查中，牧民最经常的反应就是"今年可旱毁了"。"旱毁了"意味着牧草生长受到严重影响，牧民或者要出售牲畜，或者要购买牧草以维系牲畜的生存。在严重干旱时期，甚至租赁草场都很困难。

干旱不仅表现为降雨量减少，而且表现为地表水减少，贡格尔的地表水主要是贡格尔河和沙林河，近年来这两条河流的来水量都减少了，最严重的时候甚至出现断流。原来在贡格尔的辖区范围内有一些小水泡子，但近年来，所有这些水泡子都不见了。河水断流和湖泊干涸在内蒙古草原普遍发生，距离贡格尔不远的达里湖是内蒙古著名的湖泊之一，近年来也呈现水位降低和湖面缩小的现象。

湖泊消失受多种因素的影响，首先是降雨减少，其次是上游来水的减少。沙里河与贡格尔都是达里湖的主要来水水源，河流水量的减少和不时地断流都减少了进入达里湖的水量。在正常的气候条件下，河流和降雨大约可补充达里湖50%多的水，而另外不足50%的水则来自地下水，由于达里湖附近有着丰富的地下水补给，甚至在干旱年头，达里湖的水量也不会减少。但是近年来周边地区地下水位下降也导致了达里湖的水位下降。

按照贡格尔牧民的说法，原来贡格尔草原的地下水位很高，每次下雨以后，雨水渗透到地下，与地下的湿土层结合起来，使草原有较好的抗旱能力。随着地下水位下降，现在每次下雨以后，渗透的雨水与原有的地下湿土层已经不能连接起来，地下湿土层与雨水渗透层之间总有一个干土层。在他们看来，由于这个干土层的存在，草原的抗旱能力减弱了许多。

气温对草原的影响也同样很大。几乎所有关于内蒙古气候变化的分析都指出了温度升高，并将其看作是全球气温升高的同一现象（娜日苏等，2011）。克什克腾旗气象局的数据表明，气温升高的趋势较为明显。从图2的气温变化数据中可以看出，从1995年以后，气温经历了一个明显的升高过程，尽管波动性很大，但都在平均气温之上。而温度升高会增加水的蒸发，一定程度上加剧旱情。

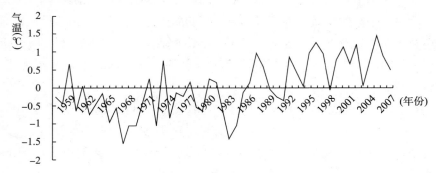

**图2　克什克腾旗年均气温距平**

资料来源：克什克腾旗气象局。

贡格尔的牧民认为气温不是简单的升高过程，而与降雨存在经常性的关联，越是干旱，气温的温差越大，低温时候越是寒冷。比如明显的是春季的寒冷。按照牧民苏日的说法，"过去5~6年，牧草返青至少晚了半个月。由于春天冷，草出芽以后，晚上会被冻死；过去3月中旬转暖、4月返青，清明节牲畜就饱青（草）了，现在，5月还可能下雪呢"。而且夏季的温差变得越来越大，可能与空气湿度有关，越是干旱的时候，早晚的气温越低，甚至在夏天都会感受到寒冷。单独的气温变化对草原畜牧业影响并不明显，但是气温变化与降雨减少结合起来，就导致了对牧草生长的严重威胁。

总之，克什克腾旗的气象资料与内蒙古大范围的气象资料都表明，在北方草原，气温有明显的升高，而降雨有不明显的减少。但是在贡格尔，牧民首先感觉到的是干旱的影响，降雨减少导致牧草产量降低，从而使草原畜牧业面临严重困难。而气温的变化对草原畜牧业的影响主要是春季的寒冷推迟了牧草返青的时间。

干旱在很大程度上是降雨减少，或者不能适时降雨所引起的，但地表水和地下水的减少使土壤本身的抗旱能力减弱，其直接的后果便是草原产草量的减少。因为我们缺少 5 年或 10 年前牧草产量的观测数据，所以我们就请牧民大概估算了下草产量降低的情况，大部分牧民都认为草原产草量严重下降（见表 1）。

表 1  牧民认为牧草减产情况

|  | 调查人数 | 减产 = 0 | 减产 ≤ 50% | 减产 > 50% | 未回答 |
|---|---|---|---|---|---|
| 比较 10 年前 | 31 | 0 | 0 | 22 | 9 |
| 比较 5 年前 | 31 | 1 | 6 | 20 | 4 |

从表 1 可以看出，在我们调查的 31 个牧民中，如果与 10 年前相比较，有 22 人认为牧草减产 50% 以上，占回答人数的 100%，占全部被调查牧民的 71%；与 5 年前相比较，有 20 人认为减产超过 50%，占回答人的 74%，占被调查人的 65%。牧民举打草场为例，过去每亩可以打 200～300 斤草，近两年都不足 50 斤，在 2010 年甚至因为无草可打而开放作为放牧场。不仅牧草的产量降低，而且牧草的种类也急剧减少，在问卷调查中，共有 29 位牧民回答了有关牧草种类的问题，他们都认为牧草的种类明显减少，而有毒的草在增加。

当草原畜牧业面对干旱威胁时，牧民必然对干旱产生反应，从而形成适应机制。但是韩颖等人的研究却发现，牧民在适应气候变化中，往往较为被动地，很少主动地进行选择，而这是因为牧民应对气候变化的行为多是政府直接干预下的行为或借助政府扶持所形成的长期、固定的适应管理模式（韩颖、侯向阳，2011）。如果说国家的行为在很大程度上决定了牧民的适应性行动，那么来自国家层面的制度安排对基层牧区社会产生了哪些影响？研究发现，定居、草原分割和市场化，减少了社区可利用的自然资源和社会资本，从而加剧了社区的脆弱。

## 三　畜群承包和定居

游牧民定居是近年来普遍发生的现象，中央政府计划在第十二个五年计划中提出要解决 24.6 万户、115.7 万游牧民定居问题，认为这可以提高少数民族游牧民的生活水平，促进牧区畜牧业发展方式转变和草原生态的保护，维护民族团结和边疆稳定，为全面建成小康社会奠定坚实基础（中国政府网，2012）。游牧民定居会改变牧民的生活方式，便于国家提供公共服务。但这对于草原畜牧业会产生什么影响，有不同的结论。

在决策者看来，草原畜牧业基础设施的建设建立在定居基础之上。在定居以后，通过棚圈建设、打草场和饲草基地建设，可以有效地提高畜牧业的抗灾能力。从这个意义上说，基础设施建设可以增加社区的资产，从而使社区在面对自然灾害时，具有更强的抵抗力和恢复力。但是在反对者看来，恰恰是定居以后，放牧半径缩小，使草原无法得到合理利用，从而降低了草原的抗灾能力（韩念勇主编，2011）。乌尼尔等人在呼伦贝尔的研究表明，定居与草原退化或改善之间并不存在必然关系，关键的因素是采取何种管理方式（乌尼尔、谭晓霞，2010）。

贡格尔的牧民定居说明，定居并不意味着游牧的结束，但会导致游牧成本的增加，从而对自然资源的利用产生影响。

对于贡格尔的牧民来说，原有的游牧并不是远距离的大范围游牧，而是在不同季节进入不同的草原，也就是四季轮牧。贡格尔的草原包括了三类草场，即冬草场、夏草场和春秋草场，三个草场相距数十公里，有着不同的生态特征。

冬草场位于浑善达克沙地内，大约不足 8 万亩。尽管冬草场的草场面积比春秋草场小，但由于沙地的地下水位比较高，所以产草量往往比春秋草场高。受到沙丘和树木的保护，冬季沙地的气温往往要高于草原（一种说法要高出 7℃ ~ 8℃），所以被称为"冬窝子"，每年牧民在那里放牧 4 ~ 5 个月。夏草场的面积只有冬草场的一半，但它在贡格尔河与沙里河之间，那

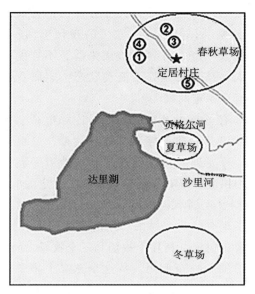

**图3 贡格尔牧民定居地理位置说明图**

里水源条件很好，牧草生长茂盛，是夏季放牧最好的牧场。春秋牧场是一块面积最大且平坦的牧场，在蒙古语中被称为塔拉。顾名思义，春秋牧场就是在春季和秋季利用的牧场。尽管面积很大，但因为缺少水源，所以过去利用春秋牧场的时间并不长，打井以后的利用时间有所延长。

放牧方式的变化始于20世纪80年代初的牲畜承包。集体化时期，一般放牧的畜群都比较大，几个牧民形成了一个经常性的生产共同体，主要由一个牧户放牧，但在接羔、储草等繁忙的季节就会几个牧户联合起来。20世纪80年代以后，牧区的集体解体，牲畜被承包到户，每个家庭成为独立经营畜牧业的牧户，畜群的规模缩小而数量增加。过去在一个村庄中实行类似专业化的放牧，如马倌放牧马群、牛倌放牧牛群，现在所有这些牲畜被平均承包到每户，每个牧户都可获得多少不等的牲畜，一般都有数十只羊。在2011年调查的时候，31个典型牧户中，平均每家的大畜30头，小畜90只。只有不足20的牧户的大畜超过40头或者小畜超过100只。畜群规模的缩小往往会减小牧民的放牧距离，特别是畜群缩小与定居相伴发生的时候。

贡格尔大规模的定居开始于20世纪90年代后期。与国家推动的定居工程不同，贡格尔的定居是牧民和国家共同作用的结果。

首先，牧民有定居的意愿，尽管大部分牧民都喜欢蒙古包，认为蒙古包冬季更温暖且容易搬动，但是它与牧民的现代生活存在许多潜在冲突。比如蒙古包的面积比较小，在好客的牧民来看，不方便接待许多客人。其次，牧民不希望老人和孩子总是处于流动状态，定居在交通比较方便的地方也使老人和儿童有个稳定的家。

当然，牧民家庭有了越来越多的财产，比如电视、冰箱，这些都需要稳定的电力供应；牧民开始建设棚圈，储存牧草，这也需要有个稳定的地点。电力进入牧区，首先进入交通比较便利的地方。到目前为止，冬草场和夏草场还没有电力供应，只有春秋草场实现了稳定的电力供应。

1998 年前后，随着牧场承包制度的落实，大部分牧民逐渐在春秋草场定居下来，并形成了现有的 5 个村民小组的居住格局。到 2010 年，全村还有 6 户牧民居住在蒙古包里，在夏季牧场和冬季牧场之间游牧，其他村民都已经建起了固定的房屋和牲畜棚圈。从这个意义上来说，定居改变了牧民的生活方式，满足了多数牧民的期望。而且如果没有国家的推动，定居的过程会很漫长，因为定居所需要的许多基础设施都是国家所提供的。比如在定居点国家投入打井，保障了定居点的人畜饮水。图 2 中定居点 2 和定居点 3 之间靠近公路的地方有一口深水井，这是周边牧民固定的取水点。定居以后需要棚圈，大部分棚圈也都由政府项目投入，支持牧民修建的。甚至房屋的建设资金，也有一些来自政府的补贴。苏日表示要在近两年中争取到一些资金，帮助尚未定居的 6 户牧民建房使他们安定下来。

定居和牲畜分户以后，大部分的家庭主要利用春秋草场，冬草场和夏草场的利用频率减少了。原来冬季游牧到冬草场，这既是一种放牧方式，也是一种生活方式。全家在四季牧场上随季节变换而转移，但是定居使大部分人生活在春秋草场。在春秋草场采食的时候，牲畜几乎无须人照料，除了饮水、挤奶和补饲时需要将牲畜集中起来，其他时间都散放在牧场上，无须牧民照料。这时候要保持四季走场就意味着要有劳动力离开定居的家庭，到数十公里以外的冬季牧场或夏季牧场去放牧。一个家庭要被拆成两部分，一部分在定居点，另一部分到放牧点。如果家庭有足够的劳动力且牲畜数量较多的话，这是一个不错的选择，但如果家庭的牲畜数量不多且劳动力缺乏，那么家庭就很难做出这种选择。所以在定居以后，进入冬季牧场的牧民只会越来越少。

当进入冬季牧场的牧民减少以后，原有的草原利用制度就不再被执行。

比如社区原来规定，除了冬季以外，其他季节是不能在冬季牧场放牧的。但在定居以后，这一规定逐渐被打破。一些牧民将自己承包的冬季草场出租给其他社区的牧民使用，而这些牧民支付租金后，拒绝遵守社区的放牧管理制度。由于缺少监督，他们不仅在自己租赁的牧场上放牧，还可能到其他人的牧场放牧；此外，村民定居在春秋草场后，冬草场几乎就没有本村的牧民了，这给其他村庄牧民的私下进入提供了机会。每年冬季进入冬草场后，牧民会发现，原本保留下来用于冬季放牧的牧草已经被其他村庄的牲畜啃食殆尽，不足以支持他们整个冬季的饲养。为了保护冬草场，社区每年都会组织一些牧民在夏季去检查，偷牧的牲畜会被抓获，他们的主人也会被罚款。但是组织这样一次检查并不容易，首先要聚集起来一批牧民，其次还要有必要的交通工具，最后罚款规定的执行也很困难。总而言之，保护冬季草场的成本越来越高，而偷牧的成本越来越低，因此有些牧民家庭索性放弃了冬草场的使用。

放弃冬草场对于嘎查的牧业发展影响很大。尽管冬草场的面积并不大，但因为比较好的自然条件，原来从 10 月下旬到来年的春天，牲畜可以在冬草场采食 5 个月的时间，但现在不能被利用了。由于管理成本太高，且许多牧民放弃利用冬草场，2011 年嘎查与林业局协商，同意将冬季牧场变成公益林区，由林业部门监督，实施完全的禁牧政策，牧民由此可获得一些公益林补助。失去了冬季牧场以后，牧民只能通过购买牧草和租赁草场来弥补草场的不足。

在定居以后，牧民对夏季牧场的利用也变少了。现在牧民主要饲养牛和羊两种牲畜，在夏季，多数牧民会合伙雇用羊倌，将羊放牧到夏季牧场上，而把牛留在定居春秋牧场上。他们之所以这样做是因为母牛每天都要挤奶，而这是妇女的工作。她们既要照顾家庭，又要照顾牲畜，所以牛只能留在定居点附近。牧民会把一部的羊会放牧到夏季草场，特别是对于那些草场不足而牲畜又比较多的家庭，他们会联合起来雇用羊倌，将各家的羊组成比较大的羊群去放牧。

与过去相比，夏季草场利用有所下降，这不仅因为几乎没有家庭在夏季草场上放牧牛，还因为放羊的时间缩短了。夏季牧场受贡格尔河与沙里河的影响很大。由于上游工业用水，贡格尔河与沙里河的来水量都大幅度减少，有时甚至断流。河水量的减少直接影响了牧草的生长，一些牧民认为夏季草场产草量下降的原因就在于河水的减少。

此外，河水也是牲畜的饮用水源，一旦河水断流，牧民就无法在夏季牧场放牧。2010 年河水就曾经断流半个月，牧民不得不把牲畜赶回到春秋牧场。当所有牲畜都集中到春秋牧场以后，牧场的压力骤然增大。贡格尔河上游修建水库以后，因为要供应工业用水，来水就更无规律可循了，在夏季牧场放牧也就愈加困难①。

由于各家的牛都常年在春秋牧场上，春秋牧场也就没有了休养生息的时间。夏季是牧草生长的季节，现在由于降水减少、地下水位下降等原因，牧草生长困难，同时牛在牧场上常年采食，到牧草停止生长后，草场上就很少有草了。在贡格尔草原，牧草生长时间很短，4～5 月返青，到 9 月就基本上停止生长了。不间断地利用经常会导致牲畜无草可食用。全年有超过 6 个月的时间，牲畜要依靠枯草生活。

综上所述，定居不仅仅改变了牧民的居住方式，更重要的是改变了草原的利用方式。在定居以后，原来的冬季草场已不能再利用，而夏季草场的利用率也不断减少，由此牧民可利用的资源渐趋变少。

## 四 草场承包和围封

当冬季牧场不再被利用，夏季牧场使用减少以后，大部分的牲畜都被集中在春秋草场，社区内部草场使用的竞争加剧了。在政府推动和资源竞争的双重作用下，草场开始被分割围封。

在牲畜被分配到各户以后，国家就开始推动草原的承包工作，主要解决了当时村庄之间的草地边界问题，尽管在部分牧区也将草地承包到户，但是没有围栏的保护，草地承包基本停留在纸上，草原基本上还是共同使用。到了 20 世纪 90 年代后期，随着国家保护草原项目的增加，如京津风沙源项目、退牧还草项目的实施，国家在网围栏项目上的投入也逐渐增加，草原围封的面积也越来越多。在贡格尔，现在大部分的草场都被围封起来了。

围封是确定权力关系的过程，通过围封可以建立排他的使用权。国家推进围封项目时，希望所有草场都有清晰的产权，从而使牧民可以合理利用草原。在国家有关围封的图景中，所有的草原都被清晰地分割，每块都

---

① 在我们 2011 年访问的时候，苏日接到牧民电话，说贡格尔河的水流越来越少，好像上面已经不放水了。苏日打电话协调，据说暂时恢复了少量供水，但是将来供水会越来越少。

有清晰的主人，享有草原的收益并承担保护的责任。但在牧民看来，草原不可能全部被围封，他们要做的是利用围封将自己的草场保护起来，尽可能地利用其他的草场。在牧民定居的春秋草场，有牧道、水源地等周边尚未围封的草场，还有一些牧民因为贫困或牲畜数量很少，还未围封草场，这些地方都成为公共的放牧地。

苏日描述了草原围封的过程。牧民定居以后，草场也被分片承包到不同的牧户。但由于没有围栏的保护，对于流动的牲畜来说，草场仍然是公共的。但受干旱、牲畜增加和牧场面积减少的影响，一些牲畜多的牧民开始感觉草场不够用，因此他们往往就会申请政府项目，将自己的草场围封起来。比如2组最先进行草场围封的就是当时的村会计达古拉。达古拉争取到了政府的项目，将自己的草场围封起来。围封以后，达古拉的牲畜都被放牧到围栏外面的公共牧地，而自己围封起来的草场被用作打草场。其他牧民看到之后开始效法，即通过争取项目或自己投资，将牧场围封起来。按照牧民的计划，将草场围封以后，这些草场可以打草用于牲畜的冬季饲养，也可以等公共放牧地的饲草被吃光以后用于放牧自己的牲畜。

因为所有围封草场的牧民都在利用尚未围封的草场放牧，随着越来越多的牧民将草场围封起来，用于放牧的草场面积不断缩小。比如在2组，尚未围封的草场已经很小，到我们调查的时候，除了公共牧道、水源地周边之外，只有一个贫困户因为牲畜数量很少且缺少资金，其牧场还没有围封；另外一个牧民为了在围栏合法之外，将自己承包的草场围封了50%，这些尚未围封的草场就成为村民的主要放牧地。

通过承包和网围栏建设，原有的公共放牧地面积大大缩小，甚至出现放牧地严重不足的现象，许多牧民不得不在夏季打开围栏，在围封的牧场中放牧牲畜。围栏是牧民坚守的最后一块牧场，如果这里的牧草被吃光，而且牧草停止生长之后，牲畜就无草可食了。牲畜在冬季存活的唯一的办法是进行人工的饲喂。

冬天人工饲喂牲畜并非最近开始的，但几乎所有牲畜都依靠人工饲喂的现象确实仅发生在近些年，这对草原畜牧业影响很大。在游牧时代，牧民每年只需要储备很少的干草用于补饲幼畜、病弱牲畜和临产前的母畜。在冬季的大部分时间，多数牲畜主要依靠放牧维持生存。但是单纯地依靠放牧很难规避灾害，特别是草原上经常发生的"白灾"和"黑灾"，也就是雪灾和低温灾害。从 20 世纪 60 年代，牧区开始建设草库伦用于打草，以储备冬季用草，以提高抵御自然灾害的能力。

从 2000 年开始，由于用于冬季放牧的草场面积大幅度缩小，且草场质量越来越差，几乎所有的牲畜在冬季都需要补饲。在 10 年前开始补饲的时候，每年喂草的时间还比较短，而 2005 年以后，特别是 2009 ~ 2010 年，补饲的时间不断延长，有时甚至要长达半年时间。补饲也不再是因为下雪将牧草盖住，而多是因为干旱或者牲畜采食导致冬季草场上可食用的枯草变少。在这种情况下，补饲不是为了牲畜增重，而是如何在无草的季节将牲畜保留下来，等待来年生长出青草。根据牧民的计算，如果不是为了育肥，而是简单地维持牲畜不被饿死，以等待来年牧草生长，那么每只羊每天至少要补充 3 斤牧草，而一头牛要补充 10 斤以上的牧草。这意味着一个普通的牧民家庭每年需要准备数万斤牧草牲畜过冬。如果说过去牧民主要依靠天然草场放牧，现在贡格尔的牧民则越来越依靠人工喂养，但问题在于所需求的大量牧草从何而来？

为了打草，早在 20 世纪 80 年代之前，贡格尔就围封了 40000 亩打草场，如果按照正常年景每亩可打草 200 斤推算，这些围封的草场合计打草800 万斤，2010 年嘎查的牲畜数量还比较多，有牲畜牛 4000 多头，羊5000 ~ 6000 只，每天大约消耗的牧草不超过 10 万斤，即使在实行休牧禁牧以后，人工喂草的时间延长到 2 ~ 3 个月，依靠打草也可以维持牧业发展，只是在生产成本中增加了打草用的机器和柴油的成本。但是干旱却导致了打草场无草可打，受干旱的影响，2010 年放牧场草产量很低，不足以支撑放牧，而贡格尔河与沙林河的不时断流也影响了夏季草场的利用，打草场被迫开放用作了牧场，这直接的后果就是无草可打。

草场承包为牧民租赁草场提供了可能。在游牧时代，草场是共有的，牧民可以使用，但无法出租。在草场承包以后，草场被围封起来，从而有了明确的边界和所有人，国家政策允许将自己承包的草场出租，甚至鼓励通过流转将被分割的草场集中起来，以形成一些规模较大的牧场。

但是贡格尔的草地租赁与国家政策所推动的方向存在很大程度的不一致。首先，贡格尔牧民租赁的草场都是在其他嘎查，特别是那些与贡格尔有着不同草类型地的地区，因为近几年贡格尔连续的干旱，他们期望不同类型的草场可能会有更高的产量。所以草场租赁并没有推动牧场规模的扩大，而是成为牧民增加牧草供给的手段；其次，牧民租赁草场主要是用于打草而非放牧。由于牲畜的流动性下降，远距离放牧的成本增加，与其他一些牧区不同，贡格尔很少有牧民租赁放牧场。租赁牧场打草比购买牧草的价格低，这是牧民租赁牧场的直接原因；最后，草场租赁很少有长时间稳定的租赁，租赁周期往往只有一年。因为草场产草量不稳定，所以无论是出租方还是承租方都不愿意长时间租赁。

租赁草场是牧民的一个选择，但是干旱导致草场租赁越来越困难。干旱导致草场的产草量下降，可以满足牧民打草要求的草场数量变少，很多牧民找不到适合租赁的草场；此外，租赁价格也在升高超出了牧民的承受能力。因此，气候越是干旱，牧民越难租赁草场。在我们调查的 31 户牧民中，2009 年还有 10 户牧民租赁了打草场，共打了将近 35 万公斤草，到2010 年就只有 5 户租赁了打草场，打草量也只有 12 万公斤。

在可利用草场面积缩小、打草场无草可打，甚至可租赁的打草场也越来越难找到时，如果牧民不想让他们的牲畜在冬季死亡的话，所剩下的选择就是从远处购买牧草。

## 五　买草、借债和贫困

随着牧草市场的开放，出现了专门经营牧草的商人，他们远距离贩运牧草。对于贡格尔的牧民来说，如果要从事畜牧业就必须购买牧草。在我们对 31 户的调查中发现，2009 年有 25 户购买了牧草，平均每户购买 5 万多斤牧草，而到 2010 年，有 29 户购买了牧草，平均每户购买 6万多斤牧草。

**表 2　调查户购买牧草情况**

| 调查户数 | 2009 年购买牧草户数 | 平均每户购买量（斤） | 2010 年购买牧草户数 | 平均每户购买量（斤） |
| --- | --- | --- | --- | --- |
| 31 | 25 | 55000 | 29 | 62000 |

如果从资源流动角度来看，游牧和购买牧草都是资源的流动，游牧是牲畜游动到有水草的地方以平衡利用资源，而购买牧草则是通过牧草的流动，弥补气候原因所带来的牧草资源不足问题。但是这两种不同的方式有着完全不同的社会意义。游牧建立在互惠基础上，特别是灾害时期的走敖

特制度，当牧民遭受自然灾害，他们可以通过无偿地使用其他牧民的草场来减少灾害损失；但是在买草喂畜的时候，灾害越严重，牧草的价格就会越高。2009年的秋季，牧草大约每斤0.36元，到2010春季每斤就达到了0.80元；到2010年秋季，牧草价格略有下降，平均每斤0.32元。根据牧民回忆，在2009年到2010年的那个冬季，由于雪灾和春天牧草返青晚，所以大多数牧民都不得不为牧畜增加牧草，而这时的草价几乎涨到每斤1元。为了让牲畜度过冬天，不管多贵的他们也必须买。

在干旱季节，由于牧草需求量大，为购买牧草许多牧民的收入减少，甚至出现负收入。如果按照每年喂养5个月，平均每天每只牲畜用草3斤计算，一只羊一年所需牧草就达到了400~500斤，如果是租赁草场打草，那么每斤草的成本大约在0.2元左右，牧草就需花费100元，假设牧民是50%的出栏率，那么出售一只牲畜就需要饲养两只羊，在2010年，一只羊平均价格大约750元，这就意味着毛收入的25%要用于饲草料。但是购买牧草的价格要远远高于租赁草场打草，如果按照平均价格0.5元计算，那么意味着毛收入的50%以上要用于购买牧草。如果因干旱而大量购置了高价牧草，那么牧民肯定会收不抵支了。

对于每个牧户来说，由于购买饲草的数量、时间不同，支出也会不一，但是干旱导致牧民必须买草保畜，而这种经营方式是不可持续的。草原畜牧业原本是低成本的生产方式，但是在定居、草场分割和干旱的多重作用下，生产成本不断增加。尽管很大部分由国家项目覆盖，如围栏、棚圈、机井，但因购买草料所发生的成本由牧民自身承担。从表3中可以看出，畜牧业的生产成本增加，而其中最大的支出就是买草买料。在我们有关31个牧户调查中，平均每户每年的生产支出是3.4万，生活支出是3.5万，生产和生活支出各占50%左右。根据表3可以看出，如果买草和买料的支出加在一起，就占到了生产支出的75%，而在牧民总支出中的比例也有37.3%。

表3　2010年牧民生产支出构成

|  | 花费（元） | 百分比 |
| --- | --- | --- |
| 买草 | 22617 | 67% |
| 买料 | 2676 | 8% |
| 买牲畜 | 0 | 0 |
| 建设维修（棚圈，围栏） | 1741 | 5% |

续表

| | 花费（元） | 百分比 |
|---|---|---|
| 油钱（包括打草） | 2776 | 8% |
| 牲畜治病 | 1622 | 5% |
| 其他 | 2324 | 7% |
| 总计 | 33756 | 100% |

如此高的成本使草原畜牧业和牧民生计变得非常脆弱。从我们 31 户牧民调查的情况看，如果不计借贷收入，平均每个牧民家庭年均收入约 8 万元，不计还款的支出，生产和生活的支出将近 7 万元，这意味着如果不发生借贷，那么牧民的生活将会略有盈余。

**表 4　2010 年牧民收入—支出情况**

| | 收入 | 支出（不包括还贷） | 盈余 |
|---|---|---|---|
| 户均金额（元） | 81027 | 67846 | 13181 |

如果按照上述的收支结构，牧民无须依赖借贷维持生活。但现实情况是大量牧民依靠举债维持生活。在所调查的 30 个牧户中，有 25 户有借贷，借贷金额最大为 15 万元，最小为 1 万元，平均每户借贷约 3.85 万元。

**表 5　牧民 2010 年贷款情况**

| | 户均借贷 | 总计 | 最大值 | 最小值 |
|---|---|---|---|---|
| 借贷（元） | 38533 | 1156000 | 150000 | 0 |

为什么一个收支大体平衡的经济会产生大量债务？主要有以下两大原因。

首先是生产的季节性。传统上牧民很少积攒现金，他们收入的主要来源是畜群，为了满足买草的需要，缺少现金的牧民通常采取借贷和赊销方式。通常他们在出售牲畜之前借贷或赊购，在出售牲畜后取得收入时一次性还清。短期的借贷是牧民生产中的正常状态，维持一种循环的借贷关系有助于保持草原畜牧业的持续发展。

其次，单一年度的收支状况并不能真实反映牧民的生活状况上。牧民通常在条件较好的状况下购买牲畜，而在条件不好，特别是出现严重灾害的时候出售牲畜。在集中出售牲畜时就可能会出现现金收入的大幅度增加。经过连续5年干旱以后，贡格尔的许多牧民开始大量出售牲畜，在所调查的31户牧民中，有8户将超过50%的成年牛出售，还有8户将超过一半的成年羊出售，有的牧户甚至将羊全部出售。牲畜数量的大幅度减少可能表现为现金收入的增加，但这同时也是许多牧民陷入贫困的象征。

此外，重要原因还在于牧区社会的收入分化也是牧民债务产生的。尽管在31个被访问的牧户中，平均每户有超过1万元的盈余，但不同的家庭情况差异很大。31个被访问的牧户总计盈余38万元，有两个牧户的盈余达到25.7万元，而有10户收不抵支，收支差额为17.5万元占被访牧户的1/3。

**表6 被访问牧户的收支状况**

|  | 户数 | 比例（%） |
|---|---|---|
| 收入小于支出 | 10 | 32 |
| 收入大于支出，盈余小于2万 | 12 | 39 |
| 收入大于支出，盈余大于2万 | 7 | 23 |
| 未回答 | 2 | 6 |

这些收不抵支的牧户无法清偿当年的债务，于是形成了一个借贷—还账—借贷的怪圈。由于大部分的牧草和生活用品都是赊销的，牧民在出售畜产品之后不久就将大部分所得用于还债，如需购买牧草和生活用品，他们又得重新借贷。债务在不断累计，还债也越发困难。按照苏日的说法，过去在春节之前全嘎查就没有欠债的，过了春节，孩子们要去上学，一些家庭才开始借债。但是现在春节前就有20%～30%的牧民开始借债，到3月孩子上学的时候，已经有50%～60%的农民欠债。甚至杂货店的小老板也抱怨，10年前刚开店的时候，只有不到10%的牧民欠款赊销，现在已经有一半的牧民经常赊销日用品，其中有20%～30%的牧民当年无法还款。一些牧民甚至因为欠账太多且不能按时还款，被各种商店拒绝再赊销。

半官方的农村信用社是牧民贷款的主要来源，但是信用社的贷款并不能解决所有牧民的需求，特别是一些紧急的资金需求。民间借贷是较为普遍的现象。在30个被访问户的共计115.6万元贷款中，差不多有20%的贷款来自民间借贷。由于借贷越来越普遍，民间借贷的利率也被推高。在牧区民间借贷中，年利率一般在 24% ~ 36%，即使是农村信用社的贷款也接近 10%。如果这样计算，被调查的 31 户牧民每年就需要支付差不多 6000 元的借债利息，这相当于他们盈余的 50%。这无疑是个学生的负担。

尽管政府一直在提倡减畜以维持草畜平衡，但是并没有很好的效果。而饲养的困难使得牧民不得不减少牲畜。从 2006 年到 2011 年，每户拥有的牲畜数量总体呈下降趋势，特别是 2010 年到 2011 年下降幅度很大。5 年的时间，牲畜减少了大约 60%，每户拥有的牛的数量从 51 头减少到 30 头，下降比例达 41%；羊从 132 只下降到 89 只，下降比例约为 33%。对于多数没有其他生计来源的牧民来说，牲畜数量的下降意味着他们未来收入的减少。按照达赖的说法，现在嘎查内有 30% 的牧民家庭入不敷出，如果没有特殊办法，他们很难扭转这一状况。

435

**表 7　调查户牲畜拥有量**

|  | 2011 年 | 2010 年 | 2006 年 |
|---|---|---|---|
| 牛的数量（户平均） | 30.3 | 44.7 | 51.3 |
| 羊的数量（户平均） | 88.7 | 116.6 | 132.5 |

## 六　结论

相较农耕地区，草原牧区的自然条件一直是极为恶劣的，降雨稀少且多变，自然灾害频繁。在过去的半个世纪，通过国家和牧民的投入，草原牧区的各种基础设施得到了很大改善，比如通过修建草库伦，牧民可以储备更多的牧草以保持牲畜在冰雪灾害中的存活；通过打井使过去许多无水草原得到了利用；通过修建棚圈使幼畜的成活率大大提高。这些措施无疑提高了牧民对抗自然灾害的能力，但是为什么在基础设施不断改善的条件下，牧民的畜牧业生产反而变得更加脆弱了？对此，我们不得不从制度方面分析其原因。

过去的 30 年中，牧区在三个层面发生了深刻的制度变化，即定居、草场分割到户和市场化机制的引入。定居缩小了牧民放牧的半径，增加了牧民合理使用和保护资源的成本，并最终导致他们可利用资源的减少；尽管草场分割被政府看作是保护草原的有效手段，但其实质是草原市场化的前提。在草原承包并被围封以后，牧民开始通过过度利用公共资源来保护自有的资源，其结果却是草原的普遍退化。

对牧民来说，过去 30 年最大的变化来自于市场化，市场不仅主导了牧民的生产，而且渗透到资源管理和牧民的社会生活中，原本共同利用的自然资源被赋予了价格，直接导致了牧民生产成本的急剧上升。不管是租赁草场或是购买饲草，乃至大量举债，都不同程度地加剧了牧民的负担，使牧民的生计变得更加脆弱，部分牧民也因此陷入贫困。

国家政策虽然推动了牧区基础设施的改善，但与此相伴随的是牧民社会资本的损失，定居小块牧场、仅仅保有市场关系的牧民，其可以被用来与自然灾害相对抗的社会合作和灵活性正在丧失，而这正是牧民应对自然不确定性的有效手段。在调查中，大多数牧民表达了希望通过合作共同抵御灾害的心声。问卷中有询问农户，如果继续干旱，是选择"将草场划分更清晰，还是要加强合作"，31 个被访对象中有 19 个人回答了这个问题，其中 18 个人回答的是要合作，另外一个人回答说其他方式。也就是说，事实上没有一个牧民将草场的产权清晰作为应对干旱的策略，而这正是决策者所极力倡导的。

## 参考文献

敖仁其等，2009，《牧区制度与政策研究——以草原畜牧业生产方式变迁为主线》，内蒙古教育出版社。

布朗，柯林等人，2009，《中国西部草原可持续发展研究》，赵玉田、王欧译，中国农业出版社。

陈素华、宫春宁，2005，《内蒙古气候变化特征与草原生态环境效应》，《中国农业气象》第 4 期。

费根，布莱恩，2008，《大暖化》，苏月译，中国人民大学出版社。

宫德吉，1995，《近 40 年来气温曾暖与内蒙古干旱》，《内蒙古气象》第 1 期。

宫德吉，1997，《内蒙古干旱对策研究》，《内蒙古气象》第 4 期。

国家林业局，2005，《中国荒漠化和沙化状况公报》，http：//www. gov. cn/ztzl/fszs/content_650487. htm，2005。

国家林业局，2011，《中国荒漠化和沙化状况公报》，http：//hmhfz. forestry. gov. cn/uploadfile/main/2011 – 1/file/2011 – 1 – 5 – 59315b03587b4d7793d5d9c3aae7ca86. pdf. 2011。

环境保护部，2006，《2005 年中国环境状况公报》，http：//www. mep. gov. cn/pv_obj_cache/pv_obj_id_A1AF0B188307942D2A8D7504A6FC94A5FED71200/filename/2005zkgb. pdf. 2006。

海山、乌云达赖、孟克巴特尔，2009，《内蒙古草原畜牧业在自然灾害中的"脆弱性"问题研究》，《灾害学》第 2 期。

韩俊等编著，2011，《中国草原生态问题调查》，上海远东出版社。

韩念勇主编，2011，《草原的逻辑》，北京科学技术出版社。

韩颖、侯向阳，2011，《内蒙古荒漠草原牧户对气候变化的感知和适应》，《应用生态学报》第 4 期。

IPCC，2008a，《气候变化 2007：综合报告》，政府间气候变化专门委员会出版。

IPCC，2008b，《气候变化 2007：影响、适应和脆弱性》，政府间气候变化专门委员会出版。

贾幼陵，2011a，《关于草原荒漠化及游牧问题的讨论》，《中国草地学报》第 1 期。

贾幼陵，2011b，《草原退化原因分析和草原保护长效机制的建立》，《中国草地学报》第 2 期。

科学技术部社会发展司、中国 21 世纪议程管理中心，2011，《适应气候变化国家战略研究》，科学出版社。

李文军，2010，《应对气候变化：来自干旱草原牧区的启示》，载中国社会科学院环境与发展研究中心编《中国环境与发展评论（第四卷）》，中国社会科学出版社。

李小兵等，2011，《气候变化的内蒙古温带草原的影响极其响应》，科学出版社。

克什克腾旗志编辑委员会，1993，《克什克腾旗志》，内蒙古人民出版社。

娜日苏等，2011，《气候变化对内蒙古草原生态经济的影响评述》，《北方经济》11 期。

秦大河主编，2009，《气候变化：区域应对与防灾减灾》，科学出版社。

王菱等，2008，《蒙古高原中部气候变化及影响因素比较研究》，《地理研究》第 1 期。

王晓毅等，2010，《非平衡、共有与地方性》，中国社会科学出版社。

乌尼尔、谭晓霞，2010，《草原政策与牧民应对策略》，载《西南边疆民族研究（第 8 辑）》，云南大学出版社。

《中国政府网》，2012，《温家宝主持召开国务院常务会议讨论通过〈"十二五"国家战略性新兴产业发展规划〉和〈全国游牧民定居工程建设"十二五"规划〉》，http://www.gov.cn/ldhd/2012 – 05/30/content_2148928.htm，5 月 30 日。

Ellis，Jim. 1994. "Climate Variability and Complex Ecosystem Dynamics：Implications for Pastoral Development". in Ian Scoones eds. *Living with Uncertainty*. Intermediate Technology Publications.

Helen de Jode eds. 2010. *Modern and Mobility*. International Institute for Environment& Development (IIED) and SOS Sahel International UK.

Humphrey，Caroline & David Sneath. 1999. *The End of Nomadism*? The White Horse Press.

Kelly，P. M. & W. N. Adger. 2000. "Theory and Practice in Assessing Vulnerability to Climate Change and Facilitating Adaptation". in *Climatic Change* 47. Kluwer Academic Publishers.

# 三维"断裂"：城郊村落环境
# 问题的社会学阐释
## ——下石村个案研究

耿言虎[*]

**摘　要：** 伴随着急剧的社会转型，"断裂"引发的环境问题正日益凸显。城郊地区生产、生活方式和价值观念处于急剧转变的状态，断裂所导致的环境问题表现得尤为明显。通过对城郊村落下石村的实地调查，发现结构断裂、循环断裂和文化断裂共同导致了下石村严重的环境问题。"中心－边缘"格局下的结构断裂、传统"农业系统—村落环境"的物质循环断裂、水规范失灵和文化堕距引致的文化断裂构成了下石村环境问题的三维动因。运用"自反性"审视当下环境现状，城郊环境问题可以说是发展和进步带来的后果。面对"断裂"及其造成的环境后果，理应积极采取缝合之术。

**关键词：** 断裂，结构断裂，循环断裂，文化断裂，自反性

## 一　断裂与环境问题：相关文献述评

随着传统社会向现代社会的嬗变，社会在物质和观念层面都发生了根

\* 耿言虎，河海大学社会学系博士研究生。原文发表于《中国农业大学学报》（社会科学版）2012 年第 1 期。本文是国家社会科学基金"'人—水'和谐机制研究——基于太湖、淮河流域的农村实地调查"成果（项目编号：07BSH036）。

本性的剧变，"断裂"及其衍生的社会问题日益成为学术界关注的焦点。社会学创始人孔德将社会学分为社会静力学和社会动力学，其中社会静力学研究社会"秩序"问题，社会动力学研究社会"进步"问题。此后，"秩序和进步"成为社会学研究的重要方面。"断裂"可视为由"进步"所产生的问题。孙立平将20世纪90年代以后的中国社会命名为"断裂社会"，即在一个社会中，几个时代的成分同时并存，互相之间缺乏有机联系的社会发展阶段（孙立平，2003）。在环境领域，"断裂"引发的环境和生态问题尤为突出。传统社会中，由于社会生产力水平低下，社会组织、文化形态、生产方式等方面都受制于自然环境，人类不得不尊重自然规律，被动地适应自然，形成了"人—自然"和谐相处的格局。进入现代社会，随着技术进步和生产力水平的提高，人类征服自然的欲望愈加强烈，生产生活方式也加速演变，由此衍生了一系列生态环境问题。环境问题的产生与"断裂"具有重要关联，相关文献已有涉及，本文主要从如下三点进行阐述。

（1）结构断裂与环境问题。如果把社会结构看成一个整体的话，那么结构内部的失衡可看作一种断裂。"中心—边缘"格局是沃勒斯坦所提出的世界体系理论的核心观点。他指出，资本主义世界经济体是一个基于不平衡发展、不平等交换和剩余价值占有的等级体系。这一等级体系中，资本主义经济体可分为中心区域、半边缘区域和边缘区域。"中心—边缘"格局的实质就是不平等的关系，而不平等分工和不平等交换则是"中心—边缘"格局本质特征的具体体现（舒建中，2002）。就环境领域而言，"中心—边缘"格局导致了严重的国际环境公平问题。处于中心区域的"发达国家在破坏全球共有环境，占用大量资源的同时，还借援助开发和投资之名，将大量危害环境和人体健康的生产行业转移到发展中国家，进行生态殖民"（洪大用，2001）。美国、日本等国家向第三世界国家的"公害输出"就是典型的案例。对于国内环境问题，洪大用指出环保领域"重城市，轻农村"的现象明显，城乡二元体系是造成这一差异的重要原因（洪大用，2004）。

（2）循环断裂与环境危机。自然界有其特有的物质循环和能量流动规律。然而，现代性的生产和生活方式，正日益破坏着自然界的循环路径，造成"循环断裂"并引发了环境危机。19世纪中期，马克思首先将生物学概念"新陈代谢"用于阐释环境问题的产生根源，进而指出资本主义农业对土地的掠夺，造成了土地的循环断裂（李素萍、李杨，2009）。当代生态马克思主义者福斯特通过对马克思生态思想的深度挖掘，系统地提出了

439

"代谢断裂"理论（福斯特、克拉克，2010）。笔者认为"代谢断裂"理论至少包含如下内涵：①自然代谢，即自然系统内部的循环和物质交换；②社会代谢，即人类与自然系统之间存在的循环和物质交换；③资本主义是"代谢断裂"的根源。资本主义生产方式本质上是一种掠夺性的生产方式，为了追求剩余价值和资本积累导致了社会代谢和自然代谢的脱离，即代谢断裂。

（3）文化断裂与生态危机。现代全球（Global）文明的进入使得当地的（local）传统知识日益沦为附庸。一般认为，与自然环境相互依赖的当地人的传统生产、生活方式和地方性知识对环境保护和资源保育（Conservation）具有重要意义。文化断裂是环境问题产生的内在机理。在汉族农业区，陈阿江（2000）通过对太湖流域东村的个案研究指出，20世纪90年代以后农村社区传统伦理规范的丧失是造成水域污染的主要原因。在北方牧区，麻国庆（2001）对蒙古族游牧的研究指出造成草原生态恶化的一个重要原因是农耕文化对游牧文化冲击，以及由此造成的游牧文化的式微。在西南山区，尹绍亭（2000）通过经验材料指出了历史上山地民族刀耕火种并不如想象般的"原始""落后"，反而是新中国成立以后，人地矛盾加剧，以追求"粮食"为目标的国家政策以及划分国有林的行为，破坏了山地民族有序轮耕的传统农业生产方式和社会规范，进而造成生态破坏的现实。

## 二 案例村及其环境问题

处于城市化进程中的现代城市的领地正向周边地带迅猛扩张，城郊地区生产、生活方式和价值观念处于急剧转变的状态，断裂所导致的环境问题在我国城郊区域表现得特别明显。本文选取一个典型城郊村落——下石村①作为个案，细致剖析"断裂"及其引致的环境问题。下石村位于江南丘陵地带，是一个自然村，隶属于南京市雨花台区，背靠当地著名的景点牛首山。2008年12月下石村共有44户，本地人口170余人。虽然下石村的人口、村落规模并不是非常大，但在环境问题的表现及形成机制上具有一定的典型性，可以反映我国城郊村落环境问题的一般状况。笔者及课题组成员在2008年12月至2009年4月先后5次对下石村进行了调查，并且在调

---

① 依照学术规范，本文中村名经过一定的技术处理。

查完成后通过与访谈对象保持电话沟通的方式对下石村进行了持续的关注。课题组通过深度访谈法和参与观察法收集了下石村的大量一手资料。由于需要追溯历史上村民的传统生产生活方式和规范习俗，笔者及课题组选取的访谈对象多为村中 40 岁以上的中老年人以及一些外来人口，共计 20 余人。本文正是基于以上调查所得的经验材料展开讨论。

由于地处江南山麓，村中水系较为发达。沟渠起源于村后的牛首山，目前已被硬化，穿村而过。村中的水系自上而下为：山上河流—后头坝—下河—上河—茨菰塘—前头坝……流往长兴河。"茨菰塘""上河""下河"是活水塘，与水系相通。另外村中还有 3 个"死水塘"（见图 1）。

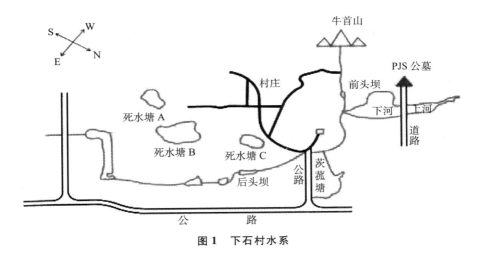

**图 1　下石村水系**

处于城市化进程中的下石村已明显呈现下述村落环境问题。

1. 水污染

污染源主要有三个：①生活污水。由于人口总数较大，每天产生大量的生活污水，没有经过任何处理就直接排放沟渠和池塘中。②农业面源污染。村中保留着少量的农田和菜地，化肥和农药经由雨水渗入池塘，导致池塘的氮、磷总量严重超标，水体逐渐富营养化。③工业污染。除了"内生污染"外，还受到"外源污染"，附近的 PJS 公墓产生的污水部分地流入池塘。

2. 生活垃圾污染

主要表现为固体废弃物污染。虽然建设了垃圾公共堆放池，但是村中有大量的生活垃圾，包括塑料袋、包装盒、废电池等这些垃圾。由于没有得到及时处理，散发臭味，滋生苍蝇，并已对周围水体造成一定程度的污染。

3. 水功能层次下降

水的"功能层次论"是陈阿江（2000）提出的概念。他将水体的功能从高到低排序，依次是 F1 饮食，F2 渔业，F3 农业灌溉……最后一级是 Fn 纳污。下石村池塘水质的功能层级不断降低。以茨菰塘为例，功能由饮用，降到淘米洗菜，再降到洗衣服，现在只能在此洗刷马桶。原来可以洗涤的死水塘 C 已完全成为纳污池，水体发黑、发臭。总体而言，下石村池塘水质的变化如下：

饮用水和生活用水　　　　　生活用水　　　　　纳污用水
（1984 年以前）　→　（1984～1990 年）　→　（1990 年以后）

4. 水域消减与水系破坏

村中水域的总面积不断下降。据村中老人反映，历史上村中池塘的数量比现在多，后来为了发展农业的需要，有的浅水池塘被填平，变成了农田。而且池塘由于自身淤积、道路工程的修建等原因，水面的面积比以前变小了。为了修建公路，村中面积最大的茨菰塘被填了将近四分之一。除了水域消减外，村中水系也常受到破坏。一些沟渠被切断或改道，池塘被填平。原本上河与下河是一体的，1990 年 PJS 公墓修建的道路将二者"拦腰截断"，只设了几根管道连接。

## 三　结构断裂：中心—边缘格局

美国社会学家布劳认为社会的结构分化表现为水平分化（异质性增加）和垂直分化（不平等增加）两种形式（贾春增，2000）。社会转型可看作社会不平等和异质性增加的产物。在环境领域，不平等性和异质性是结构性环境问题特征（侯小阁等，2008）。就城郊村落环境问题而言，不平等性多体现在"中心—边缘"的城郊格局上。伴随着现代城市的发展，区域功能分化逐渐明显。我国保留了早期城市化的特征，城市中心区域的功能性定位逐渐由过去的工业中心转变为商业中心、服务中心、居住中心，而郊区、城乡接合部等区域在功能区划上一般是工业区、流动人口聚居区、固体废物处理区[①]。城市

---

① 这一点与发达国家的城市格局有很大不同。发达国家的城市化逐渐饱和，市区"城市病"凸显，而城郊比城市环境更加优越。伴随现代汽车的普及，人口大量居住于郊区，市区出现"空心化"趋势，逆城市化现象明显。

内部形成一个由市区、中间区域、郊区构成的 "中心—次边缘—边缘"（简称 "中心—边缘"）格局。随着城市化的推进，被纳入城市的城郊村落，同时也被纳入了 "中心—边缘" 格局中。与非城郊村落相比，城郊村落的环境问题更加突出。具要表现如下。

其一，功能变更与环境问题。城市的拓展逐渐转变了村落土地利用方式，改变了其产业形态，许多城郊村落功能出现由 "自给型" 到 "服务型" 转变，主要体现在大面积集约农业（蔬菜和花卉种植）、养殖业（鸡、奶牛、鱼等）、加工业（工业、农业和副产品加工）等形式。城郊集约农业造成的农业面源污染，高密度养殖造成的生物、水体和土壤污染已经引起相关学者的关注（王亚娟、马俊杰，2002）。就下石村而言，由 "功能转变" 引致的环境问题体现得并不特别明显，但已有所呈现。村中有几户村民专门种植蔬菜到附近菜市场卖。据笔者观察和访谈所知，蔬菜都使用了大量的化肥和农药。村中池塘两处检测点的水质检测情况显示，水体中总氮含量分别为 5.033Mol/L 和 3.532Mol/L，总磷含量分别为 0.032Mol/L 和 0.121Mol/L[①]（检测时间 2008 年 12 月），按照地表水环境质量标准，总体水质在Ⅱ类、Ⅲ类之间。

其二，污染输出与环境问题。环境公平问题不仅涉及国际、地区和城乡，而且还涉及城市与郊区。笔者认为，城郊之间的环境公平问题已非常突出[②]。城郊村落更容易遭受城市环境侵害。城郊是城市输出物接收区，包括工业垃圾和生活垃圾、"三废"（废水、废渣、废气），以及为数众多的工业园区。以下石村为例，离村仅 1 公里，就有南京市最大的公墓——PJS 公墓。村中池塘水质受到附近 PJS 公墓污水的严重污染。墓地每天 "烧纸、烧遗物以及厕所都产生大量的黑色污水"。经过村民的集体抗争，公墓补偿每户村民每年 600 元。有了经济补偿后，村民对污染采取容忍态度。此外，村中有将近一半的村民在公墓中打工或者依靠公墓做生意，他们也不愿采取过激的抗争行动。更为复杂的是，村民既是公墓的受害者也是受益者，受

443

---

① 感谢日本社会学家鸟越皓之教授提供的检测数据，鸟越皓之教授参加了本课题组 2008 年 12 月的一次调查。

② 2011 年 6 月，笔者参加导师主持的中国科协课题 "城镇化过程中的垃圾处理技术路线与组织方式研究" 的实地调研，发现几乎全部的垃圾填埋场和焚烧厂都设在城郊或农村。周围村民对垃圾场（厂）的环境污染问题表现出明显的愤怒和无助。

害圈和受益圈①的高度重叠成为环境污染迟迟无法解决的主要障碍。

其三，外来人口与环境问题。外来人口急剧增加是城郊村落的显著特征。城郊村落由于租金的优势，往往成为外来人口青睐的居住地。出租房屋成为村民获取收入的重要来源。下石村房屋单间出租一个月只有几十元，远远低于附近的其他区域，因此吸引了大量的外来人口。村中有十几户外来人口在村中租房，总计40余人，约占村人口总数的三分之一。外来人口的增加，改变了村落的人口数量和人口构成。大量外来人口加重了原有的环境负担。外来人口与本地人口在价值观上的差异，使其与本地村民相比，行为具有更大的环境破坏性。另外，频繁的"流动性"降低了他们对当地的归属感。洪大用指出，"他们（流动人口）认为城市只不过是暂时的栖息地，是一个暂时赚钱的他乡异地，他们不必对它爱惜，更不必承担什么责任"（洪大用，2001）。外来人口大多不愿遵守村里的用水规范，不良用水习惯者居多。下石村人对此多有抱怨，但也没有更好的约束办法。

可以看出，城郊环境问题不仅是城郊自身的问题，更是结构性环境问题的必然结果。

## 四 循环断裂：传统农业式微

从"循环断裂"角度阐释城郊环境问题，需要首先了解与当地传统的农业生产方式、农业系统的特点及其发生的转变，其次要分析这种转变对环境造成的影响。下石村地处江南丘陵地带，传统的农业生产方式与"田—水—厕"的农业系统密切相关。农业系统不是生态系统，而是人类特定生产方式和生态系统的结合，是人与自然沟通的桥梁。下石村传统的农业系统由田、池塘（河、渠）、厕所（圈、棚）、灰堆组成。系统中，农田与村庄的池塘、厕所、灰堆发生持续而紧密的物质交换。一方面，农田作物的生长必须依赖村庄中的池塘、厕所、灰堆等提供的物质和能量。池塘为农田提供灌溉水源和可以作为肥料的塘泥，厕所、灰堆为农田提供高效

444

---

① 受害圈/受益圈理论是日本环境社会学者田孝道、桥晴俊、长谷川公一等在研究日本新干线开发造成的公害时提出的。当公害环境问题发生时会出现两种相关人群，一种是从中受益的人群或组织，另一种是因此受害的人群。前者被称为受益圈，后者被称为受害圈（包智明，2010）。

的粪便、草木灰等肥料。另一方面，农田反馈回人畜食用的粮食和作为主要燃料的农作物秸秆。通过农业系统的循环和物质交换，池塘的淤泥被作为肥料得以利用，池塘水得到更替，厕所和牲畜的圈、棚产生的粪便，家庭的生活垃圾也得到了充分再利用，"有垃圾无废物" 成为可能。"农业系统—村落环境" 在这一农业系统下实现了和谐相处和互利共生。

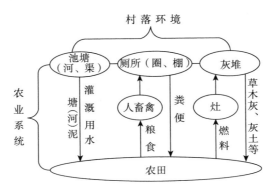

**图 2　"田—水—厕" 农业生态系统与村落环境**

20 世纪 80 年代以后，随着现代性生产和生活方式的 "入侵"，农业系统的物质循环已经出现了部分断裂。进入 21 世纪后，由于城市化进程的加速，下石村逐渐被纳入城市范畴，作为城市化特征之一的土地利用方式随之发生转变，这一转变客观上不利于下石村的村落环境。下石村农业系统 "循环断裂" 大致经历了两个阶段。

第一阶段，农业系统代谢的部分断裂（20 世纪 80 年代~2005 年）。20 世纪 80 年代以后，现代性的生活和生产方式正逐步破坏传统农业系统内部的代谢，切断系统各部分之间的物质循环。化肥由于可以显著提高农作物产量而作为一种高效肥料逐渐得到村民的广泛认同，曾经作为农家肥的粪便、塘泥逐渐无人问津。由于塘泥变得不再有用，"挖塘泥" 这一传统的农业方式在 20 世纪 90 年代以后逐步消失。调查发现村中池塘普遍淤积严重，水质污浊。20 世纪 90 年代以后，由于液化气和各种电器的使用，农作物秸秆不再作为燃料，如何对其进行处理越来越成为问题。伴随着现代工业品的进入，农村的垃圾种类日益多样化、塑料袋、饮料瓶、废电池……难以自然降解的 "现代垃圾" 开始大量出现。"现代垃圾" 不仅无法被农业系统的循环所消解，反而会危害农田和村落环境。这一阶段，农业系统循环出现部分断裂，但总体代谢仍可维持。

第二阶段，农业系统代谢的彻底断裂（2005年以后）。下石村原有农田90余亩，由于城市绿化工程的需要，2005年村中土地大部分被转租。村中每人每年得到600元的补偿。被转租出去的农业用地现在都已经种上了树苗，变成了林地。村里只有小部分家庭留有菜地，或是在林地中间套种一些蔬菜。表面上村庄的土地利用方式改变了，而实质上以"田—水—厕"为代表的农业系统各部分之间的代谢被彻底切断，村落生态系统内部代谢也被部分地切断。传统农业时期可以变废为宝的垃圾，得不到有效处理，变成真正意义上的"垃圾"。历史上村里公共厕所的粪便在农忙时节常常被村民"哄抢一空"，农业式微后，村民却为如何处理粪便而发愁。粪便变得毫无价值，但又没有好的处理办法，索性就直接排到沟渠、池塘中。由于不需要灌溉，池塘的水很少更新和替换，渐渐变成了死水，水质严重恶化。村中原来作为洗涤用的若干池塘，现在已变得污浊不堪，成了"藏污纳垢"之所。

## 五　文化断裂：失范与文化堕距

环境危机很大程度上是文化危机。林恩·怀特指出"我们对生态的所为依赖于我们关于'人—自然'关系的思想"，而基督教作为人类历史上"最人类中心主义"的宗教所提倡的对自然的征服态度是造成生态危机的历史根源（White，1967）。在下石村的环境问题中，笔者看到了文化与环境的不可分割关系。

### （一）水规范失灵

传统时期，人类控制自然的能力有限。为了获得生存所需资源，人类必须尊重自然规律，合理有序地开发自然，以期持续利用。草原牧民的"游牧"、山地民族的"游耕"、渔民的"漏网捕鱼"无不体现了可持续的思想和高超的生态智慧。历史上，水稻种植是下石村主要的农业生产方式，由于需要大量用水，水作为一种重要的生产和生活资源得到了极大的重视和保护，当地因此形成了一套水保护规范。①生活用水规范。村中的池塘，根据水质和功能用途，分为"吃水塘"和"污水塘"。在1984年装上自来水前，吃水塘一直是饮用水源。"吃水塘"通常处于水系上游或独立于水系之外，水质清洁，其功能被明确地限定为饮用水源地。"污水塘"通常处于水系下游，水体质量相对较差，可满足洗涤需要。历史上，村中"吃水塘"

主要是"茨菰塘"和"下河"。传统时期，村里对"吃水塘""污水塘"的使用有严格规定。"吃水塘"严禁洗涤物品，倾倒生活废弃物，甚至养殖也被禁止。"污水塘"可以洗衣服、刷马桶、养鱼等。②生产用水规范。农业生产需要大量用水，生产用水制度和规范在灌溉时期体现得特别明显。首先，在灌溉时期，生活污水管道与池塘的连接必须切断，以防止生活污水进入池塘，污染灌溉用水。而在非灌溉时期，村中的生活污水管道与池塘可以相连通。其次，灌溉时期，对"污水塘"的使用有严格的规定。洗涮马桶、农药桶或者清洗动物内脏等行为在非灌溉时期是允许的，而灌溉时期，这类行为是被严格禁止，因为这会污染灌溉用水。传统社会规范目标的实现离不开一套激励和惩罚机制。下石村是一个典型的熟人社会，村民交流和沟通频繁，信息共享度高。传统社会规范通过对个体的社会教化得以沿袭和传承（费孝通，1998），村民从小被教育要维护池塘水质。受教化的个人表现出对规范的主动服膺，能够做到自我约束。村里人表示，只有不懂事的小孩才会往"吃水塘"乱扔东西。违反规范者常常面临巨大的舆论压力，违约成本甚高，"轻则被翻白眼，重则被骂"。而自从自来水使用和农业式微后，传统规范产生的土壤消失了，涂尔干意义的"失范"（Anomie）现象成为现实。

### （二）文化堕距

下石村村民的生产和生活方式表现出显著的"市民特征"，已不同于一般意义上的"村民"，笔者将之称为"准市民"。"准市民"在物质生活层面与市民已无明显差异，但是在价值观念、行为方式、生活习惯上仍较多地保留着"农民特征"。非物质的适应性文化的变化总是滞后于物质技术层面的变化，这也是美国社会学家奥格本"文化堕距"（Culture Lag）理论（奥格本，1989）在个人身上的体现。迅速的城市化，并没有使村民形成公共生活的习惯及一定的市民意识，由于对物品的环境影响不甚了解，无意识中造成了环境污染和破坏。旧文化与新生活之间呈现明显的"断裂"之势。"准市民"环保意识的低下加剧了村落环境恶化的程度。具体而言，环保意识可从环保认知、环保体验和环保行为倾向三方面进行阐述（李宁宁，2001）：第一，环保认知。环保认知包括对环保重要性、环境污染的致病机理、污染物的鉴别等基础知识的储备状况。下石村村民总体环保认知水平较低。村民在享受工业产品所带来便利的同时，对其造成的环境危害却不甚了解。村民知道化肥可以提高农作物产量，但对农业面源污染知之甚少，

447

对塑料袋和电池的污染情况也不甚清楚。第二，环保体验。环保体验包括对环境的焦虑感、危机感、责任感与道德感等。村中一个池塘已经变成臭水沟，还有几个池塘正遭受垃圾的"围困"。由于村民已使用了自来水，很少会对池塘水质的恶化表现出焦虑和危机感。池塘面临的水污染和水质的恶化并没有成为村民关心和讨论的公共议题。第三，环保行为倾向。环保行为倾向指愿意为保护环境而改变自己的生活方式或参与保护环境的活动等。村中有村民养猪、养鸡，圈棚的污水直接流入池塘。虽然修建了公共垃圾池，区政府也雇用了专门的清洁工人。但随意丢弃垃圾的现象仍较为普遍，这与传统的农村生活习惯有很强关联。可见，传统农村生活方式形成的"路径依赖"仍潜移默化地影响着村民。

## 六　结论

后现代社会学常常以"自反性"（Reflexive）著称，即以一种反思和批判的态度重新审视自我。就环境领域而言，我们深刻地认识到环境问题是人类自身行为造成的恶果，是人类盲目追求发展带来的问题。而环境社会学研究之宗旨即彰显"自反性关怀"："反思人类行为失当的类型、原因，特别是注重揭示特定的文化、价值、制度以及社会结构因素对于人类行为的决定性作用，进而反思现代社会运行的本质逻辑及其变革方向"（洪大用，2010）。本文即是以"断裂"视角践行"自反性关怀"的一次尝试。笔者认为"断裂"是社会发展和进步的不可逆转的后果，但不能就此采取放任自流的态度，而是要积极地采取"缝合"之术以弥补"断裂"之创伤。就城郊村落环境治理策略而言，笔者建议：首先，提倡城（市）郊（区）环境一体化，增进环境公平建设。其次，加强城郊准市民的环境宣传教育，提高其环境意识。最后，挖掘传统农村社会的生态遗产，使之为当今生活服务。

**参考文献**

奥格本，1989，《社会变迁：关于文化和先天的本质》，王晓毅译，浙江人民出版社。

包智明，2010，《环境问题研究的社会学理论：日本学者的研究》，《学海》第 2 期。

布雷特·克拉克、贝拉米·福斯特，2010，《二十一世纪的马克思生态学》，《马克思主义与现实》第 3 期。

陈阿江，2007，《从外源污染到内生污染——太湖流域水环境恶化的社会文化逻辑》，《学海》，第 1 期。

陈阿江，2000，《水域污染的社会学解释》，《南京师大学报：社会科学版》第 1 期。

费孝通，1998，《乡土中国生育制度》，北京大学出版社。

洪大用，2004，《二元社会结构的再生产——中国农村面源污染的社会学分析》，《社会学研究》第 4 期。

洪大用，2001，《环境公平：环境问题的社会学》，《浙江学刊》第 4 期。

洪大用，2010，《环境社会学：彰显自反性的关怀》，《中国社会科学报》12 月 28 日，第 20 版。

洪大用，2001，《社会变迁与环境问题——当代中国环境问题的社会学阐释》，首都师范大学出版社。

侯小阁、栾胜基、艾东，2008，《结构性环境问题——我国环境评价遭遇的"结构"困境》，《生态环境》第 17 期（2）。

贾春增，2000，《外国社会学史》，中国人民大学出版社。

李宁宁，2001，《环保意识和环保行为》，《学海》第 1 期。

李素萍，李杨，2009，《关于马克思新陈代谢断裂理论的几点思考》，《学习论坛》第 8 期。

麻国庆，2001，《草原生态与蒙古族的民间环境知识》，《内蒙古社会科学：汉文版》第 1 期。

舒建中，2002，《沃勒斯坦"中心—边缘"论述评》，《学术论坛》第 6 期。

孙立平，2003，《断裂：20 世纪 90 年代以来的中国社会》，社会科学文献出版社，第 14 页。

王亚娟、马俊杰，2002，《城郊环境特征、问题及其改善对策》，《水土保持研究》第 3 期。

尹绍亭，2000，《人与森林：生态人类学视野中的刀耕火种》，云南教育出版社。

Lynn White. 1967. *The Historical Roots of Our Ecologic Crisis*. Science. 155：1203 – 1207.

449

# 附 录
## 2012～2013 年环境社会学方向
## 部分硕博学位论文

**2012～2013 年环境社会学方向部分博士学位论文（共 11 篇）**

| 作者 | 论文题目 | 指导教师 | 学校 | 答辩年份 |
|---|---|---|---|---|
| 陈占江 | 农民环境抗争的逻辑与困境——以湖南省湘潭市 Z 地区为例 | 包智明 | 中央民族大学 | 2012 |
| 李霞 | 农村面源污染的风险与秩序重建——以三峡地区一个土家族乡为例 | 任国英 | 中央民族大学 | 2012 |
| 唐国建 | 从"漏网捕鱼"到"一网打尽"——海洋捕捞方式转变的原因与影响 | 陈阿江 | 河海大学 | 2012 |
| 张金俊 | 农民的抗争与沉默：转型时期安徽两村农民环境维权研究 | 洪大用 | 中国人民大学 | 2012 |
| 仲秋 | 环境意识及行为影响机制差异研究——基于新生态范式下的人群比较 | 施国庆 | 河海大学 | 2012 |
| 方小玲 | 嵌生、冲突、转型——蓄电池 T 企业发展路径的社会学解读 | 施国庆 | 河海大学 | 2013 |
| 罗桥 | 生态权力与生计转型——草海保护的社会学研究 | 洪大用 | 中国人民大学 | 2013 |
| 罗亚娟 | 乡村工业污染的演绎与阐释——沙岗村个案研究 | 陈阿江 | 河海大学 | 2013 |
| 史明宇 | 低碳城市实践困境及其社会解读——以 N 市低碳实践过程为案例 | 陈绍军 | 河海大学 | 2013 |
| 王婧 | 一个牧区的环境与社会变迁——内蒙古陈巴尔虎旗的案例研究 | 陈阿江 | 河海大学 | 2013 |
| 吴桂英 | 生存方式与乡村环境问题——对山东 L 村环境问题成因及治理的个案研究 | 包智明 | 中央民族大学 | 2013 |

## 2012～2013 年环境社会学方向部分硕士学位论文（共 28 篇）

| 作者 | 论文题目 | 指导教师 | 学校 | 答辩年份 |
|---|---|---|---|---|
| 毕靖 | 寻求共赢：环保 NGO 项目实施机制的案例研究——以美国大自然保护协会在中国的项目为例 | 洪大用 | 中国人民大学 | 2012 |
| 过夏玲 | 科学发展观视域下的城市社区生态化转型研究 | 王芳 | 华东理工大学 | 2012 |
| 胡燃 | 环境社会学视野中的日本水俣病研究 | 崔凤 | 中国海洋大学 | 2012 |
| 李德营 | 关于采煤塌陷问题的社会学研究——山东省济宁市为例 | 张玉林 | 南京大学 | 2012 |
| 李莉 | 影响居民反对垃圾焚烧的多重因素研究：基于对厦门市居民的问卷调查 | 周志家 | 厦门大学 | 2012 |
| 秦佳荔 | 环境行为视角下隐形的环境问题 | 崔凤 | 中国海洋大学 | 2012 |
| 乌尼儿其其格 | 寻求共赢：环保 NGO 项目实施机制的案例研究——以美国大自然保护协会在中国的项目为例 | 洪大用 | 中国人民大学 | 2012 |
| 徐文涛 | 风险社会理论视角下福岛核事件分析 | 王书明 | 中国海洋大学 | 2012 |
| 徐玥 | 媒体环境行为的调查研究 | 崔凤 | 中国海洋大学 | 2012 |
| 杨祥凤 | 环境保护的组织化分工与协作 | 王书明 | 中国海洋大学 | 2012 |
| 杨阳 | 社区环境行为：垃圾分类回收机制研究——对青岛市天福苑小区的个案调查 | 崔凤 | 中国海洋大学 | 2012 |
| 朱泽 | 污染企业的入驻与村民环境行为的实践逻辑——西部 KE 市 BH 村实地研究 | 包智明 | 中央民族大学 | 2012 |
| 邓玲 | 农村人居环境质量评价研究 | 顾金土 | 河海大学 | 2013 |
| 董丽丽 | 方依附感与环境负责任行为的关系研究 | 赵宗金 | 中国海洋大学 | 2013 |
| 何艳珍 | 资源与"垃圾"——内蒙古一个半农半牧村落牛粪和秸秆的利用和处置 | 包智明 | 中央民族大学 | 2013 |
| 黄翠翠 | 环境抗争何以成功——以三山村垃圾填埋场抗争事件为例 | 颜素珍 | 河海大学 | 2013 |
| 姜凯 | 镜村工业污染成因的社会学阐释——站在生活者的角度 | 任国英 | 中央民族大学 | 2013 |
| 李慧娴 | 科学与媒体之间：垃圾焚烧与二噁英关联的专家争议 | 周志家 | 厦门大学 | 2013 |
| 李洋 | 城市居民生活垃圾分类行为与分类意识研究——以 N 市 D 小区为例 | 陈绍军 | 河海大学 | 2013 |
| 刘敏 | 节水灌溉技术为什么推广困难？——对内蒙古通辽市白村的个案研究 | 包智明 | 中央民族大学 | 2013 |

451

| 作者 | 论文题目 | 指导教师 | 学校 | 答辩年份 |
|---|---|---|---|---|
| 潘志庆 | 技术争论的社会形成：对垃圾焚烧技术专家争议的话语分析 | 周志家 | 厦门大学 | 2013 |
| 裴冰 | 半干旱地区的农业经营变迁及其生态效应——关于晋南子谏村的实证研究 | 张玉林 | 南京大学 | 2013 |
| 齐长志 | 西藏主体功能区生态足迹与人口迁移驱动机制研究 | 周伟 | 河海大学 | 2013 |
| 石腾飞 | 水资源利用下的移民村庄社会网络建构 | 包智明 | 中央民族大学 | 2013 |
| 王盼盼 | 低碳消费与阶层划分 ——基于南京市的个案调查研究 | 高燕 | 河海大学 | 2013 |
| 邢一新 | 从行为视角透视环境污染的双重转移——对山东省日照市 HS 镇的个案研究 | 崔凤 | 中国海洋大学 | 2013 |
| 伊丽娜 | 草原产权制度与"公地悲剧""反公地悲剧" | 包智明 | 中央民族大学 | 2013 |
| 朱柳祎 | 建构论视角下环境风险的社会呈现机制——以反建 J 生活垃圾焚烧厂为例 | 王芳 | 华东理工大学 | 2013 |

**图书在版编目（CIP）数据**

中国环境社会学. 第 2 辑,崔凤,陈涛主编. —北京：
社会科学文献出版社,2014.9
　（海洋与环境社会学文库）
　ISBN 978 - 7 - 5097 - 6499 - 2

　Ⅰ.①中…　Ⅱ.①崔…②陈…　Ⅲ.①环境社会学 -
中国 - 文集　Ⅳ.①X2 - 53

　中国版本图书馆 CIP 数据核字（2014）第 216439 号

·海洋与环境社会学文库·

## 中国环境社会学（第二辑）

主　　编／崔　凤　陈　涛

出 版 人／谢寿光
项目统筹／童根兴
责任编辑／孙　瑜　刘德顺

出　　版／社会科学文献出版社·社会政法分社（010）59367156
　　　　　地址：北京市北三环中路甲 29 号院华龙大厦　邮编：100029
　　　　　网址：www. ssap. com. cn
发　　行／市场营销中心（010）59367081　59367090
　　　　　读者服务中心（010）59367028
印　　装／北京季蜂印刷有限公司

规　　格／开　本：787mm × 1092mm　1/16
　　　　　印　张：29.25　　字　数：482 千字
版　　次／2014 年 9 月第 1 版　2014 年 9 月第 1 次印刷
书　　号／ISBN 978 - 7 - 5097 - 6499 - 2
定　　价／99.00 元